国家骨干高等职业院校
重点建设专业(电力技术类)“十二五”规划教材

供配电实用技术

主　编　胡孔忠
副主编　高　峰　陶为明
参　编　胡玉琨　朱立照

合肥工业大学出版社

内容提要

本书共分九个项目。主要内容包括:供配电系统的基本知识,主要电气设备及选择(包括负荷计算和短路电流计算),变配电所,供配电网络,线路和变压器的继电保护,变配电所的二次回路,电气安全技术,电气照明、电气设备运行及故障处理等。

本书可供高职高专和成人高校的电气自动化技术、机电一体化技术等相关专业的学生作为教材使用,也可供有关的工程技术人员参考。

图书在版编目(CIP)数据

供配电实用技术/胡孔忠主编.—合肥:合肥工业大学出版社,2012.8(2022.1 重印)
ISBN 978-7-5650-0843-6

Ⅰ.①供… Ⅱ.①胡… Ⅲ.①供电②配电系统 Ⅳ.①TM72

中国版本图书馆 CIP 数据核字(2012)第 180590 号

供配电实用技术

胡孔忠 主编　　　　责任编辑 汤礼广 王路生

出 版	合肥工业大学出版社	版 次	2012 年 8 月第 1 版
地 址	合肥市屯溪路 193 号	印 次	2022 年 1 月第 2 次印刷
邮 编	230009	开 本	787 毫米×1092 毫米 1/16
电 话	总 编 室:0551-2903038	印 张	17.75
	市场营销部:0551-2903198	字 数	392 千字
网 址	www.hfutpress.com.cn	印 刷	安徽昶颉包装印务有限责任公司
E-mail	hfutpress@163.com	发 行	全国新华书店

ISBN 978-7-5650-0843-6　　　　定价:37.00 元

如果有影响阅读的印装质量问题,请与出版社发行部联系调换。

序　言

为贯彻落实《国家中长期教育改革和发展规划纲要》（2010－2020）精神，培养电力行业产业发展所需要的高端技能型人才，安徽电气工程职业技术学院规划并组织校内外专家编写了这套国家骨干高等职业院校重点建设专业（电力技术类）“十二五”规划教材。

本次规划教材建设主要是以教育部《关于全面提高高等职业教育教学质量的若干意见》为指导；在编写过程中，力求创新电力职业教育教材体系，总结和推广国家骨干高等职业院校教学改革成果，适应职业教育工学结合、“教、学、做”一体化的教学需要，全面提升电力职业教育的人才培养水平。编写后的这套教材有以下鲜明特色：

（1）突出以职业能力、职业素质培养为核心的教学理念。本套教材在内容选择上注重引入国家标准、行业标准和职业规范；反映企业技术进步与管理进步的成果；注重职业的针对性和实用性，科学整合相关专业知识，合理安排教学内容。

（2）体现以学生为本、以学生为中心的教学思想。本套教材注重培养学生自学能力和扩展知识能力，为学生今后继续深造和创造性的学习打好基础；保证学生在获得学历证书的同时，也能够顺利地获得相应的职业技能资格证书，以增强学生就业竞争能力。

（3）体现高等职业教育教学改革的思想。本套教材反映了教学改革的新尝试、新成果，其中校企合作、工学结合、行动导向、任务驱动、理实一体等新的教学理念和教学模式在教材中得到一定程度的体现。

（4）本套教材是校企合作的结晶。安徽电气工程职业技术学院在电力技术类核心课程的确定、电力行业标准与职业规范的引进、实践教学与实训内容的安排、技能训练重点与难点的把握等方面，都曾得到电力企业专家和工程技术人员的大力支持与帮助。教材中的许多关键技术内容，都是企业专家与学院教师共同参与研讨后完成的。

总之，这套教材充分考虑了社会的实际需求、教师的教学需要和学生的认知规律，基本上达到了“老师好教，学生好学”的编写目的。

但编写这样一套高等职业院校重点建设专业（电力技术类）的教材毕竟是一个新的尝试，加上编者经验不足，编写时间仓促，因此书中错漏之处在所难免，欢迎有关专家和广大读者提出宝贵意见。

国家骨干高等职业院校

重点建设专业（电力技术类）“十二五”规划教材建设委员会

前　言

本教材是体现"基于工作过程为导向"的"教、学、做"一体化教材；教学方法是倡导"做中学、学中做"的工学结合模式；课程设计是以职业能力培养为重点，与企业合作进行基于工作过程的课程开发与设计。因此，本书充分体现职业性、实践性和开放性的要求，有针对性地采取工学交替、任务驱动、项目引导、课堂与实习地点一体化等行动导向的教学模式。

在编写本教材的过程中，我们查阅了大量的规程和规范，还参考了许多新近出版的同类教材，力求满足教学改革的需要。我们主要在以下几个方面进行了适当地探索：

（1）在课程的"项目"和"任务"的设置上，充分考虑学生的个性发展，保留学生自主选择的空间，兼顾学生的职业发展。

（2）在教材的编写思路上，积极配合新的课程教学模式、教学内容、教学方法的改革，结合企业现场设备，以工作过程为主线，以知识应用为目的，融知识、能力、素质为一体。在新旧教学模式的过渡期，有的学校可能由于硬件条件不具备，难以适应新的教学模式，因此可仍然按书中的"相关知识"部分授课，同时还可使用与本教材配套的课件加以弥补。

（3）在内容的选择上，突出课程内容的实践性，淡化课程内容的理论性；突出课程内容的时代性，去除课程内容的陈旧性；注重反映新技术、新规范、新符号、新设备等新的内容，从而加强了教材的实用性和针对性，其中有相当一部分内容是别的教材上所没有的。本教材内容的知识点多，内容丰富，可选性较强，各校可视具体需要加以选择。

（4）在内容的编排上，摒弃过去教材的文字、公式的编排格式。采用图形、表格、原理图与实物对照的方式，做到图、表、文并茂。内容的描述采用条目化，力求用最简短的语言，以最通俗易懂的方式介绍知识。如测量仪表的接线，采用原理图与实际接线图对照的方式；负荷计算和短路电流计算部分，采用表格的方法，既简单又一目了然。

(5) 邀请企业人员参与教材的编写工作，在内容里融入了相关的职业资格标准和规程等，体现了校企合作和工学结合，突出了创新性、先进性和实用性。

本书由安徽电气工程职业技术学院胡孔忠任担任主编并编写项目二、项目三、项目四和项目五；合肥供电公司高峰和安徽电气工程职业技术学院陶为明担任副主编并编写开篇的导学和项目一；安徽电力科学研究院胡玉琨编写项目六和项目八；中盐红四方股份有限责任公司朱立照编写项目七和项目九。全书由胡孔忠统稿。

本书在编写前曾进行了广泛的调研，兄弟院校的教师、企事业供配电技术人员为教材的编写提出了很多宝贵意见和建议；在编写过程中，我们还查阅和引用了一些资料。在此，向给予本书编写工作以无私帮助的人们致以诚挚的谢意。

由于时间和水平所限，加之牵涉的规程繁多，因此错误、疏漏之处在所难免，恳请读者批评指正。

使用本教材的单位或个人，若需要与本教材配套的课件，可发邮件至 kongzhonghu@126.com 索取，或通过 www.hfutpress.com.cn 下载。

作　者

目　录

导 学

相关知识

一、电力系统的组成

由各种电压等级的输配电线路将各种类型的发电机、升降压变电所(站)和电能用户联系起来的发电、输电、变电、配电和用电的整体,称为电力系统。电力系统中由各种电压等级的输配电线路和升降压变电所(站)组成的部分称为电力网。电力系统加上动力源称之为动力系统。如图 0-1 所示。

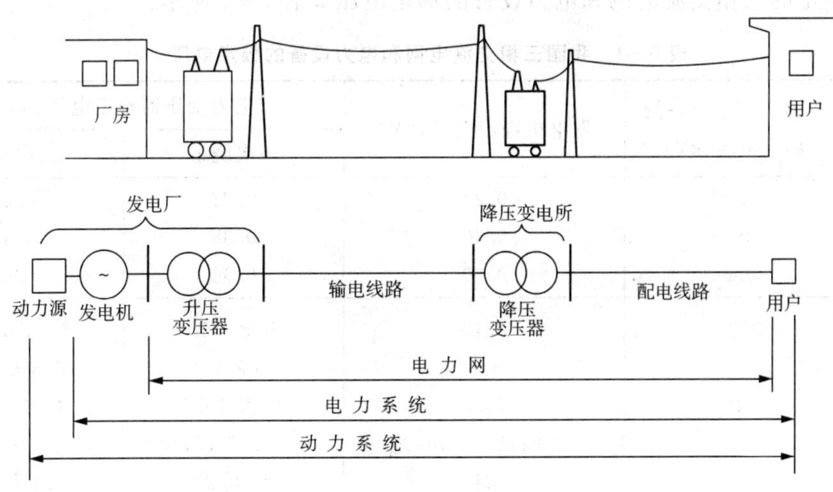

图 0-1 动力系统、电力系统、电力网示意图

1. 发电厂

发电厂(站)是电力系统的中心环节,它是将自然界中蕴藏的各种形式的能源转换为电能的工厂。根据所利用能源的形式不同,可分为火力发电厂、水力发电厂、原子能发电厂、太阳能发电厂、风力发电厂和地热发电厂等。目前我国和世界大多数国家仍以火力发电和水力发电为主,而核电发电量的比重也正在逐年增加。

2. 变配电所

变配电所(站)是变电所和配电所的统称。变电所是接受电能、改变电压和分配电能的场所,是联系发电厂和电能用户的中间枢纽。如果仅装有接受电能和分配电能的设备而没有变压器的称为配电所,即配电所只有接受电能和分配电能的功能。

变电所有升压变电所和降压变电所之分。升压变电所的任务是将低电压变为高电压,以减少线路的电能损耗、电压损失和减少线路的金属消耗量，从而提高送电的经济性。降压变电所的任务是将高电压降到一个合理的电压等级，以满足用电设备的电压等级要求。

3. 电力线路

电力线路是把发电厂、变配电所和电能用户联系起来的纽带，能够完成输送电能和分配电能的任务。电力线路是输(送)电线路和配电线路的总称。输电线路是将发电厂的电能输送到负荷中心，它的特点是线路较长，电压等级较高。配电线路是将负荷中心的电能配送到各个电能用户，它的特点是线路较短，电压等级较低。配电线路又分为高压配电线路(110kV)、中压配电线路(1～35kV)和低压①配电线路(220/380V，220V 为相电压，380V 为线电压)。

4. 电能用户

电能用户是指所有消耗电能的用电设备或单位。负荷是用户或用电设备的总称。

二、电力系统的电压

1. 电力系统的额定电压②

电力系统的额定电压包括电力系统中各种供配电设备、用电设备和电网的额定电压。所谓电气设备的额定电压，就是能使电气设备长期运行时获得最大技术经济效果的电压。我国标准规定的三相交流电网和电力设备的额定电压如表 0-1 所示。

表 0-1　我国三相交流电网和电力设备的额定电压

类别	电网和用电设备的额定电压(kV)	发电机额定电压(kV)	电力变压器额定电压(kV)	
			一次绕组	二次绕组
低压	0.22	0.23	0.22	0.23
	0.38	0.40	0.38	0.40
	0.66	0.69	0.66	0.69
高压	3	3.15	3 及 3.15	3.15 及 3.3
	6	6.3	6 及 6.3	6.3 及 6.6
	10	10.5	10 及 10.5	10.5 及 11
	—	13.8;15.75;18;20	13.8;15.75;18	—
	20	21	20 及 21	21 及 22
	35	—	35	38.5
	110	—	110	121
	154	—	154	169
	220	—	220	242
	330	—	330	363
	500	—	500	550

①所谓低压，是指 1kV 以下的电压，1kV 及以上的电压为高压。

②按前期的 IEC 规定，网络、线路、装置的电压应称为标称电压(Nominal Voltage)，设备的电压应称为额定电压(Rated Voltage)。根据 IEC27－1 修正版 4(1983)规定，将原来的标称电压改为额定电压，对应标称下标“n”改成额定的下标“r”，但目前尚未得到普遍执行。本书考虑到习惯问题，表示额定的下标仍用“N”表示。

(1)电网的额定电压:电网(或电力线路)的额定电压是确定其他各类电气设备额定电压的基本依据。电网的额定电压等级是国家根据国民经济发展的需要和电力工业的水平,经全面的技术经济论证后确定的。

(2)用电设备的额定电压:由于电压损失,线路上各点电压略有不同,用电设备的额定电压不可能按使用处线路的实际电压来制造,而只能按电网的额定电压来制造。所以,规定用电设备的额定电压与同级电网的额定电压相等。

(3)发电机的额定电压:电力线路允许的电压偏差一般为±5%,为了维持线路的平均电压在额定值附近,线路首端电压就必须比对应线路的额定电压要高5%,以此来补偿线路上的电压损失。发电机处在线路的首端,所以发电机的额定电压应高于同级电网额定电压5%,如图0-2所示。

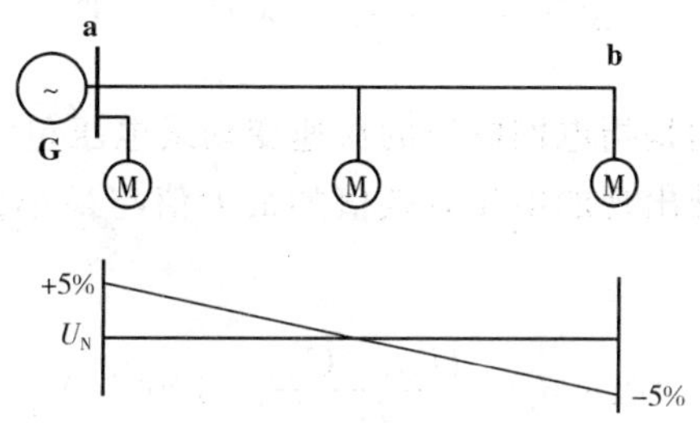

图0-2 用电设备和发电机额定电压说明图

(4)电力变压器的额定电压:电力变压器的额定电压分为一次绕组的额定电压和二次绕组的额定电压两种。

① 电力变压器一次绕组的额定电压

电力变压器一次绕组的额定电压分以下两种情况。

a. 变压器接在线路的末端时,应等于电网的额定电压,见图0-3所示的变压器T_2。因为变压器的一次绕组相当于用电设备,用电设备的额定电压等于同级电网的额定电压,所以变压器一次绕组的额定电压等于同级电网的额定电压。

b. 当变压器一次绕组直接与发电机相连时,变压器一次绕组的额定电压应等于发电机的额定电压,即比同级电网的额定电压高5%,见图0-3所示的变压器T_1。

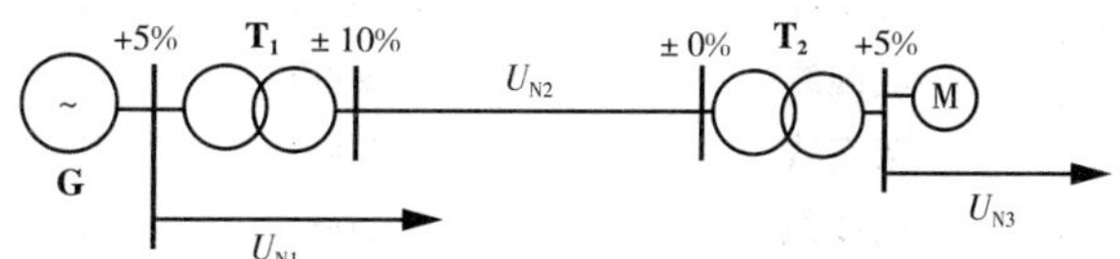

图0-3 电力变压器额定电压说明图

② 电力变压器二次绕组的额定电压

因为变压器二次绕组的额定电压是指当原边接入额定电压而二次绕组空载时的电压,这样带上负载后,变压器本身有电压损失。同时,变压器的二次绕组对于后面的线路和用电设备而言,相当于电源,处在线路的首端,其额定电压应比线路的额定电压高5%。综合考虑这两个方面的因素，变压器二次绕组的额定电压也分以下两种情况。

a. 变压器二次绕组的额定电压比对应电网的额定电压高 10%，见图 0－3 所示的变压器 T_1，其中约 5% 是用来补偿变压器满载供电时，变压器本身的电压损失，另外约 5% 是用于补偿线路的电压损失。此种情况适用于供电距离较长和变压器的电压损失较大[U_k(%)>7.5]的场合。

b. 变压器二次绕组的额定电压比对应电网的额定电压高 5%，见图 0－3 所示的变压器 T_2。这种情况适用于供电距离较短和变压器本身的电压损失较小[U_k(%)≤7.5]的场合。

2. 电压偏差与电压波动

(1)电压偏差：电压偏差(曾用名电压偏移)是指给定瞬间设备的端电压 U 与设备额定电压 U_N 之差，通常用它对额定电压 U_N 比值的百分值来表示，即

$$\Delta U(\%)=\frac{U-U_N}{U_N}\times 100(\%) \tag{0-1}$$

(2)电压波动：电压波动是指电网电压的快速变动或电压包络线的周期性变动。电压波动值用电压波动过程中相继出现的电压有效值的最大值与最小值之差对额定电压 U_N 比值的百分值来表示，即

$$\delta U(\%)=\frac{U_{max}-U_{min}}{U_N}\times 100(\%) \tag{0-2}$$

3. 供配电系统额定电压的选择

一般来讲，提高供电电压能减少电能损耗，提高电压质量，节约金属，但却增加了线路及设备的投资费用。所以要综合考虑供电系统的供电电压等级。

(1)高压配电电压的选择

工业企业供配电系统的高压配电电压，主要取决于当地供电电源电压和企业高压用电设备的额定电压、容量和数量等因素。表 0－2 可作为选择高压配电电压时的参考。

表 0－2　各级电压电力线路合理的输送功率和输送距离

线路额定电压(kV)	线路结构	输送功率(kW)	输送距离(km)
0.38	架空线	≤100	≤0.25
0.38	电缆线	≤175	≤0.35
6	架空线	≤2000	≤10
6	电缆线	≤3000	≤8
10	架空线	≤3000	5～15
10	电缆线	≤5000	≤10
35	架空线	2000～15000	20～50
63	架空线	3500～30000	30～100
110	架空线	10000～50000	50～150
220	架空线	100000～500000	200～300

工业企业内部采用的高压配电电压通常是 3～10 kV。如果当地的电源电压为 35kV，而厂区环境条件又允许采用 35kV 架空线路时，则可采用 35kV 高压深入各负荷中心，并经

负荷中心直接降为低压用电设备所需的电压。

(2)低压配电电压的选择

用户供配系统的低压配电电压，在我国一般采用 220/380V，其中相电压 220V 接一般照明灯具及其他 220V 的单相设备，线电压 380V 接三相动力设备及 380V 的单相设备。但在采矿、石油和化工等少数部门，因负荷中心往往离变电所较远，常采用 660V，甚至 1140V 或 2000V 等较高电压供电。采用高于 380V 的低压配电电压，不仅可以减少线路的电压损失和电能损耗，减少线路的有色金属消耗量和初投资，还可以增加配电半径，减少变电点，简化供配电系统。因此提高低压配电系统的电压，具有明显的经济效果，是节电的有效措施之一。但是从用电安全的角度讲，有一定的不利因素。

技能训练

试确定下图所示供配电系统中发电机 G 和电力变压器 T_1、T_2 和 T_3 的额定电压。

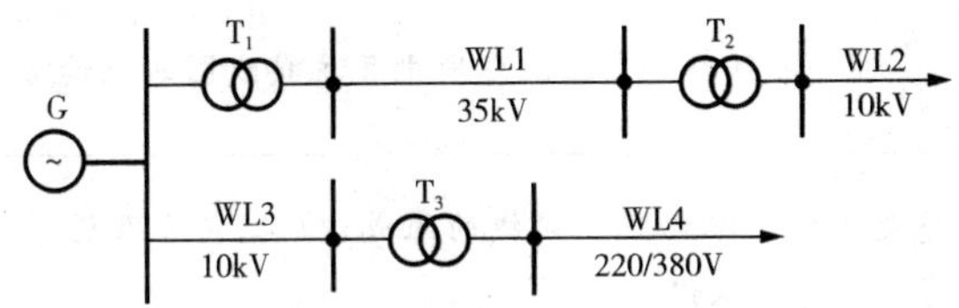

项目一 变配电所的认知

任务一 变配电所电气主接线图的识读与绘制

教师工作任务单

任务名称		任务一 变配电所电气主接线图的识读与绘制	
任务描述		此次任务是了解变配电所主接线的组成、功能、特点及适用场合等，使学生对变配电所主接线有一个初步认识。	
任务分析		通过参观仿真变配电所或企业变配电所，借助变配电所的模拟板或主接线图，在现场师傅或辅导教师的辅导下，并提出一些引导性问题，学生从引导性问题中得到一定的启发，并能看懂主接线图和会绘制简单的主接线图。 引导性问题： 1. 主接线图中的各主要元件的文字符号和图形符号是如何规定的？ 2. 主接线图的组成和作用是什么？ 3. 绘制主接线图有何规定？ 4. 变配电所的主要主接线的类型有哪些？其主要特点及适用场合是什么？	
任务目标		内容要点	相关知识
	知识目标	1. 能了解主接线的组成和作用。 2. 认知主要设备的符号和绘制主接线图的规定。 3. 了解主要主接线的特点及适用场合。	1. 参见相关知识中的电气主接线有关概念 2. 参见表 1-1 3. 参见一
	技能目标	1. 会识读简单的供配电系统电气主接线图。 2. 会绘制简单的主接线图。	1. 参见二 2. 参见二

（续表）

<table>
<tr><td rowspan="9">任务实施</td><td rowspan="7">实施步骤</td><td>任务流程</td><td>资讯→决策→计划→实施→检查→评估（学生部分）</td></tr>
<tr><td>资讯</td><td>（阅读任务书，明确任务，了解工作内容、目标，准备资料。）</td></tr>
<tr><td>决策</td><td>（分析并确定采用什么样的方式方法和途径完成任务。）</td></tr>
<tr><td>计划</td><td>（制订计划，规划实施任务。）</td></tr>
<tr><td>实施</td><td>（学生具体实施本任务的过程，实施过程中的注意事项等。）</td></tr>
<tr><td>检查</td><td>（自查和互查，检查掌握、了解状况，发现问题及时纠正。）</td></tr>
<tr><td>评估</td><td>（该部分另用评估考核表。）</td></tr>
<tr><td rowspan="2">实施条件</td><td>实施地点</td><td>现场、仿真变电所（任选其一）。</td></tr>
<tr><td>辅助条件</td><td>教材、专业书籍、多媒体设备、PPT 课件等。</td></tr>
<tr><td colspan="2">练习训练题</td><td colspan="2">1. 电气主接线的含义及作用是什么？
2. 用断路器分段的单母线接线的特点及适用场合是什么？</td></tr>
<tr><td colspan="2">学生应提交的成果</td><td colspan="2">1. 任务书。
2. 评估考核表。
3. 练习训练题。</td></tr>
</table>

变配电所电气主接线图的识读与绘制任务书①

班级________________　　　　编号：

<table>
<tr><td colspan="2">任务名称</td><td colspan="2">任务一　变配电所电气主接线图的识读与绘制</td></tr>
<tr><td colspan="2">本组成员</td><td>组长：</td><td>成员：</td></tr>
<tr><td rowspan="3">任务目标</td><td></td><td>内容要点</td><td>相关知识</td></tr>
<tr><td>知识目标</td><td>1. 了解主接线的组成和作用。
2. 知道主要设备的符号和绘制主接线图的规定。
3. 了解主要主接线的特点及适用场合。</td><td>1. 参见表 1-1
2. 参见一</td></tr>
<tr><td>技能目标</td><td>1. 会识读供配电系统电气主接线图。
2. 会绘制简单的主接线图。</td><td>1. 参见二
2. 参见二</td></tr>
</table>

①本任务书中的内容是《教师布置任务工作单》中有关学生应做的部分，考虑到篇幅问题，后续的任务书不再列出，各单位可参照此任务书自行拟定其他的任务书。

（续表）

实施步骤	任务流程	资讯→决策→计划→实施→检查→评估　（学生部分）
	资讯	（阅读任务书，明确任务，了解工作内容、目标，准备资料。）
	决策	（分析并确定采用什么样的方式方法和途径完成任务。）
	计划	（制订计划，规划实施任务。）
	实施	（学生具体实施本任务的过程，实施过程中的注意事项等。）
	检查	（自查和互查，检查掌握、了解状况，发现问题及时纠正。）
	评估	（该部分另用评估考核表。）
练习训练题		1. 电气主接线的含义及作用是什么？ 2. 用断路器分段的单母线接线的特点及适用场合是什么？
提交成果		1. 任务书。 2. 评估考核表①。 3. 练习训练题。
任务下发人：		______年___月___日
任务执行人：		______年___月___日

相关知识

电气主接线：由发电机、变压器、断路器等一次设备按其功能要求，通过连接线连接而成的用于表示电能的生产、汇集和分配的电路。通常也称一次接线或电气主系统。

电气主接线图：用规定的文字符号和图形符号按实际运行原理排列和连接，详细地表示电气设备的基本组成和连接关系的接线图。电气主接线图一般画成单线图（即用单根线表示三相交流系统），但对三相接线不完全相同的局部则画成三线图。主要电气设备的图形符号和文字符号见表 1－1。

表 1－1　主要电气设备的文字符号和图形符号

电气设备名称	文字符号	图形符号	电气设备名称	文字符号	图形符号
电力变压器	T	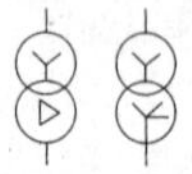	母线及母线引出线	B	

①《评估考核表》由个单位根据各任务的特点自行拟定。

（续表）

断路器	QF		电流互感器（单次级）	TA	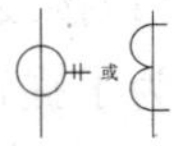 或
负荷开头	QL		电流互感器（双次级）	TA	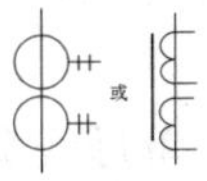 或
隔离开关	QS		电压互感器	TV	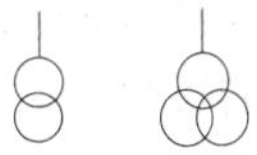
熔断器	FU		避雷器	F	
跌落式熔断器	FD	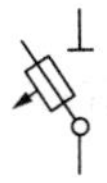	电抗器	L	
刀熔开关	QU		电容器	C	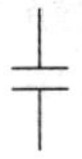
刀开关	QK	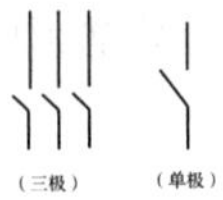 （三极）（单极）	电缆及其终端头		

一、几种常见电气主接线的认知

1. 单母线接线

母线（又称汇流排）起着汇集和分配电能的作用。当进线和出线回路数不止一回时，为了适应负荷变化和设备检修的需要，就必须设置母线。

（1）接线

单母线接线如图 1-1 所示。每路进出线都配置有一组开关电器。断路器用于在正常或故障情况下接通与断开电路，为了保证断路器 1QF 的安全检修，需要设置母线侧隔离开关 11QS，在检修期间线路若有反送电的可能，还需设置线路侧的隔离开关 13QS。线路对侧无电源时，线路侧可不装设隔离开关。

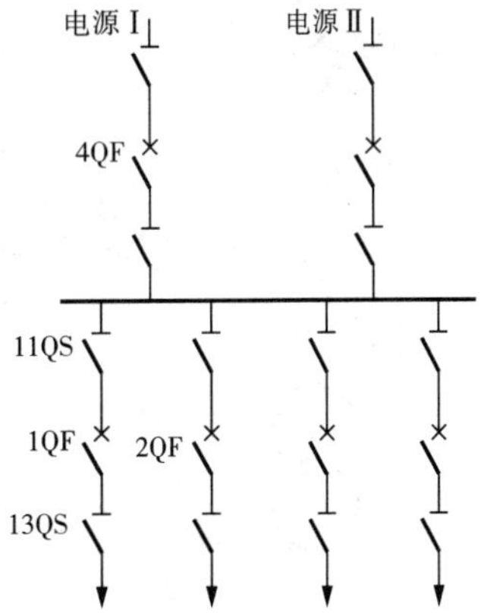

图 1-1　单母线接线

（2）特点及适用场合

优点：接线简单清晰、设备少、投资少、操作方便、便于扩建。

缺点：可靠性和灵活性较差。在母线和母线隔离开关检修或故障时，各支路都必须停止工作；引出线的断路器检修时，该支路要停止供电。

适用场合：适用于对供电可靠性要求不高、单电源进线的一般中小容量的用户。

2. 用断路器分段的单母线接线

(1)接线

为了提高供电可靠性,可用断路器或隔离开关将母线分段,成为单母线分段接线,如图 1 - 2 所示。

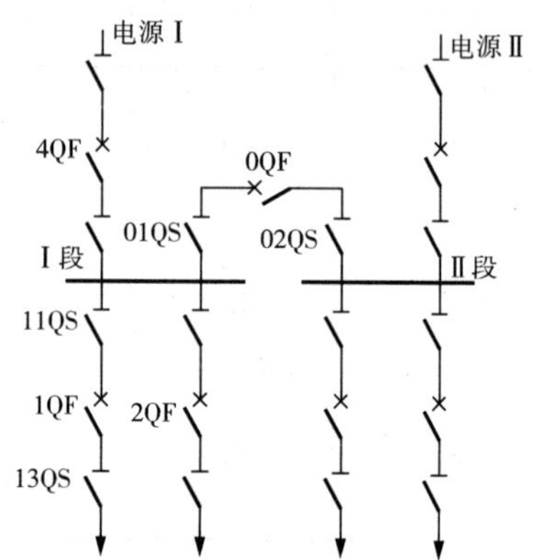

图 1 - 2　用断路器分段的单母线分段接线

单母线分段接线便于分段检修母线,减小母线及母线侧隔离开关故障的影响范围,提高了供电的可靠性。

(2)特点及适用场合

优点:①当母线发生故障时,仅故障母线段停止工作,另一段母线仍继续工作。②两段母线可看成是两个独立的电源,提高了供电可靠性。

缺点:①当一段母线故障或检修时,该段母线上的所有支路必须断开,停电范围较大。②任一支路断路器检修时,该支路必须停电。

适用场合:适用于双电源进线且负荷比较重要的场所。

3. 桥形接线

桥形接线适用于仅有两台变压器和两回出线的装置中。根据桥回路(3QF 所在的回路)的位置不同,可分为内桥和外桥两种接线。

(1)内桥接线

内桥接线是桥回路置于线路断路器内侧(靠变压器侧),接线如图 1 - 3a 所示。

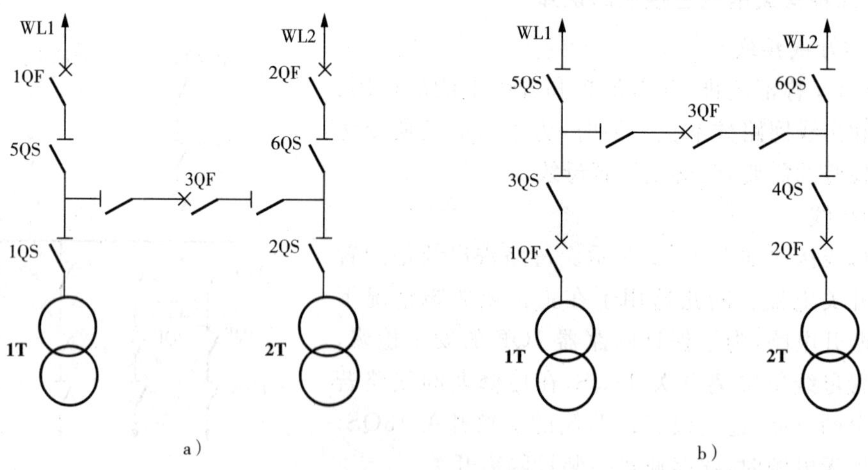

图 1 - 3　桥形接线

a)内桥接线; b)外桥接线

内桥接线的特点:

① 线路操作方便。如线路发生故障,仅故障线路的断路器跳闸,其余三回路可继续工作,并保持相互的联系。②正常运行时变压器操作复杂。如变压器 1T 检修或发生故障时,

需断开断路器 1QF、3QF，然后需经倒闸操作，拉开隔离开关 1QS 后，再合上 1QF、3QF，才能恢复线路 WL1 工作。可见在操作的过程中，会造成该侧线路 WL1 的短时停电。

适用场合：适用于线路较长、故障可能性较大，变压器不需要经常切换的用户。

(2)外桥接线

外桥接线是桥回路置于线路断路器外侧，接线如图 1-3b 所示。

外桥接线的特点：

① 变压器操作方便。如变压器发生故障时，仅故障变压器回路的断路器自动跳闸，其余三回路可继续工作，并保持联系。②线路投入与切除时，操作复杂。如线路 WL1 检修或故障时，需断开断路器 1QF、3QF，然后需经倒闸操作，拉开隔离开关 5QS 后，再合上 1QF、3QF，才能恢复变压器 1T 工作。

可见在操作的过程中，会造成该侧变压器 1T 的短时停电。

适用场合：适用于线路较短、故障可能性较小，变压器根据运行需要需经常投切的用户。

4. 线路-变压器单元接线

当只有一回电源进线和一台变压器时，可采用线路-变压器单元接线。这种接线在变压器高压侧可根据不同的情况，装设不同的开关电器，如图 1-4 所示。

这种接线的优点是接线简单、所用电气设备少、占地面积小、投资省。不足之处是单元中任一设备故障或检修时，全部设备将停止工作。但由于变压器的故障率小，所以仍具有一定的供电可靠性。

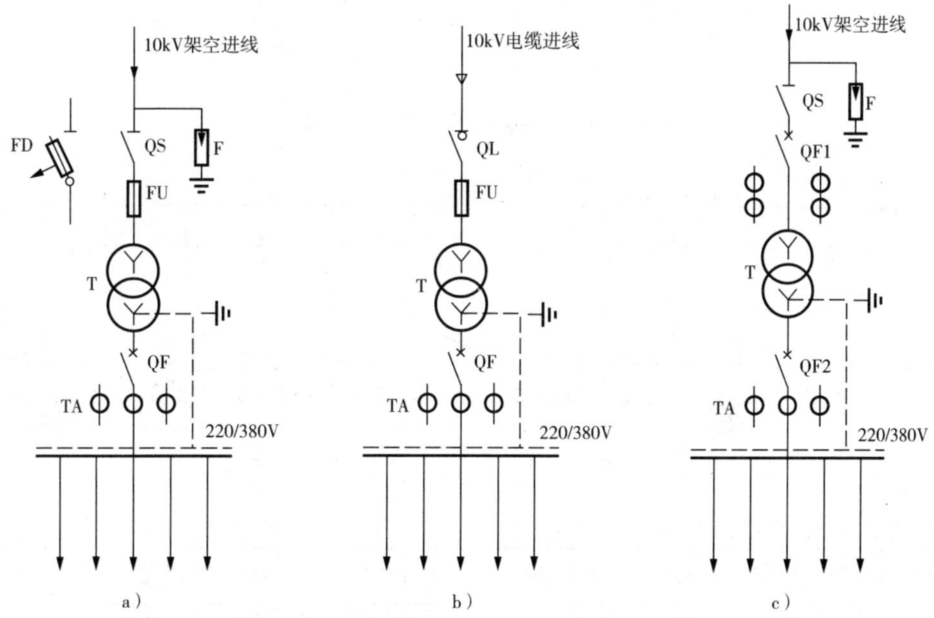

图 1-4 线路-变压器单元接线

a)高压侧采用隔离开关、熔断器或户外跌落式熔断器；

b)高压侧采用负荷开关与熔断器；c)高压侧采用隔离开关与断路器

二、电气主接线图图例

图 1-5 和图 1-6 分别是某厂 10kV 高压配电所系统式主接线图和装置式主接线图。

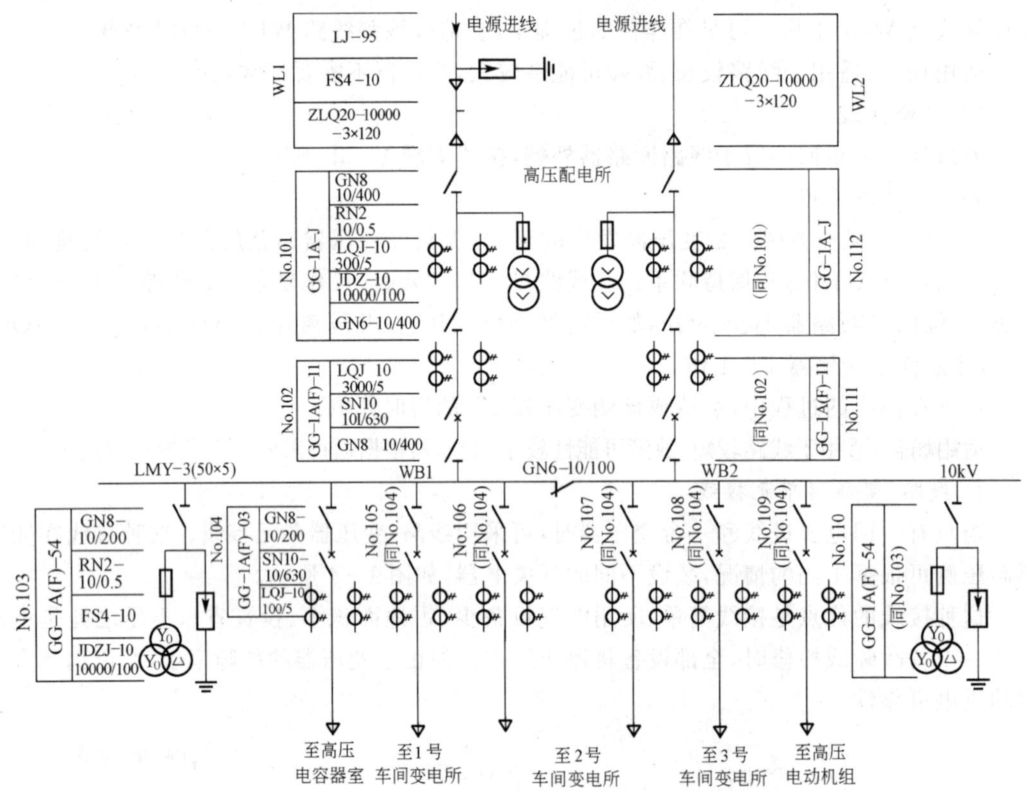

图 1-5　某厂高压配电所系统式主接线图

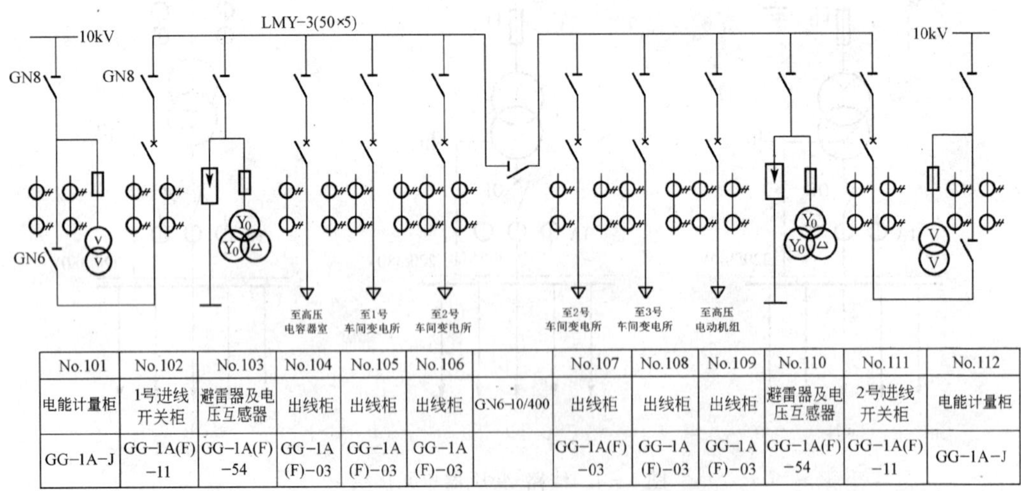

No.101	No.102	No.103	No.104	No.105	No.106		No.107	No.108	No.109	No.110	No.111	No.112
电能计量柜	1号进线开关柜	避雷器及电压互感器	出线柜	出线柜	出线柜	GN6-10/400	出线柜	出线柜	出线柜	避雷器及电压互感器	2号进线开关柜	电能计量柜
GG-1A-J	GG-1A(F)-11	GG-1A(F)-54	GG-1A(F)-03	GG-1A(F)-03	GG-1A(F)-03		GG-1A(F)-03	GG-1A(F)-03	GG-1A(F)-03	GG-1A(F)-54	GG-1A(F)-11	GG-1A-J

图 1-6　某厂高压配电所装置式主接线图

1. 电源进线

(1)电源进线:该配电所有两回 10kV 电源进线,一回是架空线 WL1,另一回是电缆线 WL2。根据防雷保护的要求,为防止雷电波沿线路侵入变配电所,在架空线路的末端装设

避雷器 FS4－10。

（2）高压计量柜：在两回电源进线的主开关柜（编号 No.102 和 No.111）之前各装设一台 GG－1A－J 型高压计量柜（编号 No.101 和 No.112），其中电流互感器和电压互感器用来向测量和保护等装置提供电流和电压。

（3）进线高压开关柜：在两回电源进线回路各装设一台 GG－1A(F)－11 型高压柜（编号 No.102 和 No.111），考虑到进线断路器在检修时有可能两端来电，为保证断路器检修时的人身安全，断路器两侧都必须装设高压隔离开关。

2. 母线

（1）接线方式：采用高压隔离开关（型号 GN6－10/100）分段的单母线接线。

（2）电压互感器柜（俗称 PT 柜）：为了测量、监视、保护和控制主电路设备的需要，每段母线上各装设一台 GG－1A(F)－54 型电压互感器柜（编号 No.103 和 No.110）。由于防雷保护的需要各段母线上都装设了避雷器，为了充分利用柜体空间，避雷器和电压互感器装设在一个 PT 柜内，且共用一组高压隔离开关。

3. 高压配电出线

由 6 台 GG－1A(F)－03 型高压出线柜组成，其中两台（编号 No.106 和 No.107）分别由两段母线配电给 2 号车间变电所；一台（编号 No.105）由左段母线配电给 1 号车间变电所；一台（编号 No.108）由右段母线配电给 3 号车间变电所；另一台（编号 No.109）由右段母线配电给高压电动机组；还有 1 台 GG－1A(F)－03 型高压柜（编号 No.104）作为高压并联电容器组起无功补偿的作用。

技能训练

参照图 1－5 和图 1－6，绘制一路电源进线、三路出线的单母线接线系统式主接线图和装置式主接线图。

任务二　变配电所总体布置的认知

教师工作任务单

任务名称	任务二　变配电所总体布置的认知
任务描述	通过参观仿真变配电所或企业变配电所，了解变配电所的总体布置，学生对变电所的平面图有一个初步的认识，并能看懂平面图，对组合式变电所有一个初步的了解。
任务分析	借助仿真变配电所或企业变配电所，在现场师傅或辅导教师的辅导下，并提出一些引导性问题，学生从引导性问题得到一定的启发，自己大致能拟订出变配电所的布置要求及总体布置方案，对组合式变电所及其特点有一定的了解。 引导性问题： 1. 组合式变电所的布置及其平面图如何识读？ 2. 组合式变电所的特点是什么？

（续表）

<table>
<tr><td rowspan="3">任务目标</td><td rowspan="2">知识目标</td><td colspan="2">内容要点</td><td>相关知识</td></tr>
<tr><td colspan="2">知道组合式变电所的特点。</td><td>参见二</td></tr>
<tr><td>技能目标</td><td colspan="2">会识读变配电所的平面图和剖面图。</td><td>参见图 1-7</td></tr>
<tr><td rowspan="10">任务实施</td><td rowspan="8">实施步骤</td><td>任务流程</td><td colspan="2">资讯→决策→计划→实施→检查→评估（学生部分）</td></tr>
<tr><td>资讯</td><td colspan="2">（阅读任务书，明确任务，了解工作内容、目标，准备资料。）</td></tr>
<tr><td>决策</td><td colspan="2">（分析并确定采用什么样的方式方法和途径完成任务。）</td></tr>
<tr><td>计划</td><td colspan="2">（制订计划，规划实施任务。）</td></tr>
<tr><td>实施</td><td colspan="2">（学生具体实施本任务的过程，实施过程中的注意事项等。）</td></tr>
<tr><td>检查</td><td colspan="2">（自查和互查，检查掌握、了解状况，发现问题及时纠正。）</td></tr>
<tr><td>评估</td><td colspan="2">（该部分另用评估考核表。）</td></tr>
<tr><td colspan="3" style="display:none"></td></tr>
<tr><td rowspan="2">实施条件</td><td>实施地点</td><td colspan="2">现场变电所，仿真变电所（任选其一）。</td></tr>
<tr><td>辅助条件</td><td colspan="2">教材、专业书籍、多媒体设备、PPT 课件等。</td></tr>
<tr><td colspan="2">练习训练题</td><td colspan="3">组合式变电所有什么特点？</td></tr>
<tr><td colspan="2">学生应提交的成果</td><td colspan="3">1. 任务单。
2. 评估考核表。
3. 练习训练题。</td></tr>
</table>

相关知识

一、变配电所总体布置

图 1-7 所示为某中型工厂高压配电所及其附设车间变电所的电气平面图和剖面图。图 1-6 就是该高压配电室的装置式主接线图（2 号车间变电所未绘出）。

高压配电所有两路 10kV 电源进线，直接进入高压配电室，高压配电室中的开关柜采用双列布置。高低压配电室也都留有一定的余地（两边留有一定的空间和电缆沟），供将来添设高低压开关柜（屏）之用。

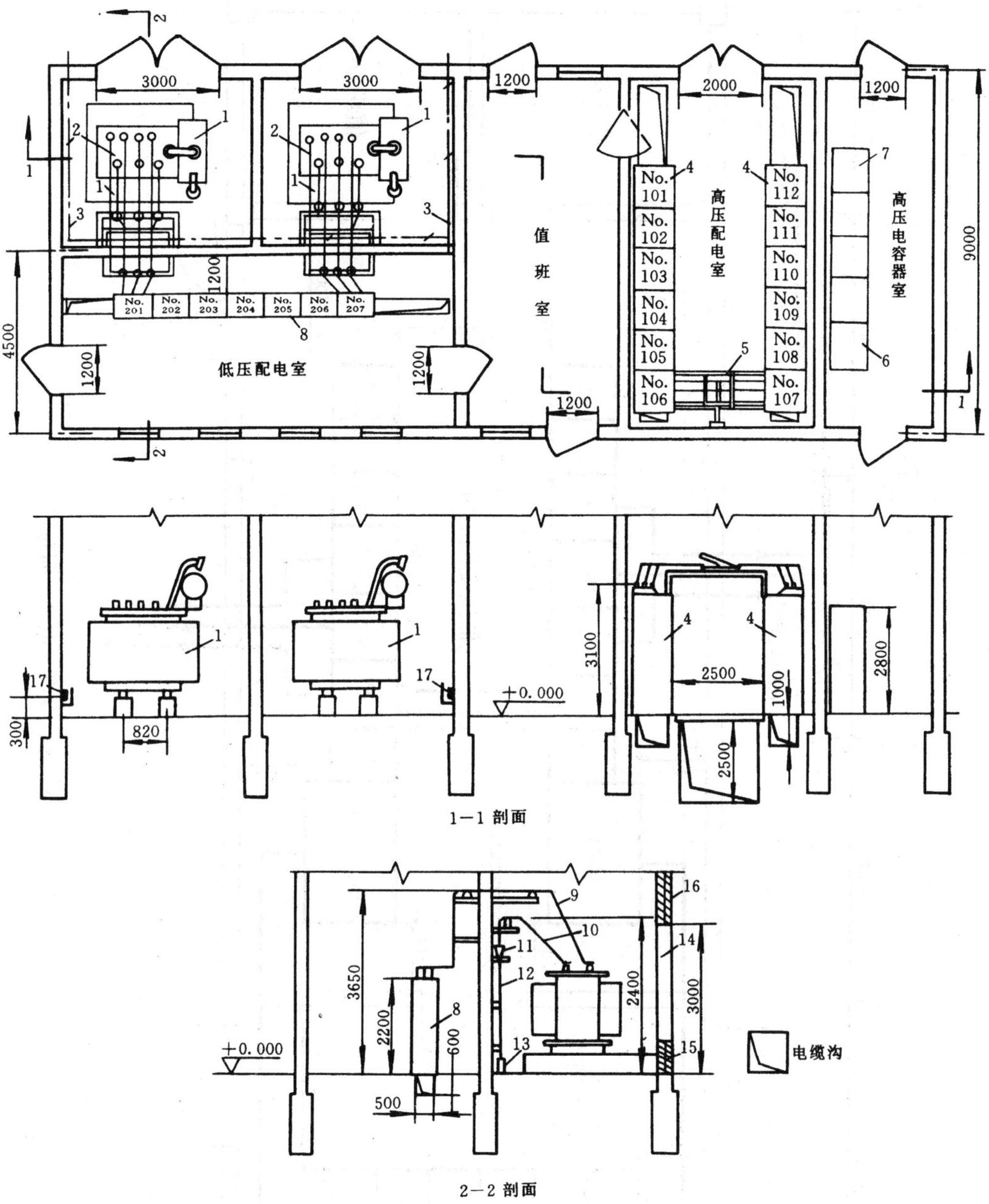

1—1 剖面

2—2 剖面

图 1-7　某中型工厂高压配电所及其附设 2 号车间变电所的平面图和剖面图

1—S9—800/10 型变压器；2—PEN 线；3—接地线；4—GG—1A(F)型高压开关柜；5—GN6 型高压隔离开关；6—GR—1 型高压电容器柜；7—GR—1 型高压电容器的放电互感器柜；8—PGL2 型低压配电屏；9—低压母线及支架；10—高压母线及支架；11—电缆头；12—电缆；13—电缆保护管；14—大门；15—进风口(百叶窗)；16—出风口(百叶窗)；17—接地线及其固定钩

图 1-8 是某 10/0.38kV 变电所电气平面布置图。

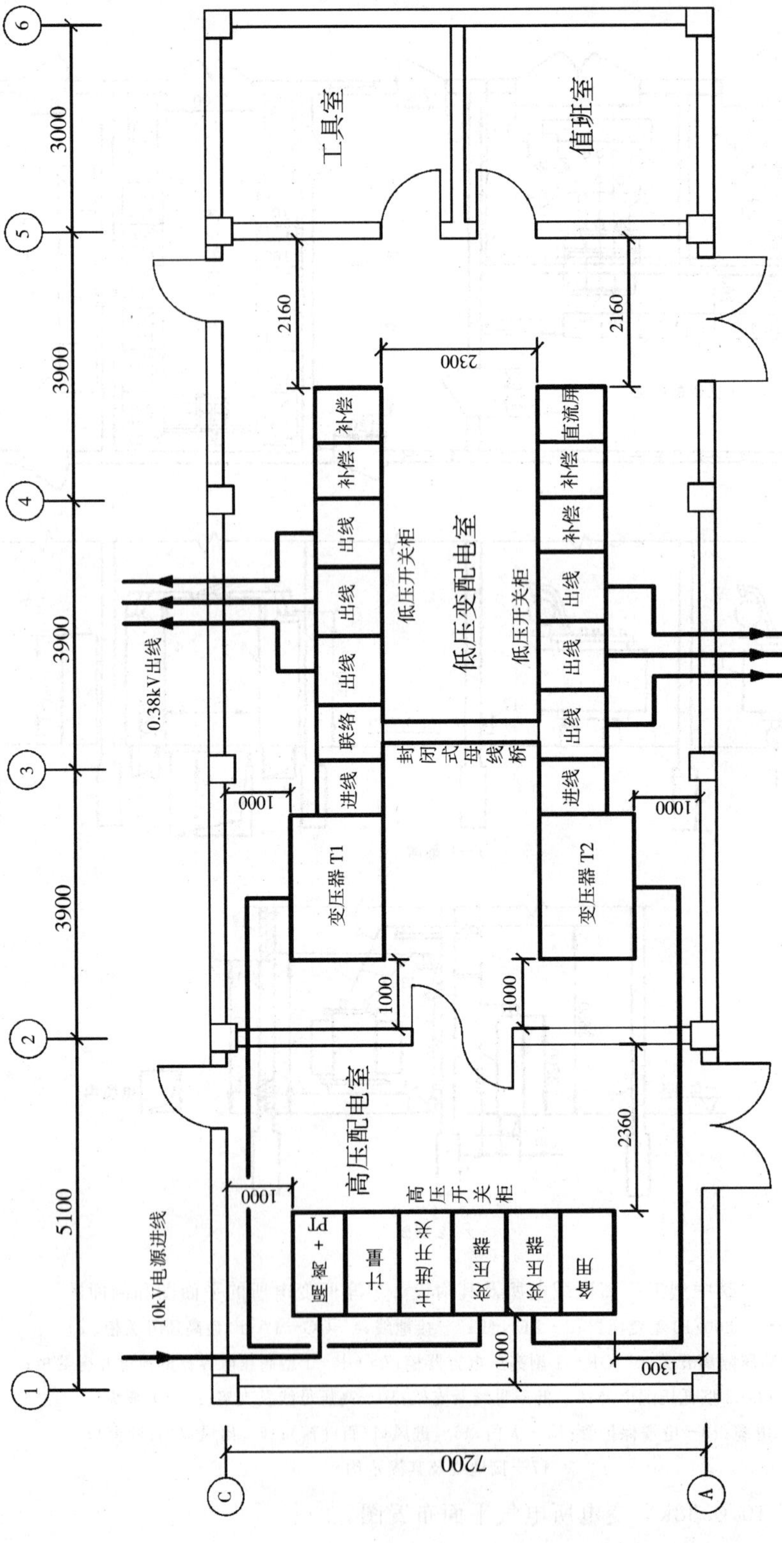

图1-8 某10/0.38kV变电所电气平面布置图

二、组合式变电所

组合式变电所指的是将高低压开关柜和电力变压器组合为一体的型式。组合式变电所按装置地点分为户内组合式变电所和户外组合式变电所。

组合式变电所的特点是：①高压深入负荷中心，减少电能损耗，减少导线的金属消耗量，降低线路的电压损失；②占地面积小；③减少土建投资；④维护工作量小。但是价格较贵。组合式变电所已得到广泛应用。

1. 户内组合式变电所

户内组合式变电所的高低压开关柜均为封闭式结构。

户内组合式成套变电所的电气设备一般分三部分。

下面以 XZN－1 型户内组合式成套变电所为例，图 1－9 为 XZN－1 型户内组合式成套变电所的平面布置图。该变电所的装置式主接线图如图 1－10 所示。

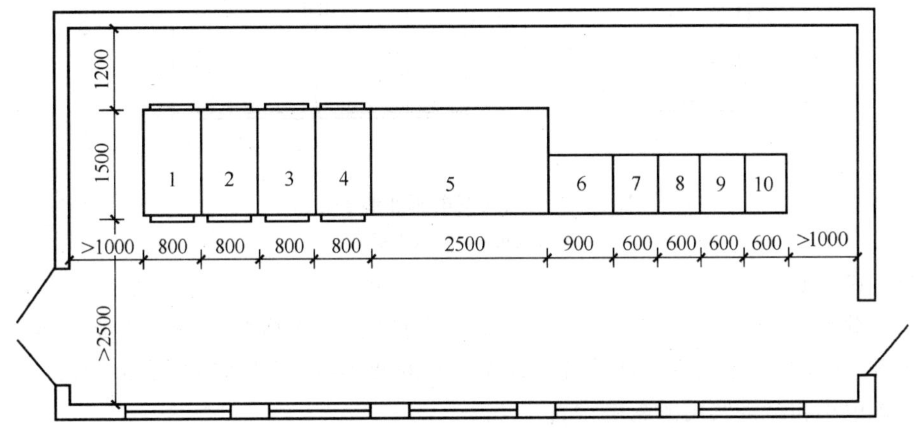

图 1－9　某 XZN－1 型户内组合式成套变电所的平面布置图

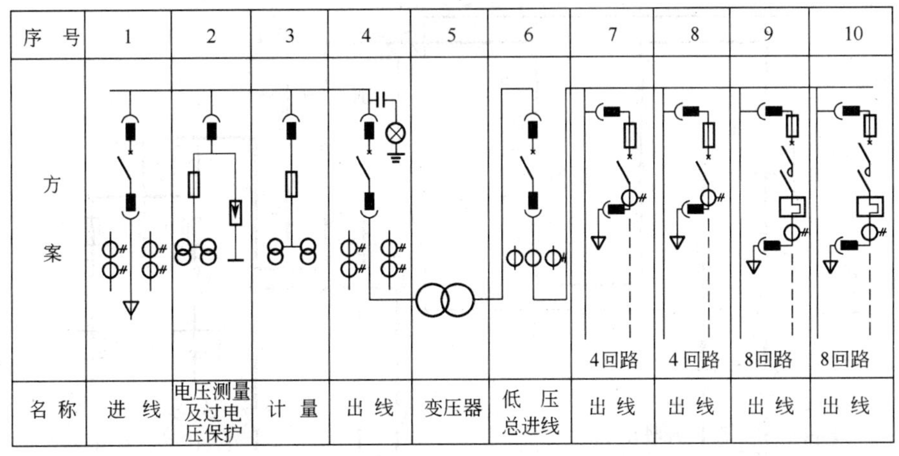

图 1－10　某 XZN－1 型户内组合式成套变电所装置式主接线图

(1)高压开关柜 1～4 采用 GFC－10A 型手车式高压开关柜，1、4 号手车上装 ZN4－10C 型真空断路器。

(2)变压器柜 5 主要装配 SC 或 SCL 型环氧树脂浇注干式变压器和防护式可拆装结构。

变压器底部装有滚轮，便于取出检修。

(3)低压配电柜6为总进线柜。低压配电柜7～10采用BFC－10A型抽屉式低压配电柜，开关主要为ME型低压断路器等。

2. 户外组合式变电所

户外组合式变电所也称为箱式变电所，分美式箱变和欧式箱变两种，如图1－11所示。箱式变电站是由高压开关设备、电力变压器、低压开关设备、电能计量设备、无功补偿设备、辅助设备和连接件等组成的成套设备，这些元件在工厂内被预先组装在一个或几个箱壳内，用来从高压系统向低压系统输送电能。

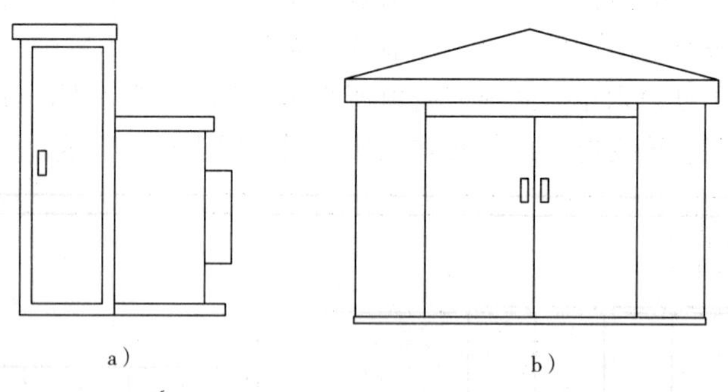

图1－11　箱式变电所外形示意图

a)美式箱变；b)欧式箱变

(1)美式箱变

从20世纪90年代起，中国引进美国箱式变电站。美式箱变是将变压器本体、开关设备、熔断器、分接开关及相应辅助设备组合在一起的变压器，一般为“品”字形结构，是一种结构紧凑、体积小和经济实用的配电设备。

图1－12是美式箱变典型的接线方案之一。

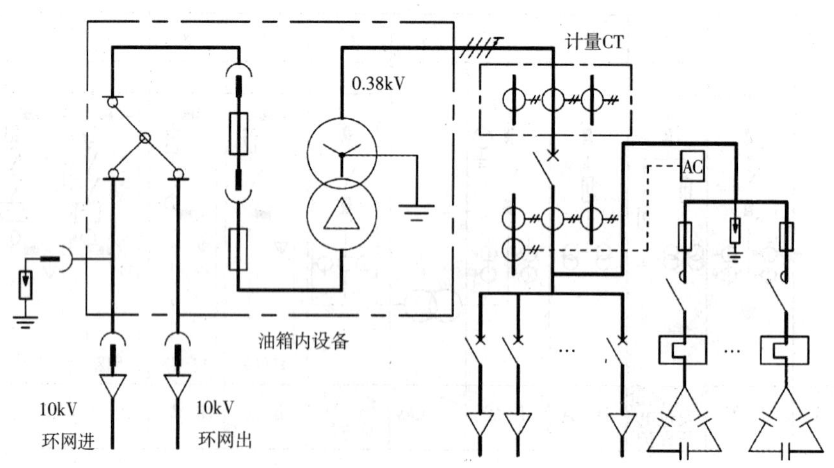

图1－12　美式箱变典型的接线方案

1)特点

优点：①体积小、占地面积小、便于安放、容易与小区的环境相协调；②可以缩短低压电

缆的长度，降低线路损耗，还可以降低供电配套的造价；③散热条件较好。

缺点：①供电可靠性低；②无电动机构，无法增设配电自动化装置；③无电容器装置，对降低线损不利；④噪音较大；⑤不便于增容等。

2）适用场合

美式箱变适用于对供电要求相对较低的多层住宅和其他不重要的建筑物。

（2）欧式箱变

从20世纪70年代后期起，中国从法国、德国等国引进及仿制了欧式箱变。欧式箱变通常由高压室、变压器室和低压室三部分组成，组装于有金属构件及钢板焊接的壳体内，各室间严格隔离，一般为“目”字形结构。图1－13为“目”字形欧式箱变结构示意图。

1）特点

优点：①噪音较低；②辐射较低；③易实现配电自动化；④功能较全。

缺点：体积较大，不利于安装，对小区的环境布置有一定的影响。

2）适用场合

欧式箱变适用于多层住宅、小高层、高层和其他较重要的建筑物。

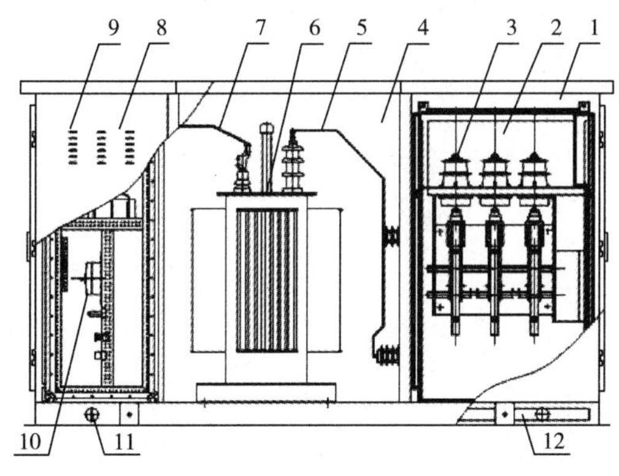

图1－13　预装式变电所结构示意图

1—高压室；2—高压环网柜；3—负荷开关—熔断器—接地开关组合电器；4—变压器室；5—高压母线；6—电力变压器；7—低压母线；8—低压室；9—低压开关柜；10—低压馈线断路器；11—起吊装置；12—接地母线

图1－14是欧式箱变典型的接线方案之一。

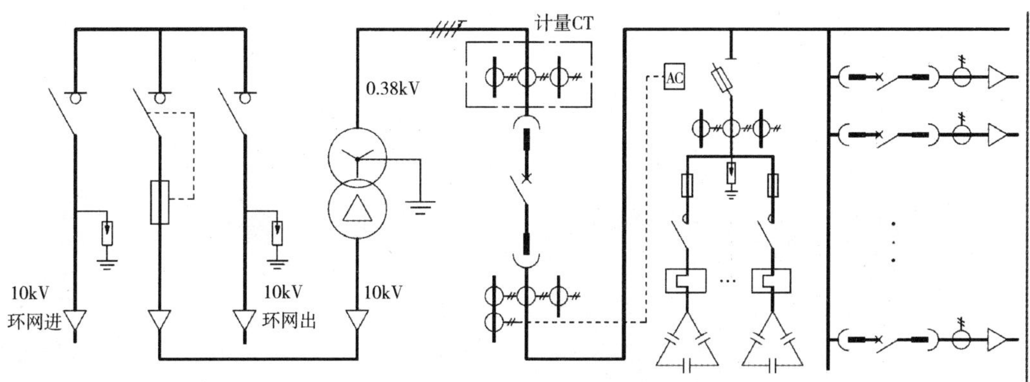

图1－14　欧式箱变典型的接线方案

技能训练

(1)参照图 1-8 和图 1-9,通过参观变电所,画出变电所的平面布置图。

(2)对照图 1-10,绘出 XZN-1 型户内组合式成套变电所系统式主接线图。

项目二　高低压电气设备的认知及选择

任务一　高低压电气设备的认知

教师工作任务单

<table>
<tr><td colspan="2">任务名称</td><td colspan="2">任务一　高低压电气设备的认知</td></tr>
<tr><td colspan="2">任务描述</td><td colspan="2">高低压电气设备主要包括高低压断路器、高压隔离开关、高低压负荷开关、高低压熔断器、互感器等，它们是变配电所的主要电气设备，认知并熟悉它们是做好电气工作的前提。</td></tr>
<tr><td colspan="2">任务分析</td><td colspan="2">借助现场设备或录像，在师傅或辅导教师的辅导下，对照实物进行简介，并提出一些引导性问题，学生从引导性问题中得到一定的启发，自己去认识、了解它们的组成、作用和使用注意事项等。
引导性问题：
1. 开关电器在通断电路时要产生电弧，如何熄灭？
2. 高低压电路中要装哪些操作电器和保护电器，它们的主要组成部分和作用是什么？
3. 在大电流、高电压电路中，装哪些设备为测量和保护等装置获取电流和电压参数，它们的组成、作用、接线方式和注意事项有哪些？</td></tr>
<tr><td rowspan="3">任务目标</td><td></td><td>内容要点</td><td>相关知识</td></tr>
<tr><td>知识目标</td><td>1. 了解熄灭电弧的主要方法。
2. 认知高低压断路器、高压隔离开关、高低压负荷开关、高低压熔断器等设备的主要组成部分和作用。
3. 认知断路器的主要技术参数及含义。
4. 认知互感器的组成、作用、接线方式和注意事项。</td><td>1. 参见一
2. 参见二～八
3. 结合实物和附表 12
4. 参见六</td></tr>
<tr><td>技能目标</td><td>能看懂电气设备的铭牌参数及符号。</td><td></td></tr>
</table>

（续表）

<table>
<tr><td rowspan="9">任务实施</td><td rowspan="7">实施步骤</td><td>任务流程</td><td>资讯→决策→计划→实施→检查→评估（学生部分）</td></tr>
<tr><td>资讯</td><td>（阅读任务书，明确任务，了解工作内容、目标，准备资料。）</td></tr>
<tr><td>决策</td><td>（分析并确定采用什么样的方式方法和途径完成任务。）</td></tr>
<tr><td>计划</td><td>（制订计划，规划实施任务。）</td></tr>
<tr><td>实施</td><td>（学生具体实施本任务的过程，实施过程中的注意事项等。）</td></tr>
<tr><td>检查</td><td>（自查和互查，检查掌握、了解状况，发现问题及时纠正。）</td></tr>
<tr><td>评估</td><td>1. 小组派代表进行小组完成此次任务的情况汇报，其他成员补充优化。（每次抽1～2组）
2. 教师进行评估总结。
3. 与教师深层次的交流。
4. 填写考核评价表（各单位自己拟定）。</td></tr>
<tr><td rowspan="2">实施条件</td><td>实施地点</td><td>现场变电所，仿真变电所，一体化教室（任选其一）。</td></tr>
<tr><td>辅助条件</td><td>教材、专业书籍、多媒体课件等。</td></tr>
<tr><td>练习训练题</td><td colspan="3">1. 熄灭交流电弧的主要方法有哪些？
2. 高压断路器、高压隔离开关、高压负荷开关、高低压熔断器的作用分别是什么？
3. 低压断路器的作用是什么？
4. 互感器的作用是什么？电流互感器和电压互感器的接线方式分别有哪些？注意事项分别有哪些？</td></tr>
<tr><td>学生应提交的成果</td><td colspan="3">1. 任务书。
2. 评估考核表。
3. 练习训练题。</td></tr>
</table>

相关知识

一、电弧

开关电器在触点接通和断开的过程中，在触点间产生温度极高、亮度极强并能导电的电弧。高温的电弧将烧损触头，甚至造成相间短路、电气爆炸，危及人身和设备的安全。开关电器在接通和断开电路的过程中之所以会产生电弧，其根本原因是触头本身及触头周围的介质中，含有大量可游离的带电粒子。

1. 电弧的产生

电弧的产生过程，实质是带点粒子的产生过程，电弧中带电粒子的产生主要通过以下几种途径。

(1)热电发射：动触头即将分开的瞬间，由于触头间压力和接触面积减小，接触电阻增大，从而使电能损耗增大，在触头的表面出现炽热点，金属触头在高温作用下，将发射电子，在电场力的作用下，自由电子奔向阳极，这种现象称热电发射。

(2)强电场发射：动触头分离后，在外施电压的作用下，触头间产生较高的电场强度，阴极表面的电子在电场力作用下被强行“拉”出金属触头表面，成为自由电子，同时在电场力的作用下，自由电子向阳极加速运动，这种现象称强电场发射。

(3)碰撞游离：阴极发射出来的自由电子在电场力作用下以很高的速度向阳极运动，沿途撞击介质中的中性质点，使之游离出自由电子和正离子，这些游离出来的正离子和自由电子继续参加碰撞游离，使触头间的间隙中带电粒子数越来越多，形成电弧。电弧的产生主要靠碰撞游离。

(4)热游离：当电弧产生以后，它具有很高的温度。介质分子在高温作用下，迅速且不规则地运动，并有很大的动能，它们相互碰撞时，同样可游离出自由电子和正离子，这种靠高温产生游离的方式，称为热游离。维持电弧稳定燃烧主要靠热游离。

2. 电弧的熄灭及灭弧方法

(1)电弧的熄灭

在游离的同时，气体还存在去游离过程。去游离会减少带电粒子的数目，从而有助于电弧的熄灭。去游离主要包括以下两种方式。

① 复合：间隙中的自由电子和正离子相结合还原为中性质点的过程称为复合。

② 扩散：由于弧隙与周围的温度差和带电粒子浓度差的存在，使得带电粒子向温度较低和浓度较低的周围扩散，这种现象称为扩散。

当游离速率小于去游离速率时，电弧熄灭；反之，电弧产生。

(2)开关电器的主要灭弧方法

开关电器中的灭弧方法较多，但原理都是削弱游离速率，加强去游离速率。常用的灭弧方法有下列几种。

① 提高触头的开断速度：提高触头的开断速度或增加断口的数目，可以减少间隙处于强电场强度下的时间，即减少强电场发射的时间，降低带电粒子的数目，以削弱电弧形成的条件。

② 冷却电弧：用冷却的方法降低电弧的温度，削弱热电发射和热游离作用，以熄灭电弧。

③ 吹弧：采用绝缘介质吹弧，使电弧拉长、增加冷却面、提高传热率，并迫使间隙中带电粒子向周围扩散以促使电弧熄灭。常用的吹弧形式有纵吹和横吹。

④ 将触头置于真空中：由于缺乏导电介质而使断路器分断时不能维持电弧燃烧，这种断路器称为真空断路器。

⑤ 利用固体的狭沟(缝)灭弧：使电弧与固体介质紧密接触，有助于带电质点复合。如填料式熔断器的灭弧。

⑥ 将长弧分割成短弧：低压断路器上的灭弧罩就是利用这一方法灭弧的。

二、高压断路器

高压断路器按其采用的灭弧介质分,主要有油断路器、六氟化硫(SF_6)断路器和真空断路器等。

1. 用途

高压断路器是高压配电装置中最主要的开关电器,具有较完善的灭弧装置。它的作用是正常时承载、切断和接通负荷电流,短路故障时通过保护装置的作用切断电路。

2. 主要技术参数

(1)额定电压:指正常工作时断路器所能承受的电压,它是由断路器的绝缘水平决定的。

(2)额定电流:指在规定的环境温度下,断路器长期通过的最大工作电流的有效值。额定电流的大小是由断路器导电部分的截面和材料决定的。

(3)额定开断电流:是指在额定电压下,断路器能切除的最大电流有效值。它表征断路器的灭弧能力。

(4)动稳定电流:动稳定电流又称极限允许通过电流,表明断路器在冲击短路电流作用下,承受电动力的能力。其大小由导电及绝缘等部分的机械强度所决定。

(5)热稳定电流:热稳定电流又称额定短时耐受电流,指断路器在某规定时间内允许通过的最大短路电流。它表征断路器承受短路电流热效应的能力。

3. 几种常用的高压断路器

(1)SN10－10 型高压少油断路器

图 2－1 为 SN10－10 型少油断路器外形图和内部结构剖面图。

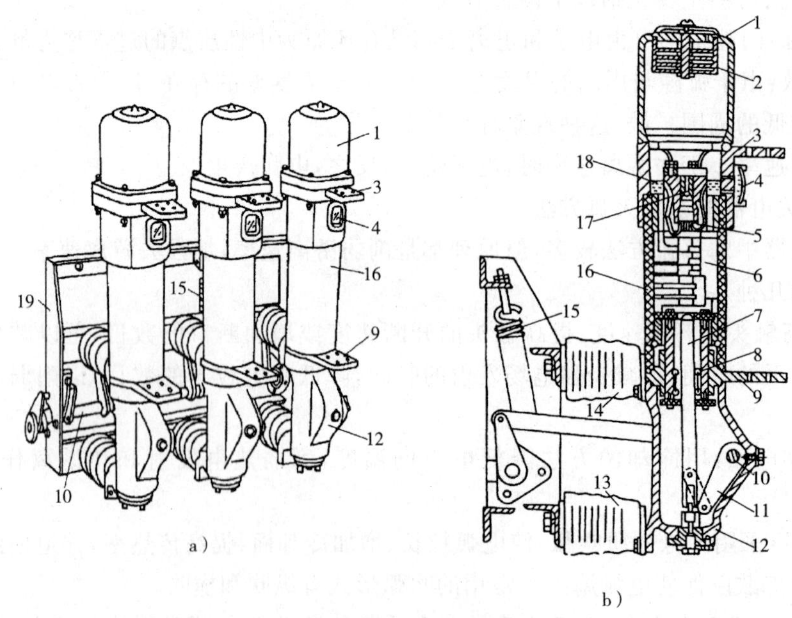

图 2－1　SN10－10 型少油断路器

a)外形图; b)内部结构剖面图

1－铝帽;2－油气分离器;3－上接线端子;4－油标;5－插座式静触头;6－灭弧室;7－动触头;8－中间滚动触头;9－下接线端子;10－转轴;11－拐臂;12－基座;13－下支柱绝缘子;14－上支柱绝缘子;15－断路弹簧;16－绝缘筒;17－逆止阀;18－绝缘油;19－框架

少油断路器主要由油箱、传动机构和框架三部分组成。油箱是断路器的核心部分，油箱的上部设有油气分离室，其作用是将灭弧过程中产生的油气混合物旋转分离，气体从顶部排气孔排出，而油则沿内壁流回灭弧室。

(2)高压真空断路器

高压真空断路器是利用“真空”作为绝缘和灭弧介质。真空断路器有户内式和户外式。这里介绍 ZN28A—10 型户内真空断路器。

ZN28 系列真空断路器主要由真空灭弧室、操动机构、绝缘体、传动件及机架等组成。真空灭弧室由动静触头、屏蔽罩、波纹管及玻壳等组成，其结构如图 2-2 所示。

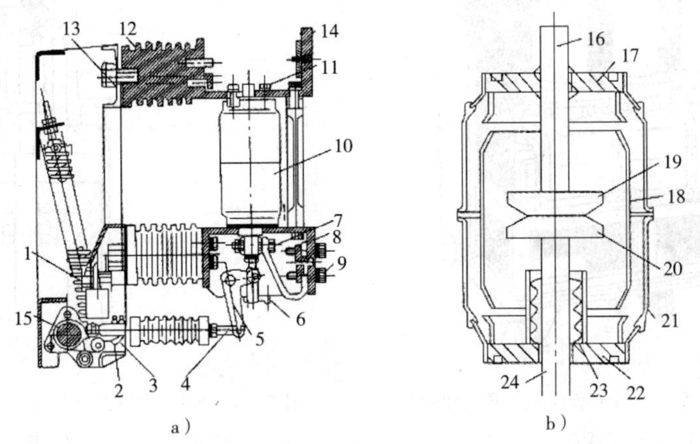

图 2-2　ZN28A—10 系列真空断路器及灭弧室示意图

a)ZN28A—10 系列真空断路器；b)真空灭弧室结构图

1—跳闸弹簧；2—框架；3—触头弹簧；4—绝缘拉杆；5—拐臂；6—导向板；7—导电夹紧固螺栓；8—动触头支架；9—螺栓；10—真空灭弧室；11—紧固螺栓；12—支持绝缘子；13—固定螺栓；14—静触头支架；15—主轴；16—静导电杆；17—上盖板；18—屏蔽罩；19—静触头；20—动触头；21—绝缘外壳；22—下盖板；23—密封波纹管；24—动触头杆

真空断路器的触头为圆盘状，被放置在真空灭弧室内。由于真空中没有或只有极少可被游离的气体，故只有强电场发射和热电发射。真空中电弧是由触头电极蒸发出来的金属蒸气形成的。触头设计成特殊形状，在电流通过时会产生一个横向磁场，使真空电弧在主触头表面切线方向快速移动。在屏蔽罩内壁上，凝结了部分金属蒸气，电弧在自然过零时暂时熄灭，触头间的介质强度迅速恢复。电流过零后，外加电压虽然恢复，但触头间隙不会再被击穿，真空电弧在电流第一次过零时就能完全熄灭。

真空断路器的优点是：开断能力强、性能稳定、噪音低、尺寸小、重量轻、寿命长、动作快、无火灾爆炸危险等，适用于频繁操作。因此，在 35kV 及以下电压等级的配电系统中应用十分广泛。

(3)SF_6断路器

SF_6气体是无色、无味、无毒、不可燃的惰性气体，绝缘能力是空气的 2.33 倍，灭弧能力是空气的 100 倍，所以 SF_6气体具有较强的绝缘能力和灭弧能力。

六氟化硫断路器是利用 SF_6气体作为绝缘介质和灭弧介质的高压断路器。图 2-3 是 LN2—10 型户内式 SF_6断路器。由图 2-4 所示的灭弧室结构可以看出，断路器的静触头和灭弧室中的压气活塞是相对固定不动的，分闸时，装有动触头和绝缘喷嘴的气缸由断路器操动机构通过连杆带动离开静触头，造成气缸与活塞的相对运动，压缩 SF_6 气体，使之通过喷嘴吹弧，从而使电弧迅速熄灭。

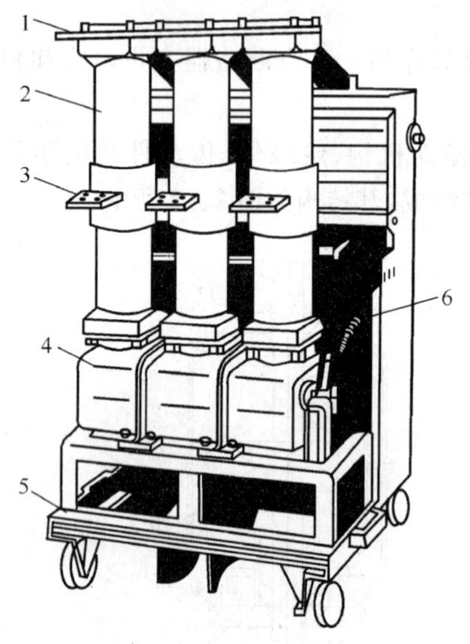

图 2-3　LN2—10 型高压 SF_6 断路器

1—上接线端子；2—绝缘筒；3—下接线端子

4—操动机构箱；5—小车；6—断路弹簧

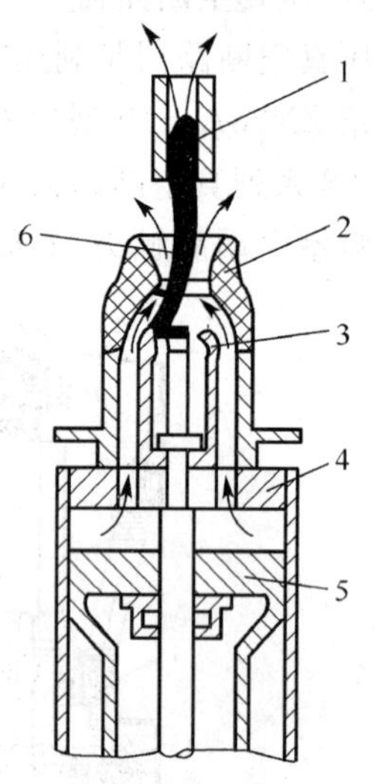

图 2-4　SF_6 断路器灭弧室结构和工作示意图

1—静触头；2—绝缘喷嘴；3—动触头；

4—气缸(连同动触头由操动机构传动)；

5—压气活塞(固定)；6—电弧

SF_6 断路器的优点是：断口耐压高、断流能力强、电绝缘性能好、允许断路次数多、检修周期长、占地面积小。SF_6 断路器的缺点是：要求加工精度高、密封性能好、对水分和气体的检测控制要求较严、价格较贵等。SF_6 断路器适用于需频繁操作及有易燃易爆危险的企业变电所和 110kV 及以上电压等级的变电所，特别适合用作全封闭式组合电器。

三、高压隔离开关

1. 用途

高压隔离开关没有专门的灭弧装置，所以不能用来切断和接通负荷电流和短路电流。其主要用途是：

(1)将需要检修的电气设备与电源可靠隔离，以保证检修工作的安全。

(2)用于电路中的倒闸操作。

(3)用于切除和接通小电流或无电流电路。

图 2-5 为 GN8—10 型高压隔离开关。

2. 基本要求及操作注意事项

隔离开关按照所担负的工作任务，要求有明显的可见断口，易于鉴别电器是否与电源可靠隔离；具有足够的短路动稳定性和热稳定性；结构简单，动作可靠；带有接地刀闸的隔离开关，必须装设联锁机构，以保证先断开隔离开关、后闭合接地刀闸以及先断开接地刀闸、后闭合隔离开关的操作顺序。

操作时要注意严禁带负荷拉、合隔离开关。隔离开关一般与高压断路器配合使用，并且要严格遵守操作顺序，停电时，先断开断路器，然后再拉开隔离开关；送电时，先合上隔离开关，再闭合断路器，以保证不会带负荷操作隔离开关。

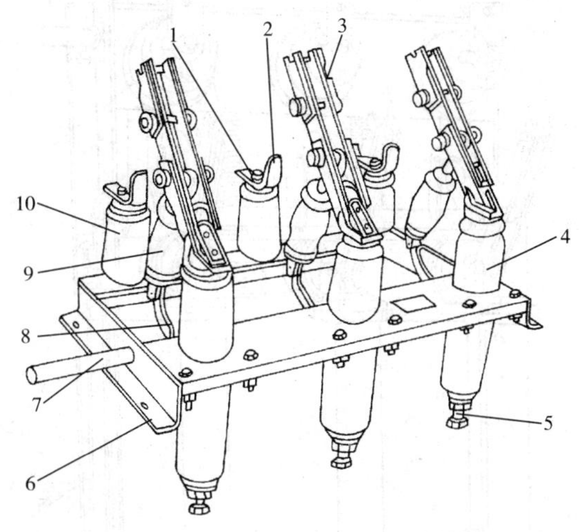

图 2-5　GN8—10 型高压隔离开关

1—上接线端子；2—静触头；3—闸刀；4—套管绝缘子；5—下接线端子；
6—框架；7—转轴；8—拐臂；9—升降绝缘子；10—支柱绝缘子

四、高压负荷开关

高压负荷开关具有简单的灭弧机构，但灭弧能力较差。主要用来承载、切断和接通正常的负荷电流，但不能切断短路电流。在多数情况下，它与高压熔断器配合使用，由熔断器作短路保护。

图 2-6 为 FN3—10RT 户内压气式负荷开关。负荷开关上端的绝缘子是一个简单的灭弧室，它不仅起到支持绝缘子的作用，而且其内部是一个气缸，装有操动机构主轴传动的活塞，绝缘子上部装有绝缘喷嘴和弧静触头。当负荷开关分闸时，闸刀一端的弧动触头与弧静触头之间产生电弧，同时主轴转动而带动活塞，压缩气缸内的空气，使其从喷嘴往外吹弧，将电弧迅速熄灭。

高压负荷开关适用于无油化、不检修、要求频繁操作的场所，主要用于 10kV 等级电网。

五、高低压熔断器

1. 用途及特点

熔断器是一种常用的简单保护电器。熔断器串接在电路中，当电路发生过载或短路时，过载或短路电流超过熔体的最小熔断电流时，熔体被加热而熔断，从而切断故障电路。

熔断器结构简单，价格便宜。其主要缺点是前后级保护的配合较困难；熔体熔断后，更换比较麻烦。

2. 主要技术参数

(1)熔断器额定电流：指熔断器的载流部分和接触部分长期允许通过的最大电流。

(2)熔体额定电流：指熔体本身允许长期通过而不熔断的最大电流。该电流不得超过熔断器的额定电流。

(3)熔体熔断电流:指熔体能熔断的最小电流。

(4)熔断器断流电流:指熔断器所能切除的最大电流。

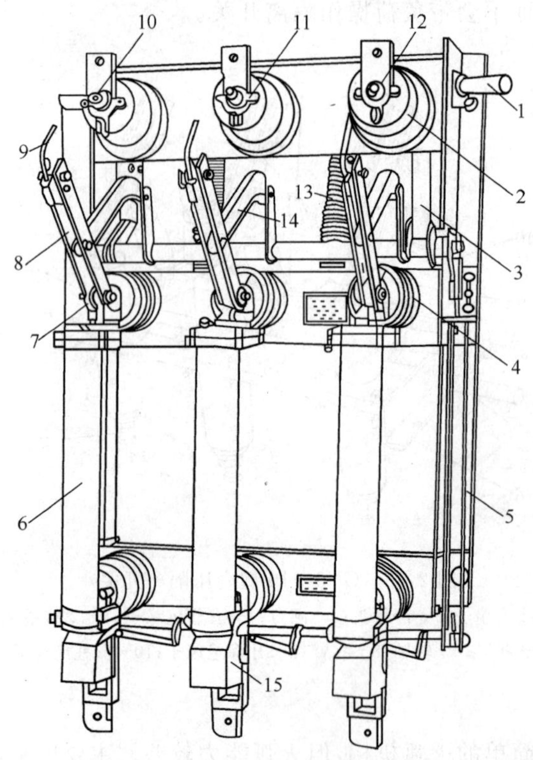

图 2-6　FN3－10RT 户内压气式负荷开关

1－主轴;2－上绝缘子兼气缸;3－连杆;4－下绝缘子;5－框架;6－RN1 型熔断器;7－下触座;8－闸刀 9－弧动触头;10－绝缘喷嘴(内有弧静触头);11－主静触头;12－上触座;13－断路弹簧;14－绝缘拉杆;15－热脱扣器

3. 几种常用的高压熔断器

(1)RN 型高压熔断器

RN 型户内型高压熔断器主要用于 3～35kV 供配电系统短路保护和过负荷保护。其中 RN1、RN5 型用于电力变压器和电力线路保护,RN2、RN6 型额定电流很小,专门用作电压互感器的短路保护。

图 2-7 和图 2-8 分别是 RN1、RN2 型高压熔断器和 RN1 熔管内部结构图。其结构主要由熔管、触头座、熔断指示器、绝缘子和底板等构成。熔管一般为瓷质管,熔丝由单根或多根镀银的细铜丝并联绕成螺旋状,熔

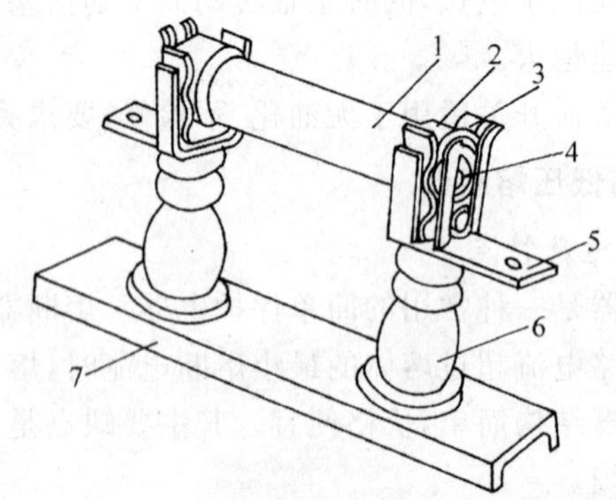

图 2-7　RN1 及 RN2 型熔断器

1－瓷熔管;2－金属管帽;3－弹性触座;4－熔断指示器;5－接线端子;6－瓷绝缘子;7－底座

丝埋放在石英砂中，熔丝上焊有小锡球。电流过大时，铜丝上锡球受热熔化，铜锡相互渗透形成熔点较低的铜锡合金(冶金效应)，使铜熔丝能在较低的温度下熔断。当短路发生时，几根并联铜丝熔断可将粗弧分细，电弧在石英砂中燃烧。因此，该熔断器的灭弧能力很强，能在冲击电流到达之前就将电弧熄灭。这种熔断器叫"限流式"熔断器。

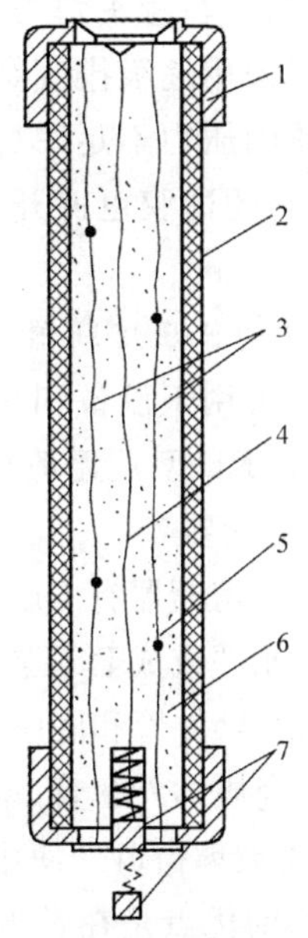

图 2-8　RN1 型熔管内部结构示意图

1—管帽；2—瓷管；3—工作熔体；4—指示熔体；5—锡球；6—石英砂填料；7—熔断指示器(熔断后弹出状态)

(2)RW 型高压跌落式熔断器

RW 型户外高压跌落式熔断器主要作为配电变压器或电力线路的短路保护和过负荷保护。其结构主要由上静触头、上动触头、熔管、熔丝、下动触头、下静触头、瓷瓶和安装板等组成。

图 2-9 为 RW4—10(G)型户外跌落式熔断器，熔管上端的动触头借助管内熔丝张力拉紧后，利用绝缘棒，先将下动触头卡入下静触头，再将上动触头推入上静触头内锁紧，接通电路。当线路上发生短路时，短路电流使熔丝熔断而形成电弧，消弧管(内管)由于电弧燃烧而分解出大量的气体，使管内压力剧增，并沿管道向下喷射吹弧，使电弧迅速熄灭。同时，由于熔丝熔断使上动触头失去了张力，

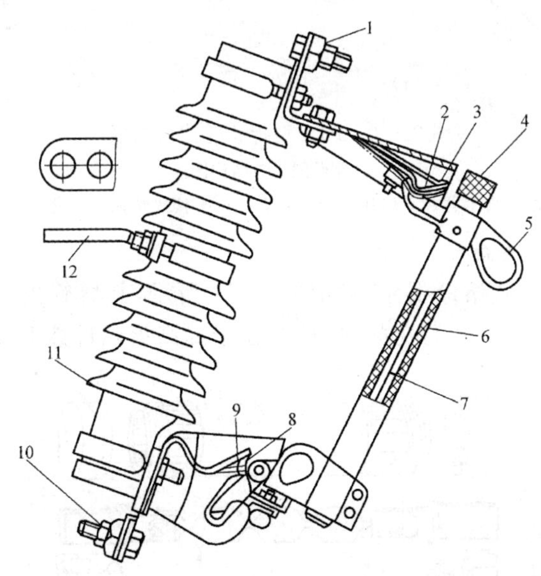

图 2-9　RW4—10(G)型跌落式熔断器

1—上接线端子；2—上静触头；3—上动触头；4—管帽(带薄膜)；5—操作环；6—熔管；7—铜熔丝；8—下动触头；9—下静触头；10—下接线端子；11—绝缘瓷瓶；12—固定安装板

锁紧机构释放熔管，在触头弹力及自重作用下跌落而断开。

这种熔断器采用逐级排气结构，熔体上端封闭，可防雨水。当短路电流较小时，电弧所产生的高压气体因压力不足，只能向下排气，此为单端排气；当短路电流较大时，管内气体压力较大，使上端封闭薄膜也冲开形成两端排气，同时还有助于防止分断大的短路电流时熔管爆裂。

4．几种常见的低压熔断器

低压熔断器可用于设备和线路的过负荷和短路保护。低压熔断器种类较多，如瓷插式（RC 型）、螺旋式（RL 型）、无填料密封管式（RM 型）、有填料封闭管式（RT 型）等。

（1）螺旋式熔断器

常见的螺旋式熔断器有 RL1 型和 RLS 型，前者可作一般电路的过负荷或短路保护，后者用于半导体整流元件或成套装置中作短路保护或过负荷保护。RL1 型熔断器如图 2－10 所示，它由瓷质螺帽、熔件管和底座等组成。底座装有接线触头，分别与底座触头和底座螺纹壳相连。熔件管由瓷质的外套管、熔体和石英填料密封在瓷管内构成，并有表明熔体熔断的指示器，瓷质螺帽上有玻璃窗口。使用时，放入熔管旋入底座螺纹壳后，使熔断器串联在回路中。

这种熔断器的优点是在带电时，不用特殊工具即可更换熔体管而不接触带电部分。但装接时，必须将底座螺纹壳的接线柱 5 接负载，而将底座触头的接线柱 6 接电源。

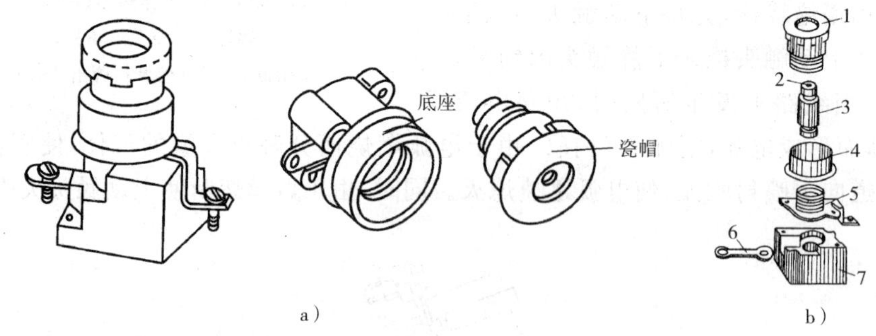

图 2－10　RL1 型螺旋管式熔断器

a）外形图；b）结构图

1—瓷帽；2—熔断指示器；3—熔体管；4—瓷套；5—上接线端；6—下接线触头；7—底座

（2）无填料密封式熔断器

RM10 型无填料密封式熔断器结构如图 2－11 所示，其熔管内安装有变截面锌熔片。锌熔片之所以冲制成宽窄不一的变截面，目的在于提高灭弧性能和便于判断事故的性质。

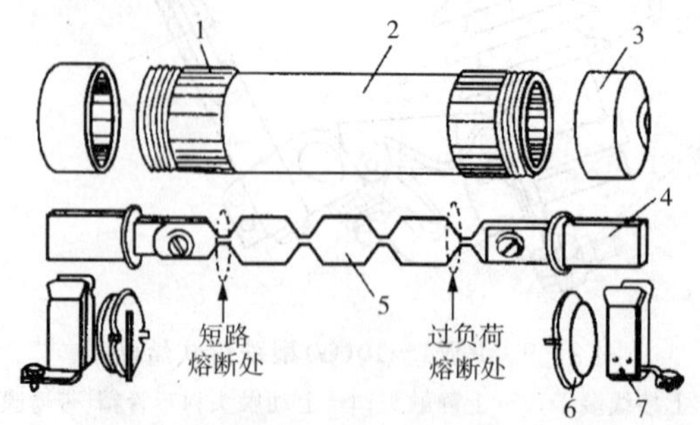

图 2－11　RM10 型无填料密封式熔断器

1—黄铜圈；2—纤维管；3—黄铜帽；4—刀触头；5—熔片；6—特种垫圈；7—刀触座

①提高灭弧性能:短路时,短路电流首先加热熔断熔片窄部,使熔管内形成几段串联短弧,从而使电弧迅速熄灭。②便于判断事故的性质:在过负荷电流通过时,由于电流加热时间较长,熔片窄部散热较好,因此往往不在窄部熔断,而在宽窄之间的斜部熔断。根据熔片熔断的部位,即可大致判断致使熔断器熔断的故障电流性质。

这种熔断器由于其结构简单、价格低廉及更换熔片方便,因此现在仍较普遍地应用在低压配电装置中。

(3)有填料封闭式熔断器

RT0 型有填料封闭式熔断器如图 2-12 所示,该熔断器由熔管、熔体、石英砂和底座等部分组成。熔体用精轧的紫铜片冲成筛孔网状,然后用锡焊成锡桥,紫铜片上还有特殊的变截面小孔。在较小的过负荷情况下,熔体的熔断靠锡桥的熔化来完成。由于有了锡桥,即使在发热最严重时通过临界电流(即熔断器的最小熔断电流,是燃弧时间最长且最难开断的电流),熔断器的温度也不会过高,从而减轻熔断器在长期运行情况下的氧化。熔体的另一特点是增加了点燃栅结构,每一根并联熔体几乎同时燃弧,这样使每一根并联熔体分担了一部分电弧能量,使电弧很快熄灭,断流容量提高,燃弧时间也较稳定。熔体的四周充满石英砂,以便于熄灭电弧。熔体熔断后有红色的指示器弹出,便于运行人员及时发现。

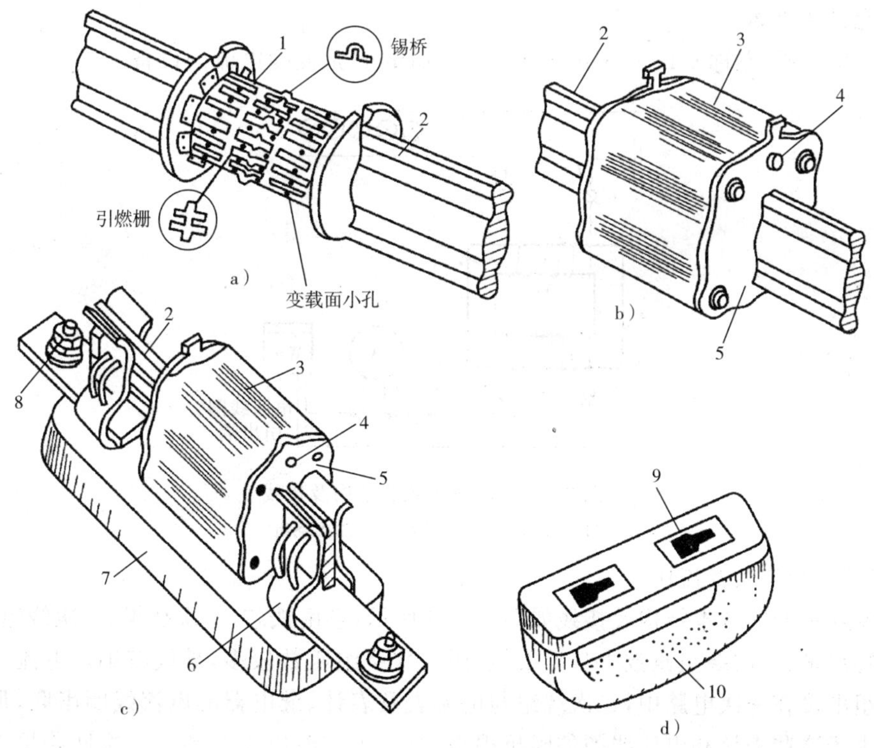

图 2-12　RT0 型低压熔断器结构图

a)熔体; b)熔管; c)熔断器; d)绝缘操作手柄

1—栅状铜熔体;2—触刀;3—瓷熔管;4—熔断指示器;5—盖板;

6—弹性触座;7—瓷质底座;8—接线端子;9—扣眼;10—绝缘拉手手柄

RT0 型熔断器断流能力较强，并有限流作用，保护性能稳定。但熔体熔断后，不能更换，整个熔管报废。

六、互感器

1. 互感器的作用

互感器包括电压互感器和电流互感器，它们是一次系统与二次系统之间的联络元件，分别向测量仪表、继电器的电压线圈和电流线圈等供电。

互感器的作用有以下几个方面。

(1)变换功能：将一次回路的高电压变为二次回路的低电压(额定标准值为 100V、$100\text{V}/\sqrt{3}$)；将一次回路的大电流变为二次回路的小电流(额定标准值为 5A 或 1A)。此功能可使测量仪表和保护等装置标准化、小型化。

(2)隔离功能：使二次设备和工作人员与高电压部分隔离，且互感器二次侧必须一端接地，以保证人身和设备的安全。

(3)使二次回路不受一次回路限制，接线灵活，维护、调试方便。

(4)二次设备的绝缘水平可按低电压、载流部分按小电流设计，结构轻巧、价格便宜，使仪表制造设计标准化，且便于实现远程控制和测量等。

(5)可获取零序电流分量、零序电压分量，供给单相接地故障及绝缘监视保护装置。

2. 电流互感器

电流互感器(亦称 CT——Current Transformer)是变换电流的设备。

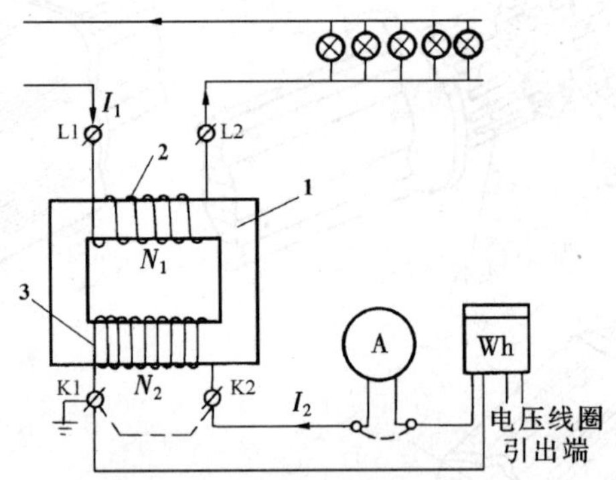

图 2－13　电流互感器结构及接线

1－铁芯；2－一次绕组；3－二次绕组

(1)基本结构及变流比

电流互感器的基本结构及接线如图 2－13 所示，它由铁芯、一次绕组、二次绕组等组成。其结构特点是：一次绕组匝数少且导线粗；而二次绕组匝数较多，导线较细。电流互感器的一次绕组串接在一次电路中，二次绕组与电流表及表计、继电器的电流线圈串联，形成闭合回路。由于这些表计和电流线圈的阻抗很小，所以工作时电流互感器二次回路接近于短路运行状态。

电流互感器的变流比用 K_i 表示，则

$$K_i=\frac{I_{1\text{N}}}{I_{2\text{N}}}\approx\frac{N_2}{N_1} \tag{2-1}$$

式中：I_{1N}、I_{2N}——分别为电流互感器一次侧和二次侧的额定电流值；

N_1、N_2——分别为一次绕组和二次绕组匝数。

(2)电流互感器的接线方式

电流互感器的接线方式如图 2－14 所示。

① 一相式接线：如图 2－14a 所示，电流互感器线圈中通过的电流为一次电路对应的线电流。这种接线适用于负荷平衡的三相电路，供测量电流和接过负荷保护装置用。

② 两相不完全星形接线：如图 2－14b 所示，在中性点不接地系统中，这种接线能测量三个线电流，公共线上的电流为 $\dot{I}_a+\dot{I}_c=-\dot{I}_b$。它广泛用于中性点不接地系统中的三相电流、电能测量及过电流保护。

③ 两相电流差接线：这种接线又叫两相一继电器式接线，如图 2－14c 所示。流过电流继电器线圈的电流为两相线电流相量差 $\dot{I}_a-\dot{I}_c$，其数值是线电流的$\sqrt{3}$倍。这种接线适用于中性点不接地系统，作过电流保护。

④ 三相星形接线：如图 2－14d 所示，由于每相均装有电流互感器，能反映各相的线电流。这种接线广泛用于三相负荷不平衡的高压或低压系统中，作三相电流、电能测量及过电流保护用。

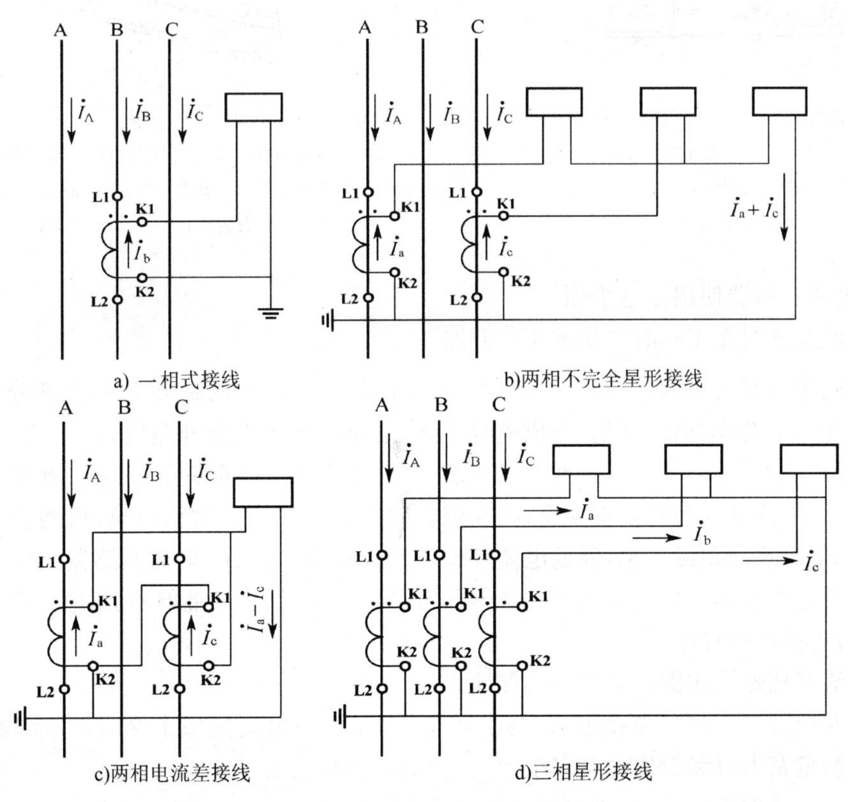

图 2－14　电流互感器接线方式

(3)电流互感器的种类

电流互感器的种类很多，按一次电压分，有高压和低压两大类；按一次绕组匝数分有单匝式和多匝式；按用途分有测量用和保护用；按绝缘介质类型分有油浸式、环氧树脂浇注式、干式、SF_6气体绝缘等。

图 2－15 和图 2－16 分别为 LMZJ1－0.5 型和 LQJ－10 型电流互感器的外形图。LMZJ1－0.5 型电流互感器穿过其铁芯的母线就是其一次绕组（按内匝算为 1 匝）。LQJ－10 型电流互感器具有两个不同的铁芯和二次绕组，分别用于测量和保护。测量用的铁芯易于饱和，保护用的铁芯不易饱和。

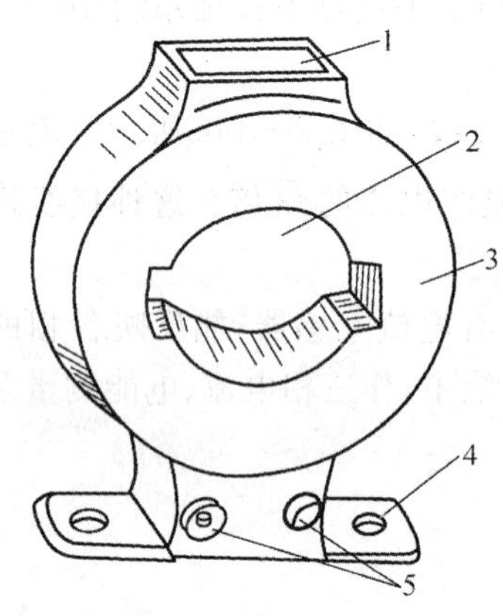

图 2－15　LMZJ1－0.5 型电流互感器外形结构图

1－铭牌；2－一次母线穿孔；
3－铁芯，外绕二次绕组，环氧树脂浇注；
4－安装板；5－二次接线端子

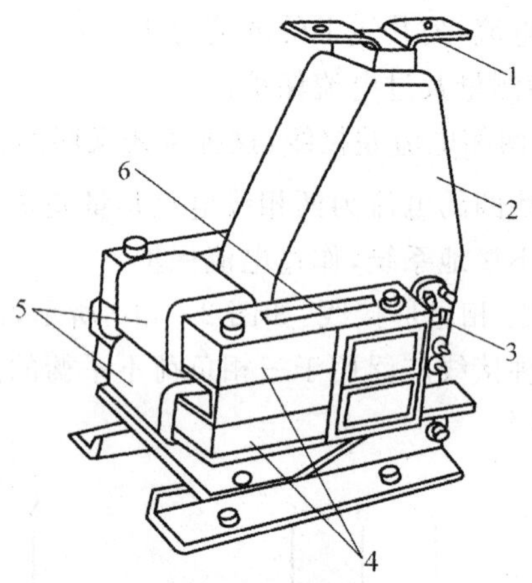

图 2－16　LQJ－10 型电流互感器外形结构图

1－一次接线端子；2－一次绕组（树脂浇注）；
3－二次接线端子；4－铁芯；5－二次绕组；6－警告牌

（4）电流互感器使用注意事项

1）电流互感器在工作时二次侧不得开路。

根据磁势方程式 $\dot{I}_1N_1+\dot{I}_2N_2=\dot{I}_0N_1$，正常工作时，$I_1$产生的磁势 I_1N_1大部分被二次侧电流 I_2产生的磁势 I_2N_2所抵消，合成磁势 I_0N_1很小。当二次侧开路时，$I_2N_2=0$，但 I_1N_1不变，合成磁势 $I_0N_1(=I_1N_1)$突然增大很多，将会产生以下严重后果：①在二次侧会感应出很高的电动势，危及人身和设备安全；②互感器铁芯由于磁通剧增而过热，可能烧毁电流互感器；③产生严重的剩磁现象，降低电流互感器的准确度。因此，电流互感器二次侧不允许开路。故不允许在其二次侧接入开关或熔断器；拆换二次仪表或继电器前，应先将其两端短接，拆换后再拆除短接线。

2）电流互感器二次侧必须有一端接地。

电流互感器二次侧一端接地，是为了防止一、二次绕组间绝缘击穿时，一次侧高压“窜入”二次侧，危及人身和二次设备安全。

3）电流互感器在接线时，必须注意其端子的极性。

按规定，电流互感器一次绕组的 L_1端和 L_2端分别与二次绕组的 K_1和 K_2端是同名端。

3. 电压互感器

电压互感器（亦称 PT——Potential Transformer）是变换电压的设备。

(1)基本结构及变压比

电压互感器的基本结构及接线如图 2－17 所示，它由铁芯、一次绕组、二次绕组等组成。一次绕组并联在一次电路上，一次绕组匝数较多，二次绕组的匝数较少，相当于降压变压器。在二次回路中，电压表及表计、继电器的电压线圈与二次绕组并联，这些电压表或电压线圈的阻抗很大，所以工作时二次绕组接近于开路运行状态。

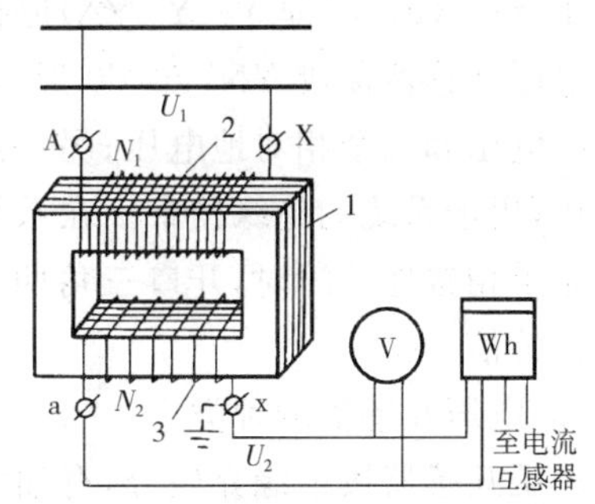

图 2－17　电压互感器结构及接线

1—铁芯；2—一次绕组；3—二次绕组

电压互感器的变压比用 K_u 表示，则

$$K_u=\frac{U_{1N}}{U_{2N}}\approx\frac{N_1}{N_2} \tag{2-2}$$

式中：U_{1N}、U_{2N}——分别为电压互感器一次绕组和二次绕组的额定电压；

N_1、N_2——分别为一次绕组和二次绕组的匝数。

(2)电压互感器的接线

电压互感器的接线方式如图 2－18 所示。

① 一相式接线：采用一只单相电压互感器的接线，如图 2－18a 所示，供仪表和继电器一个线电压。

② 两相式接线：又叫 V，v 形(即 V/V)接线，采用两只单相电压互感器的接线，如图 2－18b 所示，可供仪表和继电器三个线电压。

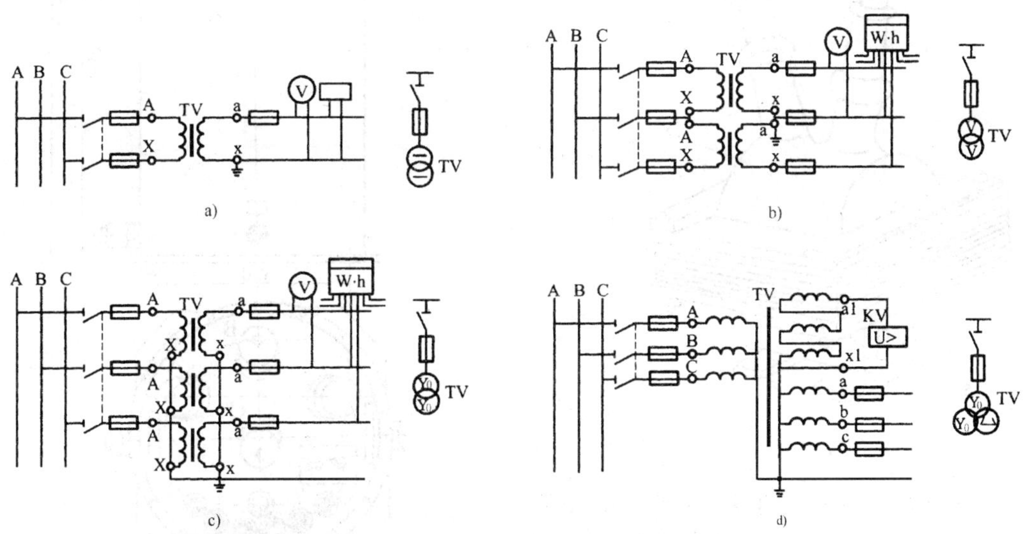

图 2－18　电压互感器接线方式

a)单相电压互感器接线；b)两只单相电压互感器接成 V，v 形；

c)三只电压互感器接成 YN，yn 形；d)三只单相三绕组或三相五芯柱式电压互感器接成 YN，yn，d0 形

③ YN，yn(即 Y_0/Y_0)形接线：采用三只单相电压互感器的接线，如图 2－18c 所示，可供仪表和继电器三个线电压和三个相对地电压。

④ YN,yn,d0(即 $Y_0/Y_0/\triangle$)形接线：采用一只三相五芯柱式电压互感器或三只单相三绕组电压互感器接成 YN,yn,d0 形，如图 2-18d 所示。其中一组二次绕组接成 yn，供测量三个线电压和三个相对地电压；另一组绕组(零序绕组)接成 d0(开口三角形)，可以获取零序电压，用于系统的绝缘监察。在系统正常工作时，开口三角两端的电压接近于零；而当系统发生单相接地故障时，开口三角两端将出现接近 100V 的零序电压，使电压继电器动作，发出报警信号。

(3)电压互感器的种类

电压互感器按绝缘介质分，有油浸式、环氧树脂浇注式两大主要类型；按使用场所分，有户内式和户外式；按相数来分，有三相和单相两类。在高压系统中还有电容式电压互感器、气体电压互感器、电流电压组合互感器等。

图 2-19 和图 2-20 分别是 JDZ－3、JDZ－6、JDZ－10 型和 JSJW－10 型电压互感器外形结构图。

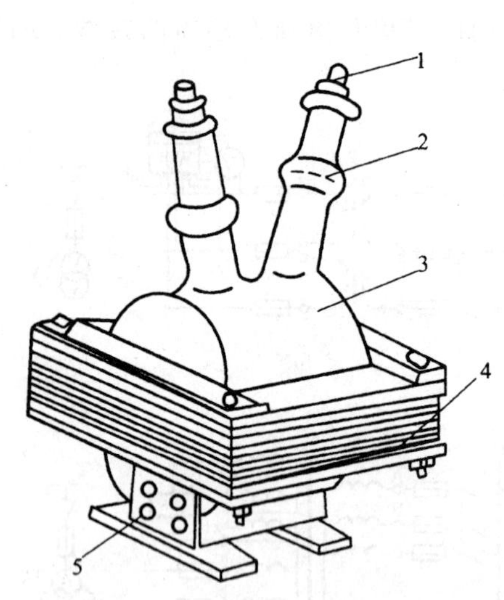

图 2-19 JDZ－3、JDZ－6、JDZ－10 型电压互感器

1－一次接线端子；2－高压绝缘套管；

3－一、二次绕组，环氧树脂浇注；

4－铁芯(壳式)；5－二次接线端子

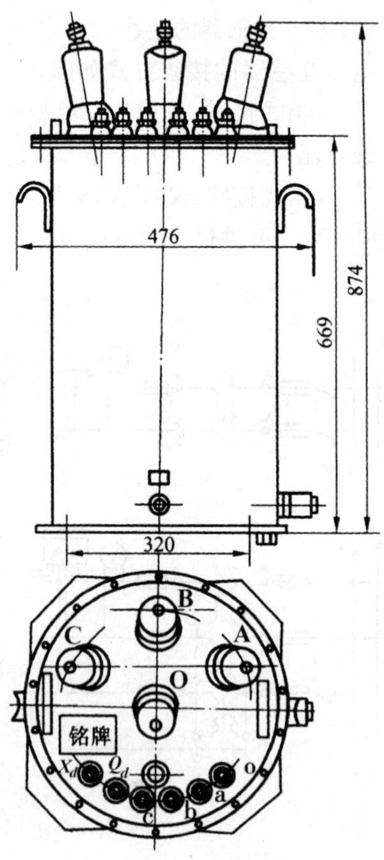

图 2-20 JSJW－10 型电压互感器

(4)电压互感器使用注意事项

① 电压互感器在工作时，其一、二次侧不得短路。电压互感器一次侧短路时会造成供电线路短路；二次回路发生短路时，有可能造成电压互感器烧毁。因此，电压互感器一、二次

侧都必须装设熔断器进行短路保护。

② 电压互感器二次侧必须有一端接地。这样做的目的是防止一、二次绕组间的绝缘击穿时，一次侧的高压“窜入”二次回路中，危及人身及二次设备安全。通常将公共端接地。

③ 电压互感器在接线时，必须注意其端子的极性。

七、闸刀开关

低压闸刀开关可用来接通和切断小电流回路或作为隔离电源，以确保检修人员的安全。

(1)用手柄操作的单投(HD型)和双投(HS型)型闸刀开关。图2-21所示为HD13型闸刀开关。装有灭弧罩的闸刀开关可切断负荷电流，不装灭弧罩的闸刀开关不能切断大电流，只作为隔离开关使用。

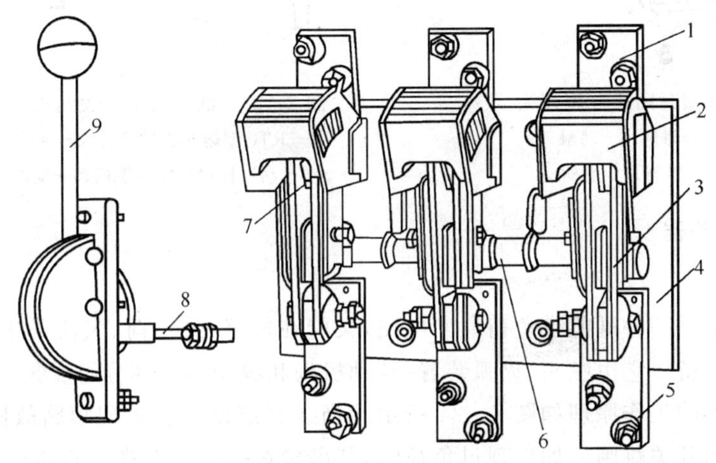

图2-21　HD13型闸刀开关

1—上接线端子；2—钢片灭弧罩；3—闸刀；4—底座；5—下接线端子；6—主轴；7—静触头；8—传动连杆；9—操作手柄

(2)HH型封闭式负荷开关又名铁壳开关，如图2-22所示，由刀开关、熔断器、灭弧装置、操作机构和钢板或铸铁做成的外壳构成。三把闸刀固定在一根绝缘方轴上，由手柄操纵。

铁壳开关的操作机构设有联锁装置，当开关合上时，箱盖不能打开；箱盖打开时，开关不能合闸，以保证操作安全。采用储能分合闸方式，有利于迅速灭弧。

(3)低压熔断器式开关。它是一种低压刀开关和低压熔断器组合的开关电器，也称刀熔开关。常见的HR3型刀熔开关就是将HD型刀开关的闸刀换上具有刀形触头的RT0型熔断器，如图2-23所示。

刀熔开关具有刀开关和熔断器的双重功能。采用这种组合型的开关电器，可以简化低压配电装置的结构，经济适用，因此广泛应用在低压配电装置上。

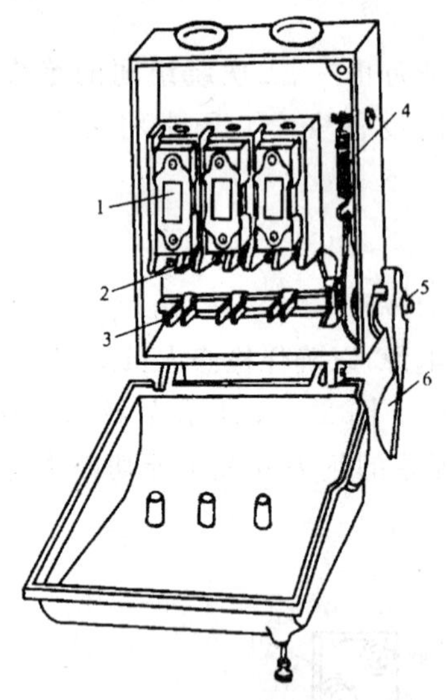

图 2-22　HH 型封闭式负荷开关

1—熔断器；2—静触座；3—动触刀；
4—弹簧；5—转轴；6—手柄

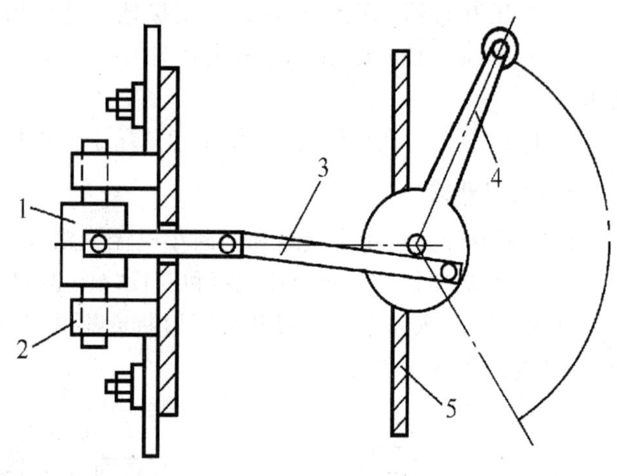

图 2-23　低压刀熔开关结构示意图

1—RT0 型熔断器的熔管；2—弹性触座；
3—传动连杆；4—操作手柄；5—配电屏面板

八、低压断路器

1. 概述

低压断路器是一种既能带负荷通断电路，又能在短路、过负荷、欠压或失压的情况下自动跳闸的开关设备。它由触头、灭弧装置、转动机构和脱扣器等部分组成。

低压断路器的工作原理如图 2-24 所示。当线路或设备上出现短路故障时，其过流脱扣器 10 动作，使开关跳闸。如出现过负荷时，其串接在一次的电路上的加热元件 8 加热，双

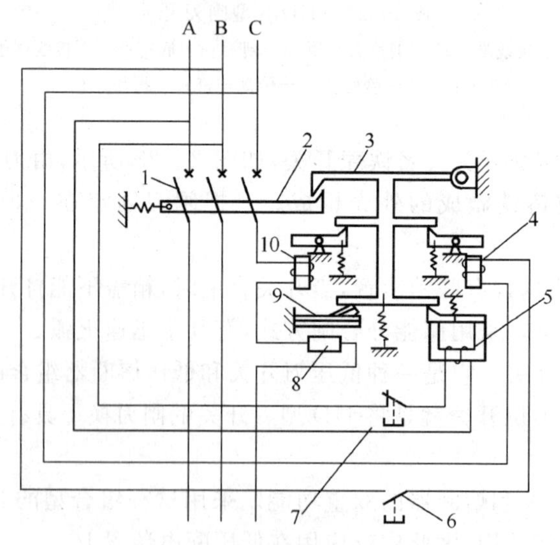

图 2-24　低压断路器原理结构接线示意图

1—主触头；2—跳钩；3—锁扣；4—分励脱扣器；5—失压脱扣器；
6、7—脱扣按钮；8—加热电阻丝；9—热脱扣器；10—过流脱扣器

金属片 9 弯曲，使开关跳闸。当线路电压严重下降或电压消失时，其失压脱扣器 5 动作，使开关动作。如果按下按钮 6 或 7，使失压脱扣器失压或使分励脱扣器 4 通电，则可远距离控制开关跳闸。

综上所述，各种脱扣器的功能如下。

热脱扣器：用于线路或设备的过负荷保护，当线路电流出现较长时间过负荷时，金属片受热变形，使断路器跳闸。

过流脱扣器：用于短路、过负荷保护，当电流大于动作电流时自动断开断路器。过流脱扣器分瞬时过流脱扣器和延时过流脱扣器(分长延时和短延时)两种。

分励脱扣器：用于远距离跳闸。远距离合闸操作可采用电磁铁或电动储能合闸。

欠压或失压扣脱器：用于欠压或失压保护，当电源电压低于定值时自动断开断路器。

低压断路器的种类很多，按用途分，有配电、电动机、照明、漏电保护等几类。按结构型式分，有万能式、塑壳式和微型三大类。按保护性能分，有非选择型(A 类)和选择型(B 类)两种。非选择型断路器，一般为瞬时动作，只作短路保护用，也有的为长延时动作，只作过负荷保护；选择型断路器，有两段保护、三段保护和智能化保护。两段保护为瞬时—长延时特性或短延时—长延时特性。三段保护为瞬时—短延时—长延时特性。瞬时和短延时特性适用于短路保护，长延时特性适用于过负荷保护。图 2－25 为低压断路器的上述三种保护特性曲线。智能型断路器的脱扣器由微处理器或单片机控制，保护功能更多，选择性更好。

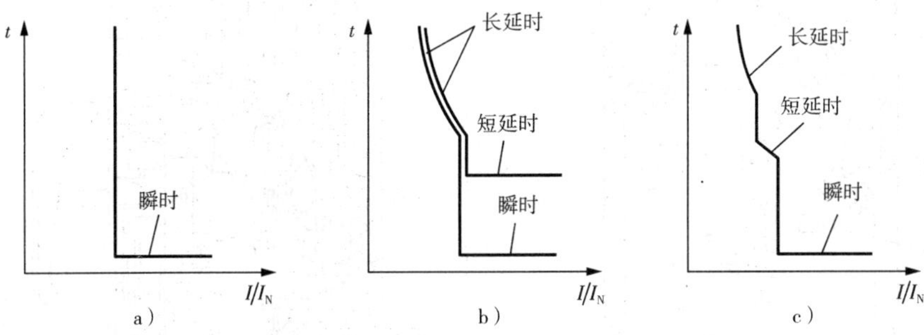

图 2－25　低压断路器保护特性曲线

a)瞬时动作式；b)两段保护式；c)三段保护式

脱扣器有机电式和电子式两大类，它们的类型及作用如图 2－26 所示。

2. 几种常用的低压断路器

(1)DW 型万能式低压断路器(ACB——Air Circuit Breaker)

万能式低压断路器又称框架式断路器。图 2－27 为 DW15 型万能式低压断路器。该断路器为立体布置形式，触头系统、快速电磁铁、左右侧板均安装在一块绝缘板上。上部装有灭弧系统，操作机构可安装在正前方或右侧面，有“分”、“合”指示及手动断开按钮，其左上方装有分励脱扣器，背部装有与脱扣半轴相连的欠电压脱扣器，速饱和互感器或电流电压变换器套在下母线上，热继电器或半导体脱扣器均可分别装在下方。

DW 型的低压断路器大部分都具有长延时、短延时和瞬时的三段保护功能，能实现选择性保护，因此大多数主干线上多采用它作为主开关。

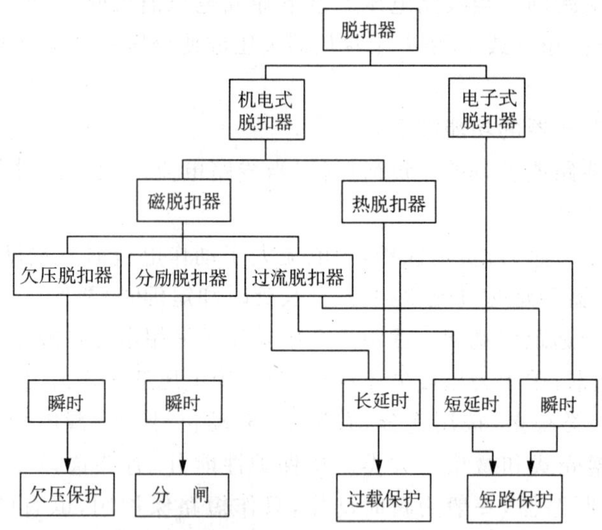

图 2-26　脱扣器的类型及作用

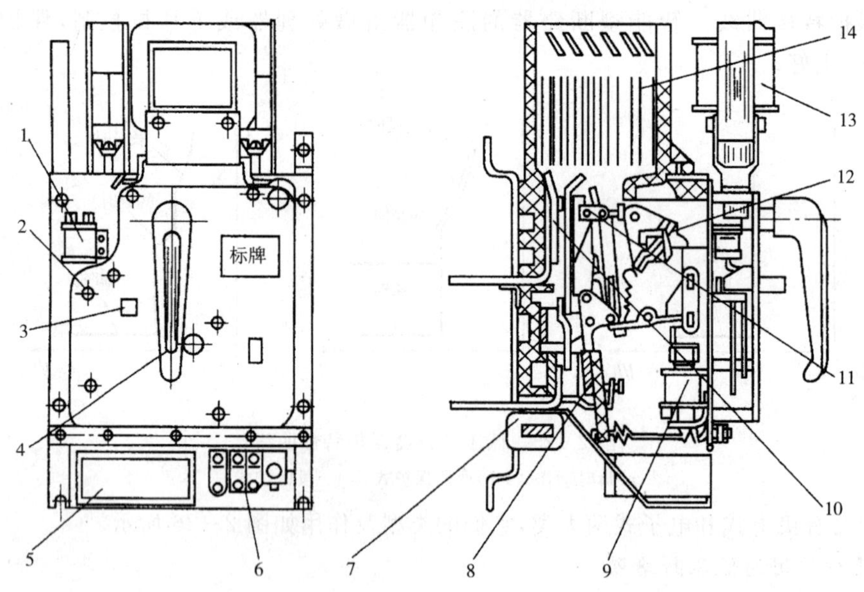

图 2-27　DW15 型万能式低压断路器

1—分励脱扣器；2—手动分闸按钮；3—"分"、"合"指示；4—操作手柄；5—阻容延时装置；6—热脱扣器或电子脱扣器；7—速饱和互感器或电压电流变送器；8—快速电磁铁；9—失压脱扣器；10—静触头；11—动触头；12—主轴合闸；13—电磁铁；14—灭弧罩

(2)装置式(DZ 型)低压断路器(MCCB——Moulded Case Circuit Breaker)

装置式低压断路器又称塑料外壳式(简称塑壳式)断路器。塑壳式断路器所有机构及导电部分都装在塑料壳内，在塑壳正面中央有操作手柄，手柄有三个位置，在壳面中央有分合位置指示。

① 合闸位置:手柄位于向上位置,断路器处于合闸状态。

② 自由脱扣位置:位于中间位置,只有断路器因故障跳闸后,手柄才会置于中间位置。如果断路器因故障使手柄置于中间位置时,需将手柄扳到分闸位置(这时叫再扣位置),断路器才能进行合闸操作。

③ 分闸和再扣位置:位于向下位置,当分闸操作时,手柄被扳到分闸位置。

图 2-28 为 DZ20 型塑料外壳式断路器。DZ20 系列断路器有五种性能型式:Y 型(一般型)、C 型(经济型)、S 型(四极型)、J 型(较高型)、G 型(高通断能力型)。Y 型为基本型,当电路出现短路电流时,脱扣器动作,触头被机构断开后才能切断短路电流;C 型断路器除了极限分断能力与其不同之外,在结构方面基本相同,通过选用经济型材料和简化结构及改造工艺等方法,达到较好的经济效果;S 型(四极型)断路器的中性极不装脱扣元件,闭合时中性极较其他三极先闭合,分闸时较其他三极后断开;J 型是将 Y 型断路器的结构进行改进,缩短了全断开时间并提高了短路通断能力;G 型断路器是在 Y 型断路器底板后串联一个平行导体组成的斥力限流触头系统(亦称限流器),该触头系统比 J 型斥力触头长,断开距离也大,因此能更迅速限流。

DZ 系列的断路器一般不具备短延时功能,仅有过负荷长延时和短路瞬时的二段保护,是非选择性断路器,所以不能作选择性保护,只能适用于支路。

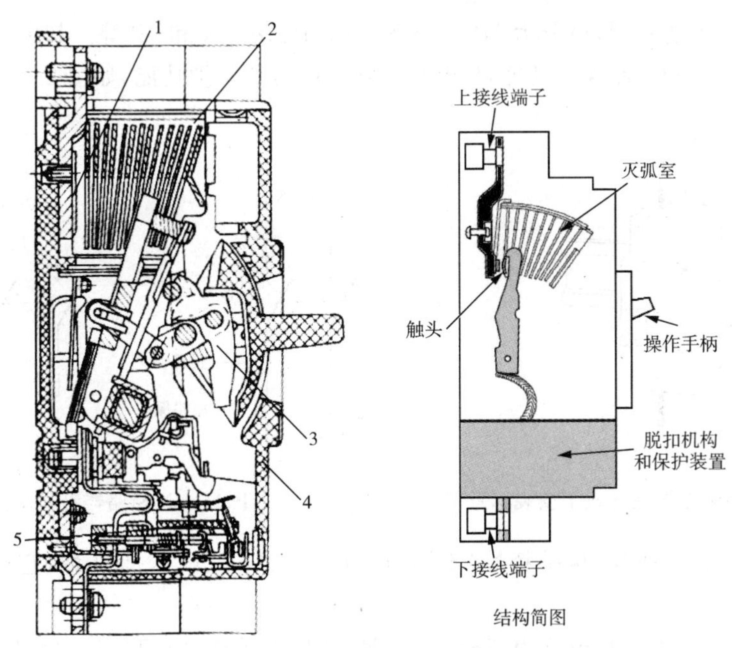

图 2-28　DZ20 型塑料外壳式低压断路器结构图

1—触头;2—灭弧罩;3—自由脱扣机构;4—外壳;5—脱扣器

(3)微型断路器(MCB——Miniature Circuit Breake)

微型断路器是一种结构紧凑、安装便捷的小容量塑壳断路器,主要用来保护导线、电缆和作为控制照明的低压开关。一般均带有传统的热脱扣器、电磁脱扣器,具有过负荷和短路保护功能。

微型断路器的内部结构如图 2－29 所示。它具有技术性能好、体积小、用料少、易于安装、操作方便、价格适宜及经久耐用等特点。中小型照明配电箱已广泛采用这类小型低压电器元件，实现了导轨安装方式，如图 2－30 所示，并在结构尺寸方面模数化，大多数产品的宽度都选取 9mm 的倍数，使电气成套装置的结构进一步规范化和小型化。

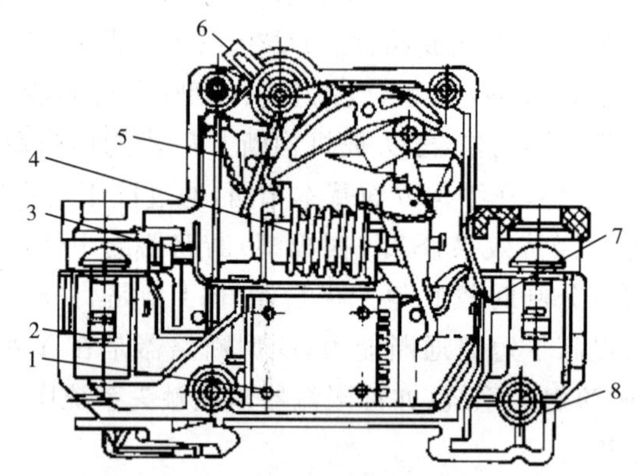

图 2－29 微型断路器内部结构图

1—灭弧罩；2—接线端子；3—热脱扣调节螺栓；4—电磁脱扣器；5—热脱扣器；6—手柄；7—触头；8—底座

断路器根据极数不同，可分为 1P、1P＋N、2P、3P、3P＋N 和 4P 等。其中 N 极只有分断功能而没有过负荷和短路保护功能，P 极有短路和过负荷保护功能，如图 2－31 所示。

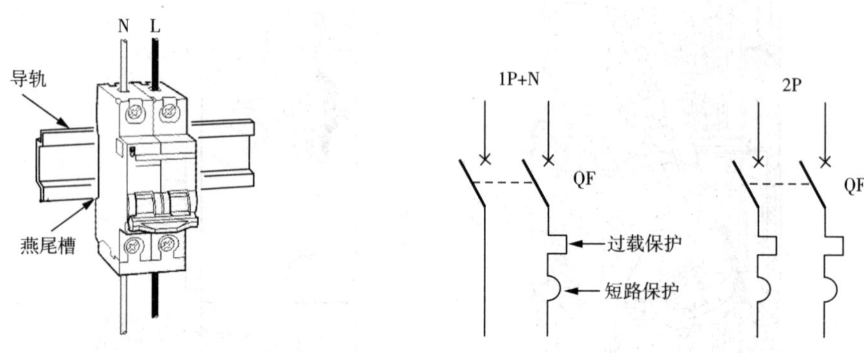

图 2－30 微型断路器在导轨上安装示意图　　图 2－31 1P、1P＋N 断路器符号示意图

断路器根据脱扣曲线（保护特性）不同，可分为 A、B、C、D、K 等几种，它们的各自含义如下。

A 型脱扣曲线：磁脱扣电流为（2～3）I_N（即≤$2I_N$不动作，时间＞1s；＞$3I_N$必须动作，动作时间＜0.1s）。一般用于需要快速、无延时脱扣的场合，适用于保护半导体电子线路，带小功率电源变压器的测量线路或线路长且短路电流小的系统。

B 型脱扣曲线：磁脱扣电流为（3～5）I_N，一般用于需要较快速度脱扣且峰值电流不是很大的场合，适用于住户配电系统，家用电器的保护和人身安全保护。

C 型脱扣曲线：磁脱扣电流为（5～10）I_N，一般适用于大部分的电气回路，它允许负载通过较大的短时峰值电流而 MCB 不动作，适用于保护配电线路以及具有较高接通电流的照

明线路和电动机回路。

D 型脱扣曲线：磁脱扣电流为(10～20)I_N，适用于保护具有很大冲击电流的设备，如变压器、电磁阀等。

K 型脱扣曲线：具备 1.2 倍热脱扣动作电流和 8～14 倍磁脱扣动作范围，适用于保护电动机线路设备，有较高的抗冲击电流能力。

技能训练

(1)对照实物，分别写出一种高压断路器和高压隔离开关的铭牌参数，并简述各字母或数字的含义。

(2)跌落式熔断器的操作与熔丝更换。

① 操作前的准备工作：

a. 填写检修工作票和倒闸操作票。

b. 将变压器负荷侧全部停电。

c. 穿绝缘靴、戴绝缘手套及护目镜，使用绝缘杆，站在绝缘台(垫)上进行操作。

② 操作安全要点：

送电操作时，先合两边相，后合中间相。停电操作时，先拉中间相，后拉两边相(有风时，先拉下风侧边相，后拉上风侧边相)。

③ 更换熔丝的操作及注意事项：

a. 取下熔管，RW3 型熔断器用绝缘杆顶静触头(鸭嘴)；RW4 及 RW7 型则拉熔管上端的操作环。

b. 打磨被电弧烧伤的熔管动触头、静触头。

c. 调整熔管动触头、静触头的距离，紧固件，熔丝应位于消弧管的中部偏上处。

d. 更换熔丝前应检查熔管与消弧管是否良好无损伤。

e. 更换熔丝时应压紧牢固，防止造成机械损伤。

f. 送电操作时，先用绝缘杆金属端钩穿入操作环，使其绕轴转到静触头的地方，看到上动触头已对准上静触头，迅速向上推，使上动触头与上静触头良好接触，并被锁紧机构锁紧在这一位置，然后轻轻拿下绝缘杆。

任务二　电气设备的选择

教师工作任务单

任务名称	任务二　电气设备的选择
任务描述	选择电气设备之前，首先要计算负荷，其次要计算短路电流，然后再根据负荷电流和短路电流选择和校验设备。此次任务由教师和学生在教室或一体化教室完成。

（续表）

<table>
<tr><td>任务分析</td><td colspan="4">由于此次任务的理论性较强，所以教师通过教学互动的方式加以提示和引导，提出一些引导性的问题，让学生从引导性问题得到一定的启发，自己去理解和计算负荷电流和短路电流，进而选择设备。
引导性问题：
1. 在日常的用电中，导线或设备会因过负荷而发热烧坏，如何避免此类问题的发生，由此引入负荷计算。在负荷计算中，对两种计算方法的特点不同加以引导，导出需要系数法和二项式系数法。
2. 通过短路时损坏电气设备的现象，引入短路电流计算，用短路电流校验，以便满足短路情况。
3. 简单提示负荷计算步骤：设备的额定容量→设备容量→设备组计算负荷→多组设备计算负荷→总的有功计算负荷 P_{30}→其他计算负荷 Q_{30}、S_{30}、I_{30}。
4. 简单提示短路电流计算步骤：各元件阻抗计算→短路回路总阻抗计算→短路参数计算。
5. 简单提示设备选择的原则和步骤。按正常条件选择：①型式；②电流；③电压。按短路条件校验：①热稳定校验；②动稳定校验；③开断电流校验（担任开断任务的设备）。</td></tr>
<tr><td rowspan="3">任务目标</td><td></td><td colspan="2">内容要点</td><td>相关知识</td></tr>
<tr><td>知识目标</td><td colspan="2">1. 了解负荷曲线中有关负荷物理量的含义。
2. 掌握用两种方法进行负荷计算。
3. 了解短路的含义、类型、原因和危害。
4. 会用欧姆法和标幺制法进行短路电流计算。
5. 了解短路电流中周期分量、非周期分量、冲击电流和稳态电流的含义。</td><td>1. 参见一、1
2. 参见一、2
3. 参见二、1
4. 参见二、2
5. 参见二、2</td></tr>
<tr><td>技能目标</td><td colspan="2">1. 会进行实际的负荷计算或估算。
2. 会选择主要的电气设备。</td><td>1. 参见图表 2-5
2. 参见三</td></tr>
<tr><td rowspan="9">任务实施</td><td rowspan="7">实施步骤</td><td>任务流程</td><td colspan="2">资讯→决策→计划→实施→检查→评估（学生部分）</td></tr>
<tr><td>资讯</td><td colspan="2">（阅读任务书，明确任务，了解工作内容、目标，准备资料）</td></tr>
<tr><td>决策</td><td colspan="2">（分析并确定采用什么样的方式方法和途径完成任务。）</td></tr>
<tr><td>计划</td><td colspan="2">（制订计划，规划实施任务。）</td></tr>
<tr><td>实施</td><td colspan="2">（学生具体实施本任务的过程，实施过程中的注意事项等。）</td></tr>
<tr><td>检查</td><td colspan="2">（自查和互查，检查掌握、了解状况，发现问题及时纠正。）</td></tr>
<tr><td>评估</td><td colspan="2">（该部分另用评估考核表。）</td></tr>
<tr><td rowspan="2">实施条件</td><td>实施地点</td><td colspan="2">教室，一体化教室（任选其一）。</td></tr>
<tr><td>辅助条件</td><td colspan="2">教材、有关专业书籍等。</td></tr>
</table>

（续表）

练习训练题	1. 什么叫计算负荷？正确确定计算负荷有何意义？ 2. 某 380V 的线路，供电给 35 台小批生产的冷加工机床电动机，总容量为 85kW，其中较大容量的电动机有：7kW 1 台，4.5kW 3 台，2.8kW 12 台。试分别用需要系数法和二项式系数法确定其计算负荷。 3. 三相系统短路的含义是什么？短路故障产生的原因有哪些？短路有哪些危害？ 4. 短路有哪几种类型？哪种形式的短路危害性最大？ 5. 什么叫短路冲击电流？什么叫稳态电流？ 6. 短路发热的假想时间 t_{ima} 含义是什么？ 7. 试求图示无限大容量系统中，$k^{(3)}$ 点发生三相短路时流过短路点的稳态短路电流、冲击电流和短路功率。 系统　115kV　40km　0.4Ω/km　T　6.3kV　L　0.5km　0.08Ω/km $S_S=\infty$　$X_S=0$　$S_{NT}=30MVA$　$U_k\%=10.5$　$X_L\%=4$　$U_{LN}=6kA$　$I_{LN}=0.3kA$　$k^{(3)}$ 8. 为什么 10kV 配电变压器一般都选用 Dyn11 连接的变压器？
学生应提交的成果	1. 任务书。 2. 评估考核表。 3. 练习训练题。

相关知识

一、电力负荷计算

1. 电力负荷等级及负荷曲线

在电力系统中，电力负荷指的是用电设备所消耗的功率或线路中流过的电流。为使供电工作达到安全、可靠、优质、经济的要求，就必须了解电力负荷的性质及其计算。

(1)负荷分级及对供电电源的要求

电力系统的负荷，按其对供电可靠性的要求，中断供电所造成的人身伤亡、设备损坏及在政治上、经济上所造成的损失和影响程度分，可分为以下三级。

①一级负荷：一级负荷是指突然中断供电将造成人身伤亡；或在经济上造成重大损失，如重大的设备损坏、重大产品报废、给国民经济造成重大损失；或在政治上造成重大的影响或引起公共场所秩序严重混乱等。

因为一级负荷属于重要负荷，要求供配电系统无论是正常情况还是发生事故时，都应保证连续供电。因此，一级负荷应有两个独立的电源供电。所谓独立电源，就是当一个电源发生故障而停止供电时，另一个电源应不受其影响，能继续供电。

②二级负荷：二级负荷是指突然中断供电，将在政治上、经济上造成较大损失的负荷，如中断停电将造成主要设备损坏；大量产品报废；连续生产过程被打乱，需较长时间才能恢复；重点企业大量减产等。

二级负荷属于较重要的负荷。由于它在供配电系统内所占的比例较大，所以应由两回

路供电，供电变压器也应有两台。要求做到：当其中一回线路或一台变压器发生常见的故障时，不中断对二级负荷的供电，或中断后能迅速恢复供电。

③三级负荷：三级负荷为一般的电力负荷，即所有不属于一、二级负荷者。

三级负荷不属于重要负荷，对供电电源无特殊要求，允许停电的时间较长，一般由单回线路供电即可。

(2)负荷曲线

所谓负荷曲线，是指在一定的时间段内，负荷(功率或电流)随时间变化的曲线。它反映用户的用电特点和功率大小。负荷曲线一般绘制在直角坐标系中，横坐标表示时间，纵坐标表示负荷的大小。负荷曲线由负荷、时间和地点三要素构成。电力负荷曲线中的负荷有有功负荷和无功负荷等；地点有电力系统、变电所、车间等；时间有年、月、日和工作班等。

1)日负荷曲线

日负荷曲线可通过测量已在运行的用电设备负荷值来绘制。电力用户有功负荷曲线可利用接在供电线路上的表计，每隔一定的时间(一般为 30min)，将仪表的指示值记录下来，再将这些点按时间顺序依次描绘在直角坐标上，如图 2－32 为阶梯形有功功率日负荷曲线。

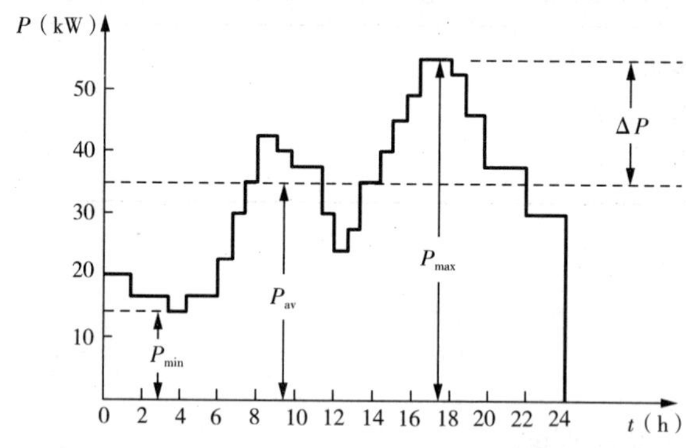

图 2－32　某企业的日有功负荷曲线

从图 2－32 的负荷曲线可以看出，用电设备组的实际负荷是随时间变化的。22 点到次日凌晨 7 点，负荷较低(负荷低谷)。而 8 到 12 点，15 到 22 点，负荷较大(负荷高峰)。负荷曲线最高处称为最大负荷 P_{max}，最低处负荷称为最小负荷 P_{min}。我们把负荷曲线上各个 30min 负荷中的最大负荷称为“半小时最大负荷”，记作 P_{30}(半小时最大有功负荷)，Q_{30}(半小时最大无功负荷)，I_{30}(半小时最大负荷电流)。

2)年持续负荷曲线

年持续负荷曲线，不是按实际的时间绘制出从年初到年末负荷随时间的变化情况，而是把电力用户在一年时间内(8760h)的用电负荷，按负荷的数值大小排队，最大值排在左侧，根据负荷的大小依次向右排列，并按各负荷的持续时间绘制出的年负荷曲线，图 2－33 所示的是某企业的年持续有功负荷曲线。这种负荷曲线反映了企业年负荷变动与负荷持续时间的关系，但不能看出相应负荷出现在什么时间。

3)负荷曲线中的有关物理量

① 年最大负荷：指全年中负荷最大的工作班内消耗电能最大的半小时平均值。有功功率的年最大负荷用 P_{max} 表示。因此年最大负荷就是半小时最大负荷 P_{30}。

② 年最大负荷利用小时 T_{max}：年最大负荷利用小时（又称年最大负荷使用时间），它是一个假想时间，它的含义是在此时间内，电力负荷按年最大负荷 P_{max} 持续运行所消耗的电能，恰好等于该电力负荷全年实际消耗的电能，如图 2－33 所示。实际年持续有功负荷曲线与纵横两坐标轴及 $t=8760h$ 直线所包围的面积就是全年实际所消耗的电能，用 W_a 表示。根据年最大负荷利用小时的含义可得 $W_a=P_{max}T_{max}$。因此年最大负荷利用小时为

$$T_{max}=\frac{W_a}{P_{max}}=\frac{W_a}{P_{30}} \tag{2-1}$$

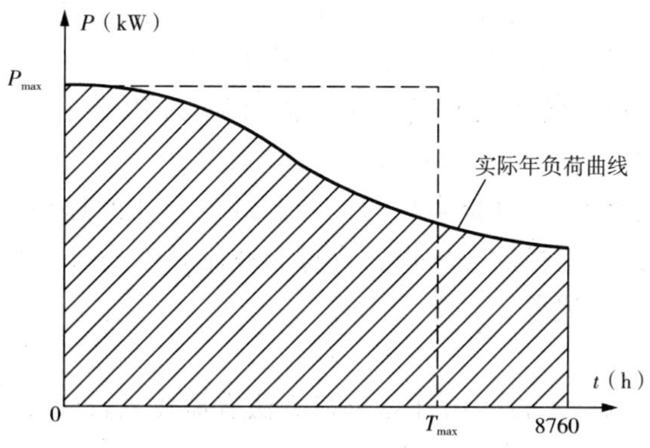

图 2－33　某企业年持续有功负荷曲线

③ 平均负荷：是指电力负荷在一定的时间内所消耗功率的平均值，用 P_{av} 表示。如在 t 时间内消耗的电能为 W_t，则在 t 时间内的平均负荷为

$$P_{av}=\frac{W_t}{t} \tag{2-2}$$

若一年消耗的电能为 W_a，则年平均负荷为 $P_{av}=W_a/8760$，如图 2－34 所示。

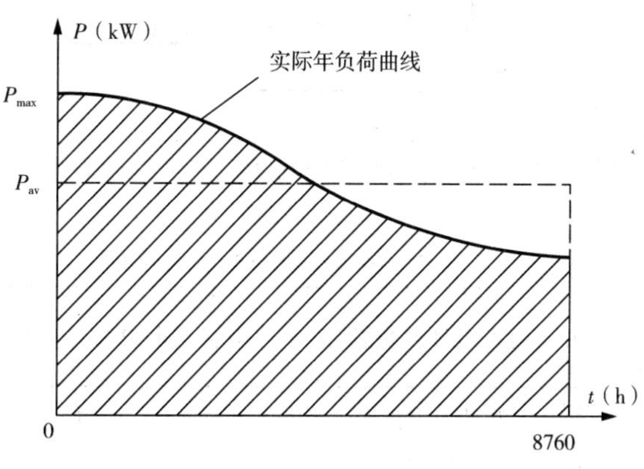

图 2－34　年平均负荷

④ 负荷系数：负荷系数（又称负荷率）是指平均负荷 P_{av} 与最大负荷 P_{max} 的比值，用 K_L（或 β）表示，即

$$K_L = \frac{P_{av}}{P_{max}} \tag{2-3}$$

对用电设备而言，某一时刻的负荷系数就是此时设备的输出功率 P_o 与设备额定功率 P_N 的比值，即

$$K_L = \frac{P_o}{P_N} \tag{2-4}$$

4)计算负荷

计算负荷是一年中载流导体达到最高温升的最大负荷，即由这个计算负荷所产生的温升等于实际变化的负荷所产生的最大温升。计算负荷按发热条件选择供配电系统各元件的负荷值，是我们选择电气设备和载流导体的重要依据。

计算负荷一般要取负荷曲线上的半小时最大负荷，即用半小时最大负荷 P_{30} 来表示有功计算负荷，其余的计算负荷分别用 Q_{30}、S_{30}、I_{30} 来表示。

计算负荷确定得是否得当，直接影响到电器和载流导体的选择是否经济合理。如计算负荷确定过大，将使据此而选择的电气设备容量和载流导体截面过大，造成投资和有色金属的浪费；反之会造成过负荷现象。

2. 电力负荷计算

我国目前普遍采用的确定设备组计算负荷方法有需要系数法和二项式系数法。

(1)按需要系数法确定计算负荷

在进行负荷计算时，一般先将车间内多台用电设备按其工作特点分组，把负荷曲线特征相同或相似的设备归纳为一个设备组，对每组设备选用合适的需要系数，计算出每组用电设备的计算负荷，然后由各组计算负荷求出总的计算负荷，这种方法称为需要系数法。用需要系数法确定计算负荷的步骤和计算公式参见表 2-1。

表 2-1 按需要系数法确定计算负荷的步骤及计算公式一览表

示意图	单组用电设备；多组用电设备；$P_{30.1}$；$P_{30.2}$；$P_{30.3}$；$P_{30.4}$；P_{30} Q_{30} S_{30} I_{30}			
计算步骤	额定容量 P_N→设备容量 P_e→设备组计算负荷 $P_{30.i}$→多组设备计算负荷 P_{30}→其他计算负荷 Q_{30}、S_{30}、I_{30} └→设备组其他计算负荷 $Q_{30.i}$、$S_{30.i}$、$I_{30.i}$			
负荷计算	设备容量	用电设备组计算负荷	多组用电设备计算负荷	总的计算负荷
计算公式	$P_e=\sum P_N$	$P_{30.i}=K_d P_e$ $Q_{30.i}=P_{30.i}\tan\varphi$ $S_{30.i}=\sqrt{P_{30.i}^2+Q_{30.i}^2}$ $I_{30.i}=\frac{S_{30.i}}{\sqrt{3}U_N}$	$P_{30}=K_{\Sigma p}\sum P_{30.i}$ $Q_{30}=K_{\Sigma q}\sum Q_{30.i}$	$Q_{30}=P_{30}\tan\varphi$ $S_{30}=\sqrt{P_{30}^2+Q_{30}^2}$ $I_{30}=\frac{S_{30}}{\sqrt{3}U_N}$

（续表）

备注	反复短时工作制的设备 $P_e=P_N\sqrt{\frac{\varepsilon_N}{\varepsilon}}$	K_d——需要系数，查附表1； ε_N——设备铭牌上的额定暂载率； ε——换算到规定的暂载率	(1)电设备组： $K_{\Sigma p}=0.80\sim0.90$； $K_{\Sigma q}=0.85\sim0.95$ (2)车间干线： $K_{\Sigma p}=0.90\sim0.95$； $K_{\Sigma q}=0.93\sim0.97$	
示例	【例2-2】	【例2-1】	【例2-3】	【例2-3】

【例2-1】 已知机修车间的金属切削机床组，拥有电压为380V的三相电动机：7.5kW 3台，4kW 8台，3kW 17台，1.5kW 10台。试计算其计算负荷。

解：此机床组电动机的总容量为

$$P_e=\sum P_N=7.5\times3+4\times8+3\times17+1.5\times10=120.5(\text{kW})$$

查附表1取 $K_d=0.2$，$\cos\varphi=0.5$，$\tan\varphi=1.73$。因此可求得

$$P_{30}=K_dP_e=0.2\times120.5=24.1(\text{kW})$$

$$Q_{30}=P_{30}\tan\varphi=24.1\times1.73=41.7(\text{kvar})$$

$$S_{30}=P_{30}/\cos\varphi=24.1/0.5=48.2(\text{kV}\cdot\text{A})$$

$$I_{30}=S_{30}/(\sqrt{3}U_N)=48.2/(\sqrt{3}\times0.38)=73.2(\text{A})$$

【例2-2】 某车间有10吨桥式吊车一台，在负荷持续率 $\varepsilon_N=40\%$ 的条件下，其额定功率为39.6kW，$\eta_N=0.8$，$\cos\varphi=0.5$。试计算向该电动机供电的支线的计算负荷。

解：吊车电动机要求统一换算到 $\varepsilon_{25}=25\%$ 时的功率，因此设备容量为

$$P_e=2P_N\sqrt{\varepsilon_N}=2\times39.6\times\sqrt{0.4}=50(\text{kW})$$

向该电动机供电的支线的计算负荷为

$$P_{30}=\frac{P_e}{\eta_N}=\frac{50}{0.8}=62.5(\text{kW})$$

$$Q_{30}=P_{30}\tan\varphi=62.5\times1.73=108.3(\text{kvar})$$

$$S_{30}=\sqrt{P_{30}^2+Q_{30}^2}=\sqrt{62.5^2+108.3^2}=125.0(\text{kV}\cdot\text{A})$$

【例2-3】 某机修车间380V的线路上，接有金属切削机床20台共50kW(其中较大容量电动机为：1台7.5kW，3台4kW，7台2.2kW)，通风机2台共3kW，电阻炉1台2kW。试确定此线路上的计算负荷。

解：先求各组的计算负荷。

(1)金属切削机床组：查附表1，取 $K_d=0.2$，$\cos\varphi=0.5$，$\tan\varphi=1.73$，故

$$P_{30.1}=K_d\sum P_N=0.2\times50=10(\text{kW})$$

$$Q_{30.1}=P_{30.1}\tan\varphi=10\times1.73=17.3(\text{kvar})$$

(2)通风机组：查附表1，取 $K_d=0.8$，$\cos\varphi=0.8$，$\tan\varphi=0.75$，故

$$P_{30.2}=K_d\sum P_N=0.8\times3=2.4(\text{kW})$$

$$Q_{30.2}=P_{30.2}\tan\varphi=2.4\times0.75=1.8(\text{kvar})$$

(3)电阻炉：查附表1，$\cos\varphi=1$，$\tan\varphi=0$，因为是1台，所以取 $K_d=1$，故

$$P_{30.3}=K_dP_N=1\times2=2(\text{kW})$$

$$Q_{30.3}=P_{30.3}\tan\varphi=2\times0=0$$

因此，此线路的计算负荷为(取 $K_{\Sigma p}=0.95$，$K_{\Sigma q}=0.97$)

$$P_{30}=K_{\Sigma p}\sum P_{30.i}=0.95\times(10+2.4+2)=13.68(\text{kW})$$

$$Q_{30}=K_{\Sigma q}\sum Q_{30.i}=0.97\times(17.3+1.8+0)=18.5(\text{kvar})$$

$$S_{30}=\sqrt{P_{30}^2+Q_{30}^2}=\sqrt{13.68^2+18.5^2}=23(\text{kV}\cdot\text{A})$$

$$I_{30}=\frac{S_{30}}{\sqrt{3}U_N}=\frac{23}{\sqrt{3}\times0.38}=34.94(\text{A})$$

在工程设计说明书中，为了使计算结果清晰可见，便于审核，常采用计算表格的形式，如表2-2所示。

表2-2　负荷计算表(按需要系数法)

序号	用电设备组名称	台数 n	容量(kW)	需要系数 K_d	$\cos\varphi$	$\tan\varphi$	计算负荷			
							P_{30} (kW)	Q_{30} (kvar)	S_{30} (kV·A)	I_{30} (A)
1	金属切削机床	20	50	0.2	0.5	1.73	10	17.3		
2	通风机	2	3	0.8	0.8	0.75	2.4	1.8		
3	电阻炉	1	2	0.7	1	0	2	0		
车间总计		取 $K_{\sum p}=0.95$，$K_{\sum q}=0.97$					14.4	19.1		
							13.68	18.5	23	34.94

(2) 按二项式系数法确定计算负荷

用二项式系数法进行负荷计算时，既考虑了用电设备组的总容量，又考虑了大容量用电设备对计算负荷的影响，弥补用需要系数法计算负荷时，大容量用电设备对其计算结果的影响。用二项式系数法计算用电设备组计算负荷的计算公式为

$$P_{30}=bP_e+cP_x \tag{2-5}$$

式中：bP_e——用电设备组的平均功率；

cP_x——用电设备组中 x 台容量最大的设备投入运行时增加的附加负荷，其中 P_x 是 x 台最大容量的设备总容量；

b、c—— 二项式系数。

用二项式系数法确定计算负荷的步骤和计算公式参见表 2－3。

表 2－3　按二项式系数法确定计算负荷的步骤及计算公式一览表

示意图	单组用电设备；多组用电设备；$P_{30.1}$；$P_{30.2}$；$P_{30.3}$；$P_{30.4}$；P_{30}　Q_{30}　S_{30}　I_{30}			
计算步骤	额定容量 P_N→设备容量 P_e→bP_e、cP_x→多组设备容量 P_{30}、Q_{30}→其他计算负荷 S_{30}、I_{30} └→设备组有功容量 P_{30}→无功容量 Q_{30}→其他计算负荷 S_{30}、I_{30}			
负荷计算	设备容量	用电设备组计算负荷	多组用电设备计算负荷	总的计算负荷
计算公式	$P_e=\sum P_N$	$P_{30}=bP_e+cP_x$ $Q_{30}=P_{30}\tan\varphi$	$P_{30}=\sum(bP_e)_i+(cP_x)_{max}$ $Q_{30}=\sum(bP_e\tan\varphi)_i+(cP_x)_{max}\tan\varphi_{max}$	$Q_{30}=P_{30}\tan\varphi$ $S_{30}=\sqrt{P_{30}^2+Q_{30}^2}$ $I_{30}=\dfrac{S_{30}}{\sqrt{3}U_N}$
备注		(1)b、c——二项式系数，查附表 1，1～2 台设备时，取$b=1$，$c=0$； (2)$n<2x$ 时，取 $x=n/2$	(1)$(cP_x)_{max}$——最大的有功附加负荷； (2)$(cP_x)_{max}\tan\varphi_{max}$——最大的无功附加负荷	
示例		【例 2－4】	【例 2－5】	【例 2－5】

【例 2－4】　已知机修车间的金属切削机床组，拥有电压为 380V 的三相电动机：7.5kW 3 台，4kW 8 台，3kW 17 台，1.5kW 10 台。试用二项式系数法计算其计算负荷。

解：此机床组电动机的总容量为

$$P_e=7.5\times3+4\times8+3\times17+1.5\times10=120.5(\text{kW})$$

查附表 1 得 $b=0.14$，$c=0.4$，$x=5$，$\cos\varphi=0.5$，$\tan\varphi=1.73$。

x 台最大设备容量为 $P_x=P_5=7.5\times3+4\times2=30.5(\text{kW})$。

计算负荷为 $P_{30}=bP_e+cP_x=0.14\times120.5+0.4\times30.5=29.1(\text{kW})$

$$Q_{30}=P_{30}\tan\varphi=29.1\times1.73=50.3(\text{kvar})$$

$$S_{30}=P_{30}/\cos\varphi=29.1/0.5=58.2(\text{kV}\cdot\text{A})$$

$$I_{30}=S_{30}/(\sqrt{3}U_N)=58.2/(\sqrt{3}\times0.38)=88.4(\text{A})$$

【例 2－5】　试用二项式系数法确定【例 2－3】所述机修车间 380V 线路的计算负荷。

解:(1) 金属切削机床组

查附表 1 可得 $b=0.14, c=0.4, x=5, \cos\varphi=0.5, \tan\varphi=1.73$,故

$$bP_{e.1}=0.14\times 50=7(\text{kW})$$

$$cP_{x.1}=0.4\times(7.5\times 1+4\times 3+2.2\times 1)=8.68(\text{kW})$$

(2) 通风机组

查附表 1 可得 $\cos\varphi=0.8, \tan\varphi=0.75$,因为只有 2 台,取 $b=1, c=0$,故

$$bP_{e.2}=P_{30.2}=\sum P_N=3(\text{kW})$$

$$cP_{x.2}=0$$

(3)电阻炉

查附表 1,$\cos\varphi=1, \tan\varphi=0$,因为是 1 台设备,取 $b=1, c=0$,故

$$bP_{e.3}=P_{30.3}=2(\text{kW})$$

$$cP_{x.3}=0$$

以上各组设备中,附加负荷以 $cP_{x.1}$ 为最大,因此总的计算负荷为

$$P_{30}=\sum(bP_e)_i+(cP_x)_{max}=(7+3+2)+8.68=20.68(\text{kW})$$

$$\begin{aligned}Q_{30}&=\sum(bP_e\tan\varphi)_i+(cP_x)_{max}\tan\varphi_{max}\\&=(7\times 1.73+3\times 0.75+2\times 0)+8.68\times 1.73\\&=29.38(\text{kvar})\end{aligned}$$

$$S_{30}=\sqrt{P_{30}^2+Q_{30}^2}=\sqrt{20.68^2+29.38^2}=35.93(\text{kV}\cdot\text{A})$$

$$I_{30}=S_{30}/(\sqrt{3}U_N)=35.93/(\sqrt{3}\times 0.38)=54.59(\text{A})$$

表 2-4 【例 2-5】的负荷计算表(二项式法)

序号	用电设备组名称	设备台数		容量(kW)		二项式系数		$\cos\varphi$	$\tan\varphi$	计算负荷			
		总台数	最大容量台数	P_N	P_x	b	c			P_{30} (kW)	Q_{30} (kvar)	S_{30} (kV·A)	I_{30} (A)
1	金属切削机床	20	5	50	21.7	0.14	0.4	0.5	1.73	7+8.68	12.1+15.0		
2	通风机	2		3		1	0	0.8	0.75	3+0	2.25		
3	电阻炉	1		2		1	0	1	0	2+0	0		
合计		23		55						20.68	29.38	35.93	54.59

(3) 全厂电力负荷的计算

电流通过导线和变压器时,将要引起有功功率损耗和无功功率损耗,在确定车间或企业的计算负荷时,应计入这部分的损耗。

1) 线路的功率损耗

线路上的功率损耗包括有功损耗和无功损耗两部分。

线路通过计算负荷时的有功功率损耗为

$$\Delta P_{WL}=3I_{30}^2R\times10^{-3}=\frac{P_{30}^2+Q_{30}^2}{U_N^2}R\times10^{-3}(\text{kW}) \tag{2-6}$$

线路通过计算负荷时的无功功率损耗为

$$\Delta Q_{WL}=3I_{30}^2X\times10^{-3}=\frac{P_{30}^2+Q_{30}^2}{U_N^2}X\times10^{-3}(\text{kvar}) \tag{2-7}$$

式中:P_{30}、Q_{30}、S_{30}、I_{30}—— 分别为线路的有功计算负荷、无功计算负荷、视在计算负荷和计算电流;

R—— 线路每相的电阻,等于单位长度电阻 r 乘以线路长度 L,即 $R=rL$;

X—— 线路每相的电抗,等于单位长度电抗 x 乘以线路长度 L,即 $X=xL$。

式中各量的单位分别是:有功功率为 kW,无功功率为 kvar,视在功率为 kV·A,电流为 A,电压为 kV,阻抗为 Ω。

【例 2-6】 已知某线路的长度为 12km,电压为 35kV,采用钢芯铝绞线 LGJ－70,导线的几何均距为 2.0m,输送的计算负荷 $S_{30}=4917$kV·A,试计算该线路的有功功率损耗和无功功率损耗。

解:查附表 2 可得 LGJ－70 的 $r=0.48\Omega/\text{km}$,几何均距为 2.0m 时,$x=0.38\Omega/\text{km}$。

所以该线路的有功功率损耗为

$$\Delta P_{WL}=\frac{S_{30}^2}{U_N^2}R\times10^{-3}=\frac{4917^2}{35^2}\times0.48\times12\times10^{-3}=113.68(\text{kW})$$

该线路的无功功率损耗为

$$\Delta Q_{WL}=\frac{S_{30}^2}{U_N^2}X\times10^{-3}=\frac{4917^2}{35^2}\times0.38\times12\times10^{-3}=90(\text{kvar})$$

2) 变压器的功率损耗

变压器的功率损耗包括有功功率损耗 ΔP_T 和无功功率损耗 ΔQ_T 两部分。变压器的有功功率损耗和无功功率损耗通常用下列经验公式近似计算:

$$\Delta P_T\approx0.015S_{30},\Delta Q_T\approx0.06S_{30} \tag{2-8}$$

3) 全厂电力负荷的计算

供配电系统的负荷计算常用的方法是逐级计算法。根据企业负荷的供配电系统图,从用电设备端开始,朝电源方向逐级计算,最后求出企业的总计算负荷,这种方法叫逐级计算法。如表 2-5 所示。

表 2－5　逐级计算法确定全厂计算负荷示意图表

图示	名称	所属	计算式
	电源进线	总降压变电所	⑦$P_{30.7}=P_{30.6}+\Delta P_{T2}$，$Q_{30.7}=Q_{30.6}+\Delta Q_{T2}-Q_{C2}$ $S_{30.7}=\sqrt{P_{30.7}^2+Q_{30.7}^2}$
	主变		$\Delta P_{T2}=0.02S_{30.6}$，$\Delta Q_{T2}=0.08S_{30.6}$
	10kV 配电室		⑥$P_{30.6}=K_{\Sigma p}\sum P_{30.5}$，$Q_{30.6}=K_{\Sigma q}\sum Q_{30.5}-Q_{C1}$
	10kV 线路		$\Delta P_{WL}=3I_{30.4}^2R$，$\Delta Q_{WL}=3I_{30.4}^2X$（线路不长时，可以不计）。 ⑤$P_{30.5}=P_{30.4}+\Delta P_{WL}$，$Q_{30.5}=Q_{30.4}+\Delta Q_{WL}$
	电源进线	车间变电所	$S_{30.3}=\sqrt{P_{30.3}^2+Q_{30.3}^2}$
	车间变压器		$\Delta P_{T1}=0.015S_{30.3}$，$\Delta Q_{T1}=0.06S_{30.3}$ ④$P_{30.4}=P_{30.3}+\Delta P_{T1}$，$Q_{30.4}=Q_{30.3}+\Delta Q_{T1}$
	低压配电室		③$P_{30.3}=K_{\Sigma p}\sum P_{30.2}$，$Q_{30.3}=K_{\Sigma q}\sum Q_{30.2}$
	低压配电线		线路不长，线损不计
	配电室（屏）		②$P_{30.2}=K_{\Sigma p}\sum P_{30.1}$，$Q_{30.2}=K_{\Sigma q}\sum Q_{30.1}$
	用电设备		①$P_{30.1}=K_d P_e$，$Q_{30.1}=P_{30.1}\text{tg}\varphi$

按逐级计算法确定计算负荷要注意以下几个问题：

a. 按工作制的性质将用电设备分组，用需要系数法或二项式系数法求出各设备（或设备组）的计算负荷，如图表中的①所示。

b. 干线上的计算负荷，应是各支线的计算负荷之和再乘以同时系数，如图表中的②、③、⑥点所示。

c. 线路较长时，要考虑线路的功率损耗，即线路首端的计算负荷为线路末端的计算负荷加上线路损耗，如图表中的⑤点所示。

d. 要考虑变压器的功率损耗，即变压器输入端的计算负荷等于输出端的计算负荷加变压器的损耗，如图表中的④、⑦点所示。

e. 如果有电容器补偿时，则补偿点电源侧的无功功率为未补偿时的无功功率减去电容器的补偿无功 Q_C，如图表中的⑥、⑦点所示。

计算步骤如图表 2－5 从①至⑦所示，$P_{30.7}$、$Q_{30.7}$、$S_{30.7}$就是该企业总的计算负荷。

二、短路电流计算

1. 短路的一般概念

(1)短路的概念及类型

三相系统的短路，是指在三相交流系统中，一切相与相之间、相与地（对于大电流接地系

统)之间、相与 N(或 PEN 和 PE)线之间通过电弧或其他较小阻抗的非正常连接。

在三相交流系统中,短路的基本类型有:

① 三相短路:用符号 $k^{(3)}$ 表示,如图 2-35a 所示。

② 两相短路:用符号 $k^{(2)}$ 表示,如图 2-35b 所示。

③ 单相短路:用符号 $k^{(1)}$ 表示,如图 2-35c、d 所示。

④ 两相接地短路(或两相短路接地):用符号 $k^{(1,1)}$ 表示,如图 2-35e、f 所示。

其中三相短路是对称短路,即短路时,三相短路电流(或电压)仍然是大小相等,相位互差 120°。其他形式的短路,属于不对称短路。在电力系统中,发生单相短路的概率最大。但三相短路电流值最大,造成的危害最为严重。

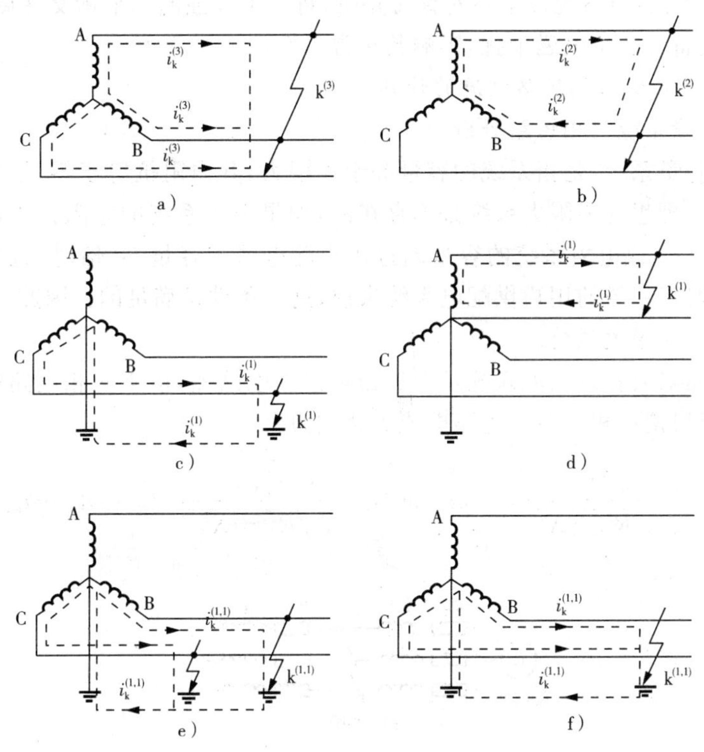

图 2-35　短路的类型(虚线表示短路电流的路径)

a)三相短路;b)两相短路;c)、d)单相短路;e)两相接地短路;f)两相短路接地

(2)短路的原因

引起短路故障的原因主要有以下三个方面。

① 电气绝缘损坏:电气设备载流部分的绝缘损坏是产生短路的主要原因,而造成绝缘损坏的主要原因有绝缘材料的自然老化、遭受机械损伤、过电压、设备直接遭受雷击以及设计、安装和运行维护不良。

② 运行人员误操作:由于运行人员不严格遵守操作规程和安全技术规程,造成误操作,如带负荷操作隔离开关,检修后未拆除接地线就送电等,也是引起短路的主要因素。

③ 其他因素:鸟兽跨接在裸露的载流导体上,气象条件恶化以及施工挖伤电缆,也是造成短路的常见因素。

(3)短路的危害

随着短路的类型、发生的地点和持续时间的不同,短路的后果可能是破坏局部地区的正常供电,也可能威胁整个系统的安全运行。短路所造成的危害主要有以下几个方面。

① 短路电流的电动力效应和热效应:短路电流经过电气设备的载流导体时,会产生很大的热量,使电气设备严重过热,危及绝缘,甚至烧毁设备;短路电流还会产生很大的电动力,导致电气设备机械变形,甚至损坏。

② 电压下降:短路时系统的电压下降,影响用户的正常工作。

③ 影响系统稳定:严重的短路可使并列运行的发电机组失去同步,造成电力系统解列,破坏电力系统的稳定运行。

④ 产生电磁干扰:当系统发生不对称短路时,将产生较强的不平衡交变磁场,对附近的通信线路、电子设备等产生电磁干扰,影响其正常工作。

2. 无限大容量系统三相短路电流的计算

(1)无限大容量系统三相短路分析

所谓无限大容量系统,是指系统的容量等于无限大,其内阻抗等于零,短路时系统的母线电压维持不变。理想的无限大系统是不存在的,如果电力系统的总阻抗不超过短路回路总阻抗的5%~10%,或电力系统的容量超过用户配电系统容量50倍时,就可以认为是无限大容量系统。对于一般的用户供配电系统来说,这个条件是满足的。因此,可将向用户供电的电力系统视为无限大系统。

图2-36为无限大容量电力系统发生三相短路的电路图,由于三相电路短路前后均是对称电路,故可只讨论一相。该相短路电流表达式为

$$i_k^{(3)}=\frac{\sqrt{2}U}{\sqrt{3}\sqrt{R_\Sigma^2+X_\Sigma^2}}\sin(\omega t-90°)+\frac{\sqrt{2}U}{\sqrt{3}\sqrt{R_\Sigma^2+X_\Sigma^2}}e^{-\frac{R_\Sigma}{L_\Sigma}t}=i_{kp}^{(3)}+i_{knp}^{(3)} \tag{2-9}$$

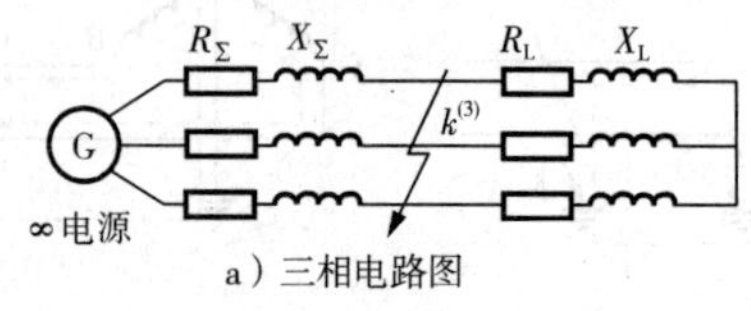

a)三相电路图

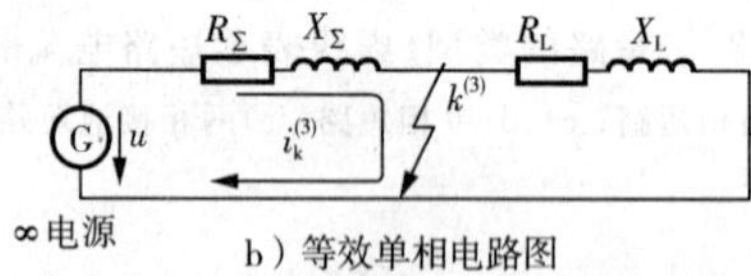

b)等效单相电路图

图2-36 无限大容量系统发生三相短路时的电路图

与上式对应的短路电流变化曲线如图2-37所示。

图中$I''^{(3)}$为短路后第一个周期的短路电流周期分量的有效值,称为短路次暂态电流。

① 短路电流周期分量

由式(2-9)可知,短路电流周期分量有效值为

$$I_{kp}^{(3)}=\frac{U}{\sqrt{3}\sqrt{R_\Sigma^2+X_\Sigma^2}} \tag{2-10}$$

② 短路电流非周期分量

由式(2－9)可知，短路电流非周期分量瞬时值的表达式为

$$i_{\mathrm{knp}}^{(3)}=\frac{\sqrt{2}U}{\sqrt{3}\sqrt{R_{\Sigma}^{2}+X_{\Sigma}^{2}}}\mathrm{e}^{-\frac{R_{\Sigma}}{L_{\Sigma}}t}=\sqrt{2}I_{\mathrm{kp}}^{(3)}\mathrm{e}^{-\frac{R_{\Sigma}}{L_{\Sigma}}t}=\sqrt{2}I''^{(3)}\mathrm{e}^{-\frac{R_{\Sigma}}{L_{\Sigma}}t} \quad (2-11)$$

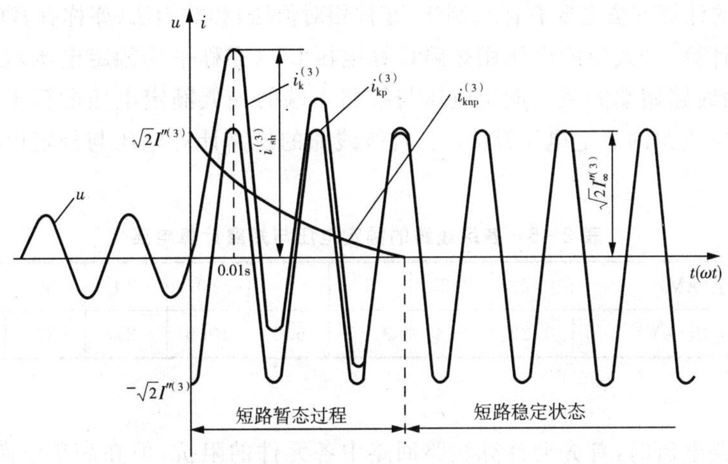

图 2－37　无限大容量系统发生三相短路时的电流变化曲线

③ 短路冲击电流

短路冲击电流为短路全电流的最大值。由图 2－37 可以看出，短路后半个周期(即 0.01 秒)瞬间，总的短路电流达到最大值，这个短路电流的最大值称为短路冲击电流，用 $i_{\mathrm{sh}}^{(3)}$ 表示。根据式(2－9)可得

$$i_{\mathrm{sh}}^{(3)}=i_{\mathrm{k}}^{(3)}(0.01\mathrm{s})=\frac{\sqrt{2}U}{\sqrt{3}\sqrt{R_{\Sigma}^{2}+X_{\Sigma}^{2}}}\sin(\omega\times0.01-90^{\circ})+\frac{\sqrt{2}U}{\sqrt{3}\sqrt{R_{\Sigma}^{2}+X_{\Sigma}^{2}}}\mathrm{e}^{-\frac{R_{\Sigma}}{L_{\Sigma}}\times0.01}$$

$$=\sqrt{2}I''^{(3)}(1+\mathrm{e}^{-\frac{0.01}{\tau}})=K_{\mathrm{sh}}\sqrt{2}I''^{(3)} \quad (2-12)$$

式中：K_{sh}——冲击系数。

短路冲击电流的有效值为

$$I_{\mathrm{sh}}^{(3)}=\sqrt{I_{\mathrm{kp}}^{(3)2}+i_{\mathrm{knp}}^{(3)2}(0.01)}=\sqrt{I''^{(3)2}+(\sqrt{2}I''^{(3)}\mathrm{e}^{-\frac{0.01}{\tau}})^{2}}=\sqrt{1+2(K_{\mathrm{sh}}-1)^{2}}I''^{(3)} \quad (2-13)$$

在高压电路中发生三相短路时，一般取 $K_{\mathrm{sh}}=1.8$，故

$$i_{\mathrm{sh}}^{(3)}=2.55I''^{(3)},I_{\mathrm{sh}}^{(3)}=1.51I''^{(3)} \quad (2-14)$$

在低压电路和 1000kV·A 及以下变压器二次侧发生三相短路时，一般取 $K_{\mathrm{sh}}=1.3$，故

$$i_{\mathrm{sh}}^{(3)}=1.84I''^{(3)},I_{\mathrm{sh}}^{(3)}=1.09I''^{(3)} \quad (2-15)$$

④ 短路稳态电流

当短路电流非周期分量衰减完毕，短路电流达到稳定状态，这时的短路电流称为短路稳态电流，其有效值用符号 $I_{\infty}^{(3)}$ 表示。在无限大容量系统中，短路电流周期分量有效值在短路全过程中始终是恒定不变的，所以有

$$I_{\infty}^{(3)} = I''^{(3)} = I_{kp}^{(3)} \tag{2-16}$$

(2)短路电流计算

短路电流的计算方法主要有标幺制法(亦称相对值法)和欧姆法(亦称有名单位制法)。

为了简化计算，公式中的电压用短路计算电压 U_{av}(亦称平均额定电压)，所谓短路计算电压，是指一段线路始端的最高额定电压与线路末端的最低额定电压的算术平均值。它的大小大约比对应线路的额定电压高5%。各级线路的短路计算电压与额定电压的关系如表2-6所示。

表2-6 各级线路的额定电压与短路计算电压

额定电压(kV)	0.22	0.38	3	6	10	20	35	110	220
短路计算电压(kV)	0.23	0.4	3.15	6.3	10.5	21	37	115	230

1)欧姆法

在计算短路电流时，首先要计算短路回路中各元件的阻抗，但在高压电路中，因为电抗远大于电阻，所以一般忽略电阻。用欧姆法计算时，各元件的阻抗要换算到同一电压等级(计算点处)。换算到计算点后的系统各元件阻抗及短路参数计算公式如表2-7所示。

表2-7 系统和设备阻抗计算公式及短路参数计算公式

	换算到计算点的阻抗		说 明
	电阻/mΩ	电抗/mΩ	
系统	忽略不计	$X_S = \dfrac{U_{av}^2}{S_k}$	U_{av}——计算点的计算电压,V; S_k——系统的短路容量,kV·A,S_k未知时,就用出口断路器的断路容量 S_{oc} 代替 S_k 来进行计算
发电机	忽略不计	$X_G = X''^{*}_{d} \dfrac{U_{av}^2}{S_{N.G}}$	X''^{*}_{d}——发动机超瞬态电抗的标幺值; U_{av}——计算点的计算电压,V; $S_{N.G}$——发电机额定容量,kV·A
变压器	$R_T \approx \Delta P_k \left(\dfrac{U_{av}}{S_{N.T}}\right)^2$	$X_T \approx \dfrac{U_k(\%)}{100} \dfrac{U_{av}^2}{S_{N.T}}$	U_{av}——计算点的计算电压,V; $S_{N.T}$——变压器的额定容量,kV·A; ΔP_k——变压器的短路损耗,kW
线路	$R_{WL} = rl\left(\dfrac{U_{av}}{U_{av.W}}\right)^2$	$X_{WL} = xl\left(\dfrac{U_{av}}{U_{av.W}}\right)^2$	l——线路长度,m; r——单位长度线路的电阻,mΩ/m; x——单位长度线路的电抗,mΩ/m; U_{av}——计算点的计算电压,V; $U_{av.W}$——线路计算电压,V

（续表）

短路参数计算		
短路参数	计算公式	说　明
短路电流周期分量	$I_{kp}^{(3)}=\dfrac{U_{av}}{\sqrt{3}\sqrt{R_{\Sigma}^{2}+X_{\Sigma}^{2}}}$ (kA)	U_{av}——计算点的计算电压,V
短路冲击电流	$i_{sh}^{(3)}=K_{sh}\sqrt{2}I''^{(3)}$ (kA)	高压电路，取 $K_{sh}=1.8$；低压电路或 $S_{N.T}\leqslant 1000$kV·A，取 $K_{sh}=1.3$
短路容量	$S_{k}^{(3)}=\sqrt{3}U_{av}I_{\infty}^{(3)}$ (kV·A)	U_{av}——计算点的计算电压,V

【例 2－7】 计算电路和各元件的参数如表 2－8 第一列、第二列所示，试求 $k^{(3)}$ 处三相短路时，短路电流、短路冲击电流和短路容量。

表 2－8　电路和各元件的参数

计算电路	已知参数	R/mΩ	X/mΩ
	高压电网，$S_k=500$MV·A	忽略不计	$X_S=\dfrac{U_{av}^2}{S_k}=\dfrac{400^2}{500\times10^3}=0.32$
	变压器，10/0.4kV，$S_{N.T}=1000$kV·A，$U_k(\%)=5.5$，$\Delta P_0=9.2$kW，$\Delta P_k=1.7$kW	$R_T\approx\Delta P_k\left(\dfrac{U_{av}}{S_{N.T}}\right)^2=1.7\times\left(\dfrac{400}{1000}\right)^2=0.27$	$X_T\approx\dfrac{U_k(\%)}{100}\dfrac{U_{av}^2}{S_{N.T}}=\dfrac{5.5}{100}\times\dfrac{400}{1000}^2=8.8$
	单芯电缆，长 5m 铜导线，$4\times240\text{mm}^2$，$r=0.024$mΩ/m，$x=0.08$ mΩ/m	$R_{WL1}=rl_1=0.024\times5=0.12$	$X_{WL1}=xl_1=0.08\times5=0.4$
	母线 10m，$x=0.015$mΩ/m	忽略不计	$X_B=xl=0.015\times10=0.15$
	三芯电缆，长 100m，截面积 95mm^2，铜，$r=0.024$mΩ/m，$x=0.08$mΩ/m	$R_{WL2}=rl_2=0.024\times100=2.4$	$X_{WL2}=xl_2=0.08\times100=8$
$k^{(3)}$	三芯电缆，长 20m，截面积 10mm^2，铜，$r=0.024$mΩ/m，$x=0.08$mΩ/m	$R_{WL3}=rl_3=0.024\times20=0.48$	$X_{WL3}=xl_3=0.08\times20=1.6$

解：各元件的阻抗计算见表 2－8 第三列、第四列所示。

① 短路回路总阻抗

$$R_{\Sigma}=R_T+R_{WL1}+R_{WL2}+R_{WL3}=0.27+0.12+2.4+0.48=3.27(\text{m}\Omega)$$

$$X_{\Sigma}=X_S+X_T+X_{WL1}+X_B+X_{WL2}+X_{WL3}$$

$$=0.32+8.8+0.4+0.15+8+1.6=19.27(\mathrm{m\Omega})$$

$$|Z_{\Sigma}|=\sqrt{R_{\Sigma}^{2}+X_{\Sigma}^{2}}=\sqrt{4.1^{2}+19.27^{2}}=19.5(\mathrm{m\Omega})$$

② 短路电流

$$I_{\mathrm{kp}}^{(3)}=\frac{U_{\mathrm{av}}}{\sqrt{3}\,|Z_{\Sigma}|}=\frac{400}{\sqrt{3}\times19.5}=11.8(\mathrm{kA})$$

③短路冲击电流

$$i_{\mathrm{sh}}^{(3)}=K_{\mathrm{sh}}\sqrt{2}\,I''^{(3)}=1.3\times\sqrt{2}\times11.8=21.7(\mathrm{kA})$$

④短路容量

$$S_{\mathrm{k}}^{(3)}=\sqrt{3}U_{\mathrm{av}}I_{\infty}^{(3)}=\sqrt{3}\times0.4\times11.8=8.18\ \mathrm{MV\cdot A}$$

2)标幺制法*

用标幺值计算时，不需要折算，但首先要任取基准容量 S_{d} 和基准电压 U_{d}。系统及各元件的阻抗及短路参数计算公式如表 2-9 所示。

表 2-9　系统和设备标幺值阻抗及短路参数计算公式

	阻抗(无单位)		说　明
	电阻标幺值	电抗标幺值	
系统	忽略不计	$X_{\mathrm{S}}^{*}=\frac{S_{\mathrm{d}}}{S_{\mathrm{k}}}$	S_{d}——基准容量，kV·A； S_{k}——系统的短路容量，kV·A，S_{k} 未知时，就用出口断路器的断路容量 S_{oc} 代替 S_{k} 来进行计算
发电机	忽略不计	$X_{\mathrm{G}}^{*}=X_{\mathrm{d}}''^{*}\frac{S_{\mathrm{d}}}{S_{\mathrm{N.G}}}$	$X_{\mathrm{d}}''^{*}$——发动机超瞬态电抗的标幺值； $S_{\mathrm{N.G}}$——发电机额定容量，kV·A
变压器	$R_{\mathrm{T}}^{*}=\Delta P_{\mathrm{k}}\frac{S_{\mathrm{d}}}{S_{\mathrm{N.T}}^{2}}$	$X_{\mathrm{T}}^{*}=\frac{U_{\mathrm{k}}(\%)}{100}\times\frac{S_{\mathrm{d}}}{S_{\mathrm{N.T}}}$	$U_{\mathrm{k}}(\%)$——短路电压百分比； S_{d}——基准容量，kV·A； $S_{\mathrm{N.T}}$——变压器的额定容量，kV·A
线路	$R_{\mathrm{WL}}^{*}=rl\frac{S_{\mathrm{d}}}{U_{\mathrm{av}}^{2}}$	$X_{\mathrm{WL}}^{*}=xl\frac{S_{\mathrm{d}}}{U_{\mathrm{av.W}}^{2}}$	l——线路长度，m； x——单位长度线路的电抗，mΩ/m； $U_{\mathrm{av.W}}$——线路所在位置的计算电压，V

（续表）

短路参数计算		
短路参数	计算公式	说 明
短路电流周期分量	$I_{kp}^{(3)}=I_{kp}^{(3)*}I_d=\frac{1}{\sqrt{R_{\Sigma}^{*2}+X_{\Sigma}^{*2}}}\times\frac{S_d}{\sqrt{3}U_{av}}$	U_{av}——计算点的计算电压，V
短路冲击电流	$i_{sh}^{(3)}=K_{sh}\sqrt{2}I''^{(3)}$ (kA)	高压电路，取 $K_{sh}=1.8$；低压电路或 $S_{N.T}\leqslant1000$kV·A，取 $K_{sh}=1.3$
短路容量	$S_k^{(3)}=\sqrt{3}U_{av}I_{\infty}^{(3)}$ (kV·A)	U_{av}——计算点的计算电压，V

【例 2-8】 用标幺制法求图 2-38k$^{(3)}$处三相短路时的短路电流和短路容量。

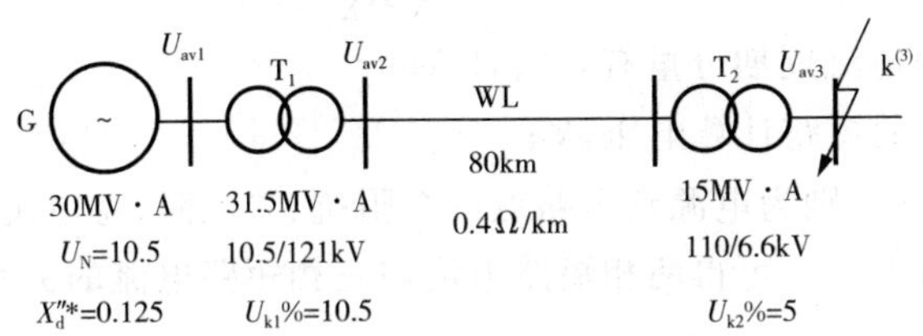

图 2-38 计算电路图

解：由于在高压电路中，主要是电抗，电阻所占的比例较小，在此忽略不计。用标幺制法计算电抗标幺值，取 $S_d=100$MV·A，$U_d=U_{av3}=6.3$kV。

①计算短路电路中各元件的标幺值电抗和总电抗的标幺值

发电机的电抗标幺值：$X_1=X_G^*=X_d''^*\cdot\frac{S_d}{S_{N.G}}=0.125\times\frac{100}{30}=0.41$

变压器 T_1 的电抗标幺值：$X_2=X_{T1}^*=\frac{U_{k1}\%}{100}\frac{S_d}{S_{N.T_1}}=\frac{10.5}{100}\times\frac{100}{31.5}=0.33$

线路 WL 的电抗标幺值：$X_3=X_{WL}^*=xl\frac{S_d}{U_{av3}^2}=0.4\times80\times\frac{100}{115^2}=0.24$

变压器 T_2 的电抗标幺值：$X_4=X_{T_2}^*=\frac{U_{k2}\%}{100}\frac{S_d}{S_{N.T_2}}=\frac{5}{100}\times\frac{100}{15}=0.33$

短路回路的总电抗标幺值：$X_{\Sigma}^*=X_1+X_2+X_3+X_4=0.41+0.33+0.24+0.33=1.31$

②计算三相短路电流和短路容量

三相短路电流周期分量有效值：

$$I_{kp}^{(3)}=I_{kp}^{(3)*}I_d=\frac{1}{X_{\Sigma}^*}\times\frac{S_d}{\sqrt{3}U_{av3}}=\frac{1}{1.31}\times\frac{100}{\sqrt{3}\times6.3}=7(\text{kA})$$

三相短路冲击电流：$i_{sh}^{(3)}=2.55I''^{(3)}=2.55\times7=17.85$(kA)

三相短路容量：$S_k^{(3)}=\sqrt{3}U_{av}I_{\infty}^{(3)}=\sqrt{3}\times6.3\times7=76.38(\mathrm{MV\cdot A})$

3. 不对称短路时短路电流计算

(1)两相短路电流的计算

在无限大容量系统中发生两相短路时，如图 2-39 所示。两相短路电流可由下式求出

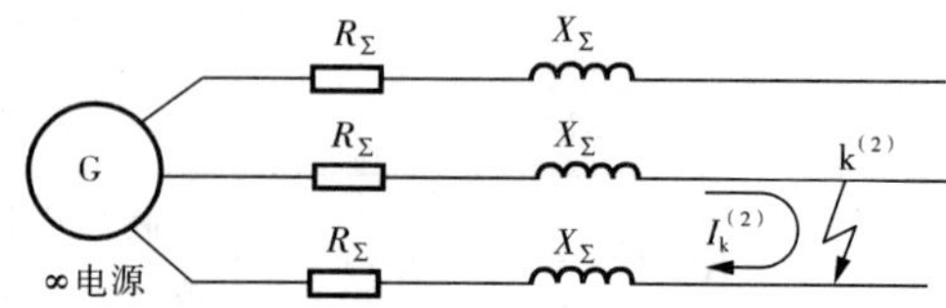

图 2-39　无限大容量系统发生两相短路电路图

$$I_{kp}^{(2)}=\frac{U_{av}}{2|Z_\Sigma|}=\frac{U_{av}}{2\sqrt{R_\Sigma^2+X_\Sigma^2}} \tag{2-17}$$

式中：$I_{kp}^{(2)}$——两相短路电流周期分量有效值，kA；

U_{av}——短路点处的短路计算电压，V；

$|Z_\Sigma|$、R_Σ、X_Σ——分别为电源到短路点的总阻抗、总电阻、总电抗，mΩ。

由式(2-10)和式(2-17)可得两相短路电流与三相短路电流的关系为

$$I_{kp}^{(2)}=\frac{\sqrt{3}}{2}I_{kp}^{(3)}=0.866I_{kp}^{(3)},i_{sh}^{(2)}=0.866i_{sh}^{(3)} \tag{2-18}$$

(2)单相短路电流的计算

在低压 TT、TN 的配电系统中，相线与中性线(N 线)、相线(L 线)与保护线(PE 线)、相线与保护中性线(PEN 线)或地之间发生短路，均形成单相短路。

TT、TN 配电系统中的单相短路电流，可用下式计算：

$$I_{kp}^{(1)}=\frac{U_\varphi}{|Z_{\varphi-0}|} \tag{2-19}$$

式中：U_φ——电源的相电压；

$|Z_{\varphi-0}|$——单相短路回路阻抗的模，$|Z_{\varphi-0}|=\sqrt{(R_T+R_{\varphi-0})^2+(X_T+X_{\varphi-0})^2}$；

R_T、X_T——分别为变压器单相的等效电阻和等效电抗；

$R_{\varphi-0}$、$X_{\varphi-0}$——分别为相线与 N 线(或 PE 线或 PEN 线)短路回路的电阻和电抗。

一般情况下，在无限大容量系统中或远离发电机处短路时，两相短路电流和单相短路电流均较三相短路电流小，因此用于校验电气设备和导体稳定度的短路电流，应采用三相短路电流。两相短路电流主要用于相间短路保护的灵敏度校验。单相短路电流主要用于单相短路保护的整定及单相短路热稳定度的校验。

三、电气设备选择

1. 电气设备选择的一般原则

电气设备选择的一般原则：按正常条件选择，按短路条件校验。

(1)按工作环境及正常工作条件选择电气设备

按工作环境及正常工作条件选择的项目主要有：设备的型式、额定电压和额定电流。具体到不同的设备，选择的项目有所不同。

① 型式：根据电气装置所处的位置、使用环境和工作条件，选择电气设备型式。

② 电压：电气设备的额定电压 $U_{N.E}$ 应不低于其所在线路的额定电压 U_N，即 $U_{N.E} \geqslant U_N$。

③ 电流：电气设备的额定电流 $I_{N.E}$ 应不小于实际通过它的计算电流 I_{30}，即 $I_{N.E} \geqslant I_{30}$。

(2)按短路条件校验

按短路条件校验的项目主要有：动稳定度、热稳定度和开关电器的断流能力校验。具体到不同的设备，校验的项目也有所不同。

1)动稳定度校验

动稳定是指电气设备在冲击短路电流所产生的电动力作用下，电气设备不致损坏。

a. 短路电流的电动力计算

两相短路电流产生的最大电动力(排斥力)为

$$F_{max}^{(2)} = 2.04 i_{sh}^{(2)2} \frac{l}{a} \times 10^{-7} (\text{N}) \tag{2-20}$$

三相短路时，假定三相导体布置在同一平面上，中间相将受到的电动力最大，其值为

$$F_{max}^{(3)} = 1.76 i_{sh}^{(3)2} \frac{l}{a} \times 10^{-7} (\text{N}) \tag{2-21}$$

由于三相短路冲击电流与两相短路冲击电流的关系为 $i_{sh}^{(2)} = \sqrt{3} i_{sh}^{(3)}/2$，所以

$$F_{max}^{(2)} = 2.04 i_{sh}^{(2)2} \frac{l}{a} \times 10^{-7} = 2.04 \left(\frac{\sqrt{3}}{2} i_{sh}^{(3)}\right)^2 \frac{l}{a} \times 10^{-7} = 1.53 i_{sh}^{(3)2} \frac{l}{a} \times 10^{-7} \tag{2-22}$$

比较式(2-21)与(2-22)可以看出，同一地点三相短路时的最大电动力比两相短路时大，因此在校验电器和载流导体的动稳定度时，应采用三相短路电流。

b. 短路动稳定度的校验条件

由于用来表征电器产品和载流导体的动稳定参数是不同的，所以在校验短路动稳定度时就有所不同，但是它们的实质是一致的。

● 一般电器：对于一般电器，应满足通过电器的最大短路冲击电流 $i_{sh}^{(3)}$ 不大于电器产品的极限允许通过电 i_{max}(动稳定电流)，即

$$i_{sh}^{(3)} \leqslant i_{max} \text{或} I_{sh}^{(3)} \leqslant I_{max} \tag{2-23}$$

式中：i_{max}、I_{max}——分别为电器的极限允许通过电流峰值和有效值。

对于电流互感器，制造厂提供的是动稳定倍数 K_d，选择电流互感器时应满足的动稳定度条件是 $K_d \sqrt{2} I_{1N.TA} \geqslant i_{sh}^{(3)}$，式中 $I_{1N.TA}$ 为电流互感器的一次侧额定电流。

● 硬母线：对于硬母线，短路时所受到的最大计算应力 σ_c 应不大于母线材料的最大允许应力 σ_{al}，即

$$\sigma_c \leqslant \sigma_{al} \tag{2-24}$$

最大计算应力

$$\sigma_c = \frac{M}{W} \tag{2-25}$$

式中：σ_{al}——母线材料的最大允许应力。硬铜母线（TMY），$\sigma_{al}=137\text{MPa}$；硬铝母线（LMY），$\sigma_{al}=69\text{MPa}$；

σ_c——母线通过 $i_{sh}^{(3)}$ 时所受到的最大计算应力；

M——母线通过 $i_{sh}^{(3)}$ 时所受到的最大弯曲力矩。跨距数＞2 时，$M=\frac{F_{max}^{(3)}l}{10}(\text{N}\cdot\text{m})$；跨距数≤2时，$M=\frac{F_{max}^{(3)}l}{8}(\text{N}\cdot\text{m})$；

W——母线的截面系数，$W=\frac{b^2h}{6}(\text{m}^3)$；

b——母线截面的宽度，m；

h——母线截面的高度，m。

电力电缆是软导体且机械强度较好，一般不需要校验其动稳定度。

● 绝缘子：满足绝缘子动稳定度的校验条件是绝缘子的最大允许荷载 F_{al} 不小于短路时作用于绝缘子上的计算力 $F_c^{(3)}$，即

$$F_{al} \geq F_c^{(3)} \tag{2-26}$$

如果查得的是绝缘子抗弯破坏载荷值，最大允许荷载 F_{al} 等于抗弯破坏载荷值乘以 0.6。母线平放时，$F_c^{(3)}=F_{max}^{(3)}$；竖放时，$F_c^{(3)}=1.4F_{max}^{(3)}$。

【例 2-9】 某系统变电所低压母线上接有 380V 计算负荷 P_{30} 为 250kW，平均功率因数 $\cos\varphi=0.7$，效率 $\eta=0.75$。该母线采用 LMY－100×10 的硬铝母线，水平放置，跨距为 900mm，挡数大于 2，相邻两相母线的轴线距离为 160mm，该母线的短路电流 $I_k^{(3)}=34.5\text{kA}$，$i_{sh}^{(3)}=63.5\text{kA}$。试求该母线三相短路时所受的最大电动力，并校验其动稳定度。

解：① 计算母线短路时所受到的最大电动力。

$$\text{计算电流 } I_{30}=\frac{P_{30}}{\sqrt{3}U_N\eta\cos\varphi}=\frac{250}{\sqrt{3}\times380\times0.7\times0.75}=0.724(\text{kA})$$

母线在三相短路时所受的最大电动力为

$$F_{max}^{(3)}=1.76i_{sh}^{(3)2}\frac{l}{a}\times10^{-7}=1.76\times(63.5\times10^3)^2\times\frac{0.9}{0.16}\times10^{-7}=3992(\text{N})$$

② 校验母线短路时的动稳定度。

$F_{max}^{(3)}$ 作用在母线上的弯曲力矩为

$$M=\frac{F_{max}^{(3)}l}{10}=\frac{3992\times0.9}{10}=359.3(\text{N}\cdot\text{m})$$

母线的截面系数为

$$W=\frac{b^2h}{6}=\frac{0.1^2\times0.01}{6}=1.667\times10^{-5}(\text{m}^3)$$

故母线在三相短路时所受到的计算应力为

$$\sigma_c=\frac{M}{W}=\frac{359.3}{1.667\times10^{-5}}=21.55\times10^{6}(\text{Pa})=21.55(\text{MPa})$$

而硬铝母线(LMY)的允许应力 $\sigma_{al}=69\text{MPa}>\sigma_c=21.55\text{MPa}$。

所以该母线满足短路动稳定度的要求。

2)热稳定度校验

热稳定是指电气设备载流导体在短路电流作用下,其发热热量(或温度)不超过载流导体短时允许的发热热量(或温度)。

① 短路时导体的发热计算

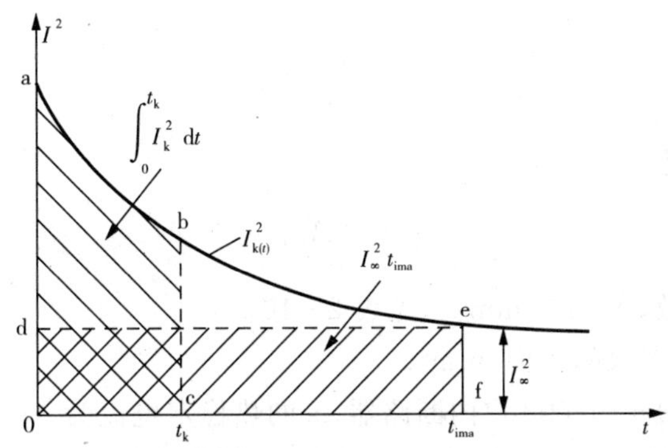

图 2-40　短路产生的热量与短路发热假想时间示意图

如果在 $t=0$ 时刻短路,短路持续时间为 t_k,则短路电流在短路期间实际产生的热量可用 $\int_0^{t_k} I_{k(t)}^2 \mathrm{d}t$ 表示,即 $oabc$ 所包围的不规则多边形的面积,实际计算时是相当困难的,在工程上一般用等效计算的方法来解决,即用一个恒定的短路稳态电流 I_∞ 来等效计算实际的短路电流所产生的热量。假定一个时间 t_{ima},在此时间内,导体通过 I_∞ 所产生的热量恰好与实际的短路电流产生的热量相等,则产生的热量可用 $I_\infty^2 t_{ima}$ 表示,在数值上与 $odef$ 所包围的矩形面积相等,这一假定时间称为短路发热假想时间 t_{ima}(或热效时间),如图 2-40 所示。

短路发热假想时间可用下式近似计算:

$$t_{ima}=t_k+0.05\left(\frac{I''}{I_\infty}\right)^2 \tag{2-27}$$

在无限大容量系统发生短路时,由于 $I''=I_\infty$,所以

$$t_{ima}=t_k+0.05\left(\frac{I''}{I_\infty}\right)^2=t_k+0.05 \tag{2-28}$$

当短路持续时间 $t_k>1\text{s}$ 时,可近似认为

$$t_{ima}\approx t_k \tag{2-29}$$

短路持续时间 t_k 为短路保护装置的实际最长动作时间 t_{op} 与断路器的断路时间 t_{oc} 之和,即

$$t_k=t_{op}+t_{oc} \tag{2-30}$$

② 短路热稳定度的校验条件

a. 一般电器：一般电器的热稳定度校验条件是设备短时允许的最大热量 $I_t^2 t$ 不小于短路电流所产生的最大热量 $I_\infty^{(3)2} t_{ima}$，即

$$I_t^2 t \geqslant I_\infty^{(3)2} t_{ima} \tag{2-31}$$

式中：I_t——电器 t 秒钟的热稳定电流，kA；

t——电器的热稳定时间，s。

b. 导体：对母线、绝缘导线和电缆等导体的热稳定度校验，是将短路电流所产生的热量与最小热稳定允许截面 A_{min} 对应起来，满足热量的最小截面 A_{min} 为

$$A_{min} = \frac{I_\infty^{(3)}}{C}\sqrt{t_{ima}} \tag{2-32}$$

则满足热稳定的条件是

$$A_e \geqslant A_{min} \tag{2-33}$$

式中：C——热稳定系数，$A \cdot s^{\frac{1}{2}}/mm^{-2}$，见表 2-10。

A_e——导体实际选取的截面，mm^2。

【例 2-10】 SN10—10/600 户内断路器 4s 的热稳定电流为 17.3kA，实际流过断路器的稳态电流 $I_\infty^{(3)}=9.18kA$，继电保护动作时间为 2s，断路器断路时间为 0.2s，试校验短路时断路器的热稳定度。

解：短路持续时间 $t_k=2+0.2=2.2(s)$，因为

$$t_k > 1s, t_{ima} \approx t_k = 2.2s$$

$$I_t^2 t = 17.3^2 \times 4 = 1197.16[(kA)^2 \cdot s] \geqslant I_\infty^{(3)2} t_{ima} = 9.18^2 \times 2.2 = 185.4[(kA)^2 \cdot s]$$

所以断路器能满足热稳定的要求。

【例 2-11】 已知某变电所 380V 侧 LMY—100×10 母线，$I_\infty^{(3)}=34.53kA$，母线的短路保护实际动作时间为 0.6s，低压断路器的断路时间为 0.1s，该母线正常运行时最高温度为 55℃。试校验此母线的短路热稳定度。

解：查表 2-10 得 $C=87A \cdot s^{\frac{1}{2}}/mm^{-2}$。

最小允许截面 $A_{min} = \frac{I_\infty^{(3)}}{C}\sqrt{t_{ima}} = \frac{34.53\times 10^3}{87} \times \sqrt{0.75\times 1.0} = 344(mm^2)$。

由于母线实际截面 $A_e = 100 \times 10 = 1000mm^2 > A_{min}$，因此该母线短路热稳定度满足要求。

表 2-10 导体在正常和短时的最高允许温度和热稳定系数

导体种类和材料		最高允许温度(℃)		热稳定系数 C
		正常(长期)时	短时	($A \cdot s^{\frac{1}{2}}/mm^{-2}$)
母线	铜	70	300	171
	铝	70	200	87

（续表）

导体种类和材料			最高允许温度(°C)		热稳定系数 C
			正常(长期)时	短时	$(A \cdot s^{\frac{1}{2}}/mm^{-2})$
油浸纸绝缘电缆	铜芯	1～3kV	80	250	148
		6kV	65(80)	250	145
		10kV	60(65)	175	148
		35kV	50(65)	175	—
	铝芯	1～3kV	80	200	84
		6kV	65(80)	200	90
		10kV	60(65)	200	92
		35kV	50(65)	175	—
橡皮绝缘导线和电缆		铜芯	65	150	112
		铝芯	65	150	74
聚氯乙烯绝缘导线和电缆		铜芯	65	130	100
		铝芯	65	130	65
交联聚乙烯绝缘电缆		铜芯	90(80)	250	140
		铝芯	90(80)	250	84
含有锡焊中间接头的电缆		铜芯	—	160	—
		铝芯	—	160	—

注:(1)表中“油浸纸绝缘电缆”中加括号的数字,适用于“不滴流纸绝缘电缆”。

(2)表中“交联聚乙烯绝缘电缆”中加括号的数字,适用于 10kV 以上的电缆。

3)开关电器断流能力校验

断路器、熔断器等电气设备担负着切断短路电流的任务,通过最大短路电流时必须可靠切断,因此还必须校验断流能力,其开断电流应不小于安装地点最大三相短路电流。

由于各电气设备的结构和功能不同,选择和校验的项目也不同,具体参见表 2-11。

表 2-11　高压电气设备选择和校验项目

电气设备名称	正常选择		短路校验		
	额定电压/kV	额定电流/A	动稳定度	热稳定度	断流能力/kA
高压断路器	$U_{N.E} \geqslant U_N$	$I_{N.E} \geqslant I_{30}$	$i_{max} \geqslant i_{sh}^{(3)}$	$I_t^2 t \geqslant I_\infty^{(3)2} t_{ima}$	$I_{oc} \geqslant I''^{(3)}$
高压隔离开关	$U_{N.E} \geqslant U_N$	$I_{N.E} \geqslant I_{30}$	$i_{max} \geqslant i_{sh}^{(3)}$	$I_t^2 t \geqslant I_\infty^{(3)2} t_{ima}$	—
高压负荷开关	$U_{N.E} \geqslant U_N$	$I_{N.E} \geqslant I_{30}$	$i_{max} \geqslant i_{sh}^{(3)}$	$I_t^2 t \geqslant I_\infty^{(3)2} t_{ima}$	$I_{oc} \geqslant I_{30}$

（续表）

电气设备名称	正常选择		短路校验		
	额定电压/kV	额定电流/A	动稳定度	热稳定度	断流能力/kA
高压熔断器	$U_{N.E} \geqslant U_N$	$I_{N.E} \geqslant I_{30}$	—	—	$I_{oc} \geqslant I_{sh}^{(3)}$ 限流式 $I_{oc} \geqslant I''^{(3)}$
电流互感器	$U_{N.E} \geqslant U_N$	$I_{N.E} \geqslant I_{30}$	$K_d\sqrt{2}I_{1N} \geqslant i_{sh}^{(3)}$	$(K_t I_{1N})^2 t \geqslant I_{\infty}^{(3)2} t_{ima}$	—
电压互感器	$U_{N.E} \geqslant U_N$	—	—	—	—
支柱绝缘子	$U_{N.E} \geqslant U_N$	—	$F_{al} \geqslant F_c$	—	—
套管绝缘子	$U_{N.E} \geqslant U_N$	$I_{al} \geqslant I_{30}$	$F_{al} \geqslant F_c$	$I_t^2 t \geqslant I_{\infty}^{(3)2} t_{ima}$	—
母线(硬)	—	$I_{al} \geqslant I_{30}$	$\sigma_{al} \geqslant \sigma_c$	$A \geqslant A_{min} = \frac{I_{\infty}^{(3)}}{C}\sqrt{t_{ima}}$	—
电　缆	$U_{N.E} \geqslant U_N$	$I_{al} \geqslant I_{30}$	—	$A \geqslant A_{min} = \frac{I_{\infty}^{(3)}}{C}\sqrt{t_{ima}}$	—

注：“—”表示不要校验。上述条件是指一般情况。

2. 高压电气设备的选择

(1)高压断路器的选择

高压断路器的选择和校验条件及公式见表2-11。

【例2-12】 试选择某35kV变电所主变压器低压侧的高压断路器，已知变压器的技术参数为：35/10.5kV，5000kV·A，三相最大短路电流为3.35kA，冲击短路电流为8.54kA，三相短路容量为60.9MV·A，继电保护动作时间为1.1s。

解：因为是户内型，故选择户内真空断路器。根据变压器二次侧额定电流选择断路器的额定电流，即

$$I_{2N} = \frac{S_N}{\sqrt{3}U_N} = \frac{5000}{\sqrt{3} \times 10.5} = 275(\text{A})$$

查附表5，选择ZN5—10/630型真空断路器，其有关技术参数、安装地点电气条件和计算选择计算结果列于表2-12，从中可以看出断路器的参数均大于装设地点的电气条件，故所选断路器合格。

表2-12　高压断路器选择校验表

序号	ZN5—10/630技术参数		选择要求	装设地点电气计算条件		结　论
	项　目	数　据		项　目	数　据	
1	$U_{N.E}$	10kV	=	U_N	10kV	合格
2	$I_{N.E}$	630A	>	I_{30}	275A	合格
3	I_{oc}	20kA	>	$I_k^{(3)}$	3.35kA	合格
4	i_{max}	50kA	>	$i_{sh}^{(3)}$	8.54kA	合格
5	$I_t^2 \times t$	$20^2 \times 4 = 1600(\text{kA})^2 \cdot \text{s}$	>	$I_{\infty}^2 \times t_{ima}$	$3.35^2 \times (1.1+0.1) = 13.5(\text{kA})^2 \cdot \text{s}$	合格

(2)高压熔断器的选择

熔断器额定电压一般不超过35kV。熔断器没有触头,而且分断短路电流后熔体熔断,故不必校验动稳定度和热稳定度。仅需校验断流能力。

高压熔断器在选择时,要注意以下几点:

① 户内型熔断器主要有RN1、RN5型和RN2、RN6型,RN1、RN5型用于线路和变压器的短路保护,而RN2、RN6型用于电压互感器保护。

② RN限流型熔断器的额定电压必须与线路额定电压相等,不得降低或升高电压使用。

③ 户外型跌落式熔断器断流能力有上、下限值时,应使被保护线路的三相短路的冲击电流小于其上限值,而最小的两相短路电流大于其下限值。

④ 高压熔断器除了选择熔断器额定电流,还要选择熔体额定电流。

1)保护线路的熔断器的选择

① 熔断器的额定电压 $U_{N \cdot FU}$ 应不低于线路的额定电压 U_N,即 $U_{N \cdot FU} \geqslant U_N$。

② 熔体额定电流 $I_{N \cdot FE}$ 不小于线路计算电流 I_{30},即 $I_{N \cdot FE} \geqslant I_{30}$。

③ 熔断器额定电流 $I_{N \cdot FU}$ 不小于熔体的额定电流 $I_{N \cdot FE}$,即 $I_{N \cdot FU} \geqslant I_{N \cdot FE}$。

④ 熔断器断流能力校验:

a. 限流式熔断器(如RN1、RN5型)的开断电流 I_{oc} 应满足 $I_{oc} \geqslant I''^{(3)}$。

b. 非限流式熔断器(如RW4型等)开断的短路电流是短路冲击电流,其断流能力应不小于三相短路冲击电流有效值 $I_{sh}^{(3)}$,即 $I_{oc} \geqslant I_{sh}^{(3)}$。

对断流能力有上、下限值的熔断器应满足

$$I_{oc.max} \geqslant I_{sh}^{(3)} \text{ 和 } I_{oc.min} \leqslant I_{k.min}^{(2)}$$

式中,$I_{oc.max}$、$I_{oc.min}$ 分别为熔断器分断电流上、下限值;$I_{k.min}^{(2)}$ 为线路末端两相短路电流值。

2)保护电力变压器(高压侧)的熔断器熔体额定电流的选择

考虑到变压器的正常过负荷能力(约20%左右)、变压器低压侧尖峰电流及变压器空载合闸时的励磁涌流,熔断器熔体额定电流 $I_{N \cdot FE}$ 应满足

$$I_{N \cdot FE} = (1.5 \sim 2.0) I_{1N \cdot T} \tag{2-34}$$

式中,$I_{1N \cdot T}$ 为变压器一次绕组额定电流。

3)保护电压互感器的熔断器熔体额定电流的选择

因为电压互感器二次侧电流很小,按负荷电流选择,机械强度不满足,故在选择RN2、RN6型专用熔断器作电压互感器短路保护时,其熔体额定电流按机械强度选为0.5A。

(3)电流互感器的选择

电流互感器的选择与校验主要有以下几方面。

① 电流互感器型号的选择:根据安装地点和工作要求选择电流互感器的型式。

② 电流互感器额定电压的选择:电流互感器额定电压应不低于装设点线路额定电压。

③ 电流互感器一、二次额定电流的选择:一般情况下,计量用电流互感器变比的选择应使其一次额定电流 I_{1N} 不小于线路中的计算电流 I_{30}。保护用电流互感器为保证其准确度要求,可以将变比选得大一些。二次侧额定电流为5A(或1A)。

1)电流互感器准确级选择及校验

电流互感器计量、测量线圈的准确级为0.1、0.2、0.5、1、3、5六个级别，保护用电流互感器的准确级一般为5P级和10P级(在老型号产品中为B、D级)两种。5P级、10P级的复合误差分别为5%和10%。

计量用电流互感器的准确级选0.2～0.5级，测量用电流互感器的准确级选1.0～3.0级。为了保证准确度误差不超过规定值，互感器二次侧负荷S_2应不大于二次侧额定负荷S_{2N}，所选准确度才能得到保证。准确度校验公式为

$$S_2 \leqslant S_{2N} \tag{2-35}$$

二次回路的负荷S_2取决于二次回路的阻抗Z_2的值，即

$$S_2 = I_{2N}^2 \mid Z_2 \mid \approx I_{2N}^2 (\sum \mid Z_i \mid + R_{WL} + R_{tou}) \text{ 或 } \quad S_2 \approx \sum S_i + I_{2N}^2 (R_{WL} + R_{tou}) \tag{2-36}$$

式中：S_i、Z_i分别为二次回路中的仪表、继电器线圈的额定负荷(VA)和阻抗(Ω)；R_{tou}为二次回路中所有接头、触点的接触电阻，一般取0.1Ω；R_{WL}为二次回路导线电阻，计算公式为

$$R_{WL} = \frac{L_C}{\gamma A} \tag{2-37}$$

式中，γ为导线的电导率；A为导线截面(mm^2)；L_C为导线的计算长度(m)。若互感器到仪表或继电器的单向实际长度为l_1，则计算长度与实际长度之间的关系为

$$L_c = \begin{cases} l_1 & \text{(星形接线)} \\ \sqrt{3}\, l_1 & \text{(不完全星形接线)} \\ 2l_1 & \text{(一相式接线)} \end{cases}$$

2)电流互感器动稳定和热稳定校验

厂家的产品技术参数中都给出了电流互感器动稳定倍数K_{es}和热稳定倍数K_t，因此，按下列公式分别校验动稳定度和热稳定度即可。

① 动稳定度校验

$$K_{es} \sqrt{2} I_{1N} \geqslant i_{sh} \tag{2-38}$$

② 热稳定度校验

$$(K_t I_{1N})^2 t \geqslant I_{\infty}^{(3)2} t_{ima} \tag{2-39}$$

式中：t——热稳定电流时间，s。

(4)电压互感器的选择

① 根据安装地点环境及工作要求选择电压互感器型式。

② 电压互感器的额定电压应不低于装设点线路额定电压。

③ 按测量仪表对电压互感器准确级要求选择并校验准确度。

测量用电压互感器准确级有0.1、0.2、0.5、1、3五个级别，保护用的电压互感器为3P级和6P级，用于小电流接地系统电压互感器的零序绕组准确级为6P级。

为了保证准确度的误差在规定的范围内，二次侧负荷S_2应不大于电压互感器二次侧额定容量S_{2N}，即

$$S_2 \leqslant S_{2N} \tag{2-40}$$

$$S_2 = \sqrt{(\sum P_i)^2 + ((\sum Q_i)^2)} \tag{2-41}$$

式中，$\sum P_i = \sum (S_i \cos\varphi_i)$ 和 $\sum Q_i = \sum (S_i \sin\varphi_i)$ 分别为仪表、继电器电压线圈消耗的总有功功率和总无功功率。

电压互感器的一、二次侧均有熔断器保护，所以不需要校验短路动稳定和短路热稳定。

3. 低压电气设备的选择

(1)低压断路器的选择

1)选择低压断路器应满足的条件

选择低压断路器时应满足下列条件：

① 低压断路器的型式及操作机构应符合工作环境、保护性能等方面的要求。

② 低压断路器的额定电压应不低于装设地点线路的额定电压。

③ 低压断路器的额定电流应不小于它所能安装的最大脱扣器的额定电流。

④ 低压断路器的开断电流应不小于安装点的最大三相短路电流。

对万能式(DW 型)断路器，其分断时间在 0.02s 以上时，则

$$I_{oc} \geqslant I_{k.max}^{(3)} \tag{2-42}$$

对塑壳式(DZ 型)或其他型号断路器，其分断时间在 0.02s 以下时，则

$$I_{oc} \geqslant I_{sh}^{(3)} \text{ 或 } i_{oc} \geqslant i_{sh}^{(3)} \tag{2-43}$$

2)低压断路器脱扣器的选择和整定

断路器的脱扣器选择，一般是先选择脱扣器的额定电流，然后整定脱扣器的动作电流和动作时间。

① 过电流脱扣器的选择和整定

a. 过电流脱扣器额定电流的选择

过电流脱扣器额定电流 $I_{N\cdot OR}$ 应不小于线路的计算电流 I_{30}，即

$$I_{N\cdot OR} \geqslant I_{30} \tag{2-44}$$

b. 过电流脱扣器动作电流的整定

● 瞬时过电流脱扣器动作电流的整定

瞬时过电流脱扣器动作电流 $I_{op(0)}$ 应躲过线路的尖峰电流 I_{pk}，即

$$I_{op(0)} \geqslant K_{rel} I_{pk} \tag{2-45}$$

式中，K_{rel} 为可靠系数。对于动作时间在 0.02s 以上的断路器，如 DW 型、ME 型等，$K_{rel}=1.35$。对于动作时间在 0.02s 以下的断路器，如 DZ 型等，$K_{rel}=2\sim2.5$。

● 短延时过流脱扣器动作电流和动作时间的整定

短延时过流脱扣器动作电流 $I_{op(s)}$ 也应躲过线路尖峰电流 I_{pk}，即

$$I_{op(s)} \geqslant K_{rel} I_{pk} \tag{2-46}$$

式中：K_{rel}——可靠系数，可取 1.2。

短延时脱扣器动作时间一般不超过 1s，通常分为 0.2s、0.4s、0.6s 三级，但一些新产品中有所不同，如 DW40 型断路器短延时为 0.1s、0.2s、0.3s、0.4s 四级。可根据保护要求确定动作时间。

● 长延时过流脱扣器动作电流和动作时间的整定

长延时过流脱扣器动作电流 $I_{op(l)}$ 只需躲过线路的计算电流 I_{30}，即

$$I_{op(l)} \geqslant K_{rel} I_{30} \tag{2-47}$$

式中，K_{rel} 取 1.1。

长延时过流脱扣器用于过负荷保护，动作时间为反时限特性。

● 过流脱扣器与配电线路的配合要求

低压断路器还需考虑与配电线路的配合，防止被保护线路因过负荷或短路故障引起导线或电缆过热，其配合条件为

$$I_{op} \leqslant K_{oL} I_{al} \tag{2-48}$$

式中：I_{al}——绝缘导线或电缆的允许载流量；

K_{oL}——导线或电缆允许的短时过负荷系数。对瞬时和短延时过流脱扣器 $K_{oL}=4.5$，对长延时过流脱扣器 $K_{oL}=1$。

当上述配合要求得不到满足时，可改选脱扣器动作电流，或增大配电线路导线截面。

② 热脱扣器的选择和整定

a. 热脱扣器的额定电流 $I_{N \cdot TR}$ 应不小于线路计算电流 I_{30}，即

$$I_{N \cdot TR} \geqslant I_{30} \tag{2-49}$$

b. 热脱扣器动作电流的整定

热脱扣器的动作电流 $I_{op \cdot TR}$ 应大于线路计算电流 I_{30}，即

$$I_{op \cdot TR} \geqslant K_{rel} I_{30} \tag{2-50}$$

式中，K_{rel} 取 1.1，并应在实际运行时调试。

③ 欠电压脱扣器和分励脱扣器选择

欠压脱扣器主要用于欠压或失压保护，当电压低于 $(0.35 \sim 0.7)U_N$ 时便能动作。分励脱扣器主要用于断路器的分闸操作，在 $(0.85 \sim 1.1)U_N$ 时便能可靠动作。

欠压脱扣器和分励脱扣器的额定电压应等于线路的额定电压，并按直流或交流的类型及操作要求进行选择。

3)前后级低压断路器选择性的配合

为了保证前后级断路器选择性要求，前一级（靠近电源）的动作电流 $I_{op(1)}$ 应大于后一级（靠近负载）动作电流 $I_{op(2)}$ 的 1.2 倍，即

$$I_{op(1)} \geqslant 1.2 I_{op(2)} \tag{2-51}$$

在动作时间选择性配合方面，如果后一级采用瞬时过流脱扣器，则前一级要求采用短延时过流脱扣器，如果前后级都采用短延时脱扣器，则前一级短延时时间应至少比后一级短延时时间大一级。

4)低压断路器灵敏度的校验

低压断路器短路保护灵敏度 K_{sen} 应满足下式条件：

$$K_{sen}=\frac{I_{k.min}}{I_{op}}\geqslant 1.3 \tag{2-52}$$

式中：I_{op}——瞬时或短延时过流脱扣器的动作电流整定值；

$I_{k.min}$——保护线路末端最小短路电流，对 TN 和 TT 系统 $I_{k.min}$ 应为单相短路电流，对 IT 系统则为两相短路电流。

【例 2-13】 电压为 380V 的 TN－S 系统供电给一台电动机。已知电动机的额定电流为 80A，启动电流为 330A，线路首端的三相短路电流为 18kA，线路末端的最小单相短路电流为 8kA。拟采用 DW16 型断路器进行瞬间过电流保护，环境温度为 25℃，BX－500 型穿塑料管暗敷的导线的载流量为 122A。试选择整定 DW16－630 型低压断路器并校验保护的各项参数。

解：①选择 DW16 系列断路器

查附表 9 可知，DW16－630 型低压断路器的过流脱扣器额定电流 $I_{N\cdot OR}=100A>I_{30}=80A$，初步选择 DW16－630/100 型低压断路器。

由式(2-45)可知

$$I_{op(0)}\geqslant K_{rel}I_{pk}=1.35\times 330=445.5(A)$$

因此，过流脱扣器的动作电流可整定为 5 倍脱扣器的额定电流，即 $I_{op(0)}=5\times 100=500(A)$，满足躲过尖峰电流的要求。

②低压断路器保护的校验

断流能力的校验：查附表 9 得，DW16－630 型断路器的极限开断电流 $I_{oc}=30kA>18kA$，满足要求。

保护灵敏度的校验：$K_{sen}=\frac{I_{k.min}}{I_{op}}=\frac{8000}{500}=16>1.3$，满足灵敏度的要求。

与被保护线路配合：断路器仅作短路保护，$I_{op}=500<K_{oL}I_{al}=4.5\times 122(A)=550(A)$，满足配合要求。

(2)低压熔断器的选择

1)低压熔断器的选择

① 根据工作环境条件要求选择熔断器的型式。

② 熔断器额定电压应不低于被保护线路的额定电压。

③ 熔断器的额定电流 $I_{N.FU}$ 应不小于其熔体的额定电流 $I_{N.FE}$，即

$$I_{N.FU}\geqslant I_{N.FE} \tag{2-53}$$

2)熔体额定电流的选择

① 熔断器熔体额定电流 $I_{N\cdot FE}$ 应不小于线路的计算电流 I_{30}，即

$$I_{N\cdot FE}\geqslant I_{30} \tag{2-54}$$

② 熔体额定电流还应躲过尖峰电流 I_{pk}，由于尖峰电流持续时间很短，而熔体发热熔断

需要一定的时间，因此熔体额定电流应满足下式条件

$$I_{N\cdot FE}\geqslant KI_{pk} \tag{2-55}$$

式中，K 为小于 1 的计算系数。

③ 熔断器保护还应考虑与被保护线路配合，为保证在被保护线路过负荷或短路时能得到可靠的保护，应满足下式条件

$$I_{N\cdot FE}\leqslant K_{oL}I_{al} \tag{2-56}$$

式中：I_{al}——绝缘导线或电缆允许载流量；

K_{oL}——绝缘导线或电缆允许短时过负荷系数。当熔断器作短路保护时，绝缘导线或电缆的过负荷系数取 2.5，明敷导线取 1.5；当熔断器作过负荷保护时，各类导线的过负荷系数取 0.8～1，对有爆炸危险场所的导线过负荷系数取下限值 0.8。

熔体额定电流，应同时满足式(2-54)～式(2-56)三个条件。

3)熔断器断流能力校验

①对限流式熔断器，应满足条件是 $I_{oc}\geqslant I''^{(3)}$。 (2-57)

②对非限流式熔断器，应满足条件是 $I_{oc}\geqslant I_{sh}^{(3)}$。 (2-58)

4)前后级熔断器选择性配合

熔断器熔体熔断时间与电流的大小关系，称为熔断器的安秒特性，也称为熔断器的保护特性。熔断器的保护特性为反时限的保护特性，即熔体的熔断时间与电流的平方成反比，如图 2-41 所示。

I_{cr}为临界电流或称最小熔化电流。熔体的额定电流 $I_{N.FE}$应小于 I_{cr}。

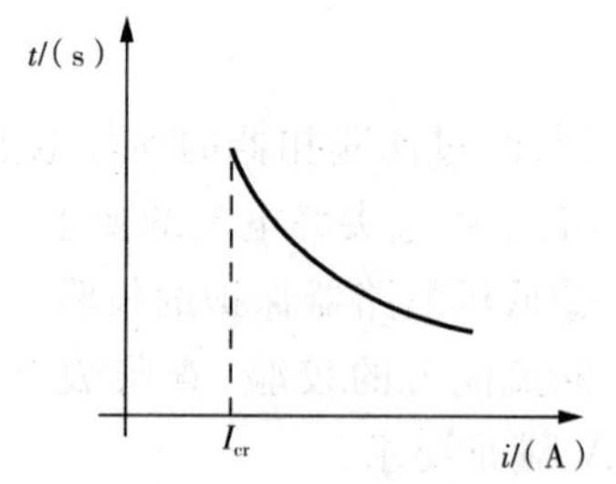

图 2-41　熔断器的安秒特性曲线

低压线路中，熔断器较多，前后级间的熔断器在选择性上必须配合，以使靠近故障点的熔断器最先熔断。为此选择熔体时，应同时满足以下两个条件：

① 前级熔体的熔断时间 t_1大于 3 倍后级熔体的熔断时间 t_2，即 $t_1\geqslant 3t_2$。

② 前一级熔断器的熔体额定电流应比后一级大 2～3 级，或前后两级熔断器熔体额定电流之比应为 1.5～2.4。

4. 高低压开关柜及选择

(1)高压开关柜

高压开关柜是一种高压成套设备，柜内有断路器、隔离开关、互感器设备等。它按一定的接线方案将有关一次设备和二次设备组装在柜内，节约空间、安装方便、供电可靠，也美化了环境。

高压开关柜按结构型式可分为固定式、移开式(过去称手车式)两大类型。固定式开关柜主要有 KGN、XGN 系列等。移开式开关柜主要新产品有 JYN、KYN 系列等。移开式开关柜中没有隔离开关，因为断路器在移开后能形成断开点，故不需要隔离开关。按功能作用分，主要有出线柜(又叫馈电柜)、电压互感器柜、高压电容器柜(如 GR－1 型)、电能计量柜(如 PJ 系列)、高压环网柜(如 HXGN 型)等。

开关柜在结构设计上具有"五防"措施，即防止误分、误合断路器，防止带负荷拉、合隔离开关，防止带电挂接地线（或合接地刀闸），防止带接地线（或接地刀闸处于闭合状态）合断路器（或隔离开关），防止误入带电间隔。

GG1A(F)－10－07S 高压开关柜是一种广泛使用的老系列产品，为半封闭结构，如图 2-42所示。

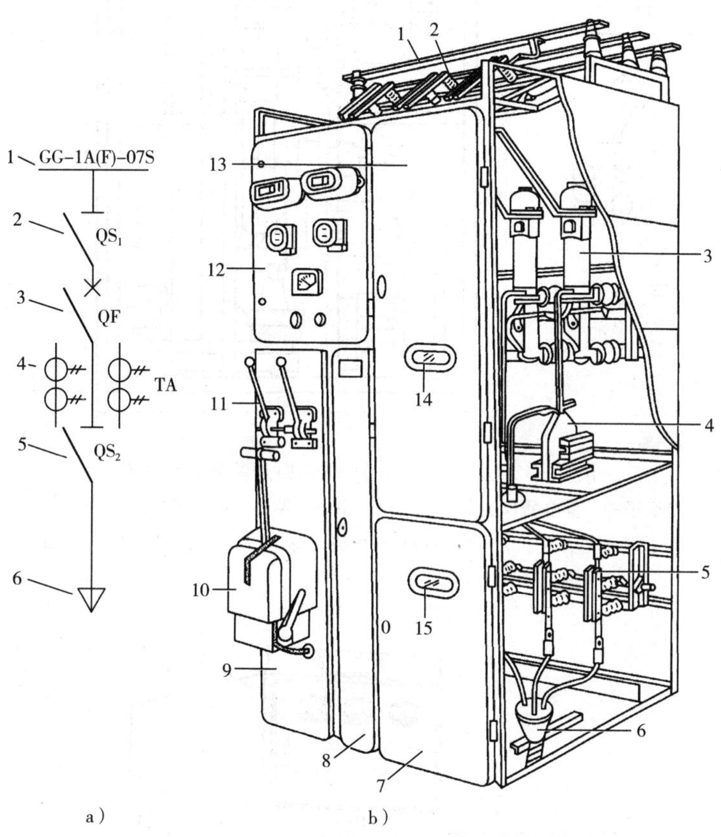

图 2-42　GG1A(F)－10－07S 高压开关柜

a)一次接线图；b)结构图

1－母线；2－母线侧隔离开关；3－少油断路器；4－电流互感器；5－线路侧隔离开关；6－电缆头；7－下检修门；8－端子箱门；9－操作板；10－断路器的手动操动机构；11－隔离开关操动机构手柄；12－仪表继电器屏；13－上检修门；14、15－观察窗口

固定式高压开关柜的断路器固定安装在柜内，与移开式相比，其体积大、检修不方便，但制造工艺简单、钢材消耗少、价廉。

JYN2 型开关柜由固定的壳体和装有滚轮的可移开部件（手车）两部分组成。一般情况下，外壳用钢板或绝缘板分隔成手车室、母线室、电缆室和继电器仪表室四个部分。采用手车式，既方便检修，又减少停电时间。检修时，将手车拉出柜外，动、静触头分离，一次触头隔离罩自动关闭，起安全隔离作用。如急需供电，可换上备用小车，见图 2-43。

GC□－10(F)型手车式高压开关柜的外形图如图 2-44 所示。

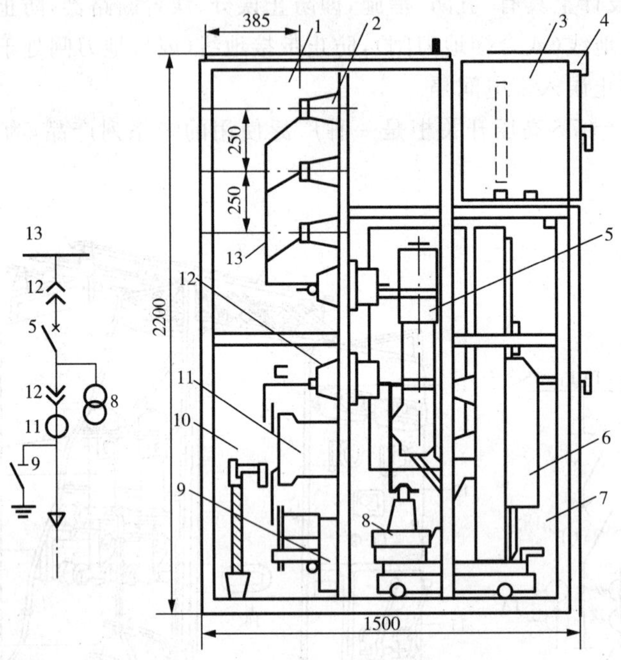

图 2-43　JYN2－10/01～05 型开关外形结构图

1－母线室；2－绝缘子；3－继电器仪表室；4－小母线室；5－断路器；6－手车；7－手车室；8－电压互感器；9－接地隔离开关；10－出线室；11－电流互感器；12－一次接头罩；13－母线

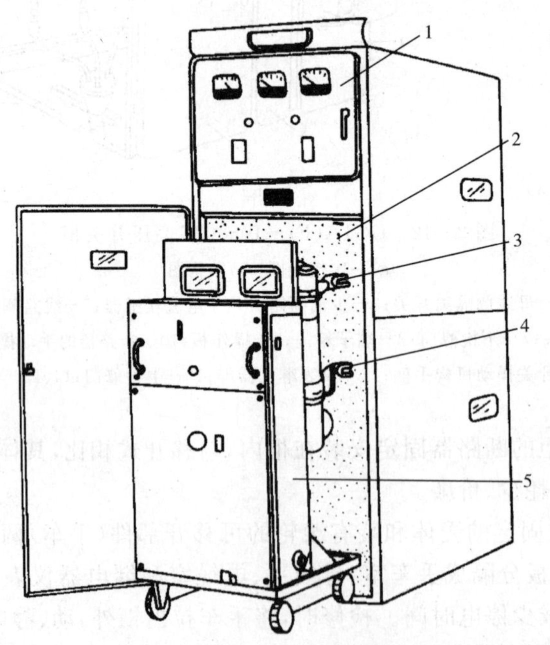

图 2-44　GC□－10(F)型手车式高压开关柜(断路器未推入)

1－仪表屏；2－手车室；3－上触头；4－下触头；5－断路器手车

高压开关柜的选择主要是选择开关柜的型号和回路方案号。开关柜的回路方案号应与主接线方案选择保持一致。

高压开关柜的选择主要考虑下列因素：

① 选择开关柜的型号。主要根据负荷等级选择开关柜型号，一般一、二级负荷选择移开式开关柜，如 KYN$_2$－10、JYN$_2$－10、JYN$_1$－35 型开关柜，三级负荷选固定式开关柜，如 KGN－10 型开关柜。

② 选择开关柜回路方案号。每一种型号的开关柜，其回路方案号有几十种甚至上百种，用户可以根据主接线方案，选择与主接线方案一致的开关柜回路方案号，然后选择柜内设备(型号)规格。每种型号的开关柜主要有电缆进出线柜、架空线进出线柜、联络柜、避雷器及电压互感器柜、所用变柜等，但各型号开关柜的方案号可能不同。图 2－45 所示的就是由不同方案号的高压开关柜组成的配电室。

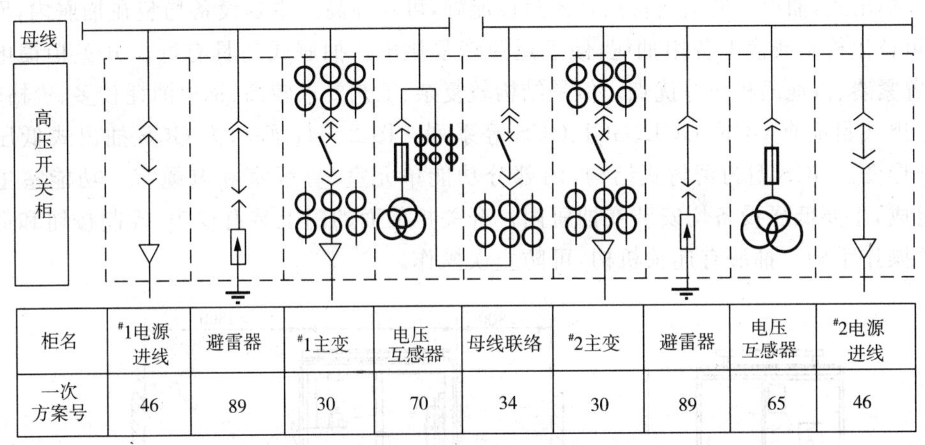

柜名	#1电源进线	避雷器	#1主变	电压互感器	母线联络	#2主变	避雷器	电压互感器	#2电源进线
一次方案号	46	89	30	70	34	30	89	65	46

图 2－45　由高压开关柜组合的配电室

(2)低压开关柜

低压开关柜是按一定的接线方案将有关低压设备组装在一起的成套配电装置。在低压配电系统中作动力和照明配电之用。其结构型式主要有固定式和抽出式两大类。

① 固定式：固定式配电屏有 PGL、GGD 系列。GGD 型交流低压配电柜如图 2－46 所示。GGD 型配电柜的柜体采用通用柜的形式，通用柜的零部件按模块原理设计，并有 20 模的安装孔，通用系数高。可以使工厂实现预生产，既缩短了生产制造周期，也提高了工作效率。柜门用转轴式活动铰链与构架相连，安装、拆卸方便。门的折边处均嵌有一根“山”形橡塑条，关门时门与构架之间的嵌条有一定的压缩行程，能防止门与柜体直接碰撞，也提高了门的防护等级。

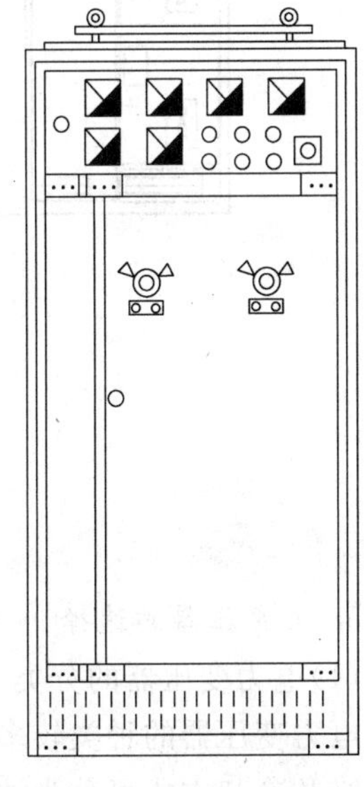

图 2－46　GGD 型配电柜

GGD 型低压配电柜适用于发电厂、变电站、厂矿企业等电力用户，作为动力、照明及配电设备的电能转换、分配与控制之用。

GGD系列低压配电柜部分一次接线方案见表2-13。

表2-13 GGD型配电柜一次接线方案(部分)

型号	GGD型低压配电柜					
一次接线方案号	04	07	22	26	38	41
一次接线方案图						
用途	受电	受电　联络	联络　馈电	馈电备用	馈电	馈电

② 抽出式:抽出式的结构特点是密封性能好,可靠性高。主要设备均装在抽屉内,回路故障时,可拉出检修或换上备用抽屉,便于迅速恢复供电。抽屉式还具有低压开关柜馈电回路多、布置紧凑、占地面积小等优点。但是结构较复杂、工艺要求较高、钢材消耗较多、价格较贵。

抽出式目前有GCK、GCL、GCJ、GCS等系列。图2-47所示为GCS抽出式低压开关柜的外形图。GCS型为密封式结构,内部分功能单元室、母线室和电缆室。功能室主要由抽屉组成,主要低压设备均安装在抽屉内。开关柜前面的门上装有仪表、控制按钮和低压断路器的操作手柄。抽屉有连锁机构,可防止误操作。

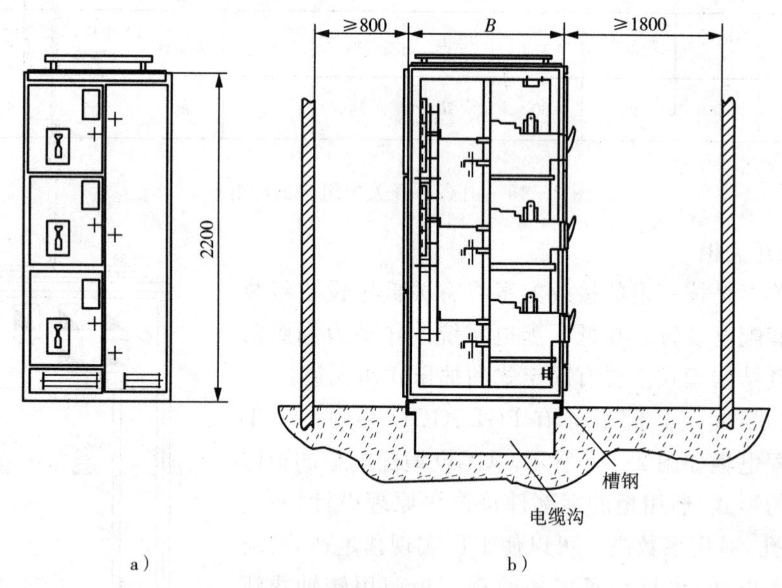

图2-47 GCS型低压配电屏外形图

a)正面图; b)侧面图

5. 主变压器的选择

(1)电力变压器的分类

电力变压器的种类较多,按调压方式可分为无励磁(过去称无载)调压和有载调压;按绕组绝缘及冷却方式可分为油浸式、干式和充气式(SF_6)等变压器,其中油浸式变压器又可分

为油浸自冷式、油浸风冷式、油浸水冷式和强迫油循环冷却式等。常用的10kV配电变压器多为油浸式无励磁调压变压器。三相油浸式电力变压器典型结构如图2-48所示。

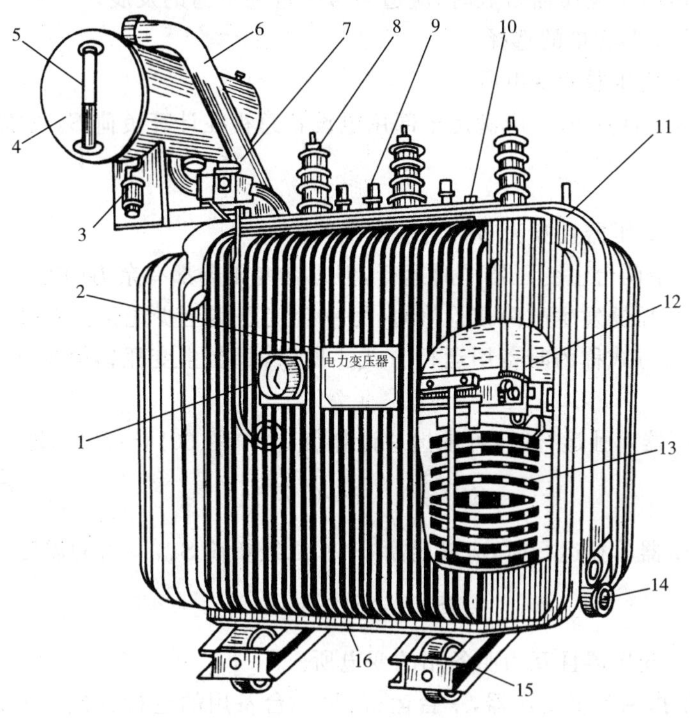

图2-48　三相油浸式电力变压器

1—温度信号器；2—铭牌；3—吸湿器；4—油枕(储油柜)；5—油位指示器(油标)；6—防爆管；7—气体继电器；8—高压套管；9—低压套管；10—分接开关；11—油箱；12—铁芯；13—绕组及绝缘；14—放油阀；15—小车；16—接地端子

10kV配电变压器(二次侧电压为220/380V)，常见的连接组别有Yyn0(即Y/Y_0-12)和Dyn11(即$\triangle/Y_0-11$)。虽然Dyn11连接变压器的制造成本稍高于Yyn0联接变压器，但它具有有利于抑制高次谐波电流；有利于低压侧单相接地短路保护动作；承受不平衡负荷的能力强(中性线电流允许达到相电流的75%以上)等优点。所以10kV配电变压器基本都选用Dyn11连接组别的变压器。

(2)变电所主变压器的选择

1)变电所主变压器台数的选择

选择变电所主变压器台数时应考虑下列原则：

① 应考虑满足用电负荷对供电可靠性的要求。

a. 对接有大量一、二级负荷的变电所，宜采用两台变压器，以便当一台变压器发生故障或检修时，另一台变压器能保证对一、二级负荷继续供电。

b. 对只有二、三级负荷的变电所，如果低压侧有与其他变电所相连的联络线作为备用电源，也可采用一台变压器。

c. 对负荷集中而容量相当大的变电所，虽为三级负荷，也可采用两台或两台以上变压器，以降低单台变压器容量及提高供电可靠性。

② 对季节性负荷或昼夜负荷变动较大的变电所，可采用两台变压器。

③ 一般车间变电所宜采用一台变压器。

④ 在确定变电所主变压器台数时，应适当考虑近期负荷的发展。

2)变电所主变压器容量的选择

① 只装一台主变压器的变电所。

主变压器的额定容量 $S_{N\cdot T}$应满足全部用电设备总视在计算负荷 S_{30}的需要，即

$$S_{N\cdot T} \geqslant S_{30} \tag{2-54}$$

② 装有两台主变压器且互为暗备用的变电所。

所谓暗备用是指两台主变压器同时运行，但每台变压器都有余力向对方负荷提供容量，互为备用，当一台变压器发生故障或检修时，另一台变压器至少能保证对所有一、二级负荷继续供电，这种运行方式称为暗备用运行方式。所以，每台主变压器容量 S_T应同时满足以下两个条件：

a. 任一台变压器单独运行时，可承担总计算负荷 S_{30} 的 60%～70%，即

$$S_{N\cdot T} = (0.6 \sim 0.7) S_{30} \tag{2-55}$$

b. 任一台变压器单独运行时，应满足所有一、二级负荷 $S_{30(\text{I}+\text{II})}$ 的需要，即

$$S_{N\cdot T} \geqslant S_{30(\text{I}+\text{II})} \tag{2-56}$$

③ 装有两台主变压器且互为明备用的变电所。

所谓明备用是指两台主变压器，一台运行、另一台备用的运行方式。因此，每台主变压器容量 $S_{N\cdot T}$的选择方法与只装一台主变压器变电所的方法相同。

【例 2-14】 某企业 10/0.4kV 变电所，总计算负荷为 1200kV·A，其中一、二级负荷 750kV·A。试选择其室内主变压器的台数和容量。

解：① 主变台数选择

根据变电所一、二级负荷容量的情况，确定选两台主变压器，互为暗备用。

② 每台主变容量选择

$S_{N\cdot T} = (0.6 \sim 0.7) S_{30} = (0.6 \sim 0.7) \times 1200\ \text{kV}\cdot\text{A} = (720 \sim 840)\text{kV}\cdot\text{A}$

$S_{N\cdot T} = S_{30(\text{I}+\text{II})} = 750\ \text{kV}\cdot\text{A}$

综合上述情况，且同时满足上述两个条件，查附表 11 可选择两台 S11－M－800/10 型低损耗电力变压器。

技能训练

(1)参照图表 2-5，自选一个用电单位，用逐级计算法计算总的计算负荷 P_{30}、Q_{30}、S_{30}、I_{30}。

(2)某 10kV 铝芯聚氯乙烯电缆通过三相稳态短路电流为 8.5kA，通过短路电流的时间为 2s，试按短路热稳定条件确定该电缆所要求的最小截面。

(3)某 10kV 线路最大负荷电流为 150A，三线短路电流为 9kA，冲击短路电流为 23kA，假想时间为 1.4s，试选择断路器和隔离开关，并校验它们的动稳定度和热稳定度。

项目三 供配电线路的敷设及选择

任务一　供配电线路的结构与敷设

教师工作任务单

任务名称		任务一　供配电线路的结构和敷设	
任务描述		供配电线路的任务是输送电能，是把发电厂、变电所和电能用户连接在一起，构成电力系统。本次任务是了解供配电线路的接线方式、组成结构和敷设方式等，并能看懂简单的电气平面布线图。	
任务分析		根据不同的使用环境和架空线路、电缆的结构特征，选择不同的输电类型和敷设方式。辅导教师在现场进行辅导，并提出一些引导性问题启发学生，如线路的组成、接线方式、敷设方式这些问题，让学生自己探讨，教师总结即可。 引导性问题： 1. 线路的接线欲要供电可靠性较高，应采用何种接线？若要节省资金、少用导线，应采用何种接线？（接线方式的引导） 2. 线路结构的引导结合现场，让学生自己看。电缆从电能输送需要芯线，芯线外要绝缘层，为了保护绝缘层和芯线还要保护层。 3. 敷设方式可结合实际的现场或教师引导的方式得出结果。	
任务目标		内容要点	相关知识
	知识目标	1. 能了解高低压线路的接线方式。 2. 认知架空线路的构成。 3. 了解电缆的结构及敷设方式。	1. 参见一、二 2. 参见三 3. 参见四
	技能目标	能识读平面布线图和配电系统图。	参见技能训练

（续表）

<table>
<tr><td rowspan="9">任务实施</td><td rowspan="7">实施步骤</td><td>任务流程</td><td>资讯→决策→计划→实施→检查→评估（学生部分）</td></tr>
<tr><td>资讯</td><td>（阅读任务书，明确任务，了解工作内容、目标，准备资料。）</td></tr>
<tr><td>决策</td><td>（分析并确定采用什么样的方式方法和途径完成任务。）</td></tr>
<tr><td>计划</td><td>（制订计划，规划实施任务。）</td></tr>
<tr><td>实施</td><td>（学生具体实施本任务的过程，实施过程中的注意事项等。）</td></tr>
<tr><td>检查</td><td>（自查和互查，检查掌握、了解状况，发现问题及时纠正。）</td></tr>
<tr><td>评估</td><td>（该部分另用评估考核表。）</td></tr>
<tr><td rowspan="2">实施条件</td><td>实施地点</td><td>现场变电所，仿真变电所，一体化教室（任选其一）。</td></tr>
<tr><td>辅助条件</td><td>教材、专业书籍、多媒体设备、PPT 课件等。</td></tr>
<tr><td colspan="2">练习训练题</td><td colspan="2">1. 企业高低压供配电线路的基本接线方式有哪几种？
2. 何为架空线路？电力电缆有何特点？电缆线路有哪些敷设方式？室内配电线路采用的绝缘导线有哪些敷设方式？室内配线具体布线方式有哪几种？
3. 选择导线和电缆截面必须满足哪些条件？如何按发热条件选择导线和电缆的截面？如何按电压损失条件选择？
4. 电气平面布线图的含义是什么？
5. 电气平面布线图或系统图上标注的 BV－3×4PC25FC、WC 含义是什么？</td></tr>
<tr><td colspan="2">学生应提交的成果</td><td colspan="2">1. 任务书。
2. 评估考核表。
3. 练习训练题。</td></tr>
</table>

相关知识

一、高压配电线路的接线方式

1. 放射式接线

(1)接线

一回高压配电线路只向一个地点送电，各回高压配电线路之间没有联络线，如图 3－1a 所示。

(2)特点

① 优点：各回高压配电线路之间相对独立，互不影响，一回高压配电线路因故障而停电时，其他线路仍然正常供电，因此供电可靠性较高。

② 缺点：每一个受电单元需配置一回高压配电线路及一个高压开关柜，从而增加了投资。

(3)适用场合

适用于向容量较大、位置分散的负荷供电，在中低压系统中较为常见。

2. 树干式接线

(1)接线

几个用户(或支线)共用一回高压配电线路(称为干线)，如图 3-1b 所示。

(2)特点

① 优点：减少了配电线路及其安装费用，节约了有色金属，从而节省了投资。

② 缺点：各支线所接负荷全部都由一回干线供电，当干线发生故障或检修时，停电范围较大，因此供电可靠性较低。

(3)适用场合

适用于各受电单元容量不是太大、位置相对集中、距电源相对较远的用户。

3. 环形接线

(1)接线

任何一个受电单元高压母线都设置了两回及以上的电源进线，如图 3-1c 所示。环形接线上的受电单元采用的高压开关柜被称为环网柜。

(2)特点

① 优点：供电可靠性高，运行灵活。

② 缺点：导线截面要按有可能通过的全部负荷来考虑，投资较高；保护装置及其整定配合比较复杂，所以通常多采用开环运行。

(3)适用场合

这种接线在现代城市电网中应用很广。

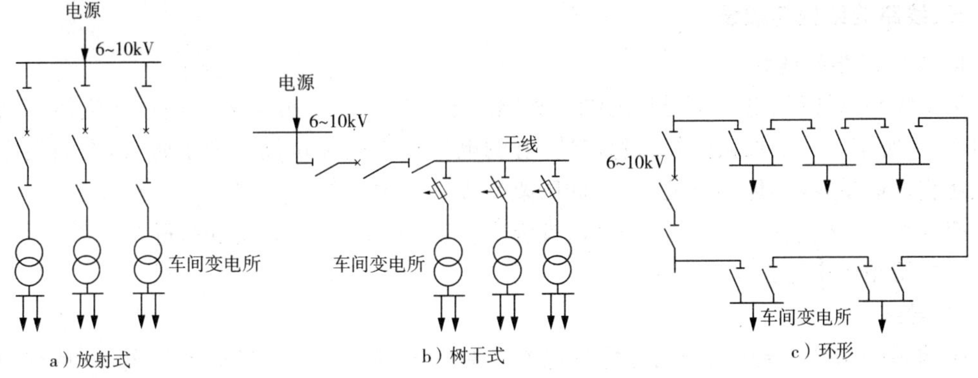

图 3-1　高压线路的接线方式

二、低压配电线路的接线方式

低压配电网常用电气主接线形式也有放射式、树干式和环形等基本接线方式。

1. 放射式接线

图 3-2a 是低压放射式接线。由低压母线经开关设备引出若干回线路，直接供电给容量较大或负荷重要的低压用电设备或配电箱。这种接线方式的优点是某回引出线发生故障时互不影响，供电可靠性较高；缺点是所用开关设备和导线较多。

2. 树干式接线

图 3－2b 是低压树干式接线。由变压器低压侧母线引出多回干线与车间母线连接，再由车间母线上引出分支线给车间的用电设备供电。这种接线方式所用开关设备和导线较少，但干线发生故障时，此干线上的所有用电设备都受影响。树干式接线比较适用于供电容量小且分布比较均匀的用电设备组，在农村低压配电系统中较为常见。

3. 环形接线

图 3－2c 是由一台变压器供电的低压环形接线。低压环形接线方式供电可靠性较高，任一段线路故障或检修，一般只是暂时停电或不停电，经切换操作后就可恢复供电。它可使电能损耗和电压损失减小。

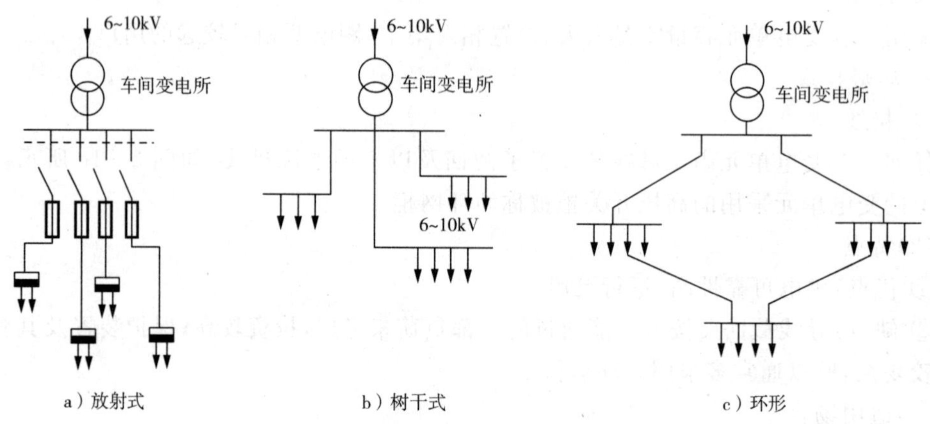

图 3－2　低压线路的接线方式

三、线路的结构与敷设

1. 架空线路的结构

架空线路由导线、电杆、横担、绝缘子和线路金具等主要部分组成。高压架空线路结构如图 3－3 所示。为了加强电杆的稳定性，有的电杆还需安装拉线。为了防雷，有的架空线路上还装设避雷线(亦称架空地线)。低压架空线路结构如图 3－4 所示。

架空线路与电缆线路相比，成本低、投资少、安装方便、易于发现和排除故障等，所以架空线路应用相当广泛。

(1)导线

① 作用和要求：导线的作用是输送电能。对它的要求是具有良好的导电性，具有一定的机械强度和耐腐蚀性，尽可能的质轻和价廉。

② 导线的材料：常见的导线材质有铜、铝和钢。铝的导电性接近于铜，而铝的价格比铜低很多，但机械强度不如铜和钢。钢的导电性比铜、铝差很多，且易腐蚀。所以，钢导线只用来充当避雷线，或为铝导线增加机械强度。架空线路架设距离长、金属用量大，所以一般不用铜导线。

③ 架空导线的型式：架空导线一般采用裸导线，常用的为多股铝绞线(型号为 LJ)。在机械强度要求较高和 35kV 及以上的架空线路上，多采用钢芯铝绞线(型号为 LGJ)，其横截面结构如图 3－5 所示。

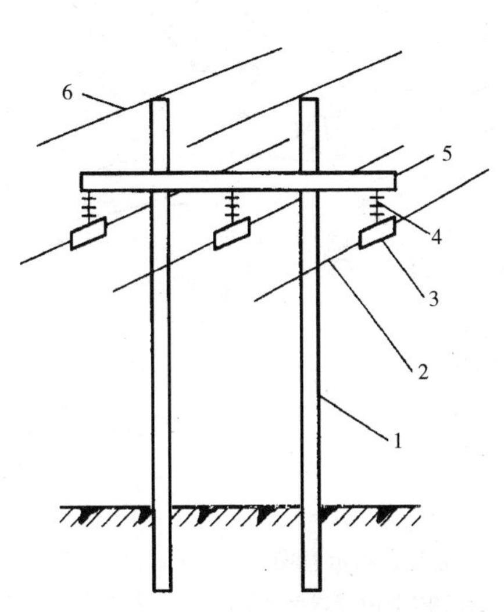

图 3-3　高压架空线路的结构

1—电杆；2—导线；3—线夹；

4—绝缘子串；5—横担；6—避雷线；

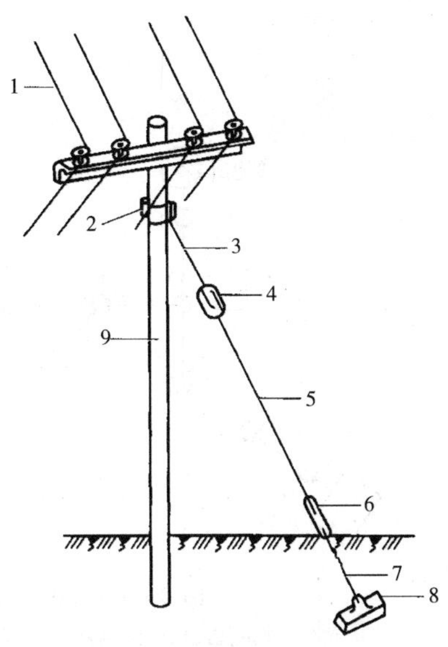

3-4　低压架空线路的结构

1—导线；2—拉线抱箍；3—上把；

4—拉线绝缘子；5—腰把；6—花篮螺丝；

7—底把；8—拉线底盘；9—电杆

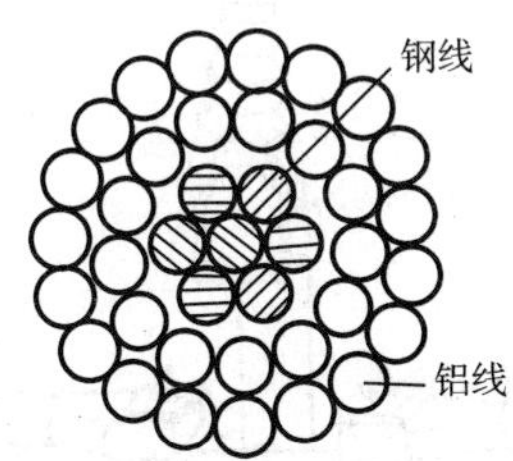

图 3-5　钢芯铝绞线截面示意图

(2)电杆

① 作用:电杆的作用是支持或悬挂导线,以保证导线之间、导线对地以及对其他建筑物之间有足够的距离。

② 电杆的类型:电杆根据所用的材料不同分为木杆、钢筋混凝土杆(俗称水泥杆)和铁塔。架空线路大多采用水泥杆,因水泥杆有足够的机械强度,且经久耐用,价廉和便于搬运、安装。对机械强度要求更高的大跨距电杆,需采用铁塔。根据所起的作用不同,电杆分为直线杆(中间杆)、分段杆(耐张杆)、转角杆、分支杆、终端杆和跨越杆等型式。各种杆型在架空线路上应用如图 3-6 所示。

(3)横担和线路绝缘子

① 横担:横担安装在水泥电杆的上部,用来固定绝缘子,以架设导线。

② 绝缘子:线路绝缘子用来将导线固定在绝缘子上,绝缘子又固定在横担上,并使导线与电杆之间绝缘。导线相间绝缘距离由绝缘子位置确定。因此对绝缘子既要求具有一定的电气绝缘强度,又要求具有足够的机械强度。集横担和绝缘子双重功能于一身的瓷横担,如图 3-7 所示,它结构简单、安装方便,因此被广泛采用。

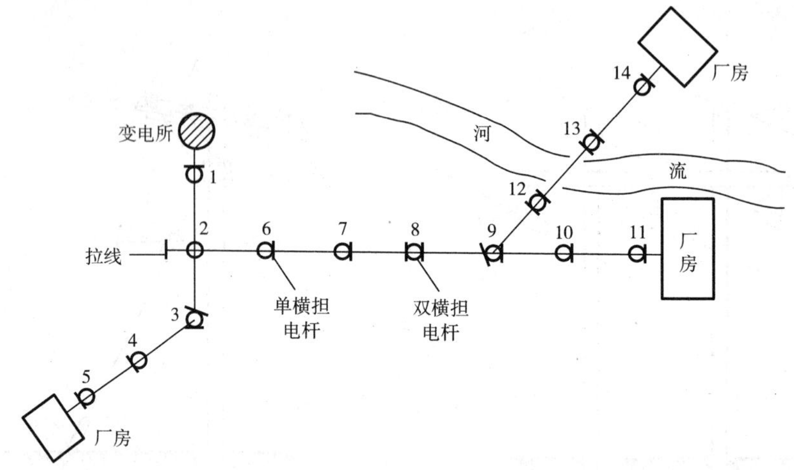

图 3-6　各种杆型在架空线路上应用示意图

1、5、11、14—终端杆；4、6、7、10—直线杆(中间杆)；2、9—分支杆；3—转角杆；8—分段杆(耐张杆)；12、13—跨越杆

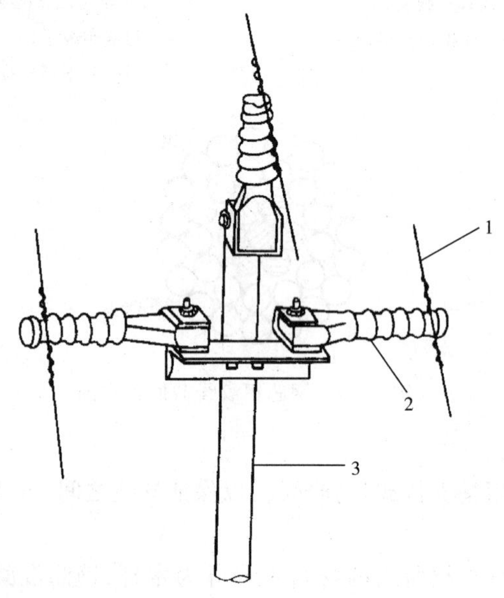

图 3-7　高压电杆上安装的瓷横担

1—高压导线；2—瓷横担；3—电杆

常用的高压线路绝缘子有针式、蝴蝶式、瓷横担和悬式。

低压配电线路的直线杆上一般采用低压针式绝缘子。耐张杆上应采用低压蝴蝶式绝缘子。

线路绝缘子外形如图 3-8 所示。

(4)架空线路金具

线路金具是指用来连接导线、固定导线和固定绝缘子、横担等金属附件。常用的金具如图 3-9 所示。低压架空线路金具包括安装针式绝缘子的直脚或弯脚、安装蝶式绝缘子的穿心螺钉、将横担或拉线固定在电杆上的 U 型抱箍以及调节拉线松紧的花篮螺丝等。

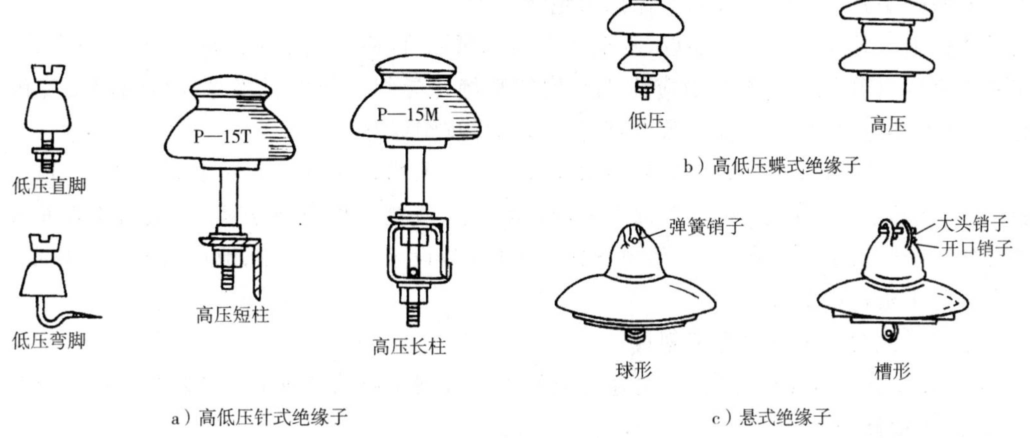

图 3－8　线路绝缘子外形图

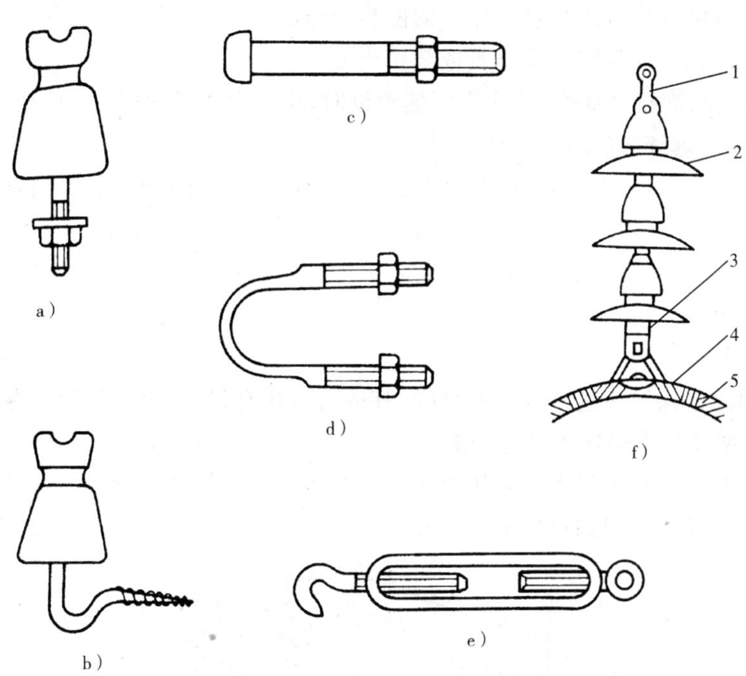

图 3－9　架空线路常用金具

a)直脚及绝缘子；b)弯脚及绝缘子；c)穿心螺钉；

d)U 型抱箍；e)花篮螺丝；f) 悬式绝缘子串及金具

1—球头挂环；2—绝缘子；3—碗头挂板；4—悬垂线夹；5—架空导线

2. 配电线路的结构及敷设

配电线路包括室内配电线路和室外配电线路。室内配电线路大多采用绝缘导线，但配电干线则采用裸导线，少数采用电缆。室外配电线路指沿车间外墙或屋檐敷设的低压配电线路，大部分都采用绝缘导线。

(1)绝缘导线

芯线外包以绝缘材料的导线称为绝缘导线。按芯线导电材料分，有铜芯和铝芯绝缘导线；按芯线结构分，有单股和多股绞线；按绝缘材料分，有橡皮绝缘和塑料绝缘导线；按芯线外有无保护层分为无保护层和有保护层绝缘导线。

塑料绝缘导线的绝缘性能好，耐油和抗酸碱腐蚀，价格较低，且可节约大量橡胶和棉纱，因此在室内明敷和穿管敷设中应优先选用塑料绝缘导线。但塑料绝缘在低温时要变硬发脆，高温时又易软化，因此室外敷设宜优先选用橡皮绝缘导线。

绝缘导线的敷设方式有明敷设和暗敷设两种。明敷设是导线直接敷设于墙壁、顶棚的表面，或是导线穿在管子、线槽等保护体内，而管子、线槽却仍敷设于墙壁、顶棚的表面或支架等处。暗敷设是导线在管子、线槽等保护体内，敷设于墙壁、顶棚、地坪及楼板等内部，或者在混凝土板孔内敷线等。

绝缘导线的敷设应符合下列规定：

① 穿管布线和线槽布线时，在管内或槽内的导线不许有接头，接头必须经专门的接线盒，以便于检修。

② 为防止金属管或金属线槽因穿越导线中的电流不平衡而在金属中产生铁损，铁损使金属管或金属线槽发热从而影响到导线的散热，导致导线过热甚至可能烧毁。所以，同一回路的相线及中性线应穿在同一金属管或金属线槽内。

③ 穿线的管、槽与热水管、蒸汽管同侧敷设时，应敷设在水、汽管的下方。若敷设在水、汽管的上方，则应远离热源或采取隔热措施。

具体布线方式有：①瓷夹板和瓷瓶配线；②槽板配线；③穿管配线；④钢索配线等。最常见的是采用穿管配线，用于穿线的管子有钢管和塑料管两种。钢管适用于易受机械损伤的场合，但不宜用于有严重腐蚀的场所；塑料管除不能用于高温和对塑料有腐蚀的场所外，其他场所均可采用。

(2)裸导线

车间内的配电裸导线通常采用硬导线，其截面形状有圆形、矩形和管形等。实际应用中以采用 LMY 型硬铝矩形导线最为普遍。

现代化企业的生产车间大都采用封闭式母线布线，如图 3－10 所示。封闭式母线安全、灵活、美观，但母线槽耗用钢材较多、投资较大。

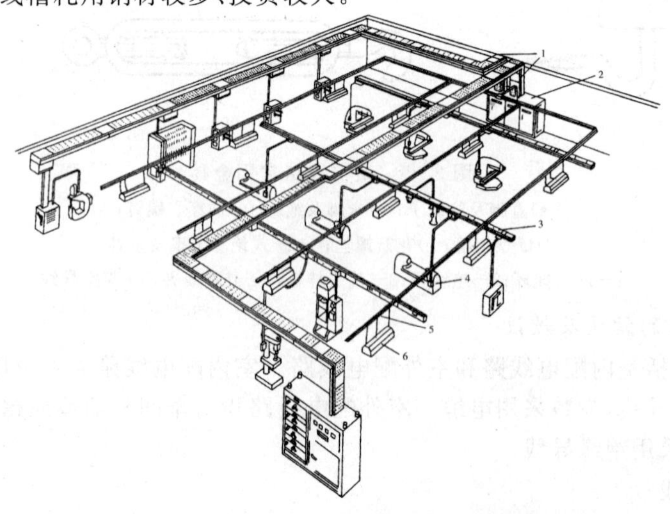

图 3－10　封闭式母线在车间内的应用

1—馈电母线槽；2—配电装置；3—插接式母线槽；4—机床；5—照明母线槽；6—灯具

四、电缆线路的结构及敷设

电缆线路与架空线路相比，具有成本高、投资大、维修不便等缺点；但是，电缆线路具有运行可靠、不易受外界环境的影响、不需架设电杆、不占地面、不碍观瞻等优点；特别是在有腐蚀性气体和易燃、易爆场所、不宜架设架空线路时，敷设电缆线路最为适宜。

1. 电力电缆的结构与种类

(1)结构

电力电缆由芯线、绝缘层和保护层三部分组成。保护层又分内保护层和外保护层。内保护层用于直接保护绝缘层，外保护层用于防止内保护层受机械损伤和腐蚀。电力电缆的结构和剖面如图 3-11 所示。

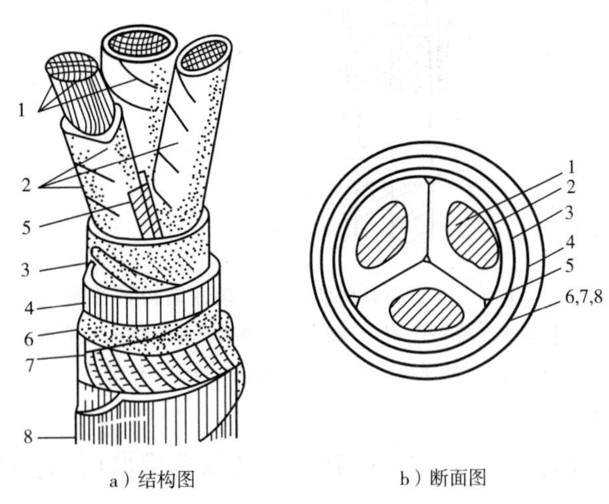

a）结构图　　b）断面图

图 3-11　电力电缆结构图

1—芯线；2—芯线绝缘层；3—统包绝缘层；4—密封护套；
5—填充物；6—纸袋；7—钢带内衬；8—钢带铠装

电缆与电缆以及电缆与导线的连接是通过电缆头来完成的。电缆头包括电缆中间接头和电缆终端头，图 3-12 是环氧树脂中间接头，图 3-13 是户内型环氧树脂终端头。环氧树脂浇注的电缆头具有绝缘性能好、体积小、重量轻、密封性好以及成本低等优点。

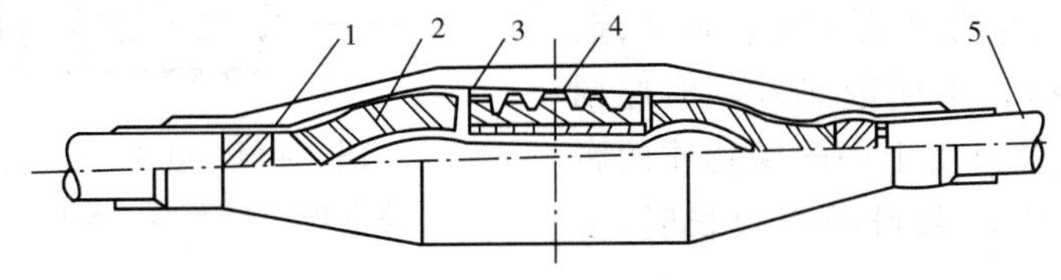

图 3-12　环氧树脂中间连接结构图

1—统包绝缘层；2—缆芯绝缘；3—扎锁管(压接管)；4—扎锁管涂包层；5—铅(或铝)包

(2)种类

根据电缆采用的绝缘介质不同分为油浸纸绝缘电缆和塑料绝缘电缆。塑料绝缘电缆具有结构简单、制造容易、重量较轻、安装方便、防酸碱腐蚀等优点。常见的塑料绝缘电缆有聚氯乙烯绝缘聚氯乙烯护套电缆和交联聚乙烯绝缘氯乙烯护套电缆。按电缆的电缆芯数可分为单芯、双芯、三芯、四芯和五芯等。

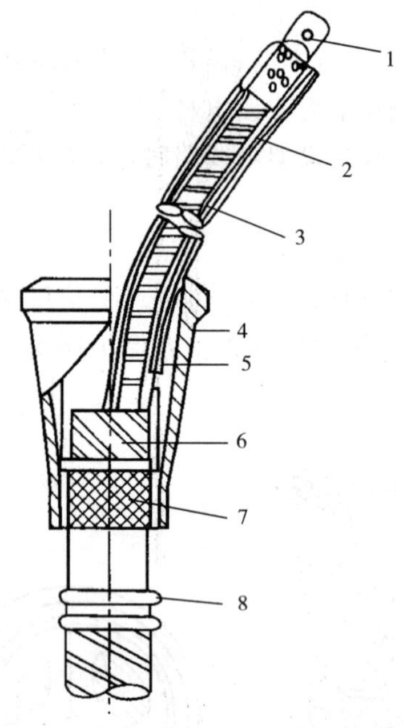

图 3-13　环氧树脂终端连接盒结构示意图

1—引线卡子;2—缆芯绝缘;3—缆芯;4—预制环氧外壳(可以带铁皮磨具);
5—环氧树脂(现场浇注);6—统包绝缘;7—铅(或铝)包;8—接地线卡

2. 电缆线路的敷设

常见的电缆敷设方式有:①直接埋地敷设;②电缆沟敷设;③电缆排管敷设;④电缆桥架敷设。

(1)直接埋地敷设

直接埋地敷设是沿敷设路径事先挖好壕沟,在沟底铺上软土或沙层,然后把电缆埋在里面,在电缆上面再铺上软土或沙层,加盖混凝土盖板,再回填土。电缆直接埋地敷设具体施工尺寸如图 3-14 所示。

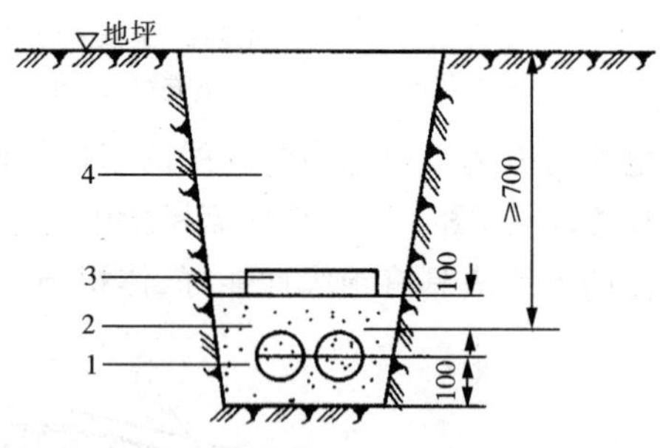

图 3-14　电缆直接埋地敷设

1—电力电缆;2—砂;3—保护盖板;4—回填土

这种敷设方式的特点是:施工简单、造价低、节省土建材料、电缆散热好。但挖掘土方量大,而且电缆易受土中酸碱物质的腐蚀等。电缆根数较少,敷设距离较长时,多采用此法。

(2)电缆沟敷设

电缆沟敷设是将电缆敷设在电缆沟或隧道的电缆支架上,电缆沟由砖砌或混凝土浇筑而成,上面加盖板,内侧有电缆架,如图 3-15 所示。

这种敷设方式的特点是:维修方便、占地面积小,但投资略高,电缆沟内易产生积水。电缆根数较多,且敷设距离不长时,多采用此法。

(3)排管敷设

排管敷设一般用在与其他建筑物、公路或铁路交叉，路径拥挤，又不宜采用直埋或电缆沟敷设的地段。排管一般采用陶土管、石棉水泥管或混凝土管等，管子内部必须光滑。在排管中敷设电缆时，把电缆盘放在井坑口，然后用预先穿入排管孔眼中的钢丝绳，把电缆拉入管孔内。为防止电缆受伤，排管口应套以光滑的喇叭口，井坑口应装设滑轮。电缆表面也可涂上滑石粉或黄油，以减少摩擦力。图 3-16 为电缆排管敷设。

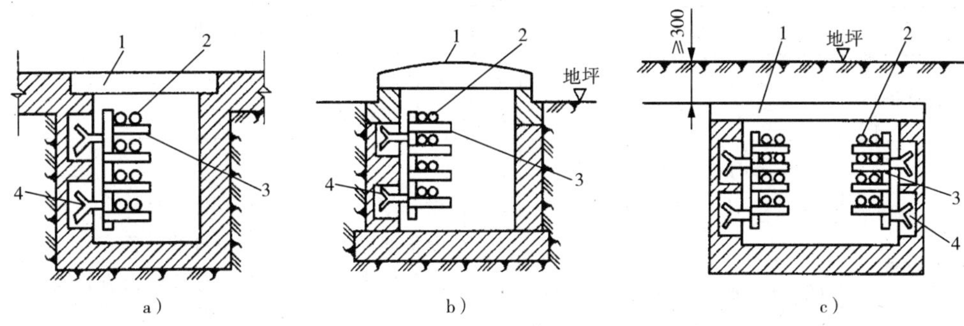

图 3-15　电缆在电缆沟内敷设

a)户内电缆沟；b)户外电缆沟；c)厂区电缆沟

1—盖板；2—电缆；3—电缆支架；4—预埋铁件

这种敷设方式的特点是：易排除故障，检修方便迅速，利用备用的管孔随时可以增设电缆，不需开挖路面；但工程费用高，散热不良，施工复杂。

(4)电缆桥架敷设

电缆桥架敷设是电缆敷设在桥架内，如图 3-17 所示。电缆桥架装置是由支架、盖板、支臂和线槽等组成。

这种敷设方式的优点是：结构简单、安装灵活、占地空间少、投资省、建设周期短、可任意走向。

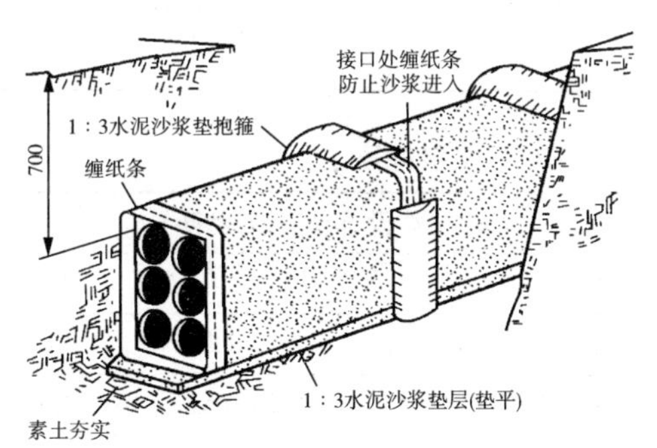

图 3-16　电缆排管敷设

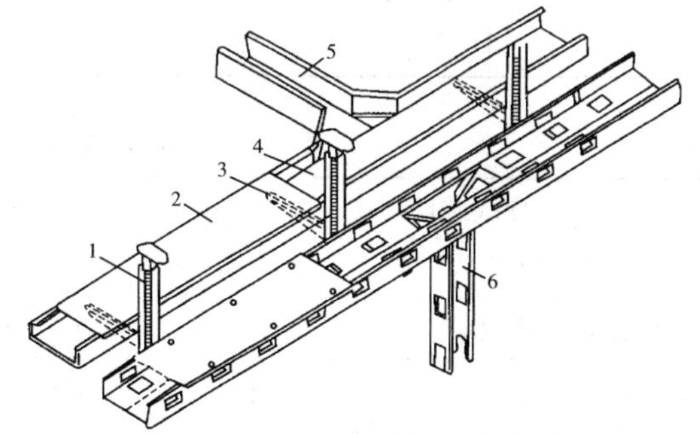

图 3-17　电缆桥架敷设

1—支架；2—盖板；3—支臂；

4—线槽；5—水平分支线槽；6—垂直分支线槽

技能训练

训练的项目：电气平面布线图和配电系统图的识读。

一、车间动力电气平面布线图

电气平面布线图,就是应用国家标准规定的有关图形符号和文字符号,按照电气设备的安装位置及电气线路的敷设方式、部位和路径绘出的电气布置图。

电力设备的标注格式如表 3-1 所示。导线敷设方式和敷设部位的文字符号见表 3-2。

表 3-1　电力设备的标注格式

<table>
<tr><th>名　称</th><th>标注格式</th><th>说　　明</th></tr>
<tr><td>用电设备</td><td>$\frac{a}{b}$</td><td>a——设备编号;
b——设备容量,kW</td></tr>
<tr><td rowspan="2">配电设备</td><td>(1)一般标注格式
$a\frac{b}{c}$或$a-b-c$</td><td rowspan="2">a——设备编号;　e——导线根数;
b——设备型号;　f——导线截面积,mm^2;
c——设备功率,kW;　g——导线敷设方式及部位
d——导线型号;</td></tr>
<tr><td>(2)当需要标注引线的规格时
$a\frac{b-c}{d(e\times f)-g}$</td></tr>
<tr><td rowspan="2">配电干线和支线</td><td>配电支线
$d(e\times f)-gh$</td><td rowspan="2">a——线路编号;　f——导线截面积,mm^2;
b——总安装容量,kW;　g——导线敷设方式;
c——额定电流,A;　h——管径,mm;
d——导线型号;　I——保护干线的熔体电流,A;
e——导线根数;　n——并列根数</td></tr>
<tr><td>配电干线
$\frac{a-b/c-I}{n[d(e\times f)-gh]}$</td></tr>
<tr><td rowspan="2">开关及熔断器</td><td>(1)一般标注格式
$a\frac{b}{c/i}$或$a-b-c/i$</td><td rowspan="2">a——设备编号;　d——导线型号;
b——设备型号;　e——导线根数;
c——额定电流,A;　f——导线截面积,mm^2;
i——整定电流,A;　g——导线敷设方式</td></tr>
<tr><td>(2)当需要标注引线的规格时
$a\frac{b-c/i}{d(e\times f)-g}$</td></tr>
</table>

表 3-2　导线敷设方式和敷设部位的文字符号

导线敷设方式及文字符号			导线敷设部位及文字符号		
导线敷设方式	旧	新	导线敷设部位	旧	新
穿焊接钢管敷设	G	SC	沿或跨梁(屋架)敷设	LM	AB
穿电线管敷设	DG	MT	沿柱或跨柱敷设	ZM	AC 或 CLE
穿聚氯乙烯硬质管敷设	VG	PC	沿墙面敷设	QM	WS
穿聚氯乙烯半硬质管敷设	RVG	FPC	沿天棚面或顶板面敷设	PM	CE
穿水煤气管敷设	—	RC	在能进入的吊顶内敷设	DD	ACE
穿聚氯乙烯塑料波纹电线管敷设	—	KPC	暗敷设在地板或地面内	DA	FC 或 F
穿金属软管敷设	SPG	CP	暗敷设在屋内或顶板内	PA	CC

（续表）

导线敷设方式及文字符号			导线敷设部位及文字符号		
用塑料线槽敷设	XC	PR	暗敷设在不能进入的吊顶内	PNA	ACC
用塑料夹敷设	VJ	PCL	暗敷设在墙内	QA	WC
用电缆桥架敷设	QJ	CT	暗敷设在柱内	ZA	CLC
用金属线槽敷设	—	MR	暗敷设在梁内	LA	BC
用瓷瓶或瓷柱敷设	CP	K			
在电缆沟敷设	LG	TC			
混凝土排管敷设		CE			
直接埋设		DB			
沿钢索敷设	S	M			
用瓷夹或瓷卡敷设	CJ	PL			

车间动力电气平面布线图是表示供配电系统对车间动力设备配电的电气平面布线图。图 3-18 为某机械加工车间的动力电气平面布线图。配电设备动力配电箱采用 $a\dfrac{b-c}{d(e\times f)-g}$的标注格式，其编号为 No.5，低压配电箱的型号为 XL－21，配电干线的文字代号 BV－500－(3×25＋1×16)－SC40－FC，表示采用额定电压为 500V 的三根 25mm^2 和一根 16mm^2 的铜芯聚氯乙烯绝缘线穿管径为 40mm 的焊接钢管沿地板暗敷。

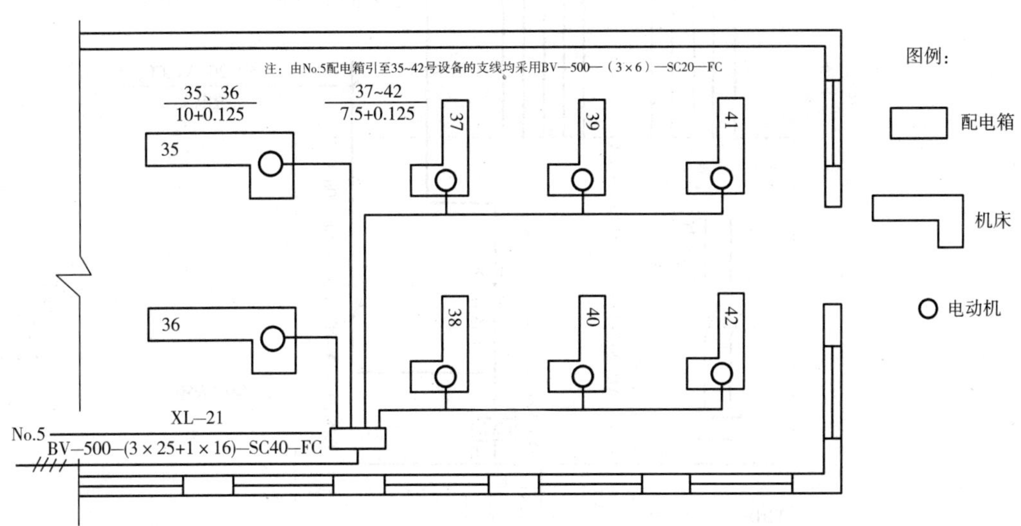

图 3-18　某机械加工车间(一角)的动力电气平面布线图

配电支线采用 $d(e\times f)-gh$ 的标注格式，BV－500－(3×6)－SC20－FC 表示采用额定电压为 500V 的三根 6mm^2 的铜芯聚氯乙烯绝缘线穿管径为 20mm 的焊接钢管沿地板暗敷。

用电设备采用$\dfrac{a}{b}$的标注格式，如$\dfrac{37\sim42}{7.5+0.125}$，它表示编号为 37～42 的设备，每个设备各有两台电动机，它们的功率分别为 7.5kW 和 0.125kW。

二、建筑物配电系统

图 3－19 是 AL1 单元集中电表箱供配电系统图。该住宅楼地上五层为住宅，地下一层为分户储藏室，全楼为五个单元，单元每层两户（即一梯两户）。图 3－20 为该单元每户的配电系统图。图中标注的导线敷设方式和敷设部位的文字符号参见表 3－2。

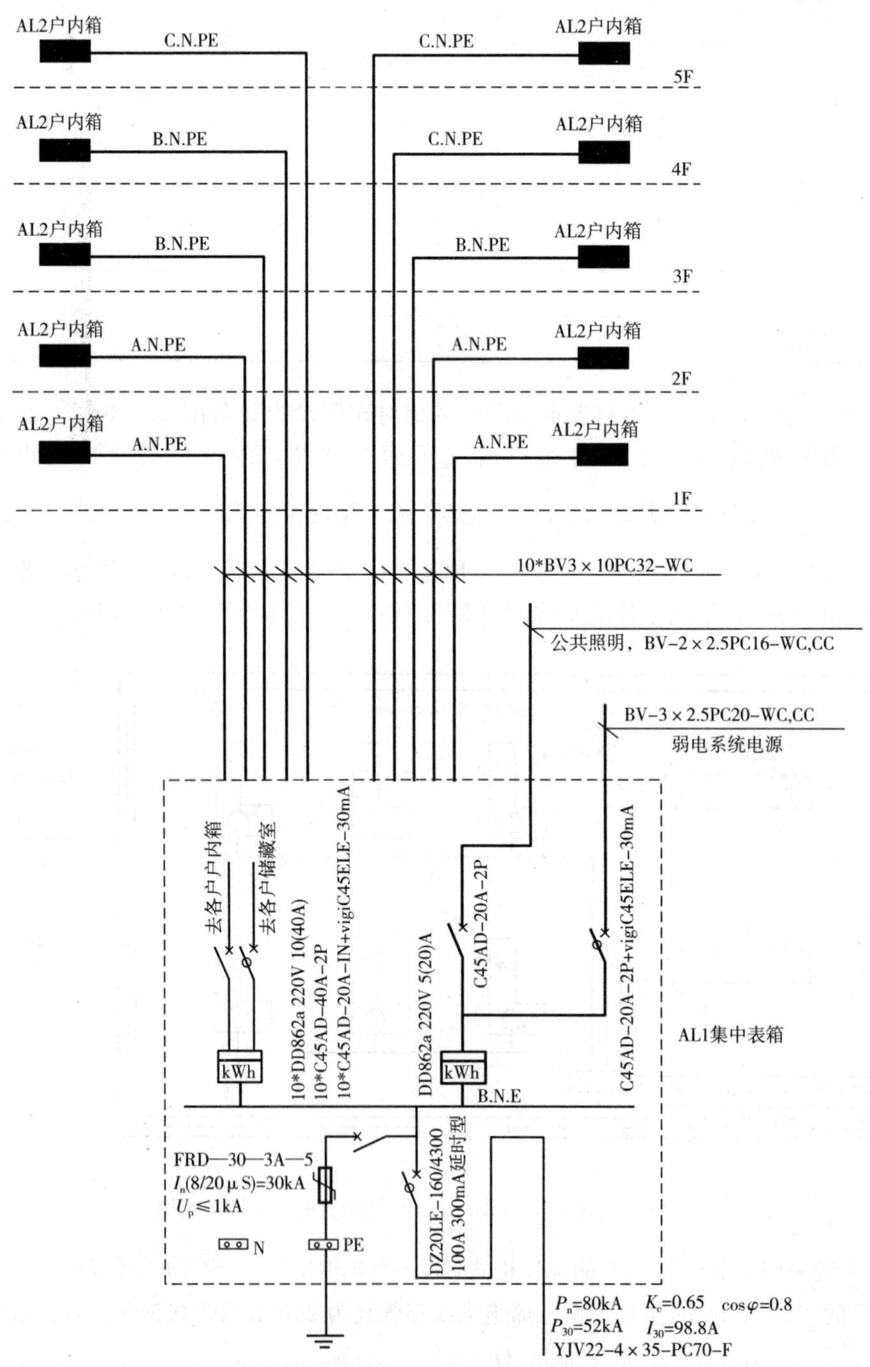

图 3－19　AL1 单元集中电表箱供配电系统图

该单元 AL1 电表箱的电源进线是采用钢铠铜芯交联聚乙烯绝缘聚氯乙烯护套的电力电缆，芯线是 $4\times35\text{mm}^2$ 的标称截面，通过穿内径为 70mm 的聚氯乙烯硬质管暗敷设在地面内。进线总开关是 DZ20LE 型漏电断路器，每根相线经 FRD－30－3A－5 电涌保护器与 PE 端子相接。每户都安装 DD862 型单相电度表和微型断路器 C45AD，经过暗敷设在墙内的穿管径为 32mm 聚氯乙烯硬质管的 $3\times10\ \text{mm}^2$ 铜芯线，送电至各用户照明配电箱 AL2，参见图 3－19。

用户配电箱 AL2 是用额定电流为 40A，2P(2 极)的微型断路器 C45AD 作为进线开关。户内是采用 C45AD－20A－1P＋VigiC45ELE－30mA(具有电子式的 Vigi C45 漏电保护附件，其漏电动作电流为 30mA)的漏电断路器向各个插座供电。没有接地要求的照明就可以采用 L、N 线供电，有接地要求的单相电器，除采用 L、N 线供电外，外露可导电的部分还要接 PE 线进行接地保护，参见图 3－20。

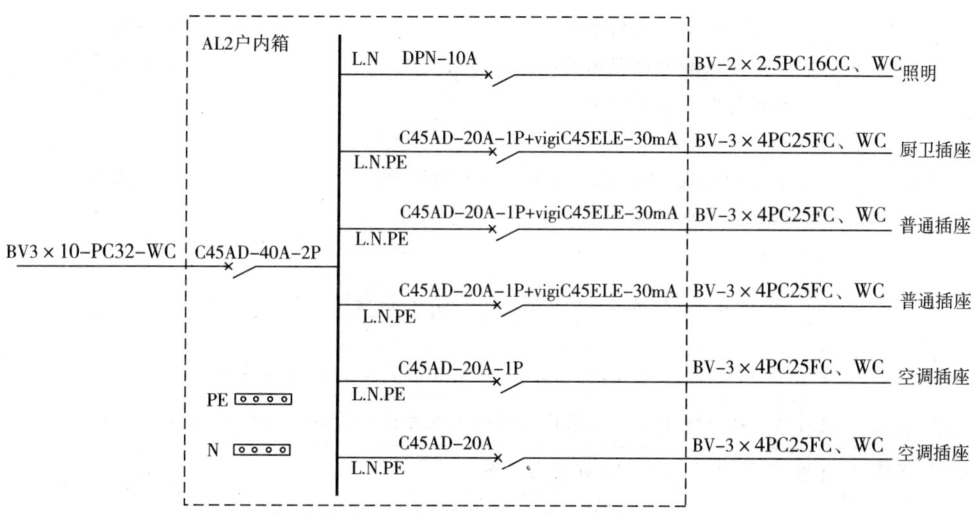

图 3－20　AL2 户内箱供电系统图

任务二　电力线缆的选择

教师工作任务单

任务名称	任务二　电力线缆的选择
任务描述	线缆的作用是输送电能，在输送电能的过程中，线缆本身要产生一定的电压损失，同时对线缆的型式和截面也有一定的要求，本次任务就是选择线缆的型式和截面。

（续表）

<table>
<tr><td>任务分析</td><td colspan="4">线缆型式的选择主要考虑安装场所的要求和条件；截面的选择主要考虑：①发热条件，即导线的允许载流量 $I_{al} \geqslant I_{30}$；②电压损失，即允许的电压损失 $\Delta U_{al}\% \geqslant$ 实际的电压损失 $\Delta U\%$；③机械强度。
引导性问题：
1. 线缆的载流量不够会有什么后果？应如何解决？
2. 线缆的电压损失过大会有什么后果？应如何解决？
3. 线缆的机械强度不够会有什么后果？应如何解决？
4. 跨距较大和有腐蚀的场合应选用何种类型的架空线？有剧烈振动、强烈腐蚀或有爆炸危险的场所应选用何种类型的电缆？</td></tr>
<tr><td rowspan="3">任务目标</td><td></td><td colspan="2">内容要点</td><td>相关知识</td></tr>
<tr><td>知识目标</td><td colspan="2">1. 会进行线缆型式的选择。
2. 了解导线和电缆截面时必须满足的条件。
3. 会进行电压损失计算。</td><td>1. 参见一
2. 参见二、1
3. 参见二、3</td></tr>
<tr><td>技能目标</td><td colspan="2">1. 会进行相线、中性线和保护线截面的选择。
2. 认知电力电缆型号中各字母和数字的含义。</td><td>1. 参见二、2
2. 参见表 3-3</td></tr>
<tr><td rowspan="9">任务实施</td><td rowspan="7">实施步骤</td><td>任务流程</td><td colspan="2">资讯→决策→计划→实施→检查→评估（学生部分）</td></tr>
<tr><td>资讯</td><td colspan="2">（阅读任务书，明确任务，了解工作内容、目标，准备资料。）</td></tr>
<tr><td>决策</td><td colspan="2">（分析并确定采用什么样的方式方法和途径完成任务。）</td></tr>
<tr><td>计划</td><td colspan="2">（制订计划，规划实施任务。）</td></tr>
<tr><td>实施</td><td colspan="2">（学生具体实施本任务的过程，实施过程中的注意事项等。）</td></tr>
<tr><td>检查</td><td colspan="2">（自查和互查，检查掌握、了解状况，发现问题及时纠正。）</td></tr>
<tr><td>评估</td><td colspan="2">（该部分另用评估考核表。）</td></tr>
<tr><td rowspan="2">实施条件</td><td>实施地点</td><td colspan="2">一体化教室。</td></tr>
<tr><td>辅助条件</td><td colspan="2">教材、专业书籍、多媒体设备、PPT 课件等。</td></tr>
<tr><td>练习训练题</td><td colspan="4">1. 选择导线和电缆截面必须满足哪些条件？
2. 如何按发热条件选择导线和电缆的截面？如何按电压损失条件选择？</td></tr>
<tr><td>学生应提交的成果</td><td colspan="4">1. 任务书。
2. 评估考核表。
3. 练习训练题。</td></tr>
</table>

相关知识

一、电力线缆的选型

(1)架空线路的选型:10kV 及以下的架空线路,一般采用铝绞线,在跨距较大、电杆较高时,宜采用钢芯铝绞线。35kV 及以上的架空线路,一般采用钢芯铝绞线。沿海地区及有腐蚀性介质的场所,宜采用铜绞线或绝缘导线。

(2)电缆线路的选型:在一般环境和场所,可选用铝芯电缆。在重要场所及有剧烈振动、强烈腐蚀或有爆炸危险的场所,宜采用铜芯电缆。直接埋地敷设的电缆,应采用有外保护层的铠装电缆。在可能发生位移的土壤中,直接埋地敷设的电缆,应采用钢丝铠装电缆。敷设在电缆沟、电缆桥架中的电缆,一般采用裸铠装电缆或塑料护套电缆,且应优先选用交联电缆。两端高度差较大时,不能采用油浸纸绝缘电缆,以防止油压差过大造成渗漏油和高端电缆局部缺油而降低绝缘水平。电力电缆型号中各符号的含义参见表 3-3。

表 3-3　电力电缆型号中各符号的含义

电力电缆型号的构成

绝缘材料 | 导体材料 | 内护层 特征 | 外护层 — 芯数 × 截面积 — 额定电压 — 长度

绝缘材料	导体材料	内护层	特征	外护层	
				十　位	个　位
V—聚氯乙烯 X—橡胶 Y—聚乙烯 YJ—交联聚乙烯 Z—纸	L—铝 T(省略)—铜	V—聚氯乙稀护套 Y—聚乙烯护套 L—铝护套 Q—铅护套 H—橡胶护套 F—氯丁橡胶护套	D—不滴流 F—分相 CY—充油 P—贫油干绝缘 P—屏蔽 Z—直流	0—无铠 2—双层钢带铠装 3—细钢丝铠装 4—粗钢丝铠装	0—无外护套 1—纤维外护套 2—聚氯乙烯外护套 3—聚乙烯外护套

如:①ZQ22-3×70-10-300——表示为铜芯、纸绝缘、铅包、双钢带铠装、聚氯乙烯外护套、3 芯、截面积 70mm^2、额定电压为 10kV、长度 300m 的电缆;

②YJLV42-3×150-10-400——表示为铝芯、交联聚氯乙烯绝缘、钢丝铠装、聚氯乙烯外护套、3 芯、截面积 150mm^2、额定电压为 10kV、长度 400m 的电缆。

(3)低压导线的选型:住宅内的绝缘线路,只允许采用铜芯绝缘导线,一般采用铜芯聚氯乙烯绝缘线(即 BV 线)或铜芯聚氯乙烯绝缘聚氯乙烯护套线(即 BVV 线)。在低压 TN 系统中,应采用四芯或五芯电缆。

二、线缆截面的选择

1. 导线和电缆截面的选择条件

选择导线和电缆截面时必须满足下列条件。

(1)发热条件:导线和电缆在通过正常最大负荷电流时产生的发热温度,不应超过其正常运行时的最高允许温度,即满足线缆的允许载流量 $I_{al} \geqslant I_{30}$。

(2)电压损失条件:导线和电缆在通过正常最大负荷电流时产生的电压损失 $\Delta U\%$,不应超过正常运行时允许的电压损失 $\Delta U_{al}\%$,即 $\Delta U_{al}\% \geqslant \Delta U\%$。

(3)机械强度条件：导线截面不应小于其最小允许截面。导线按机械强度要求的最小允许截面参见表 3－4。线路电压越高，架设跨距越大，机械强度要求越高，其最小允许截面越大。

按经济电流密度选择导线和电缆截面不是必须满足的必要条件，而是经济条件。

另外，对于电缆还需校验其短路热稳定度。

表 3－4　导线按机械强度要求的最小允许截面

架空线路电压等级		架空导线按机械强度要求的最小允许截面/mm^2		
		铝及铝合金	钢芯铝线	铜绞线
35kV 及以上线路		35	35	35
3～10 kV	居民区	35	25	25
	非居民区	25	16	16
低压线路	一般	16	16	16
	与铁路交叉跨越挡	35	16	16

线路类别			绝缘导线按机械强度要求的最小允许截面/mm^2		
			铜芯软线	铜芯线	PE 线和 PEN 线（铜芯线）
照明用灯头引下线	室内		0.5	1.0	有机械保护时为 2.5，无机械性的保护时为 4
	室外		1.0	1.0	
移动式设备线路	生活用		0.75	—	
	生产用		1.0	—	
敷设在绝缘子上的绝缘导线（L 为支持点间距）	室内	$L\leqslant 2m$	—	1.0	
	室外	$L\leqslant 2m$	—	1.5	
	室内外	$2m<L\leqslant 6m$		2.5	
		$6m<L\leqslant 15m$		4	
		$15m<L\leqslant 25m$		6	
穿管敷设的绝缘导线			1.0	1.0	
沿墙明敷的塑料护套线			—	1.0	

注：《全国民用建筑工程设计技术措施/电气》规定铜芯导线截面最小值：进户线不小于 10mm²，动力、照明配电箱的进线不小于 6mm²，控制箱进线不小于 6mm²，动力、照明分支线不小于 2.5mm²，动力、照明配电箱的 N、PE、PEN 进线不小于 6mm²。

2. 按发热条件选择导线和电缆的截面

(1)相线截面的选择

按发热条件选择三相系统中的相线截面时，应使其允许载流量 I_{al} 不小于通过相线的最大负荷电流（即计算电流 I_{30}），即

$$I_{al} \geqslant I_{30} \tag{3-1}$$

因导体在不同的环境温度下，其允许载流量不一样，当实际的环境温度不等于规定的环境温度时，导体在实际环境温度下的载流量为

$$I_{al}=K_{\theta}I'_{al} \tag{3-2}$$

式中：I_{al}—— 导线或电缆在实际环境温度下的允许载流量；

I'_{al}—— 导线或电缆在规定环境温度下的允许载流量；

K_{θ}—— 温度校正系数，其值为

$$K_{\theta}=\sqrt{\frac{\theta_{al}-\theta_0}{\theta_{al}-\theta'_0}} \tag{3-3}$$

式中：θ_{al}—— 导线或电缆长期允许的最高温度；

θ'_0—— 导线或电缆的允许载流量所规定的环境温度；

θ_0—— 导线或电缆敷设地点实际的环境温度。

(2) 低压线路截面的选择

1) 中性线(N 线) 截面的选择

① 三相负荷基本平衡的线路，中性线截面 A_0 不小于相线截面 A_{φ} 的 50%，即

$$A_0 \geqslant 0.5A_{\varphi} \tag{3-4}$$

② 3 次谐波较为突出的三相线路，中性线截面 A_0 约等于相线截面 A_{φ}，即

$$A_0 \approx A_{\varphi} \tag{3-5}$$

③ 单相双线线路或由三相线路分出的两相三线线路，中性线截面 A_0 应等于相线截面 A_{φ}，即

$$A_0 = A_{\varphi} \tag{3-6}$$

2) 保护线(PE 线) 截面的选择

① 保护线截面 A_{PE} 一般不小于相线截面 A_{φ} 的 50%，即

$$A_{PE} \geqslant 0.5A_{\varphi} \tag{3-7}$$

② 考虑到短路热稳定的要求，当 $A_{\varphi} \leqslant 16\text{mm}^2$ 时，保护线截面 A_{PE} 应与相线截面 A_{φ} 相等，即

$$A_{PE} = A_{\varphi} \tag{3-8}$$

保护线截面还要满足单相接地故障的要求，以保证保护装置可靠动作。

3) 保护中性线(PEN 线) 截面的选择

保护中性线截面 A_{PEN} 的选择应同时满足上述中性线和保护线的选择条件，即

$$A_{PEN} = (0.5 \sim 1)A_{\varphi} \tag{3-9}$$

3. 按电压损失条件选择导线和电缆截面

线路在输送电能时，必然产生电压损失和电能损耗。按规定，高压供配电线路的电压损失百分值一般不超过 5%，即

$$\Delta U_{al}\% \leqslant 5\% \tag{3-10}$$

对负荷相对集中、各个集中负荷之间有一定距离(阻抗)的线路,其整条线路的电压损失的计算可按以下两种方法计算。

① 负荷功率法:分别计算出各个集中负荷产生的电压损失,然后叠加求出总的电压损失,这种方法称为负荷功率法。

② 线段功率法:分别计算出各线段上产生的电压损失,然后叠加求出总的电压损失,这种方法称为线段功率法。

如图 3－21 所示。图中各参数标示按照以下原则:各支线集中负荷的功率及电流、各线段的长度及阻抗均采用小写字母表示;各干线线段上叠加的功率及电流、各段线路叠加的长度及阻抗均采用大写字母表示。

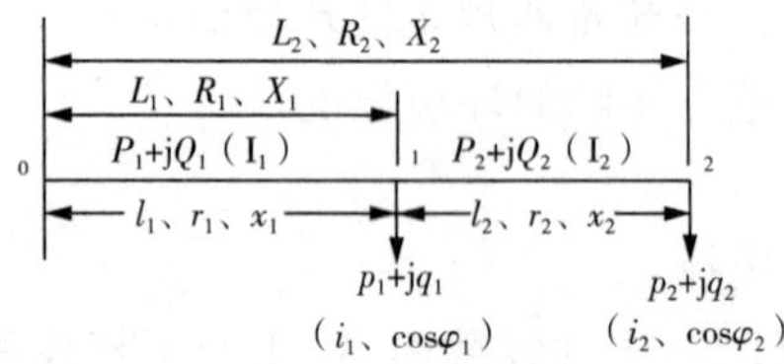

图 3－21　带有两个集中负荷的三相线路

(1) 负荷功率法

整条线路的电压损失等于各个集中负荷产生的电压损失的代数和,如图 3－22 所示,则

$$\Delta U_{\Sigma}=\Delta U_1+\Delta U_2=\frac{p_1R_1+q_1X_1}{U_N}+\frac{p_2R_2+q_2X_2}{U_N}=\frac{\sum(pR+qX)}{U_N} \tag{3-11}$$

式中,$R_1=r_1, X_1=x_1; R_2=r_1+r_2, X_2=x_1+x_2$。

(2) 线段功率法

整条线路的电压损失等于各个线段上产生的电压损失的代数和,如图 3－23 所示,则

$$\Delta U_{\Sigma}=\Delta U_1+\Delta U_2=\frac{P_1r_1+Q_1x_1}{U_N}+\frac{P_2r_2+Q_2x_2}{U_N}=\frac{\sum(Pr+Qx)}{U_N} \tag{3-12}$$

式中,$P_1=p_1, Q_1=q_1; P_2=p_1+p_2, Q_2=q_1+q_2$。

总的电压损失百分数为

$$\Delta U(\%)=\frac{\Delta U_{\Sigma}}{U_N}\times 100(\%) \tag{3-13}$$

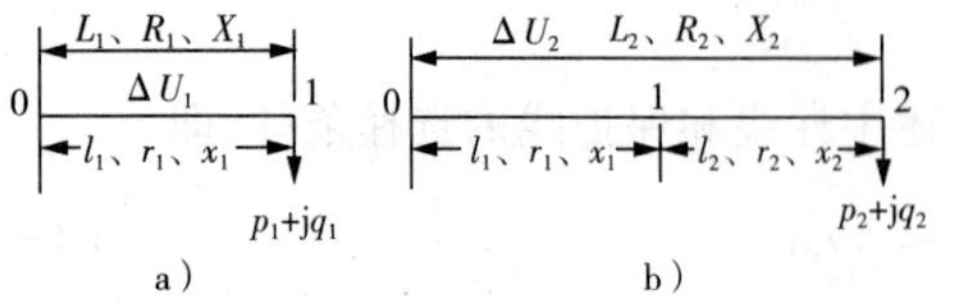

图 3－22　负荷功率法

a) 负荷 p_1+jq_1 产生的电压损失;

b) 负荷 p_2+jq_2 产生的电压损失

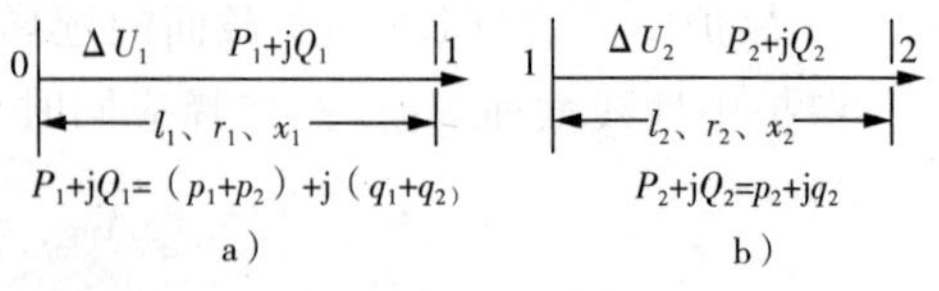

图 3－23　线段功率法

a)0－1 线段上产生的电压损失;

b)1－2 线段上产生的电压损失

技能训练

在某单位的 TN－S 系统中，已知集中负荷的计算负荷 $P_{30}=28.5\text{kW}$，$Q_{30}=13.8\text{kvar}$，实际环境温度为 $\theta_0=30℃$，导线长期允许温度 $\theta_{al}=70℃$，导线的长度为 160m。现拟用 16mm^2 的铜芯绝缘线，允许载流量 $I_{al}=61\text{A}(25℃)$，单位长度的电阻为 1.37Ω/km，单位长度的电抗为 0.2Ω/km，试根据导线截面的选择条件校验相线是否合格，并选择 N 线和 PE 线。

项目四 线路与变压器保护的认知

任务一 保护的任务要求及继电器的认知

教师工作任务单

<table>
<tr><td colspan="2">任务名称</td><td colspan="2">任务一　保护的任务要求及继电器的认知</td></tr>
<tr><td colspan="2">任务描述</td><td colspan="2">本次任务是作为继电保护的引导。为了保证供配电系统安全可靠运行,就必须设置继电保护装置来反映电力系统的线路、设备发生的故障或不正常状态。所以首先要了解保护的任务和要求,其次认知继电器及其符号,了解其作用及相关的物理量。</td></tr>
<tr><td colspan="2">任务分析</td><td colspan="2">保护的任务和基本要求需教师通过引导,让学生自己思考得出初步答案,教师总结。继电器的认识通过实物或投影。符号的认识通过保护图纸,用图形(或投影)与实物对照的方式,教师用引导性问题让学生自己去认知。
引导性问题:
1. 保护在不正常和故障情况下有什么作用?(引入保护的任务)
2. 保护的基本要求教师要通过四种情况加以引导。
3. 用线圈通电产生电磁力,吸引衔铁引导学生了解继电器的动作原理。从继电器动作后接点的状态发生变化而引入动合触点和动断触点。
4. 从保护的选择性方面引导,有的保护需要一定的延时,从而引入时间继电器。
5. 从保护动作后的信号电路发出信号和信号牌引入信号继电器。
6. 从一般的继电器的接点和容量有限的问题引入中间继电器。</td></tr>
<tr><td rowspan="3">任务目标</td><td></td><td>内容要点</td><td>相关知识</td></tr>
<tr><td>知识目标</td><td>1. 了解继电保护的任务和基本要求。
2. 认知常见的几种继电器的符号和作用。
3. 了解与继电器有关的物理量。</td><td>1. 参见一
2. 参见二
3. 参见二、1和二、2</td></tr>
<tr><td>技能目标</td><td>能认知几种常见的继电器。</td><td>参见二</td></tr>
</table>

（续表）

<table>
<tr><td rowspan="10">任务实施</td><td rowspan="7">实施步骤</td><td>任务流程</td><td>资讯→决策→计划→实施→检查→评估（学生部分）</td></tr>
<tr><td>资讯</td><td>（阅读任务书，明确任务，了解工作内容、目标，准备资料。）</td></tr>
<tr><td>决策</td><td>（分析并确定采用什么样的方式方法和途径完成任务。）</td></tr>
<tr><td>计划</td><td>（制订计划、规划实施任务。）</td></tr>
<tr><td>实施</td><td>（学生具体实施本任务的过程，实施过程中的注意事项等。）</td></tr>
<tr><td>检查</td><td>（自查和互查，检查掌握、了解状况，发现问题及时纠正。）</td></tr>
<tr><td>评估</td><td>（该部分另用评估考核表。）</td></tr>
<tr><td rowspan="2">实施条件</td><td>实施地点</td><td>现场变电所，仿真变电所，继电保护实训室（任选其一）。</td></tr>
<tr><td>辅助条件</td><td>教材、专业书籍、多媒体设备、PPT 课件等。</td></tr>
<tr><td colspan="2">练习训练题</td><td colspan="2">1. 继电保护装置的任务以及应满足的基本要求是什么？
2. 试述继电器的常见类型及它们的工作原理。什么是电磁型过电流继电器的动作电流、返回电流和返回系数？</td></tr>
<tr><td colspan="2">学生应提交的成果</td><td colspan="2">1. 任务书。
2. 评估考核表。
3. 练习训练题。</td></tr>
</table>

相关知识

一、供配电系统保护的任务和基本要求

1. 保护装置的任务

保护装置是指能反应电力系统中线路、电气设备发生的故障或不正常工作状态，并能动作于断路器跳闸或启动信号装置发出信号的一种自动装置。

供配电系统保护的主要任务如下：

(1)当被保护线路或设备发生故障时，能自动、迅速和有选择性地动作，将故障的线路或设备从供配电系统中切除，使其他非故障部分能迅速恢复正常供电。

(2)当被保护线路或设备出现不正常运行状态时，保护装置应能正确反映其不正常运行状态，发出预报信号，以便值班人员采取措施，消除不正常运行状态，使其正常工作。

2. 对保护装置的基本要求

为了使保护装置能及时、正确地完成它所担负的主要任务，供配电系统对保护装置提出了选择性、迅速性、灵敏性和可靠性四个基本要求。

(1)选择性：是指当供配电系统发生故障时，只使距离故障点最近的保护装置动作，将故

障部分切除，保证其他非故障部分继续正常运行。

(2)速动性：就是快速切除故障。

(3)可靠性：是指保护装置在其保护范围内发生故障或不正常工作状态时能准确动作，在应该动作时就动作，不应拒动；在不应该动作时，不应误动。

(4)灵敏性：是指在所希望的保护范围内发生所有可能的故障或不正常工作状态时，保护装置的反应能力。反应能力用保护装置的灵敏度(灵敏系数)来衡量，用 K_{sen} 表示，其大小代表灵敏度高低。

①对于反应故障参数量增加而动作的保护装置，其灵敏度的定义为

$$灵敏度=\frac{保护区末端金属性短路的最小计算值}{保护装置动作参数的整定值}$$

例如，过电流保护的灵敏度为

$$K_{sen}=\frac{I_{k.min}}{I_{op.1}} \tag{4-1}$$

式中：$I_{k.min}$——保护区末端金属性短路时的最小短路电流值；

$I_{op.1}$——保护装置的一次动作电流值。

②对于反应故障参数量降低而动作的保护装置，其灵敏度的定义为

$$灵敏度=\frac{保护装置动作的整定值}{保护区末端金属性短路时的最大计算值}$$

例如，低电压保护的灵敏度为

$$K_{sen}=\frac{U_{op.1}}{U_{k.max}} \tag{4-2}$$

式中：$U_{op.1}$——保护装置的一次动作电压值；

$U_{k.max}$——被保护区末端金属性短路时，保护安装处母线上的最大残余电压值。

不同的保护对象、不同的保护装置对四项要求往往有所侧重，在考虑继电保护方案时，要正确处理四个基本要求之间既相互联系又相互矛盾的关系，使继电保护方案技术上安全可靠，经济上合理。

二、常用电磁式继电器的认知

继电器是各种继电保护装置的基本组成元件。按预先整定的输入量动作，并具有电路控制功能的元件称为继电器。继电器是频繁地接通、断开小电流控制电路，实现远距离自动控制和保护的自动控制电器。常用的继电器有：电流继电器、电压继电器、时间继电器、中间继电器和信号继电器等。

继电器在没有输入量或输入量没有达到整定值的状态下，断开的触点称为动合触点(过去称常开触点)，闭合的触点称为动断触点(过去称常闭触点)。时间继电器 KT 达到动作值其触点不立即动作而通过一定延时才动作的为延时触点。图 4－1 为继电器线圈和各种触点符号。

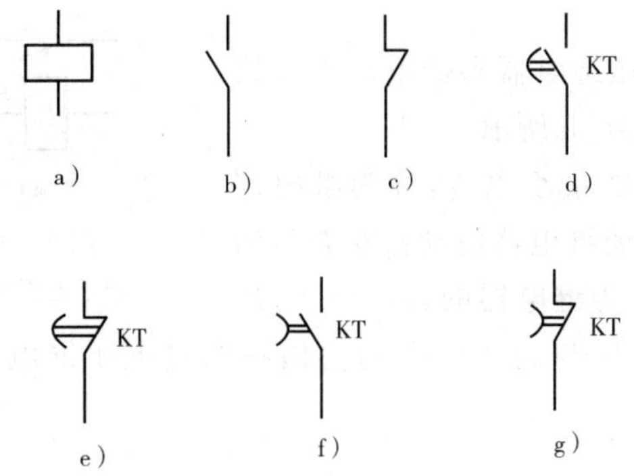

图 4-1　继电器线圈和触点符号

a)线圈的一般符号；b)动合触点；c)动断触点；

d)延时闭合瞬时断开的动合触点；e)延时断开瞬时闭合的动断触点；

f)延时断开瞬时闭合的动合触点；g)延时闭合瞬时断开的动断触点

1. 电磁型电流继电器

电流继电器分为过电流继电器和欠电流继电器两种，其符号分别如图 4-2a、b 所示。

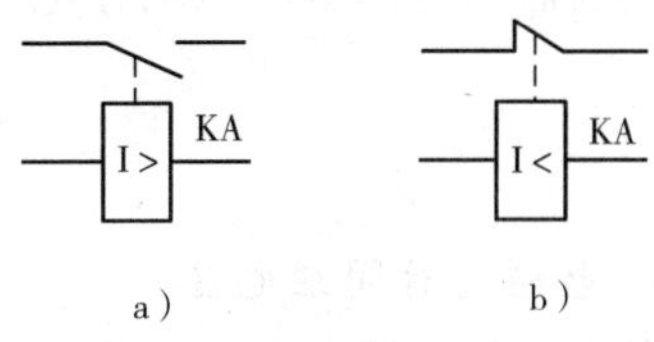

图 4-2　电流继电器符号

a)过电流继电器；b)欠电流继电器

图 4-3 为 DL—10 系列继电器内部结构图。当通过线圈 2 的电流达到动作值时，可动舌片 3 顺时针转动，使可动触点 5 与静触点 6 闭合。动作电流的调整可通过以下两种方法：①平滑调节，拨转调整指针 7，改变反作用弹簧 4 的阻力矩；②级进调节，两个线圈 2 可以串联或并联连接，并联的动作电流为串联动作电流的 2 倍，即若把线圈由串联改为并联时，动作电流将增大一倍。

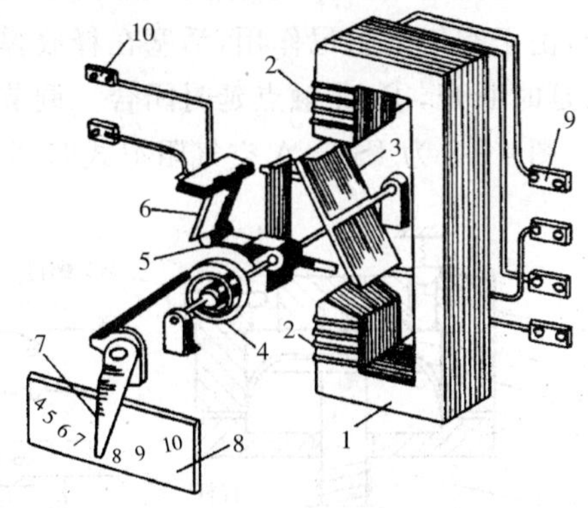

图 4-3　DL—10 系列继电器内部结构图

1—铁芯；2—线圈；3—可动舌片；4—反作用弹簧；5—动触点；6—静触点；

7—调整指针；8—刻度盘；9—线圈接线端子；10—触点接线端子

使过电流继电器动作的最小电流，称为继电器的动作电流，用 I_{op} 表示。使继电器由动作状态返回到起始位置的最大电流，称为继电器的返回电流，用 I_{re} 表示。继电器的返回电流与动作电流的比值称为继电器的返回系数，用 K_{re} 表示，即

$$K_{re}=\frac{I_{re}}{I_{op}} \tag{4-3}$$

2. 电磁型电压继电器

电压继电器分为过电压继电器和低电压继电器两种，其符号分别如图 4－4a、b 所示。

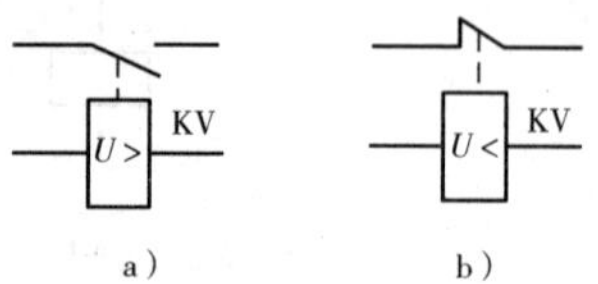

图 4－4　电压继电器符号

a)过电压继电器；b)低电压继电器

使过电压继电器动作的最小电压，称为继电器的动作电压，用 U_{op} 表示。使继电器由动作状态返回到起始位置的最大电压，称为继电器的返回电压，用 U_{re} 表示。继电器的返回电压与动作电压的比值称为过电压继电器的返回系数，用 K_{re} 表示，即

$$K_{re}=\frac{U_{re}}{U_{op}}<1 \tag{4-4}$$

在低电压继电器线圈中，使继电器动作的最大电压，称为继电器的动作电压，用 U_{op} 表示。使继电器由动作状态返回到起始位置的最小电压，称为继电器的返回电压，用 U_{re} 表示。继电器的返回电压与动作电压的比值称为低电压继电器的返回系数，用 K_{re} 表示，即

$$K_{re}=\frac{U_{re}}{U_{op}}>1 \tag{4-5}$$

3. 电磁型时间继电器

当输入信号输入继电器后，经过一定的延时，才有输出信号的继电器称为时间继电器。它的作用是使保护装置获得一定的延时。其符号如图 4－5 所示。

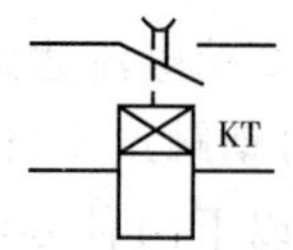

图 4－5　时间继电器符号

在图 4－6 所示的通电延时型空气阻尼式时间继电器结构原理示意图中，当通过线圈的电流达到动作值时，动铁芯向下运动，动断触点④、⑤瞬时断开，动合触点④、⑥瞬时闭合，由于空气的阻尼作用，活塞在释放弹簧的作用下，慢速向下，通过杠杆的作用，使①、③触点延时断开，①、②触点延时闭合。调节螺钉的作用是改变进气量的大小，以改变时间的长短。图 4－7 为 JS5－A 空气阻尼式时间继电器外形图。

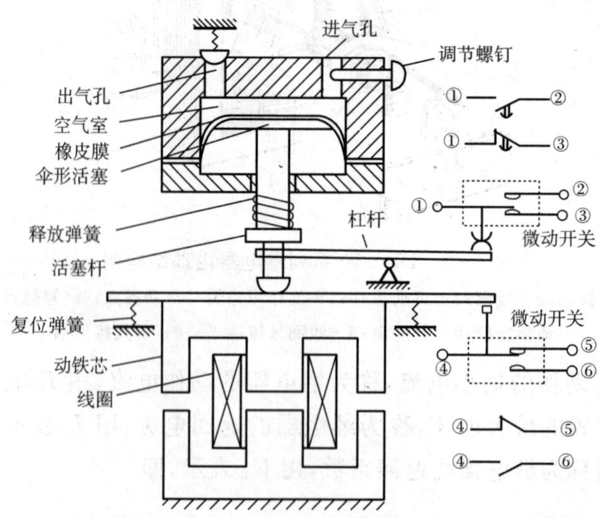

图 4－6　通电延时型空气阻尼式时间继电器结构原理示意图

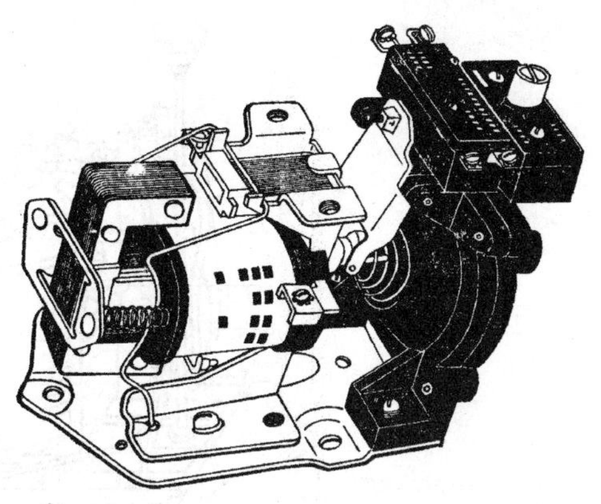

图 4－7　JS5－A 型空气阻尼式时间继电器外形图

4. 电磁型信号继电器

信号继电器在继电保护和自动装置中用作动作指示器。信号继电器的触点为自保持触点，应由值班人员手动复归或电动复归。信号继电器的符号如图 4－8 所示。

图 4－9 为 DX－11 型信号继电器的结构示意图。正常工作时，继电器的信号牌 5 被衔铁 4 所支持，当通过线圈 1 的电流达到动作值时，衔铁 4 被吸合，使信号牌失去支持而落下，并带动转轴逆时针旋转 90°，使动触点 8 与静触点 9 接通，从而接通信号回路，同时从玻璃孔 6 也可以看出信号继电器动作。

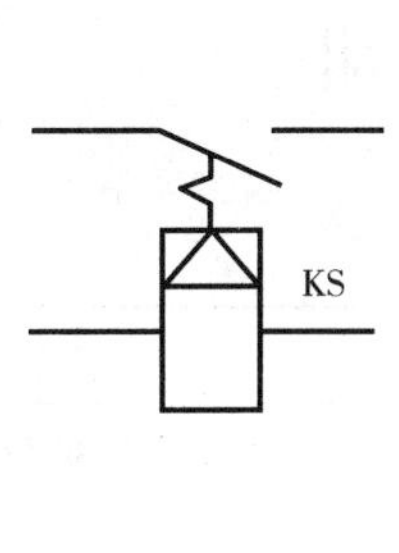

图 4－8　信号继电器符号

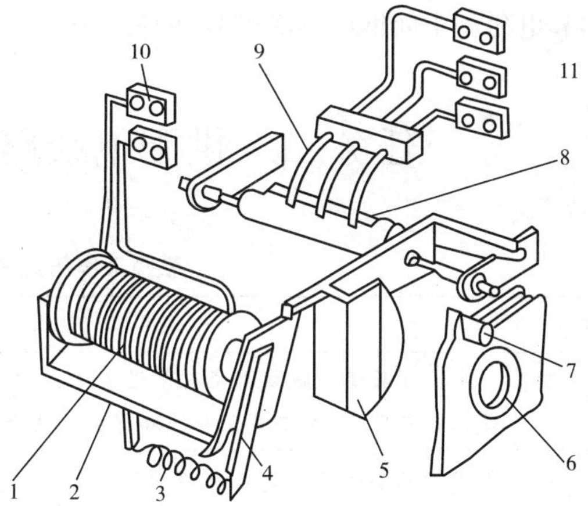

图 4－9　DX－11 型信号继电器的结构示意图

1－线圈；2－电磁铁；3－弹簧；4－衔铁；5－信号牌；6－玻璃孔；
7－复归旋钮；8－动触点；9－静触点；10－线圈接线端子；11－触点接线端子

5. 电磁型中间继电器

中间继电器的特点是：触点容量大，可直接作用于断路器跳闸；触点数目多。中间继电器的作用是：①增加触点数目；②增加触点容量，可直接接断路器的跳闸线圈去跳闸；③必要的延时，当线路上装有管型避雷器时，利用其固有动作时间（60ms），防止避雷器放电时保护误动。中间继电器的符号如图 4－10 所示。

图 4－11 为 DZ－10 型中间继电器的内部结构图。

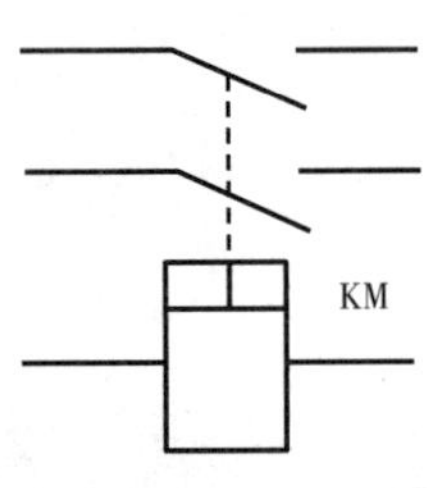

图 4-10　中间继电器符号

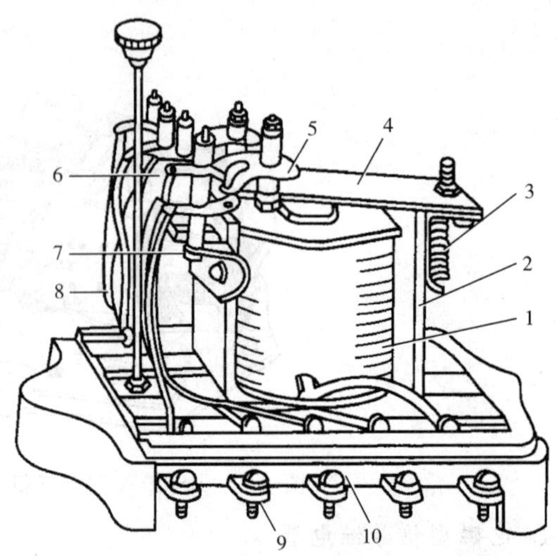

图 4-11　DZ—10 型中间继电器的内部结构图

1—线圈;2—电磁铁;3—弹簧;4—衔铁;5—动触点;6、7—静触点;8—连接线;9—接线端子;10—底座

技能训练

参观变电所或仿真变电所,分别列出电磁型电流继电器、电磁型时间继电器、电磁型信号继电器和电磁型中间继电器的型号、图形符号和文字符号。

任务二　供配电线路保护的认知

教师工作任务单

任务名称	任务二　供配电线路保护的认知
任务描述	本次任务是了解线路定时限过流保护、瞬时电流速断保护、反时限过流保护和单相接地保护与监视,主要是了解线路保护构成及整定计算。
任务分析	保护的整定计算要求教师通过引导,让学生自己去思考,得出初步答案,教师总结。保护图的认识通过保护的图纸,用图形(或投影)与实物对照方式,教师用引导性问题让学生自己去认知。 引导性问题: 1. 引导、提示保护整定计算的三要素:动作值的大小、时间的长短与灵敏度的校验。 2. 什么是定时限?有哪些元件构成定时限过流保护?如何整定计算?动作过程? 3. 什么是瞬时?有哪些元件构成瞬时电流保护?如何整定计算?动作过程? 4. 什么是反时限?有哪些元件构成反时限电流保护?如何整定计算?动作过程? 5. 要哪些元件构成单相接地保护?如何整定计算?动作过程? 6. 单相接地保护的构成及其接地的现象有哪些?如何寻找接地故障点? 7. 如何识读线路保护原理图。

（续表）

<table>
<tr><td colspan="2"></td><td colspan="2">内容要点</td><td>相关知识</td></tr>
<tr><td rowspan="2">任务目标</td><td>知识目标</td><td colspan="2">1. 了解定时限过流保护的构成及整定计算。
2. 了解瞬时电流速断保护的构成及整定计算。
3. 了解反时限过流保护的构成及整定计算。
4. 了解单相接地保护的构成及整定计算。
5. 了解绝缘监察的构成及接地后的现象及其处理。</td><td>1. 参见一
2. 参见二
3. 参见三
4. 参见四
5. 参见四</td></tr>
<tr><td>技能目标</td><td colspan="2">1. 会对线路保护进行计算。
2. 会查找接地故障点。
3. 能识读线路保护原理图。</td><td>1. 参见一～四
2. 参见四、3
3. 参见图 4－12、图4－16、图4－21</td></tr>
<tr><td rowspan="9">任务实施</td><td rowspan="7">实施步骤</td><td>任务流程</td><td colspan="2">资讯→决策→计划→实施→检查→评估（学生部分）</td></tr>
<tr><td>资讯</td><td colspan="2">（阅读任务书，明确任务，了解工作内容、目标，准备资料。）</td></tr>
<tr><td>决策</td><td colspan="2">（分析并确定采用什么样的方式方法和途径完成任务。）</td></tr>
<tr><td>计划</td><td colspan="2">（制订计划，规划实施任务。）</td></tr>
<tr><td>实施</td><td colspan="2">（学生具体实施本任务的过程，实施过程中的注意事项等。）</td></tr>
<tr><td>检查</td><td colspan="2">（自查和互查，检查掌握、了解状况，发现问题及时纠正。）</td></tr>
<tr><td>评估</td><td colspan="2">（该部分另用评估考核表。）</td></tr>
<tr><td rowspan="2">实施条件</td><td>实施地点</td><td colspan="2">现场变电所，仿真变电所，继电保护实训室（任选其一）。</td></tr>
<tr><td>辅助条件</td><td colspan="2">教材、专业书籍、多媒体设备、PPT 课件等。</td></tr>
<tr><td colspan="2">练习训练题</td><td colspan="3">1. 定时限过流保护是如何整定校验的？
2. 电流速断保护是如何整定校验的？
3. 反时限过电流保护中，感应式电流继电器有哪些功能？如何整定和调节其动作电流和动作时间？什么叫 10 倍动作电流的动作时间？
4. 小电流接地系统发生单相接地后，各相对地电压是如何变化的？应如何查找所属的接地相？</td></tr>
<tr><td colspan="2">学生应提交的成果</td><td colspan="3">1. 任务书。
2. 评估考核表。
3. 练习训练题。</td></tr>
</table>

相关知识

一、定时限过电流保护

高压配电线路，一般装设相间短路保护、单相接地保护和过负荷保护。

当被保护线路发生短路时，继电保护装置延时动作，并以恒定的延时时间来保证选择性，动作时限与短路电流大小无关，这就是定时限过电流保护。

作为线路的相间短路保护，主要采用定时限过电流保护和瞬时动作的电流速断保护。只有当定时限过电流保护的灵敏度不够时，才采用低电压闭锁的过电流保护；当定时限过电流保护的时限不大于0.5～0.7s时，可不装设瞬时动作的电流速断保护。相间短路保护应动作于断路器的跳闸，切除短路故障部分，同时动作于信号。

作为单相接地保护可采用两种方式：①绝缘监察装置。利用电压互感器等元件构成，动作于信号；②零序电流保护。利用零序电流互感器等元件构成，动作于信号。但当危及人身和设备安全时，则应动作于跳闸。

对可能经常过负荷的电缆线路，应装设过负荷保护，动作于信号。

1. 定时限过电流保护的组成及动作过程

图4－12为两相两继电器式定时限过电流保护原理电路图。在正常情况下，1KA、2KA、KT和KS的触点都是断开的。当被保护区发生短路故障或电流过大时，1KA或2KA动作，并通过其触点接通时间继电器KT的线圈回路，时间继电器启动，经过整定的延时时间t秒后，其触点闭合，同时启动信号继电器KS和中间继电器KM，信号继电器KS启动，其触点闭合发出信号；中间继电器KM启动，其触点闭合，接通断路器QF跳闸线圈YR，使断路器跳闸，切除短路故障。QF跳闸后，其辅助动合触点QF_{1-2}断开随之切断跳闸回路，实现跳闸线圈YR短时通电。在短路故障被切除后，继电保护装置除KS触点仍闭合外，其他所有继电器均因失电而自动返回到起始状态，称为失电自动复归，而KS需手动复位。

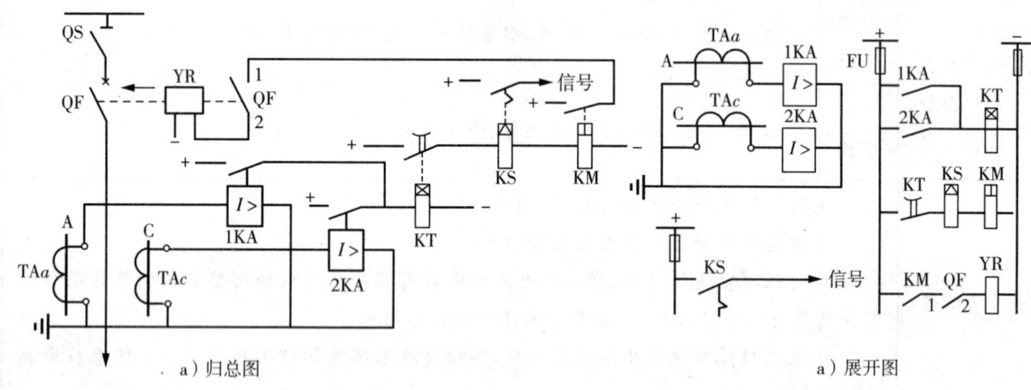

图4－12　定时限过电流保护原理电路图

图4－12a为集中表示的原理电路图，即把所有电器的组成部件各自归总在一起表示，通常称为归总式原理接线图（简称归总图）；图4－12b为分开表示的原理电路图，即把所有电器的组成部件按各部件所属回路分开表示，通常称为展开式原理接线图（简称展开图）。

2. 定时限过电流保护的整定计算

定时限过电流保护的整定计算有三个方面：①动作电流的整定；②时限的整定；③灵敏度校验。

(1)定时限过电流保护动作电流的整定

定时限过电流保护动作电流整定必须同时满足以下两个条件：

①动作电流必须躲过(大于)最大负荷电流，即

$$I_{op.1} > I_{L.max} \tag{4-6}$$

式中：$I_{op.1}$——继电器动作电流 $I_{op.2}$ 归算至一次侧的电流值；

$I_{L.max}$——线路最大负荷电流，取(1.5～3)I_{30}。

②返回电流也应躲过(大于)最大负荷电流，即

$$I_{re.1} > I_{L.max} \tag{4-7}$$

式中：$I_{re.1}$——电流继电器返回电流 $I_{re.2}$ 换算到电流互感器一次侧的电流。

计入可靠系数，则返回电流为

$$I_{re.1} = K_{rel} I_{L.max} \tag{4-8}$$

式中：K_{rel}——保护装置的可靠系数。DL 型继电器取 1.2，GL 型继电器取 1.3。

由式(4－3)和式(4－8)可得保护装置一次侧动作电流为

$$I_{op.1} = \frac{K_{rel}}{K_{re}} I_{L.max} \tag{4-9}$$

则折算至电流继电器的动作电流为

$$I_{op.2} = \frac{K_{rel} K_w}{K_{re} K_i} I_{L.max} \tag{4-10}$$

式中：K_i——电流互感器的变比；

K_w——保护装置的接线系数。在三相三继电器和两相两继电器接线中，$K_w=1$；对两相电流差接线为$\sqrt{3}$；

K_{re}——返回系数。DL 型继电器一般取 0.85～0.9；GL 型电流继电器一般取 0.8。

(2)定时限过电流保护动作时限的整定

为了保证前后两级保护装置动作的选择性，过电流保护的动作时限应按“阶梯原则”进行整定，即上一级的动作时限 t_1 应比下一级的动作时限 t_2 要大一个 Δt，亦即

$$t_1 \geqslant t_2 + \Delta t \tag{4-11}$$

采用 DL 型继电器可取 $\Delta t=0.5$s；对于反时限过电流保护，采用 GL 型继电器可取 $\Delta t=0.6$～0.7s。

单侧电源放射形网络的时限配合如图 4－13 所示。

(3)灵敏度校验

①作为本级线路近后备保护的灵敏度校验

定时限过电流保护作为本级线路的近后备保护时，其灵敏度校验点应设在被保护线路

的末端，其灵敏度应满足

$$K_{sen}=\frac{I_{k.min}^{(2)}}{I_{op.1}}=\frac{K_w}{K_i}\frac{I_{k.min}^{(2)}}{I_{op.2}}\geqslant 1.5 \tag{4-12}$$

式中：$I_{k.min}^{(2)}$——被保护线路末端最小短路电流；

$I_{op.2}$——过电流继电器整定的动作电流。

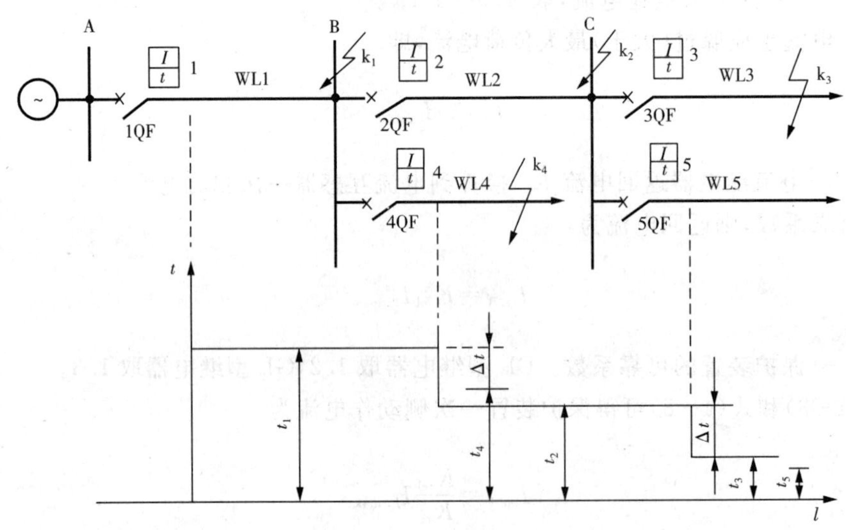

图 4-13　供配电线路定时限过电流保护的时限配合图

②作为下一级线路远后备保护的灵敏度校验

定时限过电流保护作为下一级线路的远后备保护时，其灵敏度校验点应设在下一级线路末端，其灵敏度应满足

$$K_{sen}=\frac{I_{k.min}^{(2)}}{I_{op.1}}=\frac{K_w}{K_i}\frac{I_{k.min}^{(2)}}{I_{op.2}}\geqslant 1.2 \tag{4-13}$$

式中：$I_{k.min}^{(2)}$——下一级线路末端最小短路电流；

$I_{op.2}$——过电流继电器整定的动作电流。

定时限过电流保护，其整定的动作电流较小，灵敏度较高，保护范围较大且互相重叠，其选择性是依靠按"阶梯原则"整定的动作时限来保证的。这样，如果保护级数越多，则越靠近电源侧，短路电流越大，保护的动作时限反而越长，短路危害也越严重。显然与保护的速动性要求相悖，这是定时限过电流保护存在的缺点。因此，定时限过电流保护一般只作为线路或设备的后备保护。只有当动作时限较短时，才可作为线路或设备的主保护。

【例 4-1】 图 4-14 所示的无限大容量供电系统中，10kV 线路 WL1 上的最大负荷电流为 298A，电流互感器 TA 的变比是 400/5。k_1、k_2点三相短路时分别归算至 10kV 侧的最小短路电流为 930A、2660A。变压器 T 上设置的定时限过电流保护装置 1 的动作时限为 0.6s。拟在线路 WL1 上设置定时限过电流保护装置 2，试进行保护设置及整定计算。

解：采用两相两继电器式接线的定时限过电流保护装置。

(1)动作电流的整定

取 $K_{rel}=1.2$,$K_w=1$,$K_{re}=0.85$,则过电流继电器的动作电流

$$I_{op.2}=K_{rel}K_wI_{L.max}/(K_{re}K_i)=1.2\times1\times298/(0.85\times400/5)=5.26(A)$$

参见附表 13,选 DL－23C/10 型电流继电器两只,其动作电流整定范围为 2.5～10A,并整定动作电流为 $I_{op.2}=6A$,则保护装置一次侧动作电流为

$$I_{op.1}=K_iI_{op.2}/K_w=(400/5\times6)/1=480(A)$$

(2)动作时限的整定

按动作时限整定的阶梯原则,则

$$t_{WL1}=t_{T1}+\Delta t=0.6+0.5=1.1(s)$$

选 DS－21 型时间继电器,时间整定范围为 0.2～1.5s。

(3)灵敏度的校验

① 作为线路 WL1 主保护的近后备保护时,灵敏度校验点选在 k_2 点,则

$$K_{sen}=I_{k2.min}^{(2)}/I_{op.1}=0.866\times2660/480=4.8>1.5$$

② 作为变压器 T 上设置的定时限过电流保护的远后备保护时,灵敏度校验点选在 k_1 点,则

$$K_{sen}=I_{k1.min}^{(2)}/I_{op.1}=0.866\times930/480=1.68>1.2$$

灵敏度均满足要求。

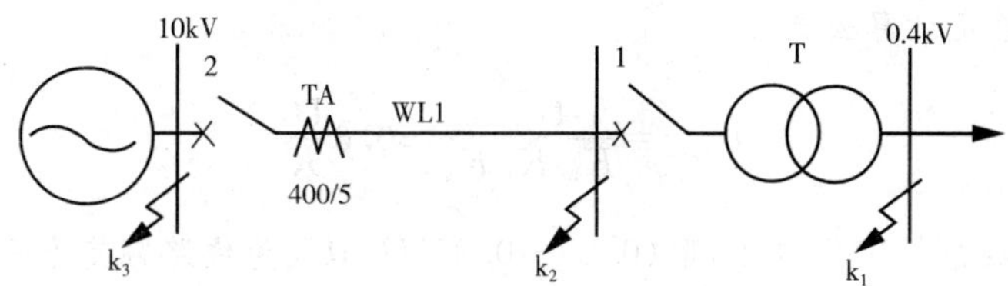

图 4－14 供电系统示意图

【知识拓展】 低电压闭锁过电流保护

当过电流保护的灵敏度达不到要求时,可采用低电压闭锁保护来提高灵敏度。低电压闭锁过电流保护电路如图 4－15 所示,低电压继电器 KV 通过电压互感器 TV 接于母线上,而 KV 的动断触点则串入电流继电器 KA 的动合触点与时间继电器 KT 的线圈回路中,只有电压降低(KV 动作)和电流增大(KA 动作)同时具备时,保护装置才有信号输出,断路器才跳闸。

在供电系统正常运行时,母线电压接近于额定电压,因此低电压继电器 KV 的动断触点是断开的。由于 KV 的动断触点与 KA 的动合触点串联,所以这时 KA 即使由于线路过负荷而动作,其动合触点闭合,也不致于造成断路器误跳闸。正因为如此,凡有低电压闭锁的过电流保护装置的动作电流就不必按躲过线路最大负荷电流 $I_{L.max}$ 来整定,而只需按躲过线路的计算电流 I_{30} 来整定,当然保护装置的返回电流也应躲过计算电流 I_{30}。故过电流保护的动作电流的整定计算公式为

$$I_{op.2}=\frac{K_{rel}K_w}{K_{re}K_i}I_{30} \tag{4-14}$$

式中各系数的取值与式(4-10)相同。由于其 $I_{op.2}$ 减小，所以能提高保护的灵敏度 K_{sen}。

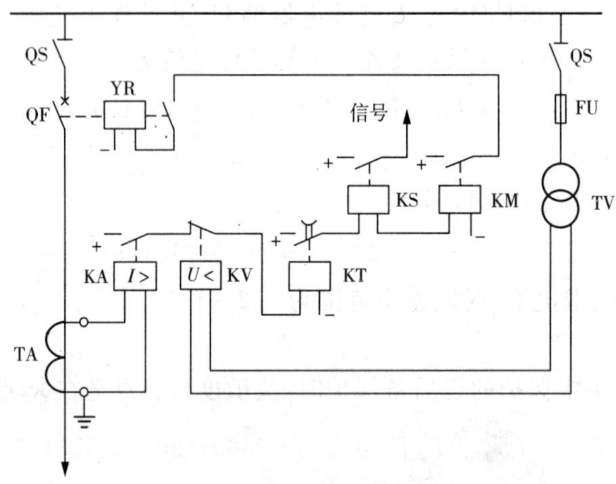

图 4-15　低电压闭锁过电流保护电路图

QF—高压断路器；TA—电流互感器；TV—电压互感器；KA—电流继电器；

KM—中间继电器；KS—信号继电器；KV—低电压继电器；YR—断路器跳闸线圈

上述低电压继电器的动作电压按躲过母线正常最低工作电压 U_{min} 来整定，其返回电压也应躲过 U_{min}，也就是说，低电压继电器只有在母线电压低于 U_{min} 时才动作。因此低电压继电器动作电压的整定计算公式为

$$U_{op.2}=\frac{U_{min}}{K_{rel}K_{re}K_u}\approx 0.6\frac{U_N}{K_u} \tag{4-15}$$

式中：U_{min}——母线最低工作电压，取(0.85～0.95)U_N，U_N 为线路额定电压；

K_{rel}——保护装置的可靠系数，可取 1.2；

K_{re}——低电压继电器的返回系数，可取 1.25；

K_u——电压互感器的变压比。

二、瞬时电流速断保护

瞬时电流速断保护(又称无时限电流速断保护)是一种瞬时动作的过流保护。根据 GB5006—1992 规定，当过流保护动作时限超过 0.5～0.7s 时，就应装设瞬时电流速断保护。

1. 瞬时电流速断保护的组成及动作过程

图 4-16 所示为线路上同时装有定时限过电流保护和瞬时电流速断保护的原理电路图。其中 1KA、2KA、1KS 和 KM 属于瞬时电流速断保护，3KA、4KA、KT、2KS 和 KM 属于定时限过电流保护。

当本线路相间短路发生在瞬时电流速断保护和定时限过电流保护的范围内时，两种保护的电流继电器同时启动。但瞬时电流速断保护的电流继电器直接接通信号继电器 1KS 和中间继电器 KM 回路，由 KM 触点接通断路器 QF 的跳闸回路。而定时限过电流保护的电流继电器却要接通时间继电器 KT 回路，启动 KT 延时。若瞬时电流速断保护装置因故

未能接通 KM，则定时限过电流保护已启动的 KT 经整定的时限延时后，其触点闭合，启动 KM 使 QF 跳闸。瞬时电流速断保护为主保护，定时限过电流保护为瞬时电流速断保护的近后备保护。当本线路相间短路发生在瞬时电流速断保护范围以外时，只有定时限过电流保护能动作跳闸。

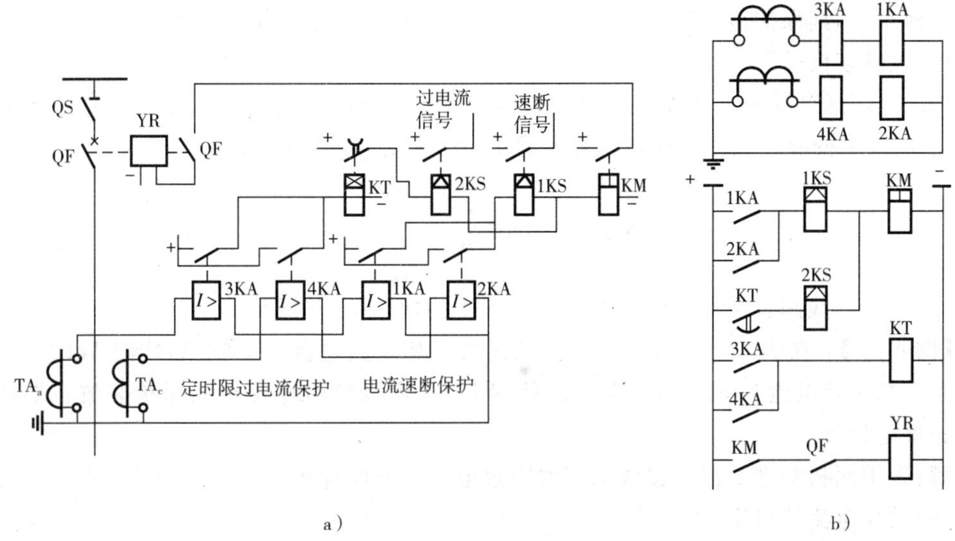

图 4－16　具有瞬时电流速断与定时限过电流保护原理电路图

a）归总图；b）展开图

2．瞬时电流速断保护的整定计算

瞬时电流速断保护作为线路或设备的主保护，其保护范围理应包括本线路全长或本设备全部。由于保护无延时，其保护范围又不能延伸至下一级线路（或设备）。图 4－17 中曲线 1 表示系统在最大运行方式（当系统阻抗最小时，流经被保护元件短路电流最大的运行方式称为最大运行方式）下，短路点沿线路移动时三相短路电流的变化曲线。曲线 2 表示系统在最小运行方式（短路时系统阻抗最大，流经被保护元件短路电流最小的运行方式称为最小运行方式）下，短路点沿线路移动时两相短路电流的变化曲线。可见在最大运行方式下三相短路时，保护范围最大为 L_{max}；最小运行方式下两相短路时，保护范围最小为 L_{min}。由于 k_1 点与 k_2 点之间空间距离很短，即电气距离（阻抗）近似为零，实际上两点短路电流近似相等，电流继电器无法区别。在后一级线路首端发生三相短路时，要避免本级速断保护误动作，就只有采用提高本级速断保护动作电流整定值，用限制其保护动作范围的方法来实现。

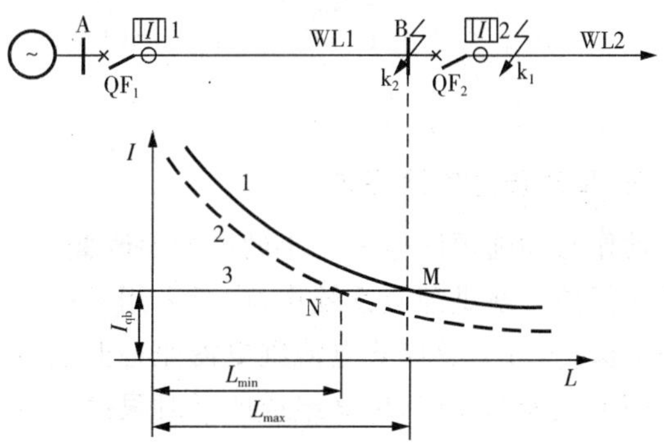

图 4－17　瞬时电流速断保护整定及保护范围

（1）瞬时电流速断保护动作电流的整定

为了保证前后两级电流保护的选择性，瞬时电流速断保护的动作电流 $I_{qb.1}$，应按躲过被

保护线路末端短路时可能出现的最大短路电流 $I_{k.max}^{(3)}$ 来整定，折算到继电器的动作电流为

$$I_{qb.2}=\frac{K_{rel}K_{w}}{K_{i}}I_{k.max}^{(3)} \tag{4-16}$$

式中：K_{rel}——可靠系数，对 DL 型继电器，取 1.2～1.3；对 GL 型继电器，取 1.4～1.5。

这样整定，其保护范围退出本线路末端，实际不能保护本线路全长。

(2)灵敏度校验

瞬时电流速断保护的灵敏度按其安装处(即线路首端)在系统最小运行方式下的最小短路电流 $I_{k.min}^{(2)}$ 来校验。因此瞬时电流速断保护灵敏度必须满足的条件为

$$K_{sen}=\frac{I_{k.min}^{(2)}}{I_{qb.1}}=\frac{K_{w}}{K_{i}}\frac{I_{k.min}^{(2)}}{I_{qb.2}}\geqslant 1.5 \tag{4-17}$$

式中：$I_{k.min}^{(2)}$——线路首端在系统最小运行方式下的两相短路电流。

【例 4-2】 在例 4-1 中，已知 k_2 点的最大三相短路电流为 3002A，线路 WL1 首端 k_3 点最小三相短路电流为 8660A。拟在线路 WL1 上增设瞬时电流速断保护装置，试进行速断保护整定计算。

解：采用两相两继电器式接线的定时限过电流和速断保护装置。

(1)动作电流的整定

取 $K_{rel}=1.3$，$K_{w}=1$，则速断电流继电器的动作电流由式(4-16)可得

$$I_{qb.2}=K_{rel}K_{w}I_{k2.max}^{(3)}/K_{i}=1.3\times1\times2800/(400/5)=48.8(\text{A})$$

查附表 13，选取两只动作电流整定范围为 12.5～50A 的 DL－24C/50 型电流继电器。

(2)灵敏度校验

由于题中并未给出线路长度，所以灵敏度校验点选在 k_3 点，即可按式(4-17)校验

$$K_{sen}=(K_{w}/K_{i})I_{k3.min}^{(2)}/I_{qb.2}=(1/80)\times0.866\times8660/48.8=1.9>1.5$$

合格。

三、反时限过电流保护

动作时间随短路电流大小的改变而改变，且与短路电流成反比的过电流保护，称反时限过电流保护。在供配电系统中，广泛采用 GL 系列感应式电流继电器来作过电流保护兼电流速断保护，因为感应式电流继电器兼有上述电磁式电流继电器、时间继电器、信号继电器和中间继电器的功能，由其组成的反时限过电流保护可大大简化继电保护装置。

1. 感应式电流继电器动作特性

GL 系列感应式电流继电器是由带延时的感应系统和瞬时动作的电磁系统两部分组成。能使感应系统动作的最小电流，称为感应式电流继电器的动作电流 $I_{op.2}$；能使电磁系统电流速断元件动作的最小电流，称为感应式电流继电器的速断电流 $I_{qb.2}$。速断电流 $I_{qb.2}$ 与动作电流 $I_{op.2}$ 的比值，称为速断电流倍数，即

$$n_{qb}=\frac{I_{qb.2}}{I_{op.2}} \tag{4-18}$$

式中：$I_{qp.2}$——感应式电流继电器的速断电流；

$I_{op.2}$——感应式电流继电器的动作电流。

(1)反时限特性

感应式电流继电器的动作特性曲线如图 4-18 所示。当实际电流倍数 $n(n=I_{k.2}/I_{op.2})$ 在 $1\sim n_{qp}$之间时，感应式电流继电器的感应系统动作，通入继电器线圈中的电流越大，动作时间越短，动作时间与电流平方成反比，这种特性称为感应式电流继电器的反时限特性，如图 4-18 中的 ab 曲线所示。

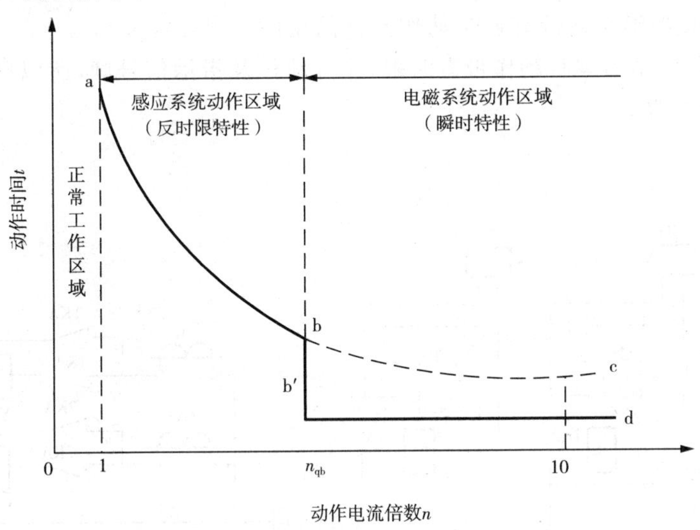

图 4-18　感应式电流继电器的动作特性曲线

abc—感应元件的反时限特性；bb′d—电磁元件的速断特性

继电器动作时限一般是以 10 倍动作电流的动作时间来刻度的，即标度尺上所标示的动作时间为 10 倍动作电流时的时限。继电器实际的动作时间与实际通过继电器线圈的电流大小有关，它需从该动作特性曲线上去查得。如图 4-19 所示，若继电器动作时限整定为 2s(10 倍动作电流的动作时间为 2s，图中 a 点)，当通过 4 倍的动作电流时，实际的动作时间约为 3s(图中 b 点)。

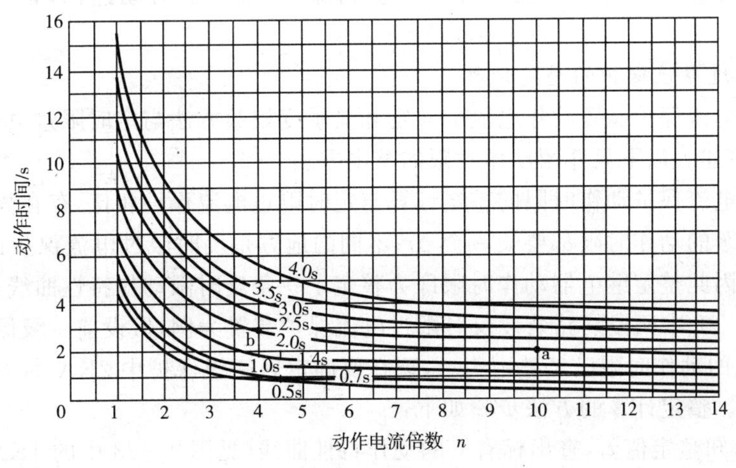

图 4-19　GL—11、15(21、25)型电流继电器的动作特性曲线

(2)速断特性

当实际电流倍数 $n > n_{qp}$ 时，感应式电流继电器的电磁系统动作，继电器的动作时间为定值。如图4-18所示的 bb′d 曲线。

感应式电流继电器的符号如图 4-20 所示。

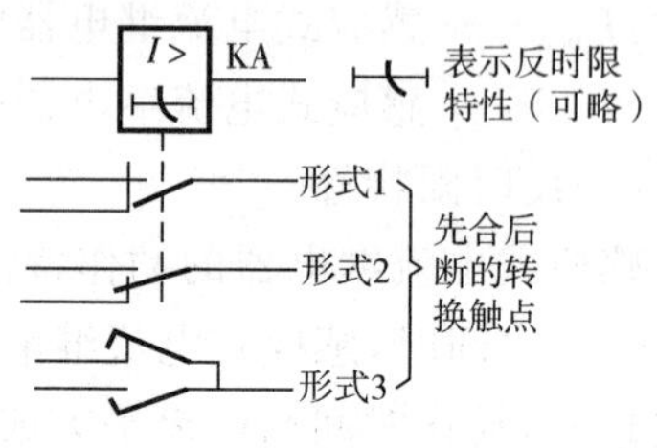

图 4-20 GL 型电流继电器的符号

2. 反时限过电流保护的接线与动作过程

图 4-21 为反时限过电流保护的原理接线图，1KA、2KA 为 GL 型感应型带有瞬时动作元件的反时限过电流继电器，继电器本身动作带有时限，并有动作及指示信号牌，所以回路不需要时间继电器和信号继电器。

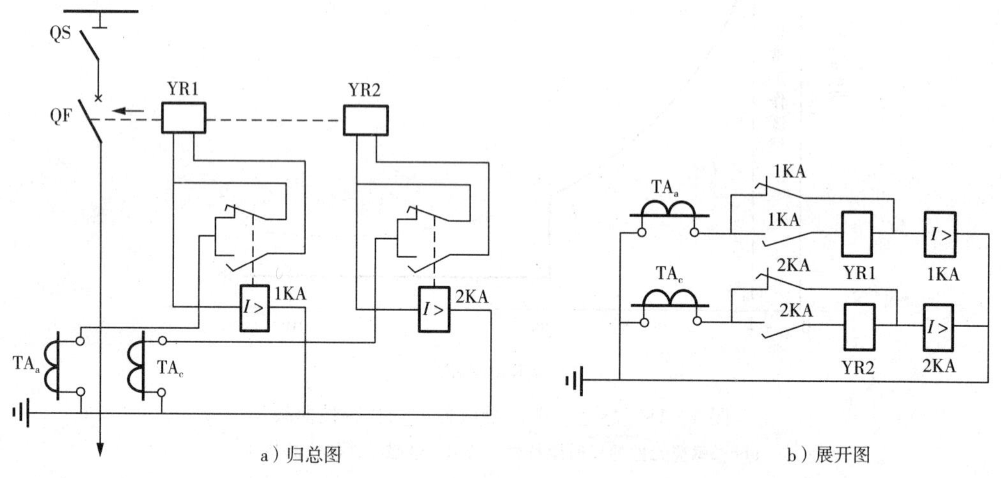

图 4-21 反时限过电流保护装置原理电路图

当一次电路发生相间短路时，电流继电器 1KA、2KA 至少有一个动作，经过一定的延时后，其动合触点闭合，紧接着其动断触点断开，这时断路器跳闸线圈 YR 因“去分流”而通电，从而使断路器跳闸，切除短路故障部分。在继电器去分流跳闸的同时，其信号牌自动掉下，指示保护装置已经动作。在短路故障部分被切除后，继电器自动返回，信号牌则需手动复位。

3. 反时限过电流保护的整定计算

反时限过电流保护装置动作电流的整定和灵敏度校验方法与定时限过电流保护完全一样，在此不再赘述。以下只介绍动作时限的整定方法。

反时限过电流保护动作时限的整定计算与定时限过电流保护相比，存在异同：相同的地方是上级比下级的动作时限都要长一个 Δt；不同的地方是反时限过电流保护的实际动作时限并非定值。因此整定继电器动作时限即为整定了一条反时限动作特性曲线。

现以图 4-22 中两段线路装设反时限过电流保护装置为例，假设前一级保护中 1KA 的 10 倍动作电流的动作时限已经整定为 t_1，现在要确定后一级保护中 2KA 的 10 倍动作电流的动作时限 t_2。整定计算的方法步骤如下：

① 根据已知整定值 t_1，查出标有 t_1 的动作特性曲线（见图 4-23 中的 1KA 的动作特性曲线）。

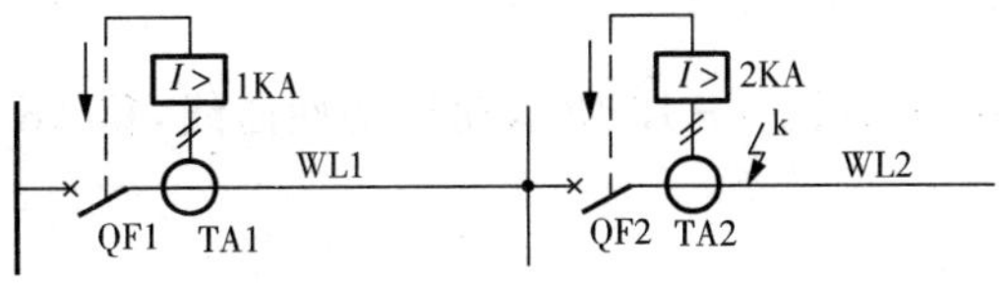

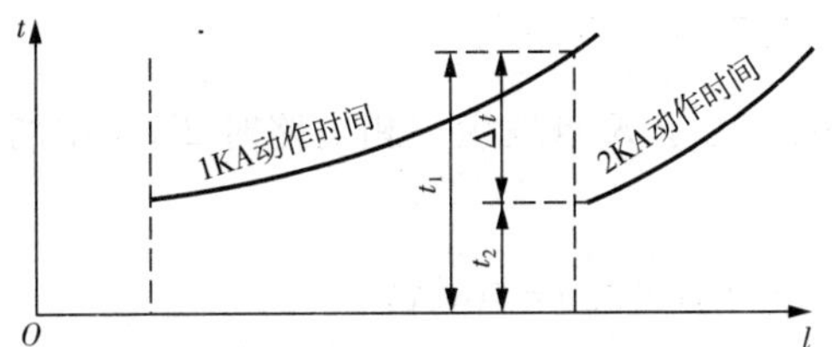

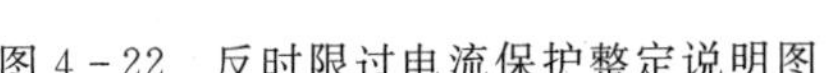

图 4-22　反时限过电流保护整定说明图

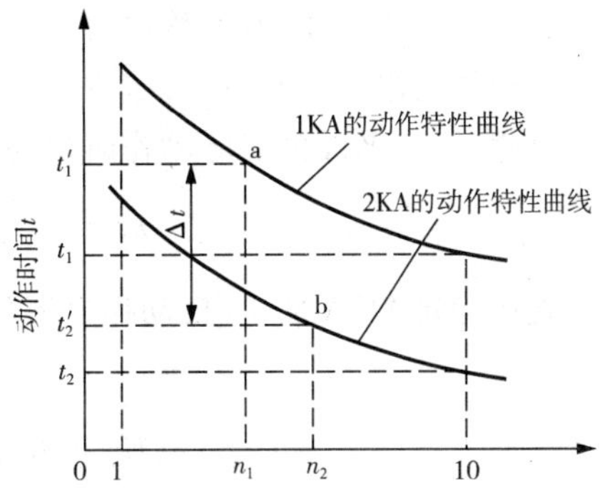

图 4-23　反时限过电流保护的动作时限整定

② 计算 WL2 首端的三相短路电流 $I_{k.max}^{(3)}$ 对应 1KA 的动作电流 $I_{op.1KA}$ 的倍数，即

$$n_1 = I_{k.max}^{(3)} / I_{op.1KA} \tag{4-19}$$

③ 确定 1KA 的实际动作时限。在动作特性曲线的横坐标轴上找出 n_1，然后向上找到该曲线上的 a 点，该点所对应的动作时限 t_1' 就是 1KA 在通过 n_1 倍动作电流时的实际动作时限。

④ 计算 2KA 的实际动作时限。2KA 的实际动作时限 $t_2' = t_1' - \Delta t$（取 $\Delta t = 0.7\text{s}$）。

⑤ 计算 WL2 首端的三相短路电流 $I_{k.max}^{(3)}$ 对应 2KA 的动作电流 $I_{op.2KA}$ 的倍数，即

$$n_2 = I_{k.max}^{(3)} / I_{op.2KA} \tag{4-20}$$

⑥ 确定 2KA 的 10 倍动作电流的动作时限 t_2。在图 4-23 所示动作特性曲线上找到 n_2 与 t_2' 相交的坐标 b 点。这 b 点所在曲线 10 倍动作电流的动作时间 t_2 即为所求。

【例 4-3】 某 10kV 电力线路，参见图 4-22。已知 TA1 的变流比为 100/5，TA2 的变流比为 50/5。WL1 和 WL2 的过电流保护均采用两相两继电器式接线，继电器均为 GL—15/10型。已知 1KA 已经整定，其动作电流为 7A，10 倍动作电流的动作时限为 1s。WL2 的计算电流为 28A，WL2 首端 K 点的三相短路电流为 500A，其末端三相短路电流为 200A。试整定继电器 2KA 的速断电流、动作电流和动作时限，并检验其灵敏度。

解：根据题意，被保护线路 WL2 上反时限过电流保护装置整定计算的方法步骤如下：

(1)整定 2KA 的动作电流

取 $I_{L.max} = 2I_{30} = 2 \times 28\text{A} = 56\text{A}$，$K_{rel} = 1.3$，$K_{re} = 0.8$，$K_{i.B} = 50/5 = 10$，故

$$I_{op.2B} = (K_{rel} K_{w.B}) / (K_{re} K_{i.B}) I_{L.max} = (1.3 \times 1) / (0.8 \times 10) \times 56 = 9.1(\text{A})$$

根据附表 14 中 GL—15/10 型继电器的规格，2KA 动作电流整定为 9A。

(2)整定 2KA 的动作时限

先确定 1KA 的实际动作时限。由于 K 点发生三相短路时 1KA 中的电流为

$$I_{KA.A} = (K_{w.A} / K_{i.A}) I_{kl.max}^{(3)} = (1/20) \times 500 = 25(\text{A})$$

故 $I_{KA.A}$ 对 1KA 的动作电流倍数为

$$n_1 = I_{KA.A}/I_{op.2A} = 25/7 = 3.6$$

利用 $n_1 = 3.6$ 和 1KA 整定的动作时限 $t_1 = 1s$，查图 4－19 所示动作特性曲线，得 1KA 的实际动作时限 $t'_1 \approx 1.6s$。

由此可得 2KA 的实际动作时限为

$$t'_2 = t'_1 - \Delta t = 1.6 - 0.7 = 0.9(s)$$

现在确定 2KA 的 10 倍动作电流的动作时限。由于 K 点发生三相短路时 2KA 中的电流为

$$I_{KA.B} = (K_{w.B}/K_{i.B}) I_{k.max}^{(3)} = (1/10) \times 500 = 50(A)$$

故 $I_{KA.B}$对 2KA 的动作电流倍数为

$$n_2 = I_{KA.B}/I_{op.2B} = 50/9 = 5.6$$

利用 $n_2 = 5.6$ 和 2KA 的实际动作时限 $t'_2 = 0.9s$，查图 4－19 所示动作特性曲线，得 2KA 的 10 倍动作电流的动作时限 $t_2 \approx 0.8s$，即 2KA 整定的动作时限为 0.8s。

(3)校验 2KA 的过电流保护灵敏度

选择 2KA 保护的线路 WL2 末端 k_2 点为灵敏度校验点，k_2 点两相短路电流为

$$I_{k2.min}^{(2)} = 0.866 I_{k2.max}^{(3)} = 0.866 \times 200 = 173(A)$$

因此 2KA 的过电流保护灵敏度为

$$K_{sen} = (K_{w.B}/K_{i.B}) I_{k2.min}^{(2)}/I_{op.2B} = (1/10) \times 173/9 = 1.92 > 1.5$$

由此可见，2KA 整定的动作电流满足保护灵敏度的要求。

(4)整定 2KA 的速断电流

已知 WL2 末端 k_2 点 $I_{k2.max}^{(3)} = 200A$；又 $K_{w.B} = 1$，$K_{i.B} = 10$，取 $K_{rel} = 1.4$。因此速断电流为

$$I_{qb.2B} = (K_{rel} K_{w.B}/K_{i.B}) I_{k2.max}^{(3)} = (1.4 \times 1/10) \times 200 = 28(A)$$

而 2KA 的 $I_{op.2B} = 9A$，故速断电流倍数为

$$n_{qb.B} = I_{qb.2B}/I_{op.2B} = 28/9 = 3.1$$

(5)校验 2KA 的速断保护灵敏度

选择 2KA 保护的线路 WL2 首端 k 点为灵敏度校验点，k 点两相短路电流为

$$I_{k.min}^{(2)} = 0.866 I_{k.max}^{(3)} = 0.866 \times 500 = 433(A)$$

因此 2KA 的速断保护灵敏度为

$$K_{sen} = (K_{w.B}/K_{i.B}) I_{k.min}^{(2)}/I_{qb.2B} = (1/10) \times 433/28 = 1.55 > 1.5$$

由此可见，2KA 整定的速断电流基本满足保护灵敏度的要求。

比较定时限过电流保护与反时限过电流保护，可以得到以下结论。

定时限过电流保护装置的优点是：动作精确，整定简单，时限恒定，容易掌握。缺点是：

所需继电器较多，接线较复杂，且需直流操作电源，投资较大；此外，靠近电源处的保护装置动作时限较长。定时限过电流保护装置广泛用于10kV及以下供配电系统中做主保护；在35kV及以上系统中作后备保护。

反时限过电流保护装置的优点是继电器数量大为减少，而且可同时实现电流速断保护，既可采用直流操作电源，还可采用交流操作电源，因此接线简单，投资较少；缺点是动作时间整定比较麻烦，而且误差较大；当短路电流较小时，其动作时限较长，延长了故障持续时间。反时限过电流保护装置广泛用于高压电动机或某些小容量车间变压器上的主保护。

四、单相接地保护与绝缘监察

1. 电力系统中性点运行方式

电力系统的中性点是指星形连接的发电机和变压器的中性点。电力系统中性点运行方式主要有：①中性点不接地方式；②中性点经消弧线圈接地方式；③中性点直接接地方式。前两种系统合称为小电流接地系统，亦称中性点非有效接地系统；后一种称为大电流接地系统，亦称中性点有效接地系统。

(1)中性点不接地系统

中性点不接地系统的等值电路如图4-24a所示。

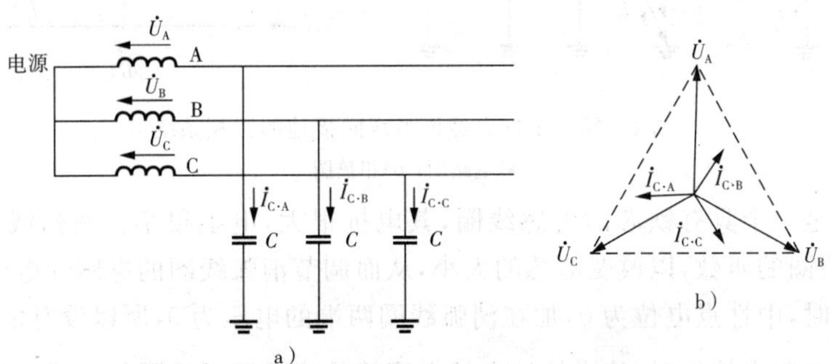

图4-24　中性点不接地系统的正常运行状态

a)电路图；b)相量图

对称运行时，由于各相相电压$\dot{U}_A$、$\dot{U}_B$、$\dot{U}_C$是对称的，则各相对地的电容电流$\dot{I}_{C.A}$、$\dot{I}_{C.B}$、$\dot{I}_{C.C}$也是对称的，则其相量和等于零，即流入大地的电容电流$|\dot{I}_C|=|\dot{I}_{C.A}+\dot{I}_{C.B}+\dot{I}_{C.C}|$为零。中性点对地电位也为零。

假定当系统发生C①相完全接地(接地阻抗为零)时，各相对地电压及中性点对地电压都发生了变化。接地相对地电压为0，非接地相对地电压升高到线电压，中性点对地电压为相电压。但线电压的大小和相位没有发生变化，所以发生单相接地后，该系统可继续运行(小于2小时)，但发出预告信号，以引起值班人员的注意，并在最短的时间内将故障消除。

根据理论推导可知，发生接地后流入地中的电容电流为$I_C=3\omega CU_\varphi$，而工程上一般采用下列经验公式来计算单相接地电容电流，即

①根据GB4728.11—1985对三相交流系统的相别符号的规定：对于电源，一、二、三相分别标L_1、L_2、L_3；对于设备端，一、二、三相分别标U、V、W。本书的相别代号考虑到习惯问题，仍统一采用A、B、C。

$$I_C=\frac{U_N(l+35L)}{350} \tag{4-21}$$

式中：I_C——系统的单相接地电容电流，A；

U_N——电网的额定线电压，kV；

l——与同一电压U_N具有电气联系的架空线路总长度，km；

L——与同一电压U_N具有电气联系的电缆线路总长度，km。

目前，在我国3～10kV系统，一般采用中性点不接地或经小电阻接地。

(2)中性点经消弧线圈接地系统

在上述的不接地系统中，当接地的电容电流大于一定值时，电弧将不能自行熄灭。为了克服这个缺点，可将电力系统的中性点经消弧线圈接地，如图4-25所示。

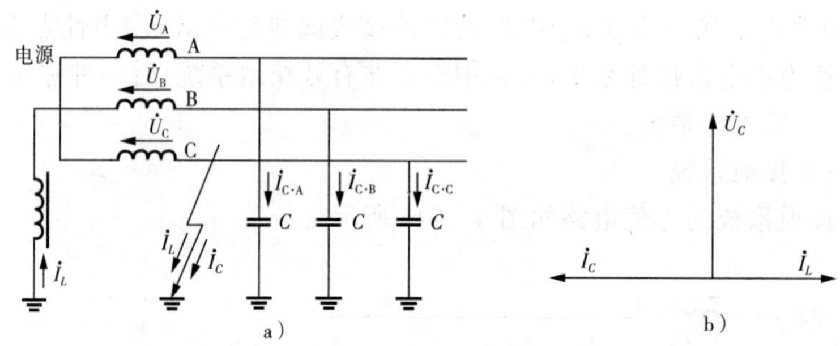

图4-25 中性点经消弧线圈接地的三相系统

a)电路图；b)相量图

消弧线圈是一个具有铁芯的电感线圈，其电抗很大，电阻很小。消弧线圈有许多分接头，用以调整线圈的匝数，以改变电感的大小，从而调节消弧线圈的电感性电流。

对称运行时，中性点电位为0，加在消弧线圈两端的电压为0，所以没有电流通过消弧线圈。当发生单相完全接地时，流入接地点的电流就是流经消弧线圈的电感电流 $\dot{I}_L$ 和接地的电容性电流 $\dot{I}_C$ 的相量和$|\dot{I}_L+\dot{I}_C|$，由于 $\dot{I}_L$ 和 $\dot{I}_C$ 两者相位相差180°，所以 $\dot{I}_L$ 对 $\dot{I}_C$ 起到补偿(抵消)作用。如果适当选择消弧线圈的电感(匝数)，可使流入接地点的电流下降到允许的范围内甚至为零。

该系统发生单相接地后与不接地系统一样，可继续运行，同时发出预告信号。

(3)中性点直接接地系统

中性点直接接地系统如图4-26所示。中性点直接接地系统发生单相接地时，即形成单相短路。由于单相短路电流很大，继电保护装置立即动作，将接地线路切除。同时，非故障相对地电压不会升高，仍为相电压。因此各相对地的绝缘可按相电压设计，从而大大降低了电网的绝缘造价，电压等级越高，其经济效益越显著。

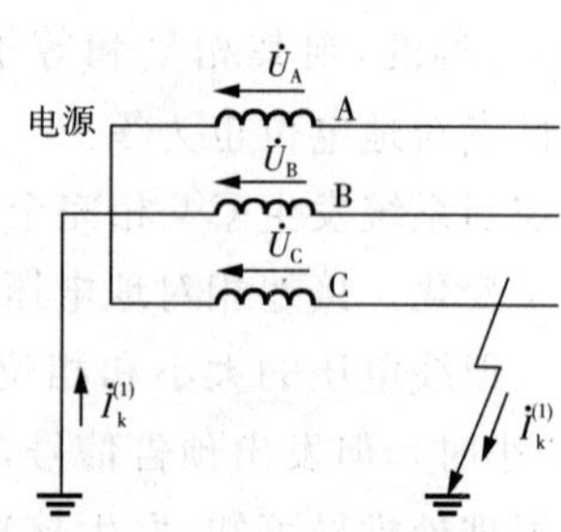

图4-26 中性点直接接地的三相系统

在我国，110kV及以上的系统和低压配电系统中的TN和TT系统均采用中性点直接

接地。

2. 单相接地保护

单相接地保护，又称零序电流保护。在6～35kV小电流接地系统中，单相接地产生的工频电容电流即为零序电流，可通过零序电流滤过器和零序电流互感器来分别反应架空线路和电缆线路的单相接地故障状况。

(1)单相接地保护的基本原理

单相接地保护是利用单相接地所产生的零序电流而使保护装置动作于信号的一种保护。零序电流滤过器或零序电流互感器将一次电路的零序电流反映到二次侧的电流继电器中去，构成零序电流保护装置。

架空线路的单相接地保护，一般采用由3只电流互感器同极性并联所组成的零序电流滤过器，如图4-27a所示。对于电缆线路，则采用图4-27b所示专用的零序电流互感器接线。注意电缆头的接地线必须穿过零序电流互感器的铁芯，否则零序电流不穿过零序电流互感器的铁芯，保护就不会动作。

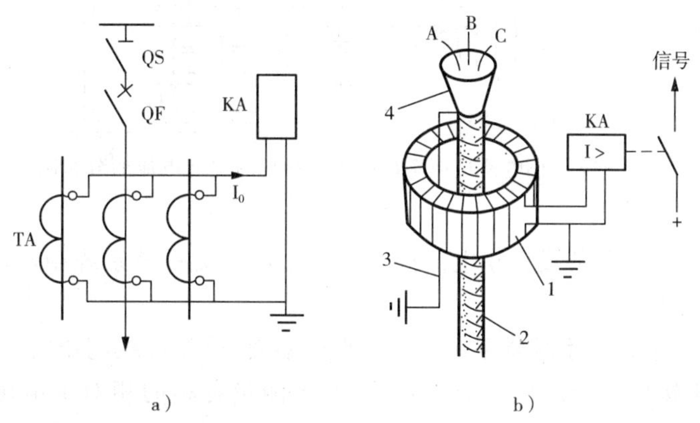

图4-27　零序电流滤过器和零序电流互感器的结构和接线

a)架空线路用；b)电缆线路用

1—零序电流互感器的铁芯与二次绕组；2—电缆；3—接地线；4—电缆头

(2)单相接地保护装置动作电流的整定

单相接地保护的动作电流 $I_{op(E)}$ 应该躲过在其他线路上发生单相接地时流过本线路的零序电流(即电容电流 I_C)。单相接地保护动作电流的整定计算公式为

$$I_{op(E)}=\frac{K_{rel}}{K_i}I_C \tag{4-22}$$

式中：I_C——为其他线路发生单相接地时，在被保护线路上产生的电容电流，可按式(4-21)计算，但式中的电缆和架空线路总长度应改成被保护的架空线路或电缆的长度。

K_i——零序电流互感器的变流比；

K_{rel}——可靠系数。若接地保护为瞬时动作，K_{rel} 取4～5；若接地保护带时限时，则 K_{rel} 取1.5～2，此时动作时限应比相间短路的过流保护动作时限大一个 Δt。

(3)单相接地保护的灵敏度校验

单相接地保护的灵敏度，应按被保护线路发生单相接地故障时，流过该保护的最小电容

(零序)电流来检验。由图4-28可以看出,线路WL3发生单相接地故障时,流过WL3线路保护的电容电流为WL3线路有电气联系的电网电容电流 $I_{C.\sum}$ 与该线路本身的电容电流 I_C 之差。因此单相接地保护装置的灵敏度必须满足的条件为

$$K_{\text{sen}}=\frac{I_{C.\sum}-I_C}{K_i I_{\text{op(E)}}}\geqslant 1.25 \tag{4-23}$$

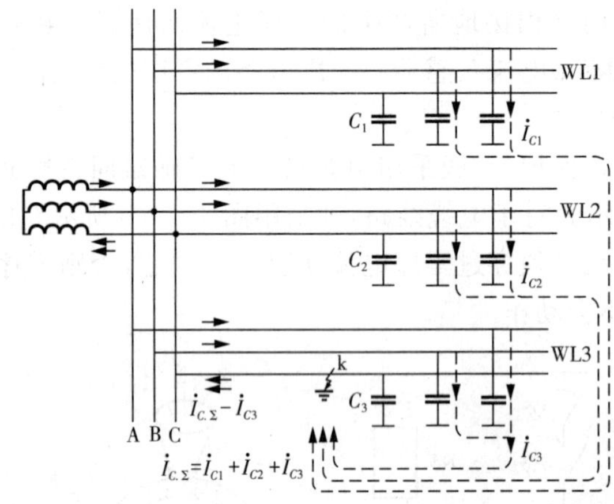

图4-28　小电流接地系统中单相接地时电容电流的分布图

3. 交流绝缘监察装置

交流绝缘监察装置是装设在小电流接地系统中用以监视该系统相对地的绝缘,通过电压表来反应单相接地状况。

图4-29为6～35kV系统常采用的绝缘监察装置,兼作母线电压的测量。电压互感器TV的主二次绕组接成 Y_0 形,用三只电压表PV1测量各相的相对地电压,用一只电压表PV2通过转换开关SA测量各线电压。电压互感器的辅助二次绕组接成开口三角形,三相绕组串联构成零序电压滤过器,供电给一个过电压继电器KV。

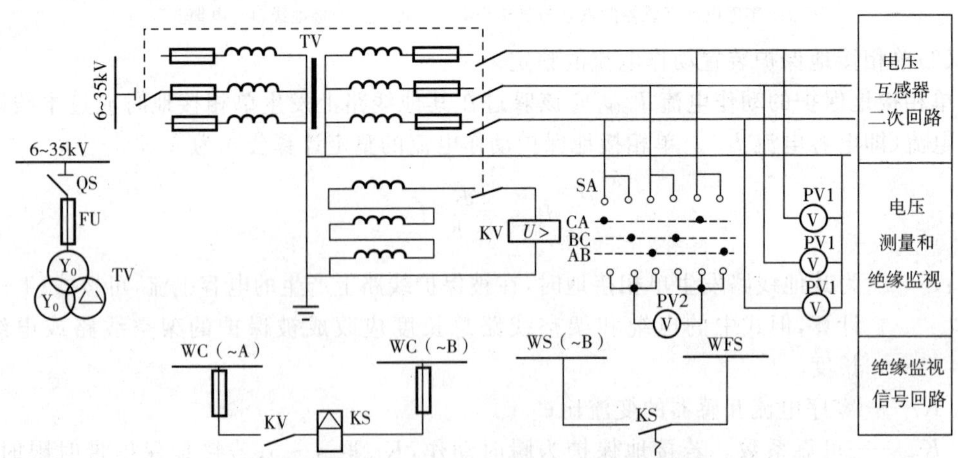

图4-29　6～35kV系统绝缘监察及母线电压测量电路

正常运行时,系统三相电压基本对称,三相电压表的读数均近似为相电压。开口三角形两端电压近似为零,过电压继电器KV不动作。

当一次电路某一相(如 A 相)发生接地故障时,A 相的电压表指示为零,B、C 两相的电压表读数则升高到线电压。开口三角形两端输出接近 100V 的三倍零序电压,使电压继电器动作,发出报警的灯光信号和音响信号。由此可以判断 A 相发生了单相接地故障,但不能判明是哪一回线路发生了接地故障,因此这种绝缘监察装置是无选择性的。

为了查找单相接地故障点,首先应查明故障点在哪一回线路,可以采取依次断开各回线路的办法寻找接地故障点,即断开某回线路后立即合闸送电或利用自动重合闸送电,当断开某回线路时,三只电压表指示恢复相同,说明系统接地消除,则可判定该回线路存在某点接地故障。

技能训练

(1)在下列图示的无限大容量供电系统中,10kV 线路 WL1 上的最大负荷电流为 130A,电流互感器 TA 的变比是 150/5。WL1 末端 k_1点和 WL2 末端 k_2点三相短路时最小短路电流分别为 600A、400A。线路 WL2 上设置的定时限过电流保护装置 2 的动作时限为 1s。拟在线路 WL1 上设置定时限过电流保护装置 1,试进行整定计算。

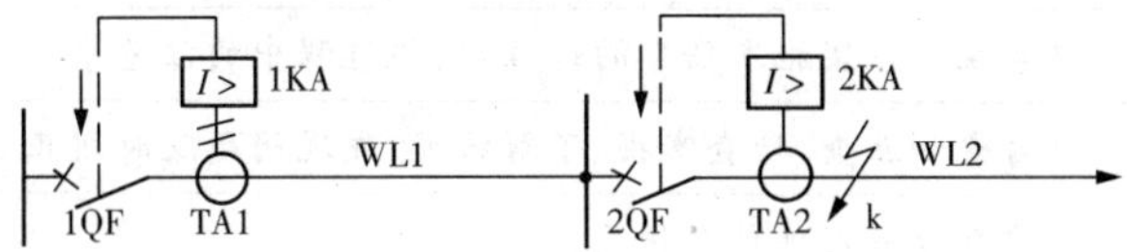

(2)在题(1)所示的电路中,若 10kV 线路 WL1 的最大负荷电流为 280A,WL1 末端 k_1点和 WL2 末端 k_2点三相短路电流分别为 $I_{k1.\max}^{(3)}=1300A$,$I_{k1.\min}^{(3)}=1000A$,$I_{k2.\max}^{(3)}=960A$,$I_{k2.\min}^{(3)}=800A$。拟在线路 WL1 的始端装设反时限过电流保护装置 1,电流互感器的变比是 400/5,反时限过电流保护装置 2 在线路 WL2 首端短路时动作时限为 0.6s,试进行整定计算。

任务三　电力变压器保护的认知

教师工作任务单

任务名称	任务三　电力变压器保护的认知
任务描述	变压器是供配电系统重要的设备之一。本次任务是了解变压器保护的设置,重点是了解差动保护和气体保护。
任务分析	在前述线路保护的基础上,教师重点引导差动保护的差动和气体保护的气体继电器的动作过程,在此基础上,教师用引导性问题让学生自己去认知变压器的其他保护如同线路保护。 引导性问题: 1. 变压器的差动保护是如何差动的?在什么情况下动作? 2. 变压器的气体继电器是如何工作的? 3. 如何识读变压器保护的原理图?

（续表）

<table>
<tr><td rowspan="3">任务目标</td><td></td><td colspan="2">内容要点</td><td>相关知识</td></tr>
<tr><td>知识目标</td><td colspan="2">1. 了解变压器电流速断保护、过电流保护和过负荷保护的整定计算。
2. 了解变压器差动保护的工作原理与动作过程。
3. 了解气体保护的工作原理与动作过程。</td><td>1. 参见一
2. 参见二
3. 参见三</td></tr>
<tr><td>技能目标</td><td colspan="2">1. 会对变压器的电流速断保护、过电流保护和过负荷保护进行计算。
2. 能识读变压器保护原理图。</td><td>1. 参见一
2. 参见图 4-30、图 4-31、图 4-34</td></tr>
<tr><td rowspan="9">任务实施</td><td rowspan="7">实施步骤</td><td>任务流程</td><td colspan="2">资讯→决策→计划→实施→检查→评估（学生部分）</td></tr>
<tr><td>资讯</td><td colspan="2">（阅读任务书，明确任务，了解工作内容、目标，准备资料。）</td></tr>
<tr><td>决策</td><td colspan="2">（分析并确定采用什么样的方式方法和途径完成任务。）</td></tr>
<tr><td>计划</td><td colspan="2">（制订计划，规划实施任务。）</td></tr>
<tr><td>实施</td><td colspan="2">（学生具体实施本任务的过程，实施过程中的注意事项等。）</td></tr>
<tr><td>检查</td><td colspan="2">（自查和互查，检查掌握、了解状况，发现问题及时纠正。）</td></tr>
<tr><td>评估</td><td colspan="2">（该部分另用评估考核表。）</td></tr>
<tr><td rowspan="2">实施条件</td><td>实施地点</td><td colspan="2">仿真变电所，继电保护实训室（任选其一）。</td></tr>
<tr><td>辅助条件</td><td colspan="2">教材、专业书籍、多媒体设备、PPT 课件等。</td></tr>
<tr><td colspan="2">练习训练题</td><td colspan="3">1. 变压器在什么情况下需装设过负荷保护？其动作电流和动作时限各如何整定？
2. 在什么情况下应装设变压器气体保护？在什么情况下“轻瓦斯”动作？什么情况下“重瓦斯”动作？
3. 变压器差动保护的保护范围是什么？</td></tr>
<tr><td colspan="2">学生应提交的成果</td><td colspan="3">1. 任务书。
2. 评估考核表。
3. 练习训练题。</td></tr>
</table>

相关知识

一、变压器的电流速断保护、过电流保护和过负荷保护

变压器的故障分为内部故障和外部故障。内部故障主要有绕组的相间短路、匝间短路和单相接地短路；外部故障主要有引出线及套管处发生的相间短路和接地故障。

变压器的不正常运行状态主要有外部短路和变压器过负荷引起的过电流、油面降低、温度升高等。

根据上述可能发生的故障及不正常运行状态，变压器一般可装设下列保护装置。

(1)电流速断保护:用来防御变压器内部故障及电源侧引出线套管的故障,是变压器的主保护之一,瞬时动作于电源侧断路器跳闸,并发出信号。但变压器内部某些位置故障及负荷侧引出线套管故障时,电流速断保护不动作。

(2)过电流保护:用来防御变压器内部和外部故障,作为变压器主保护的后备保护和下一级母线及出线的远后备保护,带时限动作于电源侧断路器跳闸,并发出信号。

(3)纵联差动保护:用来防御变压器内部故障及引出线套管的故障。其保护范围是变压器高、低压两侧的电流互感器安装点之间,是一种高灵敏度的主保护。容量在10000kV·A及以上单台运行的变压器和容量在6300kV·A及以上并列运行的变压器,都应装设纵联差动保护来代替电流速断保护。对容量在2000kV·A以上的变压器,当电流速断保护灵敏度不满足要求时,应改为装设纵差保护。

(4)气体保护:用来防御油浸式电力变压器的内部故障。气体保护也是变压器的主保护之一,容量在800kV·A(车间内为400kV·A)及以上的油浸式变压器,按规定应装设气体保护。

(5)过负荷保护:用来防御电力变压器因负荷引起的过电流。过负荷保护装置只接在一相的电路中,一般延时动作于信号,也可以延时跳闸,或延时自动减负荷。容量在400kV·A及以上的变压器,当数台并列运行或单台运行并作为其他负荷的备用电源时,应根据可能过负荷的情况装设过负荷保护。

(6)单相接地短路保护:当中性点直接接地系统的低压侧发生单相接地短路,且高压侧的保护灵敏度不满足要求时,在变压器低压侧中性点引出线上装设零序电流保护。

1. 变压器电流速断保护

(1)变压器电流速断保护原理

变压器的电流速断保护的组成、原理与线路的电流速断保护基本相同。

(2)变压器电流速断保护动作电流的整定

变压器电流速断保护动作电流的整定计算公式也与线路电流速断保护基本相同,只是式(4-16)中的 $I_{k.max}^{(3)}$ 为低压母线上的三相短路电流周期分量有效值换算到高压侧的穿越电流值。

(3)变压器电流速断保护灵敏度检验

灵敏度按保护装置装设处(高压侧)在系统最小运行方式下发生两相短路的短路电流 $I_{k.min}^{(2)}$ 来检验,要求 $K_{sen}\geqslant1.5$。

2. 变压器过电流保护

变压器过电流保护,用来作为变压器气体保护和电流速断保护或差动保护的近后备保护,同时又可作为变压器低压出线或设备的远后备保护。

(1)变压器过电流保护原理

变压器过电流保护的组成、原理与线路过电流保护基本相同。

(2)变压器过电流保护动作电流的整定

变压器过电流保护的动作电流应按躲过流经保护装置安装处的最大负荷电流来整定,其整定计算公式与线路过电流保护基本相同,只是式(4-10)中的 $I_{L.max}$ 应取(1.5～3)$I_{1N.T}$,这里 $I_{1N.T}$ 为变压器的一次侧额定电流。

(3)变压器过电流保护动作时限的整定

变压器过电流保护的动作时限亦按“阶梯原则”整定,与线路过电流保护完全相同。对电力系统的终端变电所，其动作时间可整定为最小值(取 0.5～0.7s)。

(4)变压器过电流保护灵敏度校验

变压器过电流保护灵敏度，应按变压器低压侧母线在系统最小运行方式下发生两相短路时，高压侧流经保护装置安装处电流互感器的穿越电流值来校验，要求 $K_{sen} \geqslant 1.5$。

3. 变压器过负荷保护

(1)变压器过负荷保护动作电流的整定

变压器过负荷保护的动作电流应按躲过变压器正常过负荷电流来整定，其整定计算公式为

$$I_{oL.2}=\frac{1.2\sim1.3}{K_{re}K_i}I_{1N.T} \tag{4-24}$$

(2)变压器过负荷保护动作时限的整定

变压器过负荷保护的动作时限一般取 10～15s，以躲过尖峰电流，避免误发信号。

图 4-30 为变压器定时限过电流保护、电流速断保护和过负荷保护的综合电路图。图中所有保护均采用电磁式继电器，其中 5KA 为过负荷保护的电流继电器，仅采用一只电流继电器反应一相(图中为 B 相)电流，表示过负荷保护只需要反应变压器对称过负荷运行状态。

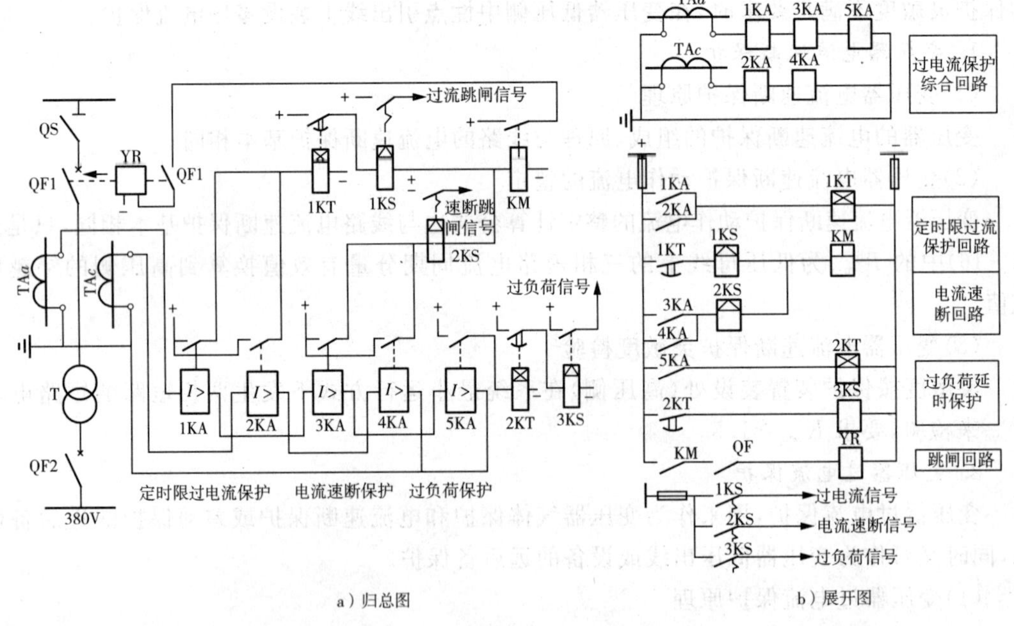

图 4-30　变压器定时限过电流保护、电流速断保护和过负荷保护的综合电路图

【例 4-4】 某车间变电所装有一台 6/0.4kV、1000 kV·A 的电力变压器。已知变压器一次侧额定电流为 96A，变电所低压母线三相短路电流换算到高压侧为 $I_k^{(3)}=880$A，高压侧保护用电流互感器的变流比为 200/5，两相两继电器式，继电器为 GL－25 型。试整定该继电器的反时限过电流保护的动作电流、动作时限及电流速断保护的速断电流倍数。

解：①过电流保护动作电流的整定

取 $K_{rel}=1.3$，$I_{L.max}=2I_{1N.T}=2\times96\text{A}=192\text{ A}$，而 $K_w=1$，$K_i=200/5=40$，$K_{re}=0.8$。因此

$$I_{op.2}=(K_{rel}K_w)I_{L.max}/(K_{re}K_i)=(1.3\times1)\times192/(0.8\times40)=7.8(\text{A})$$

故动作电流整定为 8A。

②过电流保护动作时限的整定

考虑此为终端变电所的过电流保护，其 10 倍动作电流的动作时限就整定为最小值 0.5s。

③电流速断保护速断电流的整定

取 $K_{rel}=1.5$，而 $I_{k.max}^{(3)}=880\text{A}$。因此

$$I_{qb.2}=(K_{rel}K_w/K_i)I_{k.max}^{(3)}=(1.5\times1/40)\times880=33(\text{A})$$

因此速断电流倍数整定为 $K_{qb}=I_{qb.2}/I_{op.2}=33/8\approx4$。

二、变压器的纵联差动保护

1. 变压器差动保护的基本原理

图 4－31 是变压器差动保护的单相原理电路图。将变压器两侧的电流互感器同极性串联起来，使继电器跨接在两连线之间，于是流入差动继电器的电流就是两侧电流互感器二次电流相量差，即 $|\dot{I}_{KA}|=|\dot{I}_1'-\dot{I}_2'|$。在变压器正常运行或差动保护的保护区外 k－1 点发生短路时，流入差动继电器 KA 的电流相等或相差极小，继电器 KA 不动作，而在差动保护的保护区内 k－2 点发生短路时，对于单端供电的变压器来说，$|\dot{I}_2'|=0$，所以 $|\dot{I}_{KA}|=|\dot{I}_1'|$，超过继电器 KA 所整定的动作电流 $I_{op(d)}$，使 KA 瞬时动作，然后通过出口继电器 KM 使断路器 QF_1、QF_2 同时跳闸，将故障变压器退出，切除短路故障部分，同时由信号继电器发出信号。

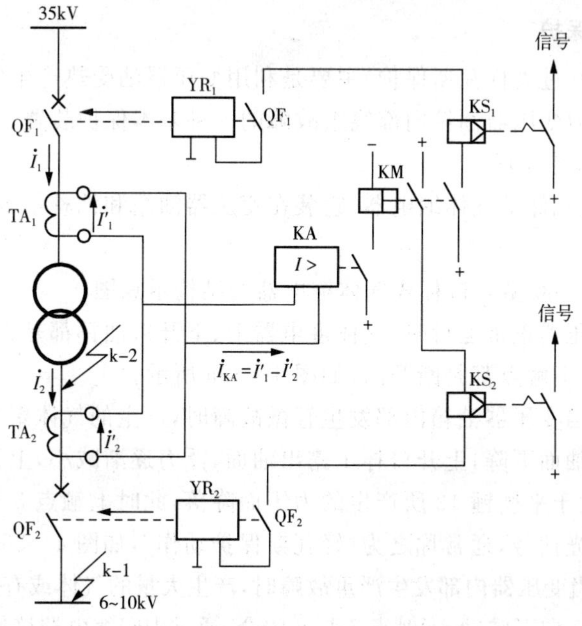

图 4－31 变压器差动保护的单相原理电路图

综上所述,变压器差动保护的工作原理是:正常工作或外部故障时,流入差动继电器的电流为不平衡电流,在适当选择两侧电流互感器的变比和接线方式的条件下,该不平衡电流值很小,并小于差动保护的动作电流,保护不动作;在保护范围内发生故障时,流入继电器的电流大于差动保护的动作电流,差动保护动作于跳闸。因此它不需要与相邻元件的保护在整定值和动作时间上进行配合,可以构成无延时速断保护。其保护范围是变压器高、低压两侧的电流互感器安装点之间。

2. 变压器差动保护动作电流的整定

变压器差动保护的动作电流 $I_{op(d)}$ 应满足以下三个条件:

(1)应躲过变压器差动保护区外短路时出现的最大不平衡电流 $I_{dsq.max}$,即

$$I_{op(d)}=K_{rel}I_{dsq.max} \tag{4-25}$$

式中:K_{rel}——可靠系数,取1.3。

(2)应躲过变压器励磁涌流,即

$$I_{op(d)}=K_{rel}I_{1N.T} \tag{4-26}$$

式中:$I_{1N.T}$——变压器一次侧额定电流;

K_{rel}——可靠系数,取1.3~1.5。

(3)动作电流应大于变压器最大负荷电流,防止在电流互感器二次回路断线且变压器处于最大负荷时,差动保护误动作,因此

$$I_{op(d)}=K_{rel}I_{L.max} \tag{4-27}$$

式中:$I_{L.max}$——最大负荷电流,取(1.2~1.3)$I_{1N.T}$;

K_{rel}——可靠系数,取1.3。

三、变压器气体保护

变压器气体保护(过去称瓦斯保护)主要是利用变压器油受热产生气体而动作的一种保护,是反应油浸式电力变压器油箱内部绕组故障的一种基本保护装置。

1. 气体继电器工作原理

气体保护的主要元件是气体继电器,它装在变压器油箱和油枕的连通管上,如图4-32所示。

图4-33为FJ_3-80型开口杯式气体继电器的结构示意图。

正常运行:在变压器正常运行时,气体继电器上、下开口油杯都是充满油的,油杯由于其平衡锤的作用使其上下触点都是断开的,如图4-33a所示。

发生轻微故障:当变压器油箱内部发生轻微故障时,产生的气体聚集在继电器容器的上部,迫使继电器内的油面下降,上开口杯1露出油面,浮力逐渐减小,上开口杯内盛有残余的油重所产生的力矩大于平衡锤12所产生的力矩而降落,此时上触点3与4闭合而接通信号回路,发出音响和灯光信号,通常称之为"轻瓦斯保护动作",如图4-33b所示。

发生严重故障:当变压器内部发生严重故障时,产生大量的气体或有强烈的油气流冲击挡板11,带动下开口杯5向下转动,下触点7与8闭合,通过中间继电器接通跳闸回路,同时通过信号继电器发出音响和灯光信号,通常称之为"重瓦斯保护动作",如图4-33c所示。

油箱严重漏油：如果变压器油箱严重漏油，使得气体继电器内的油慢慢流尽，先是继电器的上开口杯降落，发出报警信号；当油面继续下降时，会使继电器的下开口油杯降落，使断路器跳闸，如图 4－33d 所示。

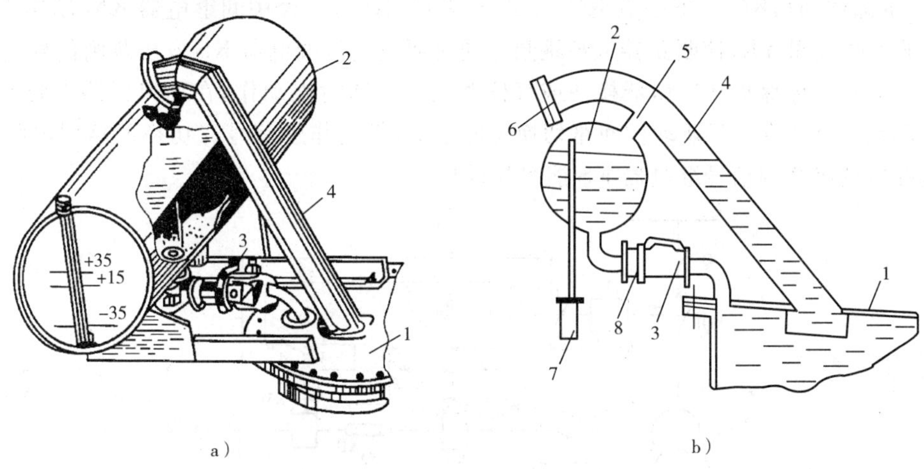

图 4－32　气体继电器在变压器上安装示意图

a)示意图；b)剖面图

1—变压器油箱；2—油枕；3—气体继电器；4—防爆管；

5—油枕与安全气道的连通管；6—防爆膜；7—吸湿器；8—蝶形阀

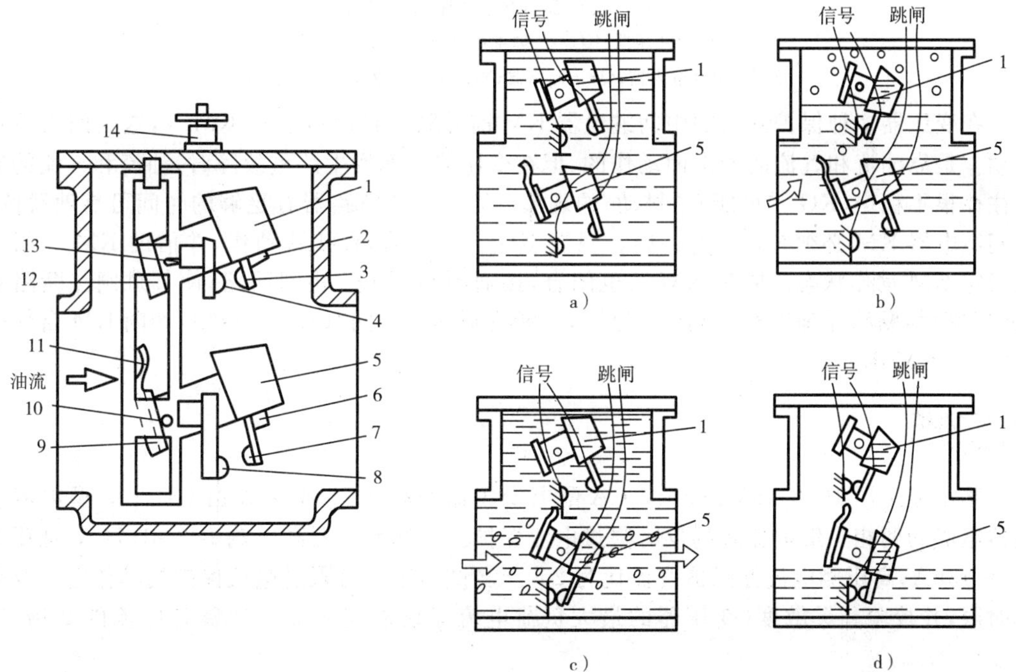

图 4－33　FJ3—80 型气体继电器的结构示意图及其动作说明

a)正常时；b)轻瓦斯动作；c)重瓦斯动作；d)严重漏油时

1—上油杯；2、6—永久磁铁；3—上动触点；4—上静触点；5—下油杯；7—下动触点；8—下静触点；

9—下油杯平衡锤；10—下油杯转轴；11—挡板；12—上油杯平衡锤；13—上油杯转轴；14—放气阀

2. 变压器气体保护的原理接线及动作过程

变压器气体保护的原理接线如图 4－34 所示。当变压器内部发生轻微故障时，气体继电器 KG 的上触点 KG_{1-2} 闭合（轻瓦斯动作），动作于报警信号。当变压器内部发生严重故障（或严重漏油）时，KG 的下触点 KG_{3-4} 闭合（重瓦斯动作），经中间继电器 KM 动作于断路器 QF 的跳闸线圈 YR，使断路器 QF 跳闸。同时通过信号继电器 KS 发出跳闸信号。

为了防止气体保护在变压器换油或气体继电器试验时误动作，在出口回路中装设了切换片 XB，利用 XB 将重瓦斯动作回路切换至电阻 R，仅动作于信号。切换回路中电阻 R 阻值的选择应使串联的信号继电器 KS 能可靠动作。

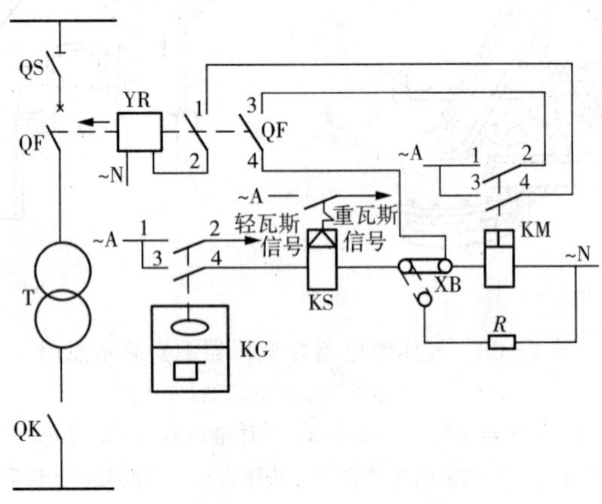

图 4－34　变压器气体保护的原理接线图

T—电力变压器；KG—气体继电器；KS—信号继电器；

KM—中间继电器；QF—断路器；YR—跳闸线圈；XB—切换片

在变压器多种保护共用的中间继电器 KM 前并联了自保持触点 KM_{1-2}，这是因为重瓦斯动作是靠油流和气流的冲击而动作的，但在变压器内部发生严重故障时，油流和气流的速度往往很不稳定，KG_{3-4} 可能有“抖动”的现象。因此为使断路器有足够的时间可靠地跳闸，中间继电器 KM 必须有自保持回路。只要 KG_{3-4} 一闭合，KM 就动作，并借助 KM_{1-2} 闭合而稳定 KM 动作状态。同时 KM_{3-4} 也闭合，接通断路器 QF 跳闸回路，使其跳闸。断路器 QF 跳闸后，断路器辅助触点 QF_{1-2} 返回，切断跳闸回路。同时 QF_{3-4} 返回，切断 KM 自保持回路，使 KM 返回。

技能训练

某小型工厂 10/0.4kV、630kV·A 配电变压器的高压侧，拟装设由 GL—15 型电流继电器组成的两相一继电器式的反时限过电流保护。已知变压器高压侧 $I_{k1}^{(3)}=1.7\text{kA}$，低压侧 $I_{k2}^{(3)}=13\text{kA}$；高压侧电流互感器变流比为 200/5。试整定反时限过电流保护的动作电流及动作时限，并校验其灵敏度（变压器的最大负荷电流建议取变压器一次额定电流的 2 倍，即 $I_{L.max}=2I_{1N.T}$）。

【知识拓展】　变电所的微机保护简介

一、微机保护概述

由数字式电子计算机控制的继电保护装置，主要是以微处理器（或单片微处理器）为基

础的数字电路构成的，简称微机保护。微机保护装置的核心是中央处理单元及其数字逻辑电路和实时处理程序。微机保护充分利用了计算机的存储记忆、逻辑判断和数值运算等信息处理功能，克服了模拟式(机电型)继电保护的不足，可以获得更好的工作特性和更高的技术指标。微机保护与传统保护相比有如下基本优点：

(1)能完成其他类型保护所能完成的所有保护功能。

(2)能完成其他类型保护所不能完成的功能。由于采用了微机保护，许多以前达不到的要求，现在已经成为可能，如：

① 自检——对保护本身进行不间断地巡回检查，以保证设备硬件处在完好状态。

② 整定——整定范围和整定手段更灵活、更方便。

③ 在线测量——对设备电气量的随时测量。

④ 波形分析——对故障波形进行分析。

⑤ 故障录波——对故障的电流、电压、动作时间等数据进行记录。

⑥ 网络功能——可以与自动化系统联网运行、转发数据等，如电网故障信息系统。

⑦ 辅助校验功能等。

(3)能完成过去想做但没能做到的功能，如：

① 实现变压器差动保护内部相量平衡与幅值平衡。

② 实现差动保护中的电流互感器饱和鉴别。

③ 在变压器差动保护中可采用各种涌流制动手段。

综上所述，微机保护与传统保护相比，具有可靠性高、灵活性强、调试维护量小、功能多等优点。

二、微机保护的构成

1. 微机保护的硬件系统

(1)硬件系统的构成

微机保护的硬件由数据采集系统、微型机主系统、开关量输入和输出系统等构成。微机保护的硬件系统框图如图 4－35 所示。

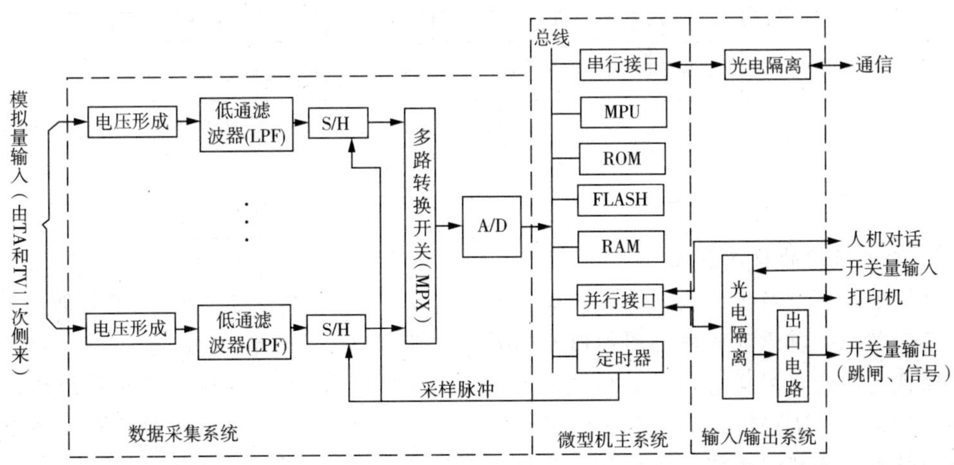

图 4－35　微机保护的硬件系统框图

数据采集系统包括电压形成、低通滤波(LPF)、采样保持(S/H)、多路转换开关以及模数转换(A/D)等模块。它的任务是将模拟量转换成数字量。微型机主系统包括微处理器(MPU)、只读存储器(ROM)、闪存内存单元(FLASH)、随机存取存储器(RAM)、定时器、并行接口以及串行接口等模块。它的任务是对数据进行分析处理,完成各种保护功能。开关量输入和输出系统包括并行接口适配器、光电隔离电路、出口电路等模块。它的任务是完成保护的出口跳闸、发信、打印、报警、人机对话等功能。

(2)微机保护典型结构

在用微机构成的继电保护和实时控制装置中,广泛采用插件式结构。这种结构把整个硬件逻辑网络按照功能和电路特点划分为若干部分,每个部分做在一块印刷电路插件板上,板上对外联系的引线通过插头引出。微机保护机箱内装有相应的插座,通过机箱插座间的连线将各个印制板连成整体并实现到端子排的输入输出线的连接。

典型的微机保护装置包括下述印制板插件:①CPU 插件及人机对话辅助插件;②模拟量输入变换插件;③前置模拟低通滤波器插件;④采样及 A/D 变换插件;⑤开关(数字)量输入输出插件;⑥出口继电器插件;⑦电源插件。

插件座到端子排的连线通过配线来实现。数字部分插件板的连线有两种形式:总线形式和配线形式。配线形式的微机保护装置硬件结构示意框图如图 4-36 所示。

图 4-36 描绘了基于单个 CPU 的硬件结构。如果采用多个 CPU,则还需考虑各 CPU 之间工作同步、通信以及公用存贮区等问题,硬件结构会更复杂一些。

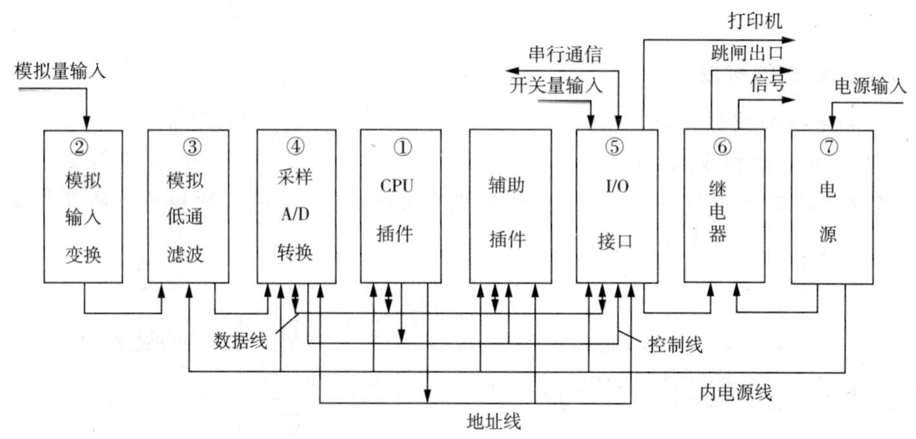

图 4-36　微机保护装置硬件结构示意框图

2. 微机保护的软件系统

微机继电保护装置的软件系统一般包括调试监控程序、运行监控程序、中断继电保护功能程序三部分。其原理程序框图如图 4-37 所示。

调试监控程序对微机保护系统进行检查、校核和设定;运行监控程序对系统进行初始化,对 EPROM、RAM、数据采集系统进行静态自检和动态自检;中断保护程序完成整个继电保护功能。微机以中断方式在每个采样周期执行继电保护程序一次。

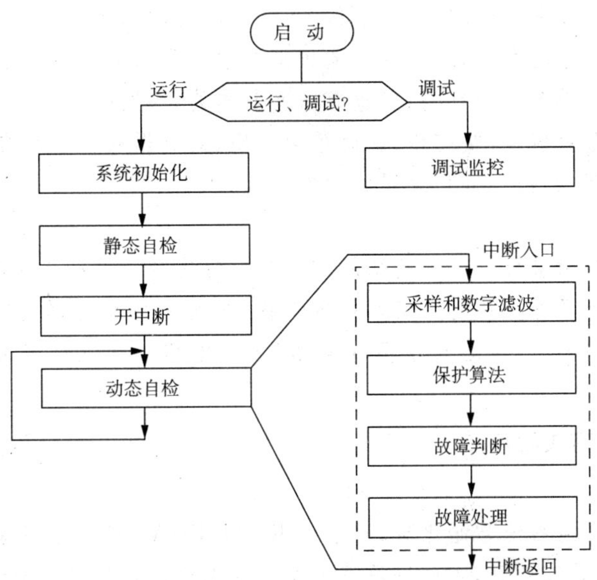

图 4-37 微机保护装置软件原理程序框图

三、微机保护的硬件原理简介

微机保护仅仅是计算机在工业工程中应用的一个示例,与其他应用一样,主要部分仍是计算机本体,它被用来分析计算电力系统的有关电量和判定系统是否发生故障,然后决定是否发出跳闸信号。因此,除计算机本体外,还必须配备自电力系统向计算机送进有关信息的输入接口部分和向电力系统送出控制信息的输出接口部分。此外计算机还要输入有关计算和操作程序,输出记录的信息,以供运行人员分析事故,即计算机还必须有人机联系部分。

1. 输入信号

输入信号由继电保护算法的要求决定。通常输入信号有电压互感器二次电压、电流互感器二次电流、数据采集系统自检用标准直流电压及有关开关量等。

2. 数据采集系统

微机保护装置是一个对电磁干扰很敏感的设备。为了防止来自电流、电压输入回路的干扰,在引入电流互感器和电压互感器的电流、电压时,在输入信号处理部分装设一些起隔离、屏蔽作用的变换器,它除起屏蔽作用外,还将输入的电流、电压的最大值变换成计算机设备所允许的最大电压值(例如 5V、3V)。并在每个变换器之后,为满足采样的需要还要经过一个低通滤波器,然后输进计算机的采样及 A/D(模/数)变换部分。

数字式电子计算机的基本功能是进行数值及逻辑运算。为了让计算机从电力系统的状态量的情况来判定电力系统是否发生故障,就必须将电压互感器和电流互感器送来的电压、电流的模拟量变成数字量。这就需要经过“采样”及“模/数转换”两个环节。

3. 微型计算机

微型计算机是整个继电保护装置的主机部分,主要包括 CPU、RAM、EPROM、E^2PROM、时钟及各种接口等。

当实时的采样数据送入计算机系统后,计算机根据由给定的数学模型编制的计算程序对采样数据作实时的计算分析,判断是否发生故障,故障的范围、性质,是否应该跳闸等。然后决定是否发出跳闸命令，是否给出相应信号，是否应打印结果等。

保护的不同动作原理和特性，主要是通过与数学模型相对应的程序来实现的。因此，计算机继电保护的程序是多种多样的，但也有一些基本的、共同的特点。

键盘用以送入整定值、召唤打印、临时察看程序、对数据或程序作临时修改；信号灯和数码管则用以显示程序、数据和保护装置的动作情况。

4. 输出信号

输出信号主要有微机接口输出的跳闸信号和报警信号。这些信号必须经驱动电路才能使有关设备执行。为了防止执行电路对微机干扰，采用光电耦合器进行隔离。输出信号经光电耦合器(隔离)放大后，再驱动小型继电器(出口电路)，该继电器触点作为微机保护的输出。

四、微机保护的有关程序

1. 自检程序

静态自检是微机在系统初始化后，对系统 ROM、RAM、数据采集系统等各部分进行一次全面的检查，确保系统良好，才允许数据采集系统工作。在静态自检过程中其他程序一律不执行。若自检发现系统某部分不正常，则打印自检故障信息，程序转向调试监控程序，以等待运行人员检查。

动态自检是在执行继电保护程序的间隙重复进行的，即主程序一直在动态自检中循环，每隔一个采样周期中断一次。动态自检的方式和静态自检相同，但处理方式不同。若连续三次自检不正常，整个系统软件重投，程序从头开始执行。若连续三次重投后检查依然不能通过，则打印自检故障信息，各出口信号被屏蔽，程序转向调试监控程序以待查。

2. 继电保护程序

继电保护程序主要由采样及数字滤波、保护算法、故障判断和故障处理四部分组成。

采样及数字滤波是对输入通道的信号进行采样，模数转换，并存入内存，进行数字滤波。

保护算法是由采样和数字滤波后的数据，计算有关参数的幅值、相位角等。

故障判断是根据保护判据，判断故障发生、故障类型、故障相别等。

故障处理是根据故障判断结果，发出报警信号和跳闸命令，启动打印机，打印有关故障信息和参数。

项目五　变配电所二次回路的识读与接线

任务一　高压断路器控制和信号回路的识读

教师工作任务单

<table>
<tr><td colspan="2">任务名称</td><td colspan="2">任务一　高压断路器的控制和信号回路的识读</td></tr>
<tr><td colspan="2">任务描述</td><td colspan="2">本次任务是了解高压断路器手动操作机构、电磁操作机构和弹簧操作机构的控制回路及信号回路，以及在合闸、分闸和事故跳闸状态下的动作过程及其信号。</td></tr>
<tr><td colspan="2">任务分析</td><td colspan="2">要了解高压断路器的控制和信号回路，首先要了解二次设备及二次回路等基本概念；其次要了解回路的构成及其动作过程，会识读二次电路图。教师结合实物和图纸进行演示或辅导，并通过一些引导性问题加以引导，让学生自己去思考，最后教师予以总结。
引导性问题：
1. 二次设备的作用是什么？什么是二次回路？
2. 如何识读控制信号回路？
3. 手动操作前断路器的触头所处的状态，手动合闸、分闸及事故跳闸三种情况的动作过程及其信号。
4. 电磁操作机构的合闸、分闸及事故跳闸三种情况的动作过程及其信号。
5. 弹簧操作机构的合闸、分闸及事故跳闸三种情况的动作过程及其信号。</td></tr>
<tr><td rowspan="3">任务目标</td><td></td><td>内容要点</td><td>相关知识</td></tr>
<tr><td>知识目标</td><td>1. 了解二次设备及二次回路的概念。
2. 了解断路器控制回路和信号回路的概念。
3. 了解手动操作机构的控制和信号回路。
4. 了解电磁操作机构的控制和信号回路。
5. 了解弹簧操作机构的控制和信号回路。</td><td>1. 参见一
2. 参见一
3. 参见一
4. 参见二
5. 参见三</td></tr>
<tr><td>技能目标</td><td>会识读断路器控制和信号回路电路图。</td><td>参见图 5－1、图 5－2、图 5－3</td></tr>
</table>

（续表）

<table>
<tr><td rowspan="9">任务实施</td><td rowspan="7">实施步骤</td><td>任务流程</td><td>资讯→决策→计划→实施→检查→评估（学生部分）</td></tr>
<tr><td>资讯</td><td>（阅读任务书，明确任务，了解工作内容、目标，准备资料。）</td></tr>
<tr><td>决策</td><td>（分析并确定采用什么样的方式方法和途径完成任务。）</td></tr>
<tr><td>计划</td><td>（制订计划、规划实施任务。）</td></tr>
<tr><td>实施</td><td>（学生具体实施本任务的过程，实施过程中的注意事项等。）</td></tr>
<tr><td>检查</td><td>（自查和互查，检查掌握、了解状况。发现问题及时纠正。）</td></tr>
<tr><td>评估</td><td>（该部分另用评估考核表。）</td></tr>
<tr><td rowspan="2">实施条件</td><td>实施地点</td><td>仿真变电所，二次回路实训室（任选其一）。</td></tr>
<tr><td>辅助条件</td><td>教材、专业书籍、多媒体设备、PPT 课件等。</td></tr>
<tr><td colspan="2">练习训练题</td><td colspan="2">1. 二次回路的含义是什么？是如何分类的？
2. 信号回路的含义是什么？是如何分类的？它们的作用分别是什么？</td></tr>
<tr><td colspan="2">学生应提交的成果</td><td colspan="2">1. 任务书。
2. 评估考核表。
3. 练习训练题。</td></tr>
</table>

相关知识

一、采用手动操作机构的断路器控制和信号回路

供配电系统除有一次设备及其组成的一次回路外，还有二次设备及其组成的二次回路。二次设备是指对一次设备或系统的运行工况进行监测、控制、调节、保护以及为运行、维护人员提供运行工况或生产指挥信号所需的电气设备。如控制开关、继电器、表计、控制电缆等。由二次设备相互连接，构成对一次设备进行监测、控制、调节和保护的电气回路称为二次回路或二次接线系统。

二次回路按其用途可分为控制回路、信号回路、测量回路、保护回路以及操作电源系统等。

控制回路是由控制开关和控制对象的传递机构及执行机构组成的，其作用是对一次开关设备进行"跳"、"合"闸操作。

信号回路是反映一、二次设备的工作状态。信号回路按信号性质可分为预告信号、事故信号和位置信号等。

预告信号是在一次设备出现不正常状态时或在故障初期发出的报警信号，有预告音响（电铃）信号和光字牌信号。

事故信号包括事故音响信号、闪光信号和光字牌信号。当断路器发生事故跳闸时，事故

音响(蜂鸣器)立即发出较强的音响,同时表示断路器处在跳闸位置的绿灯发出闪光信号,表示断路器自动跳闸(一般红灯闪光表示断路器自动合闸)。此外还有光字牌亮,指示出故障的性质和地点,即指明何种设备的何种继电保护动作。运行人员可根据事故信号进行处理。

位置信号用来显示断路器或隔离开关正常工作的位置状态。一般用发平光的红、绿灯显示,红灯亮,表示断路器处在合闸位置;绿灯亮,表示断路器处在分闸位置。隔离开关则用一种专门的位置指示器表示其位置状态。

图 5-1 为采用手动操作机构的断路器控制和信号回路原理图。

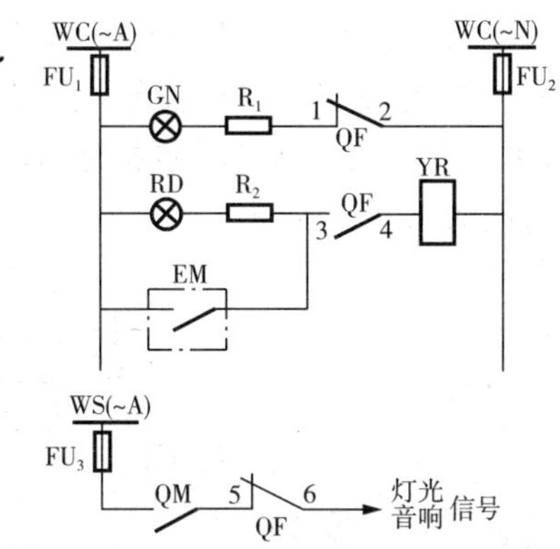

图 5-1　采用手动操作机构的断路器控制和信号回路

WC—控制小母线;WS—信号小母线;GN—绿色指示灯;RD—红色指示灯;R_1、R_2—限流电阻;YR —跳闸线圈(脱扣器);KM—保护出口触点;$QF_{1\sim6}$—断路器 QF 的辅助触点;QM—手动操作机构辅助触点

1. 手动合闸

合闸时,推上操作机构手柄使断路器合闸,这时断路器的辅助触点 QF_{3-4} 闭合,红灯 RD 亮,指示断路器已经合闸。回路通路为:WC(～A)→FU_1→RD→R_2→QF_{3-4}→YR→FU_2→WC(～N)。由于该回路有限流电阻 R_2,跳闸线圈 YR 虽有电流通过,但电流很小,不会动作。同时还表明跳闸回路及控制回路的熔断器 FU_1、FU_2 是完好的。

2. 手动分闸

分闸时,扳下操作机构手柄使断路器分闸,断路器的辅助触点 QF_{3-4} 断开,切断跳闸回路,同时辅助触点 QF_{1-2} 闭合,绿灯 GN 亮,指示断路器已经分闸。同时还表明控制回路的熔断器 FU_1、FU_2 是完好的。回路通路为:WC(～A)→FU_1→GN→R_1→QF_{1-2}→FU_2→WC(～N)。

在断路器正常分、合闸时,由于操作机构辅助触点 QM 与断路器辅助触点 QF_{5-6} 总是同时切换,所以事故信号回路总是不通的,不会错误地发出事故信号。

3. 事故跳闸

当一次电路发生短路故障时,保护装置动作,其出口继电器 KM 触点闭合,接通跳闸线圈 YR 的回路(QF_{3-4} 原已闭合),使断路器跳闸。回路通路为:WC(～A)→FU_1→KM→QF_{3-4}→YR→FU_2→WC(～N)。随后 QF_{3-4} 断开,使红灯 RD 灭,并切断 YR 的跳闸电源。同时 QF_{1-2} 闭合,使绿灯 GN 亮。这时操作机构的操作手柄虽然仍在合闸位置,但其黄色指示牌掉下,表示断路器自动跳闸。同时事故信号回路接通,发出音响和灯光信号。因事故信号回路是按“不对应原则”接线的,事故跳闸前后,操作手柄仍在合闸位置,其辅助触点 QM

闭合，而断路器已事故跳闸，其辅助触点 QF_{5-6} 也返回闭合，因此事故信号回路接通。回路通路为：WS(～A)→FU_3→QM→QF_{5-6}→灯光音响信号。

当值班员得知事故跳闸信号后，可将操作手柄扳至分闸位置，这时黄色指示牌随之返回，事故信号也随之解除。

二、采用电磁操作机构的断路器控制和信号回路

图 5－2 为采用电磁操作机构的断路器控制和信号回路原理图。其操作电源采用硅整流电容储能的直流系统。控制开关采用双向自复式并具有保持触点的 LW5 系列万能转换开关，其手柄正常位置为垂直 0°，顺时针扳转 45°，为合闸(ON)操作，手松开即自动返回(复位)，保持合闸状态。逆时针扳转 45°，为分闸(OFF)操作，手松开也自动返回，保持分闸状态。图中虚线上打"·"的触点，表示在此位置时该触点接通；而虚线上标出的箭头("→"和"←")，表示控制开关手柄自动返回的方向。

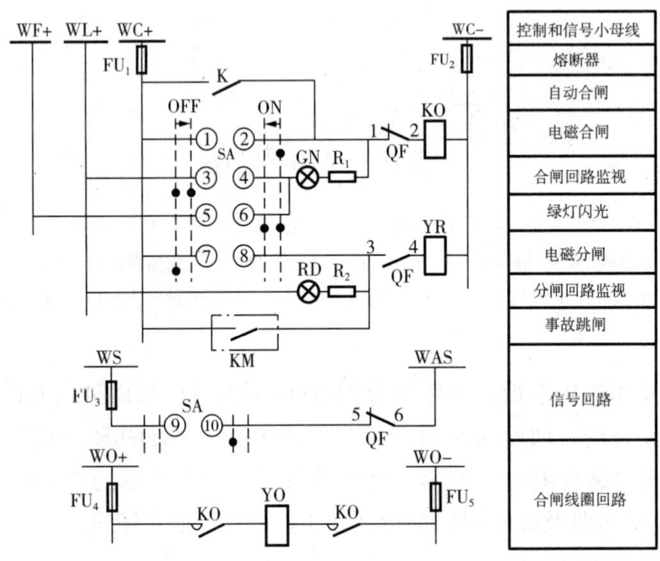

图 5－2　采用电磁操作机构的断路器控制和信号回路

WC—控制小母线；WL—灯光信号小母线；WF—闪光信号小母线；WS—信号小母线；WAS—信号音响小母线；WO—合闸小母线；SA—控制开关；KO—合闸接触器；YO—电磁合闸线圈；YR—跳闸线圈；KM—继电保护出口触点；$QF_{1\sim6}$—断路器 QF 的辅助触点；GN—绿色指示灯；RD—红色指示灯；ON—合闸操作方向；OFF—分闸操作方向

1. 合闸

(1)合闸操作：合闸时，将控制开关 SA 手柄顺时针扳转 45°，这时其触点 SA_{1-2} 接通，合闸接触器线圈 KO 通电(其中 QF_{1-2} 原已闭合)，其主触点闭合，使电磁合闸线圈 YO 通电，断路器合闸。回路通路为

电磁合闸回路　WC＋→FU_1→SA_{1-2}→QF_{1-2}→KO→FU_2→WC－。

合闸线圈回路　WO＋→FU_4→KO→YO→KO→FU_5→WO－。

(2)合闸后：合闸后，控制开关 SA 自动返回，其触点 SA_{1-2} 断开，切断合闸回路，同时 QF_{3-4} 闭合，红灯 RD 亮，指示断路器已经合闸，并监视着跳闸线圈 YR 回路的完好性。回路通路为 WL＋→RD→R_2→QF_{3-4}→YR→FU_2→WC－。

2. 分闸

(1)分闸操作:分闸时,将控制开关 SA 手柄逆时针扳转 45°,这时其触点 SA_{7-8} 接通,跳闸线圈 YR 通电(其中 QF_{3-4} 原已闭合),使断路器 QF 分闸。回路通路为 WC+→FU_1→SA_{7-8}→QF_{3-4}→YR→FU_2→WC-。

(2)分闸后:分闸后,控制开关 SA 自动返回,其触点 SA_{7-8} 断开,断路器辅助触点 QF_{3-4} 也断开,切断跳闸回路,同时触点 SA_{3-4} 闭合,QF_{1-2} 也闭合,绿灯 GN 亮,指示断路器已经分闸,并监视着合闸线圈 KO 回路的完好性。回路通路为 WL+→SA_{3-4}→GN→R_1→QF_{1-2}→KO→FU_2→WC-。

由于红、绿指示灯兼有监视分、合闸回路完好性的作用,长时间运行,耗能较多。为了减少操作电源中储能电容器能量的过多消耗,因此另设灯光信号小母线 WL+,专门用来接入红、绿指示灯。

3. 事故跳闸

(1)事故跳闸:当一次电路发生短路故障时,继电保护装置动作,其出口继电器 KM 触点闭合,接通跳闸线圈 YR 回路(其中 QF_{3-4} 原已闭合),使断路器自动跳闸。回路通路为 WC+→FU_1→KM→QF_{3-4}→YR→FU_2→WC-。

(2)事故跳闸后:随后 QF_{3-4} 断开,使红灯 RD 灭,并切断跳闸回路,同时 QF_{1-2} 闭合,而 SA 在合闸位置,其触点 SA_{5-6} 也闭合,绿灯 GN 闪光。回路通路为 WF+→SA_{5-6}→GN→R_1→QF_{1-2}→KO→FU_2→WC-。

4. 自动合闸

(1)自动合闸:当自动装置动作使 K 闭合时,合闸接触器 KO 动作,使断路器合闸。回路通路为 WC+→FU_1→K→QF_{1-2}→KO→FU_2→WC-。

(2)自动合闸后:合闸后,QF_{1-2} 断开,GN 熄灭,QF_{3-4} 闭合,RD 闪光(图中未绘出对应回路),同时自动装置启动中央信号发出警铃声和相应的光字牌信号,表明断路器自动投入。

三、采用弹簧操作机构的断路器控制和信号回路

图 5-3 为采用 CT7 型弹簧操作机构的断路器控制和信号回路原理图。图中 SQ_1 和 SQ_2 是弹簧储能电动机的位置开关。

1. 合闸

(1)弹簧储能:合闸前,先按下按钮 SB,储能电动机 M 通电运转(SQ_2 原已闭合),使合闸弹簧储能。回路通路为 WC(~A)→FU_3→SB→SQ_2→M→FU_4→WC(~N)。弹簧储能完毕后,储能位置开关 SQ_2 自动断开,切断电动机 M 的回路,同时 SQ_1 触点闭合,为合闸做好准备。

(2)合闸操作:合闸时,将控制开关 SA 手柄扳向合闸(ON)位置,其触点 SA_{3-4} 接通,合闸线圈 YO 通电,弹簧释放,通过传动机构使断路器合闸。回路通路为 WC(~A)→FU_1→SA_{3-4}→SQ_1→QF_{1-2}→YO→FU_2→WC(~N)。

(3)合闸后:合闸后,断路器辅助触点 QF_{1-2} 断开,绿灯 GN 灭,并切断合闸回路;同时 QF_{3-4} 闭合,红灯 RD 亮,指示断路器在合闸位置。回路通路为 WC(~A)→FU_1→RD→R_2→QF_{3-4}→YR→FU_2→WC(~N)。

2. 分闸

(1)分闸操作:分闸时,将控制开关 SA 手柄扳向分闸(OFF)位置,其触点 SA_{1-2} 接通,

跳闸线圈 YR 通电(SQ_2、QF_{3-4}原已闭合),使断路器 QF 分闸。回路通路为 WC(~A)→FU_1→SA_{1-2}→SQ_2→QF_{3-4}→YR→FU_2→WC(~N)。

(2)分闸后:分闸后,断路器辅助触点 QF_{3-4} 断开,红灯 RD 灭,并切断分闸回路;同时 QF_{1-2} 闭合,绿灯 GN 亮,指示断路器在分闸位置。回路通路为 WC(~A)→FU_1→GN→R_1→QF_{1-2}→YO→FU_2→WC(~N)

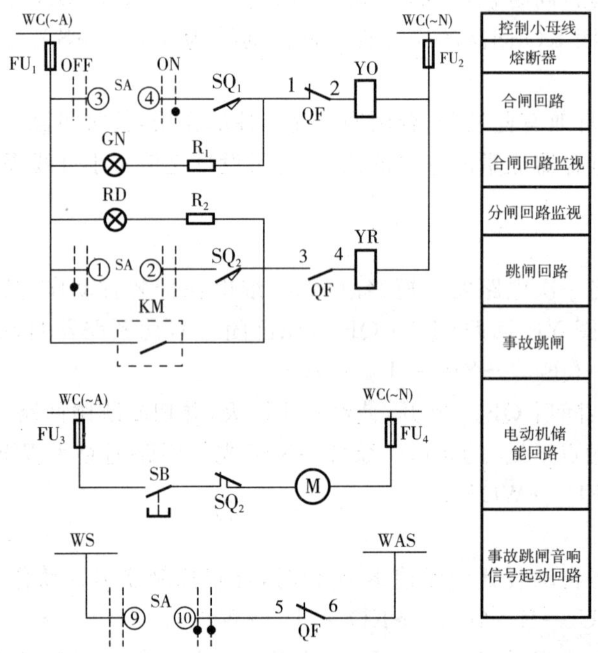

图 5-3 采用 CT7 型弹簧操作机构的断路器控制和信号回路

WC—控制小母线;WS—信号小母线;WAS—事故信号小母线;SA—控制开关

SB—按钮;RD—红色指示灯;GN—绿色指示灯;YO—合闸线圈;YR—跳闸线圈

$QF_{1\sim6}$—断路器辅助触点;SQ1、SQ2—储能位置开关;M—储能电机

3. 事故跳闸

(1)事故跳闸:当一次电路发生短路故障时,继电保护装置动作,其出口继电器 KM 触点闭合,接通跳闸线圈 YR 回路(QF_{3-4}原已闭合),使断路器跳闸。回路通路为 WC(~A)→FU_1→KM→QF_{3-4}→YR→FU_2→WC(~N)。

(2)事故跳闸后:随后 QF_{3-4} 断开,红灯 RD 灭,并切断跳闸回路。由于断路器是自动跳闸,SA 手柄仍在合闸位置,其触点 SA_{9-10} 闭合,而 QF_{5-6} 也因断路器跳闸而返回闭合,从而接通事故音响信号。回路通路为 WS→SA_{9-10}→QF_{5-6}→WAS。值班员得知事故跳闸信号后可将控制开关扳向分闸位置,使 SA 的触点与 QF 的辅助触点恢复"对应"关系,使事故信号解除。

技能训练

根据采用弹簧操作机构的断路器控制和信号回路图,写出合闸、分闸和事故跳闸的动作流程图。

【知识拓展】 操作电源

操作电源是供高压断路器控制回路、保护回路、信号回路、监测装置及自动化装置等二次回路所需的工作电源。它包括交流操作电源和直流操作电源。

一、交流操作电源

交流操作电源较简单,它不需要设置直流回路,但只适用于直动式继电器和采用交流操作的断路器。交流操作电源分为电流源和电压源两种。电流源由电流互感器供电,主要供电给保护和跳闸回路。电压源由变电所的变压器或电压互感器供电,通常前者作为正常工作电源,后者因其容量小,只作为变压器气体保护的交流操作电源等。

采用交流操作电源,可简化二次回路,减少投资成本,工作可靠,维护方便。但是交流操作电源不适用于比较复杂的保护、自动装置及其他二次回路。交流操作电源适用于中小型变配电所中断路器采用手动操作和保护采用交流操作的场合。

二、直流操作电源

1. 蓄电池组供电的直流操作电源

蓄电池是储蓄电能的一种设备。它是把电能转变为化学能储蓄起来,使用时再把化学能转变为电能供给用电设备。常见的蓄电池有酸性蓄电池和碱性蓄电池两种。

蓄电池组直流系统是一种与电力系统运行方式无关的独立电源。但是采用蓄电池组需修建有特殊要求的蓄电池室,购置大量的充电设备和蓄电池组,辅助设备多,投资大,运行复杂,维护工作量大,可靠性低。

变配电所采用的蓄电池组,是由多个蓄电池串联组成的,串联个数的多少取决于直流系统的工作电压。

蓄电池组的运行方式有两种:浮充电方式和充电-放电方式。其中以浮充电方式的应用较为广泛。

浮充电运行方式就是充电装置与蓄电池组同时连接于母线上并联工作,整流装置除给直流母线上的经常性直流负荷供电外,同时又以很小的电流向蓄电池充电,以补偿蓄电池自放电,使蓄电池经常处于充电状态。蓄电池组主要担负冲击负荷和交流系统故障或充电装置断开情况下的全部直流负荷的供电。

充电-放电运行方式就是将已充好电的蓄电池带全部直流负荷,正常运行处于放电工作状态。为了保证操作电源供电的可靠性,当蓄电池放电到一定程度后,应及时充电。充电装置除充电期间外是不工作的,在充电过程中,充电装置一方面向蓄电池组提供充电电流,另一方面给经常性直流负荷供电。通常每运行1~2昼夜就要充电一次,操作频繁,蓄电池容易老化,极板也容易损坏。所以这种运行方式很少采用。

2. 硅整流电容储能式直流操作电源

硅整流电容储能直流系统通常由两组整流器 U_1 和 U_2、两组电容器 C_1 和 C_2 等组成,如图5-4所示。整流装置 U_1 采用三相桥式整流,其容量较大,供断路器合闸,也兼向控制、信号和保护回路供电。整流装置 U_2 容量较小,仅用于控制信号母线的供电。U_2 串联 R_0 的目的是起限流作用,以保护 U_2。R、C组成阻容吸收装置,以保护硅元件。KV是低电压继电器,当 U_2 输出电压降低到一定程度或消失时,由KV发出预告信号。串入隔离二极管V4,用以防止 U_2 的电压消失后由WO母线向KV供电。两组整流装置之间用电阻 R_1

和二极管 V3 隔开，电阻 R_1 用来限制控制信号母线侧短路时流过逆止元件 V3 的电流，逆止元件 V3 用来防止断路器合闸或合闸母线故障时，整流装置 U_2 向合闸母线供电，以保证控制电源可靠。

电容器组 C_1 和 C_2 在正常情况下，处于充电状态，当出现事故时，利用所储存的电能向保护回路和断路器的跳闸回路供电。C_1 和 C_2 回路的二极管 V1 和 V2，起逆止阀作用，用来防止在事故情况下，电容器向其他回路供电。

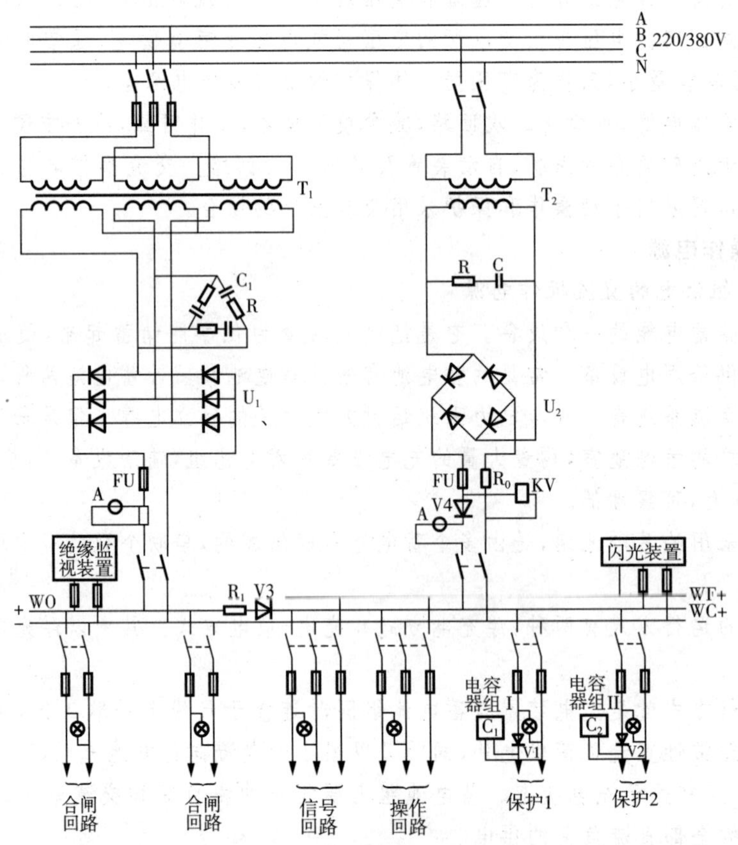

图 5-4　硅整流电容储能式直流系统接线

T1—三相隔离变压器；T2—单相隔离变压器；WO—合闸母线；WF—闪光母线；WC—控制母线

任务二　变配电装置中测量装置的配置与接线

教师工作任务单

任务名称	任务二　变配电装置中测量装置的配置与接线
任务描述	本次任务主要是了解变配电装置中电流互感器、电压互感器和测量仪表的配置，会识读电能表的接线原理图，并会进行安装接线。

（续表）

<table>
<tr><td colspan="2">任务分析</td><td colspan="3">电流互感器、电压互感器和测量仪表的配置，教师通过引导性提示，学生阅读教材和有关资料，自己去思考，得出初步印象，教师总结。测量仪表的接线可以通过实物演示一个直接接入法实例给同学们看，然后告诉电流互感器的同极性端，其他接线由学生自己去完成。
引导性问题：
1. 电流互感器和电压互感器是如何配置的？
2. 哪些场合应配置电流表、有功功率表、有功电度表等？
3. 电度表是如何接线的，它与有功功率表有何异同？</td></tr>
<tr><td rowspan="3">任务目标</td><td rowspan="2">知识目标</td><td colspan="2">内容要点</td><td>相关知识</td></tr>
<tr><td colspan="2">1. 了解变配电装置中电流互感器和电压互感器的配置原则。
2. 了解变配电装置中仪表的配置原则。</td><td>1. 参见一、1、2
2. 参见一、3</td></tr>
<tr><td>技能目标</td><td colspan="2">会识读电能表接线原理图和会进行电能表接线。</td><td>参见二</td></tr>
<tr><td rowspan="9">任务实施</td><td rowspan="7">实施步骤</td><td>任务流程</td><td colspan="2">资讯→决策→计划→实施→检查→评估（学生部分）</td></tr>
<tr><td>资讯</td><td colspan="2">（阅读任务书，明确任务，了解工作内容、目标，准备资料。）</td></tr>
<tr><td>决策</td><td colspan="2">（分析并确定采用什么样的方式方法和途径完成任务。）</td></tr>
<tr><td>计划</td><td colspan="2">（制订计划，规划实施任务。）</td></tr>
<tr><td>实施</td><td colspan="2">（学生具体实施本任务的过程，实施过程中的注意事项等。）</td></tr>
<tr><td>检查</td><td colspan="2">（自查和互查，检查掌握、了解状况，发现问题及时纠正。）</td></tr>
<tr><td>评估</td><td colspan="2">（该部分另用评估考核表。）</td></tr>
<tr><td rowspan="2">实施条件</td><td>实施地点</td><td colspan="2">仿真变电所，二次回路实训室（任选其一）。</td></tr>
<tr><td>辅助条件</td><td colspan="2">教材、专业书籍、多媒体设备、PPT 课件等。</td></tr>
<tr><td colspan="2">练习训练题</td><td colspan="3">1. 变配电装置中互感器和测量仪器的配置原则是什么？
2. 在图 5-5 的接线中，将 L 线与 N 线对调，电度表能否正常工作？能否这样接线？为什么？</td></tr>
<tr><td colspan="2">学生应提交的成果</td><td colspan="3">1. 任务书。
2. 评估考核表。
3. 练习训练题。</td></tr>
</table>

相关知识

一、变配电装置中互感器和测量仪表的配置

互感器在主接线中的配置与测量仪表、同期点的选择、保护和自动装置的要求以及主接线的形式等有关。

1. 电流互感器的配置

电流互感器配置原则如下：

(1)为了满足测量和保护装置的需要，在变压器、出线、母线分段和母联等回路均设有电流互感器。对于大电流接地系统或属于元件保护(如变压器、电容器)，一般按三相配置；对于小电流接地系统，根据具体要求按两相或三相配置。在指定的计量点，还应设置计量用的电流互感器。

(2)对于保护用电流互感器应尽量消除保护的死区。例如装有两组电流互感器，且位置允许时应设在断路器两侧，使断路器处于交叉保护范围之中。

2. 电压互感器的配置

电压互感器的配置原则如下：

(1)一般除旁路母线外，工作及备用母线上都装有一组电压互感器，用于同期、测量仪表和保护装置。

(2)35kV 及以上输配电线路，当对端有电源时，为了监视线路有无电压，进行同期和设置重合闸，应装设一台或三台单相电压互感器；10kV 及以下架空出线的自动重合闸，可利用母线上的电压互感器。

(3)供电部门指定的计量点，一般装有专用电压互感器。

(4)变压器的高压侧有时为了保护的需要，设有一组电压互感器。

3. 测量仪表的配置

变配电装置中各部分仪表的配置要求如下：

(1)在用户的电源进线上，或经供电部门同意的电能计量点，必须装设计费的有功电能表和无功电能表。为了解负荷电流，进线上还应装设一只电流表。

(2)变配电所的每段母线上，必须装设电压表测量电压。在中性点不接地系统中，各段母线上还应装设绝缘监察装置。

(3)35～110kV 或 6～20kV 的电力变压器，应装设电流表、有功功率表、无功功率表、有功电能表和无功电能表各一只，装在哪一侧视具体情况而定。(6～20kV)/0.4kV 的变压器，在高压侧装设电流表和有功电能表各一只，如为单独经济核算单位的变压器，还应装设一只无功电能表。

(4)3～20kV 的配电线路，应装设电流表、有功电能表和无功电能表各一只。如不是送往单独经济核算单位时，可不装无功电能表。

(5)380V 的电源进线或变压器低压侧，各相应装一只电流表。如果变压器高压侧未装有功电能表时，低压侧还应装设有功电能表一只。

(6)低压动力线路上，应装设一只电流表。低压照明线路及三相负荷不平衡率大于 15%的线路上，应装设三只电流表分别测量三相电流。如需计量电能，应装设一只三相四线有功电能表。对负荷平衡的三相动力线路，可只装设一只单相有功电能表，实际电能按其计度的 3 倍计。

(7)并联电力电容器组的总回路上，应装设 3 只电流表，分别测量三相电流，并装设一只无功电能表。

二、变配电装置中测量仪表的安装接线

1. 直接接入式单相有功电能表接线

直接接入式单相有功电能表(亦称有功电度表)是用以计量单相电器消耗电能的仪表。

电能表分为感应式和电子式两种。由于两者尽管内部结构不一样，但外部端子的接线基本相似，所以下面均以感应式为例。

直接接入式单相有功电能表接线原理图和实物接线示意图如图 5－5 所示，其中 QR 为带有漏电保护功能的断路器，1、3 为进线，2、4 为出线，其中接线柱 1 接相线（L 线），3 接中性线（N 线）。

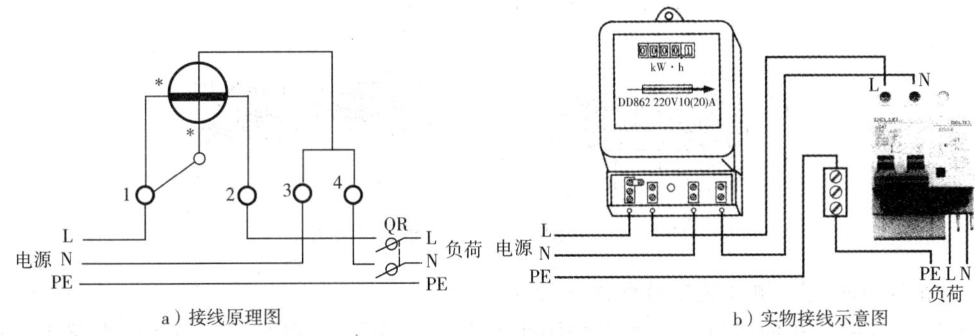

a）接线原理图　　b）实物接线示意图

图 5－5　直接接入式单相有功电能表接线图

2. 经电流互感器的单相有功电能表接线

当单相负荷电流过大，直接接入式有功电能表不满足要求时，应采用经电流互感器接线的计量方式，接线原理图和实物接线示意图如图 5－6 所示。

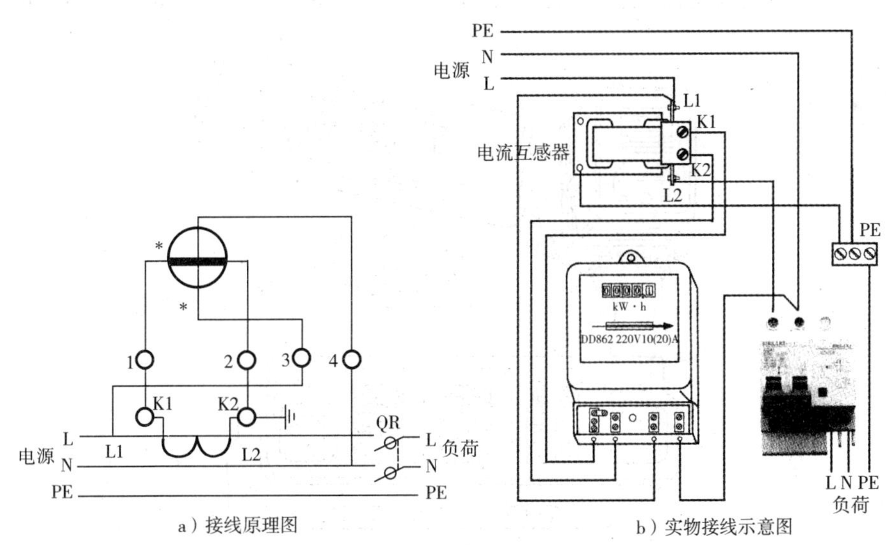

a）接线原理图　　b）实物接线示意图

图 5－6　配电流互感器的单相有功电能表接线图

3. 直接接入式三相三线有功电能表的接线

三相三线电路所消耗的有功电能，可以用两只单相电能表来计量，三相所消耗的有功电能等于两只单相电能表读数之和。也可采用一只三相三线有功电能表，它由两组测量机构共同驱动同一转轴上的铝盘，计度器的读数可以直接反映负荷所消耗的有功电能。其接线原理图和接线示意图如图 5－7 所示。

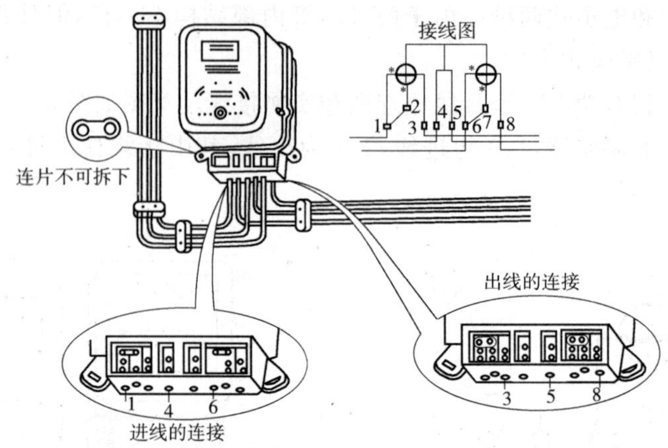

图 5－7　三相三线有功电能表接线图

4．直接接入式三相四线有功电能表的接线

直接接入式三相四线有功电能表的接线如图 5－8 所示。在对称三相四线电路中，可以用一只单相电能表测量任何一相所消耗的有功电能，然后乘以 3 即得三相电路所消耗的有功电能。当三相负荷不对称时，就需用三只单相电能表分别测量出各相所消耗的有功电能，然后把它们加起来，这样很不方便。为此，一般采用一只三相四线有功电能表，它的结构基本与单相电能表相同，只是它由三相测量机构共同驱动同一转轴上的 1～3 个铝盘，这样铝盘的转速与三相负荷的有功电能成正比，计度器的读数便可直接反映三相所消耗的有功电能。

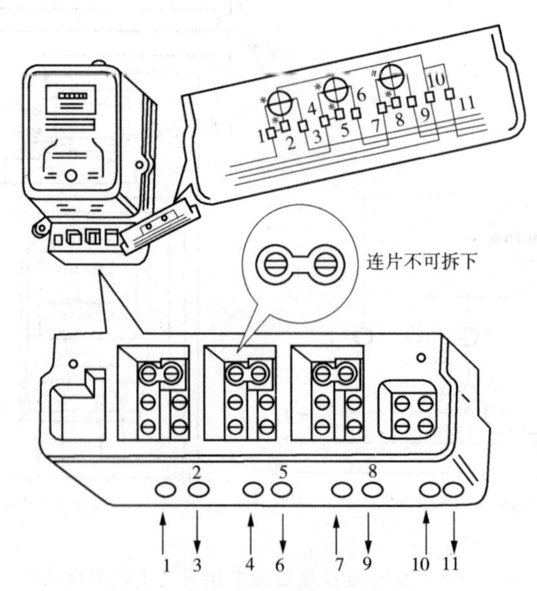

图 5－8　三相四线有功电能表接线

技能训练

画出在三相三线的电路中，用两只直接接入式单相电能表测量三相有功电能的接线原理图和接线示意图。

任务三　二次回路安装接线图的识读

教师工作任务单

<table>
<tr><td colspan="2">任务名称</td><td colspan="3">任务三　二次回路安装接线图的识读</td></tr>
<tr><td colspan="2">任务描述</td><td colspan="3">本次任务是了解二次回路的接线要求，二次接线图的分类、编号，安装接线图的标注规定，会识读二次回路安装图。</td></tr>
<tr><td colspan="2">任务分析</td><td colspan="3">要完成此次任务，首先要了解二次设备、接线端子、导线在安装接线图中的表示方法，然后教师用接线原理图、连续的接线图和实际的"相对标号法"标注的接线图，运用对照的方式进行示范性讲演，并通过一些引导性问题加以引导，让学生自己去思考，最后教师予以总结。
引导性问题：
1. 二次回路的接线要求有哪些？
2. 设备的项目代号有哪几部分构成？
3. 为什么安装接线图中要用中断线表示法？</td></tr>
<tr><td rowspan="3">任务目标</td><td></td><td colspan="2">内容要点</td><td>相关知识</td></tr>
<tr><td>知识目标</td><td colspan="2">1. 了解二次回路的接线基本要求。
2. 了解二次接线图的分类、编号，安装接线图的标注规定。
3. 了解二次设备、接线端子和导线在安装图中的表示方法。</td><td>1. 参见一
2. 参见二
3. 参见二</td></tr>
<tr><td>技能目标</td><td colspan="2">会识读二次回路安装接线图。</td><td>参见二</td></tr>
<tr><td rowspan="9">任务实施</td><td rowspan="7">实施步骤</td><td>任务流程</td><td colspan="2">资讯→决策→计划→实施→检查→评估（学生部分）</td></tr>
<tr><td>资讯</td><td colspan="2">（阅读任务书，明确任务，了解工作内容、目标，准备资料。）</td></tr>
<tr><td>决策</td><td colspan="2">（分析并确定采用什么样的方式方法和途径完成任务。）</td></tr>
<tr><td>计划</td><td colspan="2">（制订计划，规划实施任务。）</td></tr>
<tr><td>实施</td><td colspan="2">（学生具体实施本任务的过程，实施过程中的注意事项等。）</td></tr>
<tr><td>检查</td><td colspan="2">（自查和互查，检查掌握、了解状况，发现问题及时纠正。）</td></tr>
<tr><td>评估</td><td colspan="2">（该部分另用评估考核表。）</td></tr>
<tr><td rowspan="2">实施条件</td><td>实施地点</td><td colspan="2">二次接线实训室、一体化实训室（任选其一）。</td></tr>
<tr><td>辅助条件</td><td colspan="2">教材、专业书籍、多媒体设备、PPT课件等。</td></tr>
</table>

（续表）

练习训练题	1."相对标号法"的含义是什么？ 2. 二次回路接线图分为那几类？ 3. 安装接线图含义和作用各是什么？其中标注的内容主要有哪些？
学生应提交的成果	1. 任务书。 2. 评估考核表。 3. 练习训练题。

相关知识

一、二次回路的接线要求

1. 二次回路接线应符合的要求

按国标《电气装置安装工程盘、柜及二次回路接线施工及验收规范》规定，二次回路的接线应符合下列要求：

(1)按图施工，接线正确。

(2)导线与电气元件间采用螺栓连接、插接、焊接或压接等，均应牢固可靠。

(3)盘、柜内的导线不应有接头，导线芯线应无损伤。

(4)电缆芯线和所配导线的端部均应标明其回路编号，编号应正确，字迹清晰且不易脱色。

(5)配线应整齐、清晰、美观，导线绝缘应良好，无损伤。

(6)每个接线端子的每侧接线宜为 1 根，不得超过 2 根；对于插接式端子，不同截面的两根导线不得接在同一端子上；对于螺栓连接端子，当接两根导线时，中间应加平垫片。

(7)二次回路接地应设专用螺栓。

(8)盘、柜内的二次回路配线。电流回路应采用电压不低于 500V 的铜芯绝缘导线，其截面不应小于 $2.5mm^2$；其他回路截面不应小于 $1.5mm^2$；对电子元件回路、弱电回路采用锡焊连接时，在满足载流量和电压降及有足够机械强度的情况下，可采用不小于 $0.5mm^2$ 截面的绝缘导线。

2. 用于连接门上的电器、控制台板等可动部位的导线应符合的要求

(1)应采用多股软导线，敷设长度应有适当裕度。

(2)线束应有外套塑料管等加强绝缘层。

(3)与电器连接时，端部应绞紧，并应加终端附件或搪锡，不得松散、断股。

(4)在可动部位两端应用卡子固定。

3. 引入盘、柜内的电缆及其芯线应符合的要求

(1)引入盘、柜的电缆应排列整齐，编号清晰，避免交叉，并应固定牢固，不得使所接的端子排受到机械应力。

(2)铠装电缆在进入盘、柜后，应将钢带切断，切断处的端部应扎紧，并应将钢带接地。

(3)使用于静态保护、控制等逻辑回路的控制电缆,应采用屏蔽电缆,其屏蔽层应按设计要求的接地方式予以接地。

(4)橡胶绝缘的芯线应外套绝缘管保护。

(5)盘、柜内的电缆芯线,应按垂直或水平有规律地配置,不得任意歪斜交叉连接。备用芯长度应留有适当余量。

(6)强、弱电回路不应使用同一根电缆,并应分别成束分开排列。

二次回路导线还必须注意:在油污环境,应采用耐油的绝缘导线(如塑料绝缘导线);在日光直射环境,橡胶或塑料绝缘导线应采取防护措施(如穿金属管、蛇皮管保护)。

二、二次回路接线图

二次回路接线图按用途通常可以分为原理接线图和安装接线图。原理接线图又可分为归总式原理接线图和展开式原理接线图;安装接线图又可分为屏面布置图、端子排接线图和屏后接线图。

1. 二次回路的编号

为了在安装接线、检查故障等接线、查线过程中,不至于混淆,需对二次回路进行编号。表5-1和表5-2分别为直流回路和交流回路数字标号组(节选)。

表5-1　直流回路数字标号组

回路名称	数字标号组			
	Ⅰ	Ⅱ	Ⅲ	Ⅳ
+电源回路	101	201	301	401
-电源回路	102	202	302	402
合闸回路	103	203	303	403
跳闸回路	133、1133、1233	233、2133、2233	333、3133、3233	433、4133、4233
备用电源自动合闸回路	150～169	250～269	350～369	450～469
开关设备的位置信号回路	170～189	270～289	370～389	470～489
事故跳闸音响信号回路	190～199	290～299	390～399	490～499
保护回路	01～099或0101～0999			
发电机励磁回路	601～699或6011～6999			
信号及其他回路	701～799或7011～7999			

表 5-2　交流回路数字标号组

回路名称	用途	回路标号组				
		A 相	B 相	C 相	中性线(N)	零序(L)
保护装置及测量表计的电流回路	T1	A11～A19	B11～B19	C11～C19	N11～N19	L11～L19
	T1－1	A4111～A119	B111～B119	C111～C119	N111～N119	L111～L119
	T1－9	A191～A199	B191～B199	C191～C199	N191～N199	L191～L199
	T2－1	A211～A219	B211～B219	C211～C219	N211～N219	L211～L219
	T2－9	A291～A19	B291～B299	C291～C299	N291～N19	L291～L299
保护装置及测量表计的电压回路	T1	A611～A619	B611～B619	C611～C619	N611～N619	L611～L619
	T2	A621～A629	B621～B629	C621～C629	N621～N629	L621～L629
	T3	A631～A639	B631～B639	C631～C639	N631～N639	L631～L639
控制保护及信号回路		A1～A399	B1～B399	C1～C399	N1～N399	
绝缘监察电压表公共回路		A700	B700	C700	N700	

2. 二次回路安装接线图的绘制

根据电气施工安装的要求，用来表示二次设备的具体位置和布线方式的图形，称为二次回路的安装接线图。它主要用于二次回路的安装接线、线路检查、维修和故障处理。在实际应用中，安装接线图通常与原理电路图和装配位置图配合使用。安装接线图一般都应表示出各个项目(指元件、器件、部件、组件和成套设备等)的相对位置、项目代号、端子号、导线号、导线类型和导线截面等内容。

(1)二次设备的表示方法

由于二次设备都是从属于某一次设备或电路的，而一次设备或电路又从属于某一成套装置，因此为避免混淆，所有二次设备都必须标明其项目种类代号。完整的项目代号包括四个代号段：高层、位置、种类和端子代号段，每个代号段由前缀符号和字符组成，各代号段的名称及其前缀符号如下。

第 1 段：高层代号，其前缀符号为"＝"；

第 2 段：位置代号，其前缀符号为"＋"；

第 3 段：种类代号，其前缀符号为"－"；

第 4 段：端子代号，其前缀符号为"："。

每个代号段的字符可由拉丁字母或阿拉伯数字构成，字母应大写。可使用前缀符号将各代号段以适当方式进行组合。

在图 5-9 中，6～10kV 高压线路上装设的电气测量仪表，种类代号为 P，有功电度表、无功电度表和电流表的代号分别标为 PJ1、PJ2 和 PA。这些仪表从属于某一线路，线路的种类代号为 WL，假设这无功电度表是线路 WL5 上使用的，则此无功电度表的项目种类代号标为"＋WL5－PJ2"。对整个变电所来说，这线路 WL5 又是 3 号开关柜内的线路，开关柜的种类代号为 A，因此无功电度表 PJ2 的项目种类代号标为"＝A3＋WL5－PJ2"。由于柜内只有一条线路，在不至于引起混淆的情况下，作为高压开关柜二次回路的接线图，无功

电度表的项目种类代号可以只标 P2 或 PJ2。这只无功电度表能与外部设备连接的有 8 个端子，则每个端子的标注都应有区别，端子①应标为"＝A3＋WL5—PJ2：1"或"PJ2：1"，端子⑧可标为"PJ2：8"。

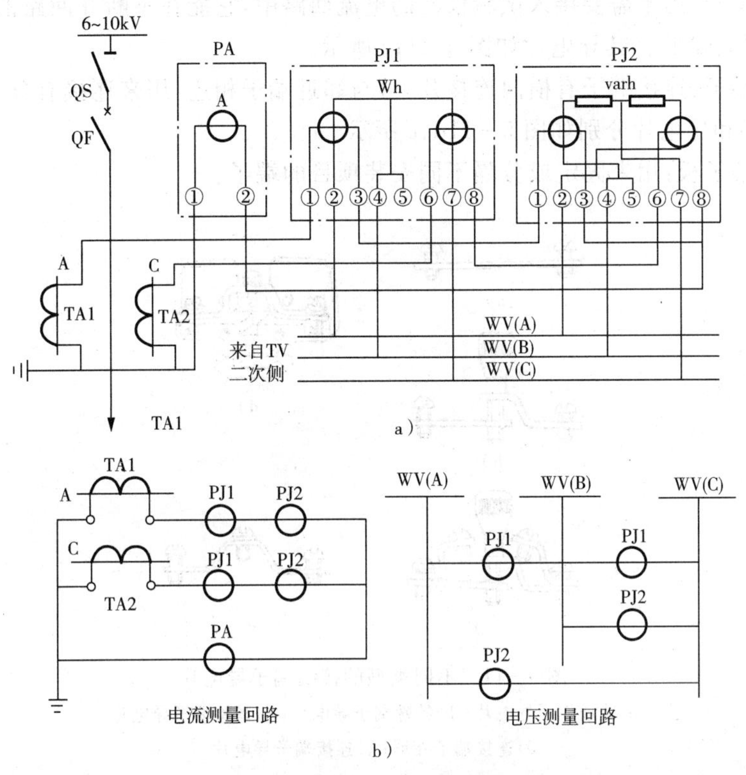

图 5－9　6～10kV 高压线路测量仪表电路图

a)接线图；b)展开图

TA—电流互感器；PA—电流表；TV—电压互感器；PJ1—三相有功电能表；PJ2—三相无功电能表；WV—电压小母线

(2)接线端子的表示方法

屏(柜)外的导线或设备与屏上的二次设备相连时，必须经过端子排。端子排由专门的接线端子板组合而成。

端子排的一般形式如图 5－10 所示，最上面标出端子排代号、安装项目名称和代号。中间一列注明端子排的序号，一侧列出屏内设备的代号及其端子代号，另一侧标明引至设备的代号和端子号或回路编号。端子排的文字代号为 X。

端子排上的接线端子分为普通端

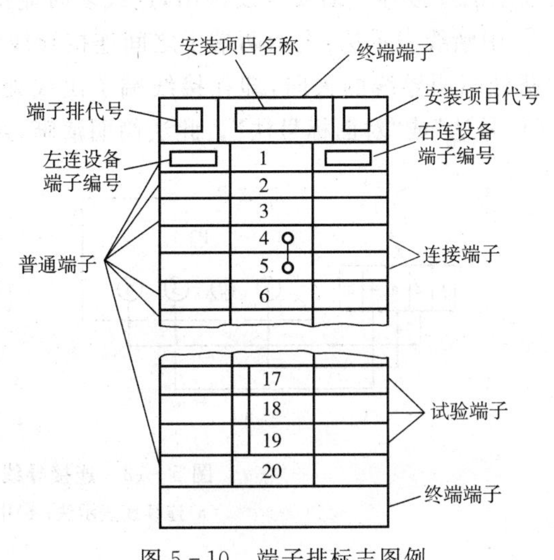

图 5－10　端子排标志图例

子、特殊端子、试验端子和终端端子等型式。

① 普通端子:供一个回路两端导线连接之用。其导电片如图 5-11a 所示。

② 特殊端子:用于需要很方便断开的回路中。其导电片如图 5-11b 所示。

③ 试验端子:用于需要接入试验仪器的电流回路中,它能在不断开回路的情况下,对仪表或继电器进行试验。其导电片如图 5-11c 所示。

④ 连接端子:连接端子有横向连接片,可与邻近端子相连,用来连接有分支的二次回路导线。其外形和导电片分别如图 5-11d、e 所示。

⑤ 终端端子板:用来固定或分隔不同安装项目的端子。

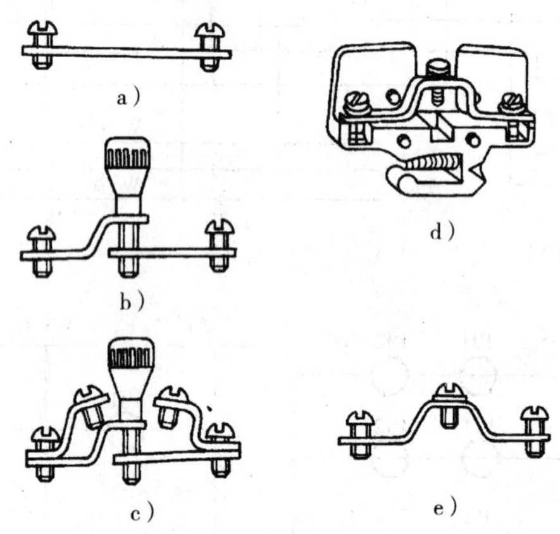

图 5-11 不同类型的接线端子导电片

a)普通端子导电片;b)特殊端子导电片;c)试验端子导电片

d)连接端子外形;e)连接端子导电片

(3)连接导线的表示方法

接线图中端子之间的连接导线有下列两种表示方法。

① 连续线表示法:表示两端子之间连接导线的线条是连续的,如图 5-12a 所示。用连续线表示的连接导线需要全线画出,连线多时显得过于繁杂。

② 中断线表示法:表示两端子之间连接导线的线条是中断的,如图 5-12b 所示。在线条中断处标明导线的去向,即在接线端子出线处标明对方端子的代号,这种标号方法称为“相对标号法”或“对面标号法”。此法简明清晰,对安装接线和维护检修都很方便。

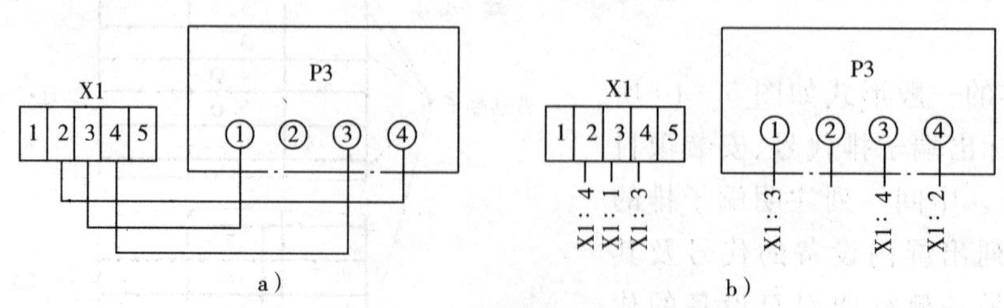

图 5-12 连接导线的表示方法

a)连续线表示法;b)中断线表示法

图 5－13 为 10kV 电源进线 WL1 电气测量屏二次回路安装接线图，电路图如图 5－9 所示。以 A 相电流回路为例，从 TA1 的端子 K1(TA1：K1)出发，经端子排 X1 的#1 端子(X1：1)至有功电度表 PJ1 的端子①(PJ1：1)，①进③出至无功电度表 PJ2 的端子①(PJ2：1)，①进③出至电流表端子②，②进①出经端子排 X1 的#3 端子(X1：3)回到 TA1 的端子 K2(TA1：K2)。用连续线表示法如图中虚线所示。

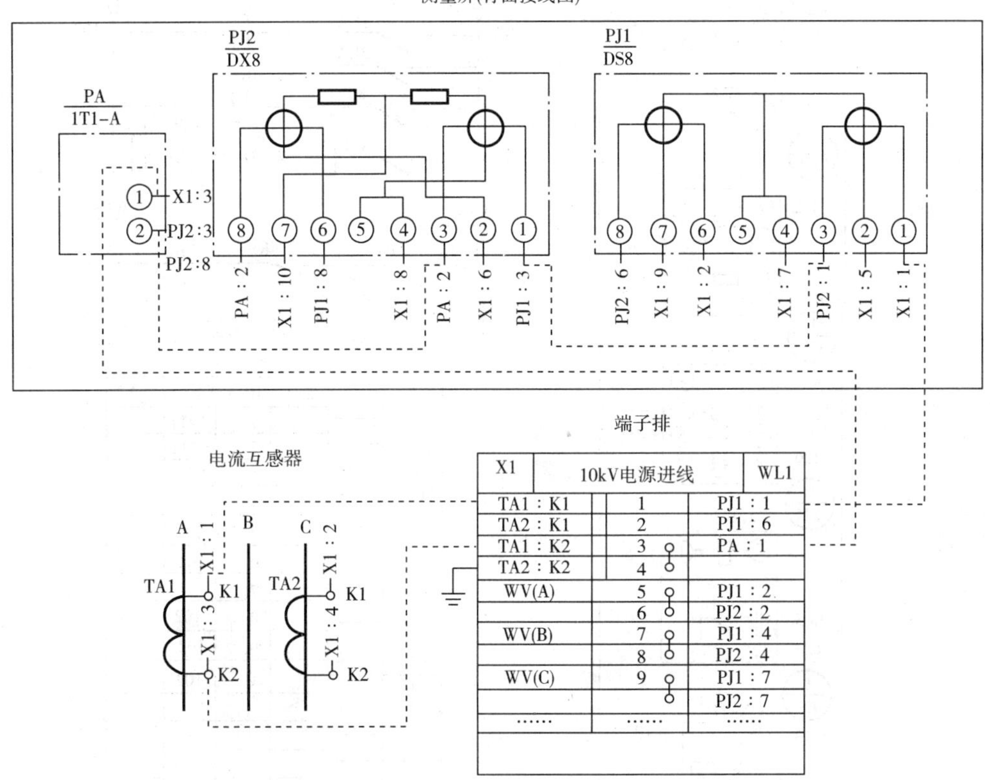

图 5－13　高压线路测量回路安装接线图

3. 二次回路安装接线图的图例

图 5－14 为某 10kV 供电线路定时限过电流保护综合图。需要说明的是：其二次设备编号方法与上述不同。①高压线路的安装单位代号为 YX，标在端子排图右上边；安装单位编号标在端子排图左上边。所谓安装单位，是指一个屏上属于某一次回路或同类型回路的所有二次设备的总称。例如一个屏上有两台变压器的二次设备，则可将每台变压器各自的二次设备分别编成Ⅰ安装单位和Ⅱ安装单位；同一安装单位的二次设备按照从左到右、从上到下的顺序编号，称为设备顺序号；在同一安装单位中，有些设备是同型的，则也要按顺序编号，称为同型设备顺序号。②在屏后接线图中，各种设备图形符号的上方注有设备编号。其方法是先画一个小圆，将圆分成上、下两部分，上部标注安装单位编号和设备顺序号，下部标注设备的文字符号和同一安装单位中同型设备的顺序号。

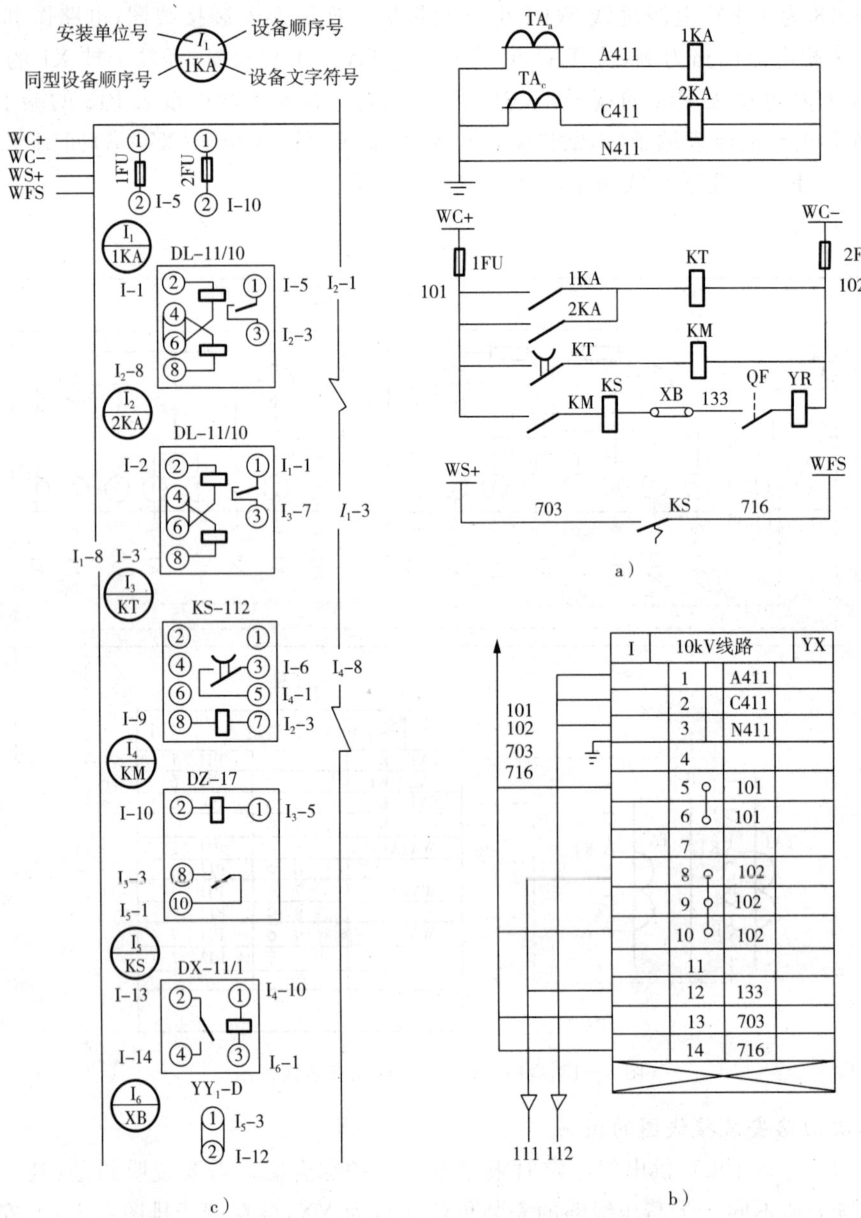

a）　b）　c）

图 5-14　某 10kV 供电线路定时限过电流保护综合图

例如，按保护动作过程读图。

从高压线路上的电流互感器 TAa 出发，经控制电缆 112(a 相)至端子排 I 的#1 端子(I—1)；经 A411 回路(连接线)至#1 设备 I_1 电流表 1KA 的#2 端子(I_1—2)，②进⑧出经#2 设备 I_2 电流表 2KA 的#8 端子(I_2—8)并联沿 N411 回路至端子排 I 的#3 端子(I—3)；又经控制电缆 112(c 相)回到 TAa。

从 WC+经 1FU 沿 101 至 I—5；接至 I_1—1 即至 I_2—1，①→③经 I_2—3(并联)至 I_3—7，⑦→⑧至 I—9，即至 I—10(I—9 和 I—10 为连接端子)，再沿 102 经 2FU 回至 WC—。

从 WC+至 I—5 即至 I—6；仍沿 101 至 I_3—3，③→⑤至 I_4—1，①→②沿 102 至 I—10，

同上，至 WC－。

从 WC＋至 I－6；经 I_3－3（并联）至 I_4－8，⑧→⑩至 I_5－1，①→③至 I_6－1，①→②沿 133 至 I－12；经控制电缆 111（＋极）至断路器辅助触点（安装图未画出）QF，③→④至断路器跳闸线圈（安装图未画出）YR，①→②又经控制电缆 111（－极）回至 I－8，即至 I－10，同上，至 WC－。

从 WS＋沿 703 至 I－13；仍沿 703 至 I_5－2，②→④沿 716 至 I－14；再沿 716 回至 WFS。

技能训练

图 5－15a 为某供电给高压并联电容器组的线路，其上装有一只无功电度表和三只电流表，试按中断线表示法（即相对标号法）在图 5－15b 上标注图 5－15a 的仪表和端子排的端子。

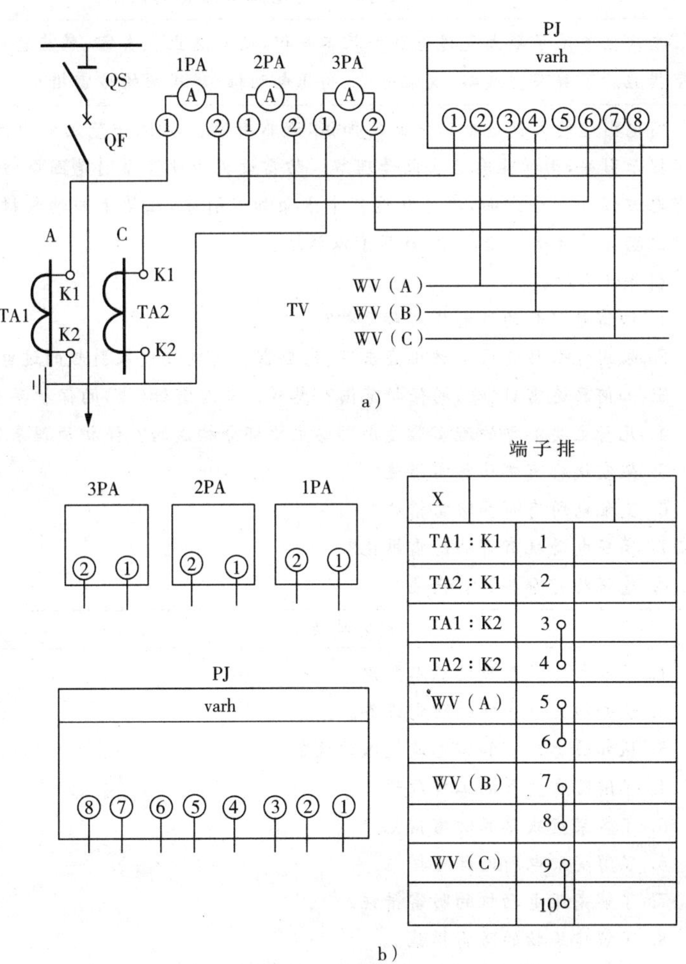

图 5－15　高压电容器线路二次回路接线图

a）原理电路图；b）安装接线图（待标号）

项目六 供配电安全技术及应用

任务一 过电压及防雷的认知

教师工作任务单

<table>
<tr><td>任务名称</td><td colspan="3">任务一 过电压及防雷的认知</td></tr>
<tr><td>任务描述</td><td colspan="3">本次任务是了解大气过电压的基本知识，认知防止直击雷、感应雷和雷电波侵入的防雷措施。了解架空线路、变配电所、高压电动机、建筑物的防雷措施。</td></tr>
<tr><td>任务分析</td><td colspan="3">雷电引起的大气过电压方面的知识，避雷针(线)的保护范围的画法及其计算通过教师提示引导，由学生自己去阅读理解。防雷设施的设置原则是围绕防直击雷、感应雷和雷电波侵入三个方面，教师从这三个方面加以引导，让学生阅读教材或有关资料，自己独立思考并得出结论，最后教师予以总结。
引导性问题：
1. 由雷电引起的过电压有哪几种？
2. 采用什么防雷设备防止直击雷、感应雷和雷电波侵入引起的过电压？
3. 如何画避雷针(线)的保护范围？怎样计算避雷针(线)的保护半径(宽度)？
4. 几种主要类型的避雷器是由哪些主要部分构成的？保护原理是什么？
5. 架空线路有哪些防雷措施？
6. 变配电所有哪些防雷措施？
7. 高压电动机有哪些防雷措施？
8. 建筑物有哪些防雷措施？</td></tr>
<tr><td rowspan="3">任务目标</td><td></td><td>内容要点</td><td>相关知识</td></tr>
<tr><td>知识目标</td><td>1. 了解大气过电压的基本知识。
2. 认知防止直击雷的防雷设备。
3. 认知防感应雷和雷电波侵入的设备。
4. 了解防雷设备的工作原理。
5. 了解架空线路的防雷措施。
6. 了解变配电所的防雷措施。
7. 了解高压电动机的防雷措施。
8. 了解建筑物的防雷措施。</td><td>1. 参见一、1
2. 参见二、1
3. 参见二、2
4. 参见二
5. 参见三、1
6. 参见三、2
7. 参见三、3
8. 参见三、4</td></tr>
<tr><td>技能目标</td><td>1. 会画避雷针(线)的保护范围曲线。
2. 会计算避雷针(线)的保护半径(宽度)。
3. 会设置架空线路、变配电所、高压电动机、建筑物的防雷措施。</td><td>1. 参见二、1
2. 参见二、1
3. 参见三</td></tr>
</table>

（续表）

任务实施	实施步骤	任务流程	资讯→决策→计划→实施→检查→评估（学生部分）
		资讯	（阅读任务书，明确任务，了解工作内容、目标，准备资料。）
		决策	（分析并确定采用什么样的方式方法和途径完成任务。）
		计划	（制订计划，规划实施任务。）
		实施	（学生具体实施本任务的过程，实施过程中的注意事项等。）
		检查	（自查和互查，检查掌握、了解状况，发现问题及时纠正。）
		评估	（该部分另用评估考核表。）
	实施条件	实施地点	高压实训室、一体化实训室（任选其一）。
		辅助条件	教材、专业书籍、多媒体设备、PPT课件等。
练习训练题			1. 大气过电压的含义是什么？分为哪几类？ 2. 防止直击雷的设备有哪些？防止感应雷和雷电波侵入的设备有哪些？ 3. 架空线路有哪些防雷措施？ 4. 变配电所有哪些防雷措施？ 5. 建筑物有哪些防雷措施？
学生应提交的成果			1. 任务书。 2. 评估考核表。 3. 练习训练题。

相关知识

一、过电压及其危害

1. 大气过电压

大气过电压是指供配电系统内的电气设备和地面建（构）筑物遭受直接雷击、感应雷击或雷电波侵入时产生的过电压。因引起此类过电压的能量来源于电力系统的外部，故又称为外部过电压。

大气过电压可分为直击雷过电压、感应雷过电压和雷电侵入波过电压三种基本形式。

（1）直击雷过电压

直击雷过电压是指雷云直接对建筑物或其他物体放电而引起的过电压。雷电流通过被击物体时，将产生具有破坏作用的机械效应和热效应，同时还可能由于电磁效应的作用而对附近物体闪络放电。由于直击雷过电压的幅值极高，是任何绝缘都无法承受的，因此必须采取有效地防护措施，通常采用避雷针、避雷线、避雷网或避雷带等进行防护。

（2）感应雷过电压

当输配电线路附近发生对地雷击时，在架空线的三相导线上往往会出现很高的感应过电压，它的幅值可高达 300～400kV。这个雷电侵入波沿线路侵入到变电所或厂房内，会导致设备的绝缘损坏。

感应雷过电压分静电感应过电压和电磁感应过电压两种。静电感应过电压的形成如图 6－1 所示。静电感应是由雷云接近地面，在架空线或凸出物顶部感应出大量与雷云所带的电荷相反的异性电荷，在雷云与其他部位放电后，架空线或凸出物顶部的电荷失去束缚，形成自由电荷，这时它们以电磁波速度向导线两端冲击流动，产生很高的过电压。电磁感应是由雷击后巨大的雷电流在周围空间产生迅速变化的强磁场引起的，这种磁场能使附近导体或金属结构感应出很高的电压。

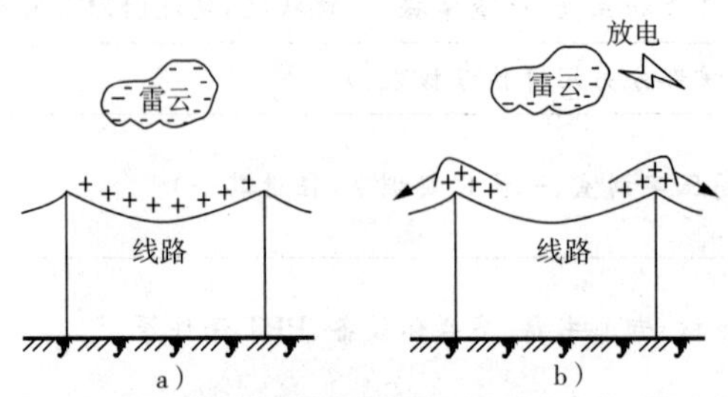

图 6－1　感应过电压的形成

a)主放电前；b)主放电后

(3)雷电侵入波过电压

雷电侵入波过电压是指由于架空线路或架空金属管道上遭受直接雷或感应雷而形成的高速冲击雷电荷，可能沿线路或管道侵入室内而形成的过电压。在电力系统中，由于雷电波的侵入而造成的雷电事故，约占雷害总数的一半。

2. 内部过电压

内部过电压是由于电网内部能量的转化或网络参数变化引起的，故称为内部过电压。内部过电压分为操作过电压、弧光接地过电压和谐振过电压三种。由于断路器操作和各类故障所引起的过渡过程，产生瞬间的电压升高，称为操作过电压。在小电流接地系统中，当发生单相接地时，常出现稳定性电弧或间歇性电弧，由于电网中存在电感和电容，电弧不停地熄灭和重燃，将在电网的健全相和故障相上产生很高的过电压，这种过电压称为弧光接地过电压。谐振过电压是由于系统中的参数组合(L、C)发生变化，使部分电路出现谐振，从而出现瞬间过电压。供配电系统中的断路器操作或单相接地的短路故障，都可能引起内部过电压。

二、防雷设备

防雷的主要工作包括电气设备的防雷和建(构)筑物的防雷。避雷针、避雷线、避雷带、避雷网、避雷器都是经常采用的防雷装置。

1. 防直击雷的设备

(1)避雷针装置

避雷针装置由针尖、接地引下线和接地装置三部分组成。

针尖一般用镀锌圆钢(针长 1～2m 时，直径不小于 16mm)或镀锌焊接钢管(针长 1～2m 时，内径不小于 25mm)制成，通常安装在电杆、构架或建筑物上，它的下端要经引下线与

接地装置焊接。

避雷针的保护范围以它能防护直击雷的空间来表示。在避雷针的下方，有一个安全区域，在这个区域里的空间基本不遭受雷击，该区域就称为避雷针的保护范围。对避雷针或避雷线的保护范围可采用“滚球法”①确定。所谓“滚球法”，就是选择一个半径为 h_r 的球体，沿避雷针滚动，则球体的外边缘轨迹与地面所包围的锥形空间即为避雷针的保护范围。单支避雷针的保护范围如图 6－2a 所示。单支避雷针保护范围的画法及计算如下。

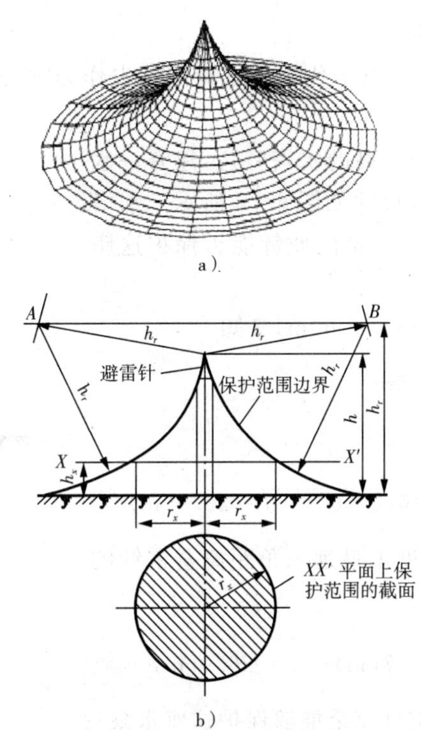

图 6－2　单支避雷针的保护范围

a)单支避雷针的保护范围示意图；b)单支避雷针的保护范围的画法

1)当避雷针高度 $h \leqslant h_r$ 时

① 距地面 h_r 处作一平行于地面的平行线。

② 以避雷针的针尖为圆心，h_r 为半径，作弧线交于平行线的 A、B 两点。

③ 分别以 A、B 为圆心，h_r 为半径作弧线，该弧线与针尖相交，并与地面相切，由此弧线起到地面止的整个旋转的锥形空间，就是避雷针的保护范围。

④ 避雷针在被保护物高度 h_x 的 XX' 平面上的保护半径，按下式计算：

$$r_x = \sqrt{h(2h_r - h)} - \sqrt{h_x(2h_r - h_x)} \qquad (6-1)$$

式中：h_r——滚球半径，按表 6－1 确定。

①根据 GB50057－94 规定，避雷针、避雷线作为保护建筑物时，其保护范围用“滚球法”确定；根据 GBJ64－1983 和 DL/T620－1997 的规定，避雷针、避雷线作为保护变配电所和电力线路时，其保护范围用“折线法”确定。因原理类似和篇幅所限，“折线法”在此不再论述。

表 6-1 按建筑物的防雷类别布置接闪器及其滚球半径

建筑物的防雷类别	避雷网尺寸(m×m)	滚球半径(m)
第一类防雷建筑物	5×5 或 6×4	30
第二类防雷建筑物	10×10 或 12×8	45
第三类防雷建筑物	20×20 或 24×16	60

2)当避雷针高度 $h>h_r$ 时

在避雷针上取高度 h_r 的一点来代替避雷针的针尖作为圆心,其余的作法与 $h\leqslant h_r$ 情况作法相同。

【例 6-1】 某厂一座 30m 高的水塔旁边,建有一水泵房(属第三类防雷建筑物),尺寸如图 6-3 所示。水塔上面装有一支高 2m 的避雷针。试问此针能否保护这座水泵房。

解:查表 6-1 得滚球半径 $h_r=60\text{m}$,又知

$$h_x=6\text{m}$$

由式(6-1)得保护半径

$$r_x=\sqrt{32(2\times60-32)}-\sqrt{6(2\times60-6)}=26.9(\text{m})$$

现水泵房在 $h_x=6\text{m}$ 高度上最远一角距离避雷针的水平距离为

$$r=\sqrt{(12+6)^2+5^2}=18.7(\text{m})<r_x=26.9(\text{m})$$

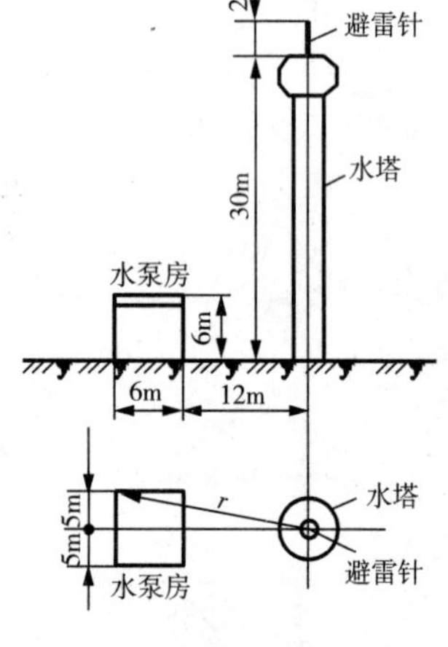

图 6-3 【例 6-1】图

由此可知,水塔上的避雷针完全能够保护这座水泵房。

(2)避雷线

避雷线(又称架空地线)一般用截面不小于 25mm^2 的镀锌钢绞线,架设在架空线路的上方,以保护架空线路或其他物体免受直接雷击。避雷线的功能和原理与避雷针基本相同。

单根避雷线的保护范围,按 GBJ57 修订本规定,当避雷线高度 $h\geqslant2h_r$ 时,无保护范围;当避雷线高度 $h<2h_r$ 时,应按下列方法确定保护范围,如图 6-4。

① 距地面 h_r 处作一平行于地面的平行线。

② 以避雷线为圆心,h_r 为半径,作弧线交于平行线的 A、B 两点。

③ 分别以 A、B 为圆心,h_r 为半径作弧线,这两条弧线相交或相切,并与地面相切,由此弧线起到地面止的整个空间就是避雷线的保护范围。

④ 当 $2h_r>h>h_r$ 时,保护范围最高点的高度 h_o 按下式计算:

$$h_o=2h_r-h \tag{6-2}$$

⑤ 避雷线在被保护物高度 h_x 的 XX' 平面上的保护宽度 b_x 可按下式计算:

$$b_x=\sqrt{h(2h_r-h)}-\sqrt{h_x(2h_r-h_x)} \tag{6-3}$$

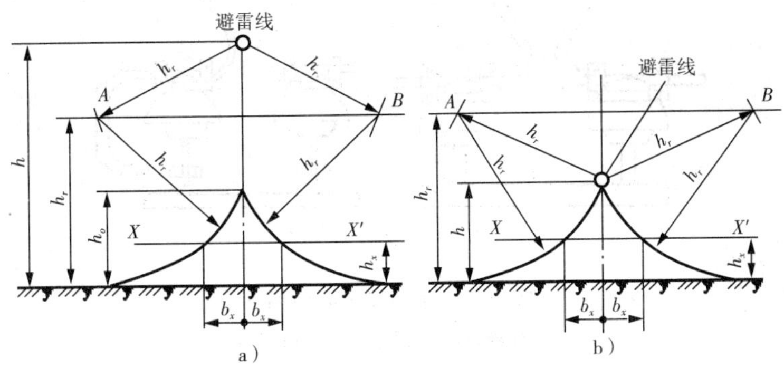

图 6-4 单根避雷线的保护范围

a)当 $2h_r>h>h_r$ 时；b)当 $h\leqslant h_r$ 时

(3)避雷带和避雷网

沿建筑物屋顶上部明装的金属带作为接闪器，沿外墙装引下线接到接地装置上的称为避雷带。

沿建筑物屋顶四周及屋顶上部装设金属网作为接闪器，沿外墙装引下线接到接地装置上的称为避雷网。

避雷带和避雷网的功能和工作原理与避雷针基本相同。避雷网网格宽度参见表 6-1。

2. 防感应雷和雷电波侵入的设备

避雷器是用来防护雷电产生的过电压波沿线路侵入变配电所或其他建筑物内，以免危及被保护设备的绝缘。避雷器也可用来限制内部过电压。

避雷器应与被保护设备并联，安装在被保护设备的线路侧，如图 6-5 所示。

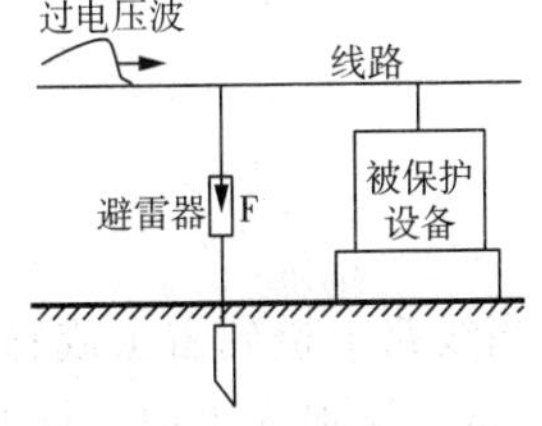

图 6-5 避雷器的连接

避雷器的主要型式有保护间隙、管型避雷器、阀型避雷器、金属氧化锌避雷器等。

(1)保护间隙

保护间隙主要由两个金属电极组成。常用的角型保护间隙结构如图 6-6 所示。

保护间隙的安装是将一个电极接线路，另一个电极接地。但为了防止间隙被外物短路而造成接地或短路，通常在其接地引下线中还串联一个辅助间隙，以提高可靠性，如图6-6b所示。保护间隙的工作原理是间隙未击穿时，间隙呈现高阻抗，间隙击穿时呈现低阻抗，以泄放电荷而降低两端电压。

保护间隙的特点是简单、经济、维护方便，但保护性能差、灭弧能力差、容易造成接地或短路故障，引起线路开关跳闸或熔断器熔断，造成停电。目前只有在缺乏避雷器或管型避雷器参数不能满足要求时才采用保护间隙，并要求与自动重合闸装置配合使用，以提高供电可靠性。保护间隙一般用于室外，且非重要负荷的线路上。

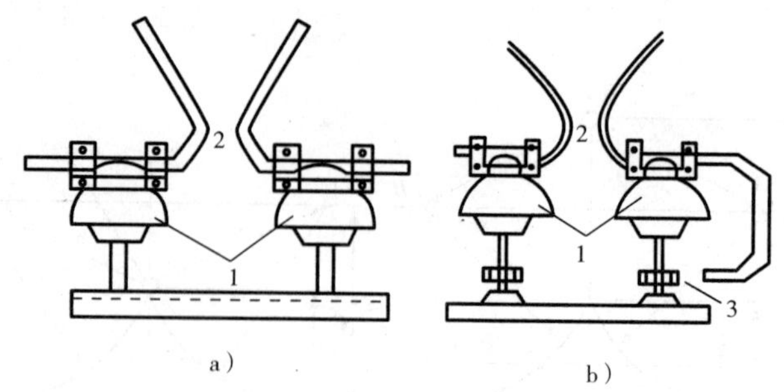

图 6-6　角型保护间隙图

1—支柱绝缘；2—主间隙；3—辅助间隙

(2)管型避雷器

管型避雷器又称为排气式避雷器，它实际是一个具有较高熄弧能力的保护间隙。它是由产气管、内部间隙和外部间隙三部分组成，如图 6-7 所示。

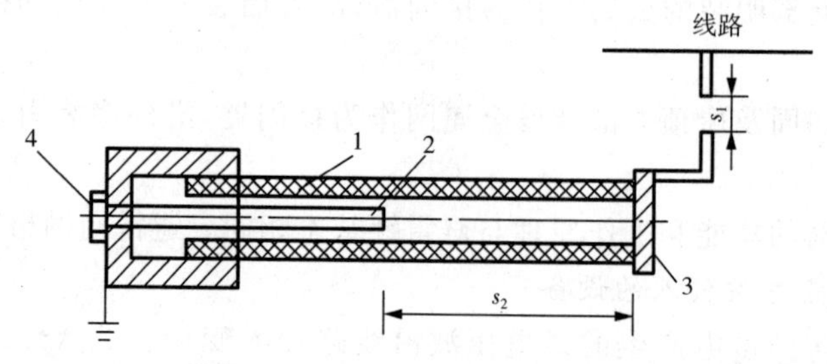

图 6-7　排气式避雷器

1—产气管；2—内部电极；3—外部电极；4—螺母；s_1—外部间隙；s_2—内部间隙

当线路上遭到雷击或感应雷时，过电压使管型避雷器的外部间隙 s_1 和内部间隙 s_2 被击穿，将雷电流泄入大地。同时雷电流和工频续流在管内产生强烈电弧，使产气管产生大量气体并从管口喷出，强烈吹弧。在电流第一次过零时，电弧即可熄灭。这时外部间隙的空气恢复了绝缘，使避雷器与系统隔离，恢复系统的正常运行。

管型避雷器具有残压小的突出优点，且简单、经济，但动作时有气体吹出，因此只用于室外线路。

(3)阀式避雷器

阀式避雷器是由磁套管、火花间隙和阀片等组成。火花间隙和阀片结构如图 6-8a 所示。在正常情况下，火花间隙阻止线路工频电流通过，但在雷电过电压作用下，火花间隙被击穿放电。

阀式避雷器的阀片具有非线性特性，正常电压时，阀片电阻很大，过电压时，阀片电阻很小，如图 6-8b 所示。因此，阀型避雷器在线路上出现过电压时，其火花间隙击穿，阀片能使雷电流顺畅地向大地泄放。一旦过电压消失，线路上恢复工频电压时，阀片呈现很大的电阻，使火花间隙绝缘迅速恢复而切断工频续流，从而保证线路恢复正常运行。

图 6-9 是 FS_4—10 型高压阀式避雷器和 FS—0.38 型低压阀式避雷器的结构图。

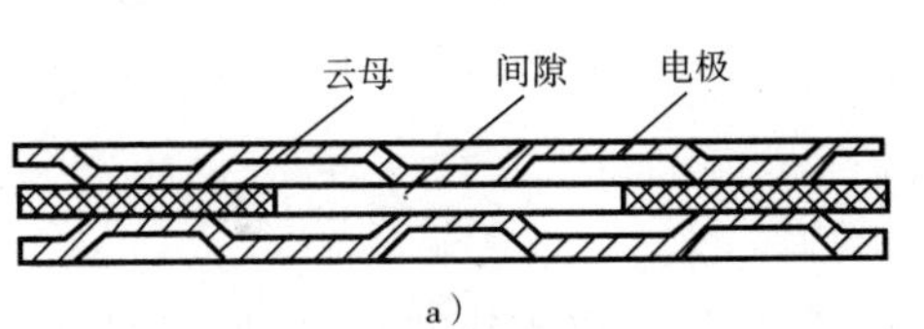

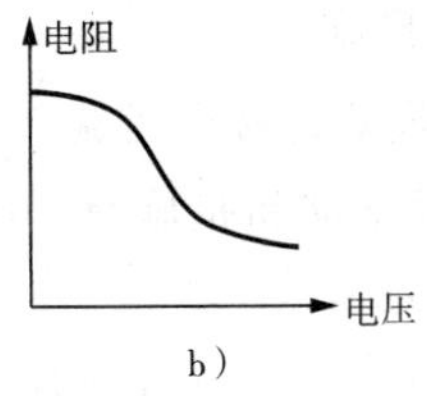

图 6－8　阀型避雷器的组成及特性

a)单元火花间隙；b)阀片的电阻与电压关系曲线

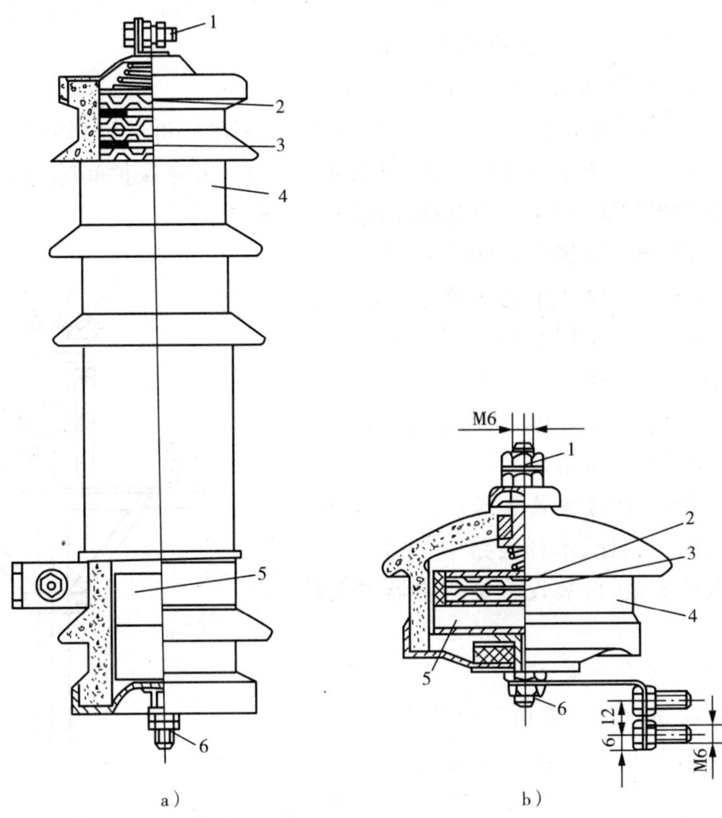

图 6－9　高压、低压阀式避雷器结构图

1—上接线端；2—火花间隙；3—云母垫圈；4—磁套管；5—阀片；6—下接线端

a)FS4－10 型；b)FS－0.38 型

(4)金属氧化物避雷器(MOA——Metal Oxide Arrester)

金属氧化物避雷器(又称压敏避雷器)是由一种压敏电阻片构成的避雷器。压敏电阻片是以氧化锌为主要原料烧成的，因此又称为氧化锌避雷器。因压敏电阻片具有十分优良的非线性，在正常电压下，仅有几百毫安的电流通过，因而无需采用火花间隙，所以它是一种没有火花间隙只有压敏电阻片的新型避雷器。

金属氧化物避雷器具有保护性能好、通流能力强、残压低、体积小和安装方便等优点，目前广泛应用于高低压电气设备的过电压保护中。

三、防雷措施

1. 架空线路的防雷措施

架空线路的防雷措施有：

(1)架设避雷线

架设避雷线是防雷击的有效措施。但是架设避雷线造价高，所以只在 63kV 及以上的架空线路上才沿全线装设，35kV 的架空线路上一般只在进、出变电所的一段线路上装设，而 10kV 及以下线路上一般不装设避雷线。

(2)提高线路本身的绝缘水平

在架空线路上，可采用木横担、瓷横担或采用高一级的绝缘子，以提高线路的防雷水平，这是 10kV 及以下架空线路防雷的基本措施。

(3)利用三角形排列的顶线兼作保护线

由于 3～10kV 线路通常是中性点不接地的系统，可在三角形排列的顶线绝缘子上，装设保护间隙，如图 6-10 所示。在雷击时，顶线承受雷击，击穿保护间隙，对地泄放雷电流，从而保护了下面两根导线，也不会引起线路断路器跳闸。

(4)装设自动重合闸装置(ARD)

线路上因雷击放电而产生的短路是由电弧引起的，断路器跳闸后，电弧即自行熄灭。如果采用自动重合闸装置，使开关经 0.5s 或更长一点时间自动重合闸，电弧通常不会复燃，从而恢复供电。

(5)绝缘薄弱点装设避雷器

对架空线路中的个别绝缘薄弱点，如跨越杆、转角杆、分支杆、带拉线杆、木杆线路中个别金属杆或个别铁横担电杆等处，可装设管型避雷器或保护间隙。

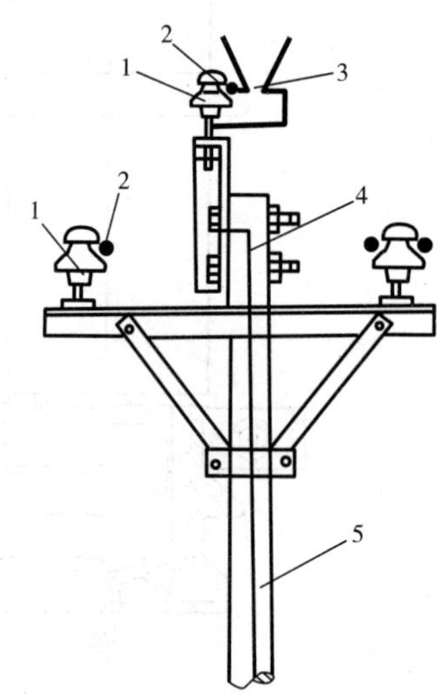

图 6-10　顶相绝缘子附加保护间隙示意图

1—支持绝缘子；2—架空导线；3—保护间隙；4—接地引下线；5—电杆

2. 变配电所的防雷措施

变配电所的防雷保护一般由三道防线组成：第一道防线的作用是防止雷电直击变配电所电气设备；第二道防线为进线保护段；第三道防线是通过避雷器将侵入变电所的雷电波降低到电气装置绝缘强度允许值以内。三道防线构成一个完整的变配电所防雷保护系统，如图 6-11 所示。

(1)装设避雷针

装设避雷针保护整个变配电所，避免直接雷击。如果变配电所处于附近高大建筑物上的避雷针保护范围以内或变配电所本身为室内型时，不必再考虑直击雷的防护。

(2)在进线段内装设避雷线

变电所的主要危险是来自于进线段之内的架空线路遭受雷击，所以进线段又称危险段。一般要求在距变电所 1～2km 的进线段装设避雷线，并且避雷线要具有很好的屏蔽和较高的耐雷水平。在进线段以外落雷时，由于进线段导线本身波阻抗的作用，限制了流入变电所

的雷电流和雷电侵入波的陡度。

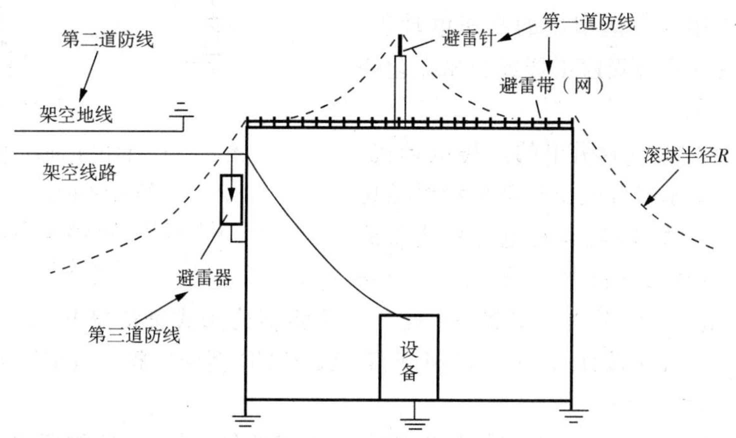

图 6-11　变配电所防雷保护的三道防线示意图

(3)高压侧装设避雷器

高压侧装设避雷器主要用来保护主变压器，以免雷电冲击波沿高压线路侵入变电所而损坏变压器。为此，要求避雷器尽量靠近变压器安装，其接地线应与变压器低压侧接地中性点及金属外壳连在一起接地，如图 6-12 所示。

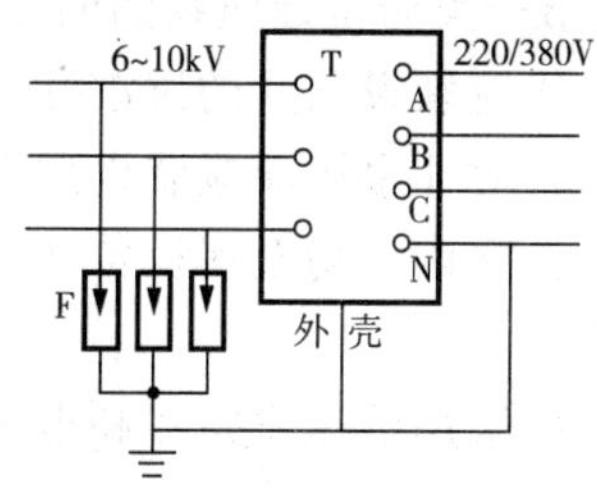

图 6-12　电力变压器的防雷及接地示意图

图 6-13 是 6～10kV 配电装置对雷电波侵入的防护接线示意图。在每路进线终端和母线上都装设避雷器。如果进线是具有一段引入电缆的架空线路，则避雷器应装在架空线路终端的电缆头处，见图 6-13 中的 F_2。

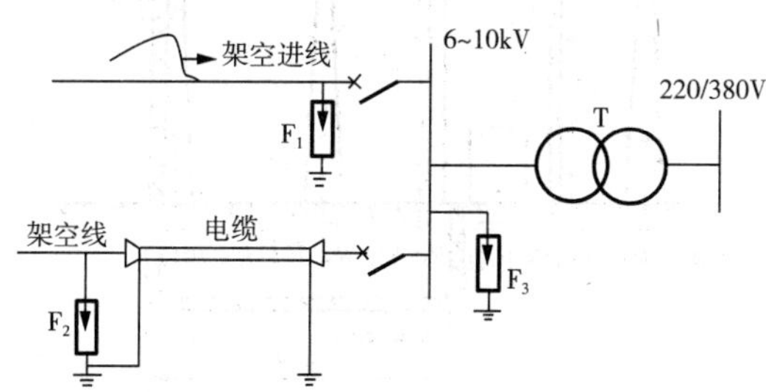

图 6-13　高压配电装置防护雷电波侵入示意图

F1、F2、F3—阀式避雷器

(4)低压侧装设避雷器

在低压侧装设金属氧化物避雷器，主要是为了在多雷区防止雷电波沿低压线路侵入而击穿变压器的绝缘。当变压器低压侧中性点不接地时，其中性点可装设金属氧化物避雷器或保护间隙。

3. 高压电动机的防雷措施

由于高压电动机的耐压水平低，对雷电波侵入的防护不能采用普通的阀式避雷器，要采用专用于保护旋转电机用的FCD型磁吹阀式避雷器或具有串联间隙的金属氧化物避雷器。

对定子绕组中性点能引出的高压电动机，就在中性点装设磁吹阀式避雷器或金属氧化物避雷器。

定子绕组中性点不能引出的高压电动机，可采用图6-14所示的接线。为降低沿线路侵入的雷电波波头陡度，减轻其对电动机绕组绝缘的危害，可在电动机前面加一段100～150m的电缆，并在电缆前的电缆头处安装一组排气式避雷器或阀式避雷器 F_1，而在电动机入口前的母线上安装一组并联有0.25～0.5μF电容器的FCD型磁吹阀式避雷器 F_2。

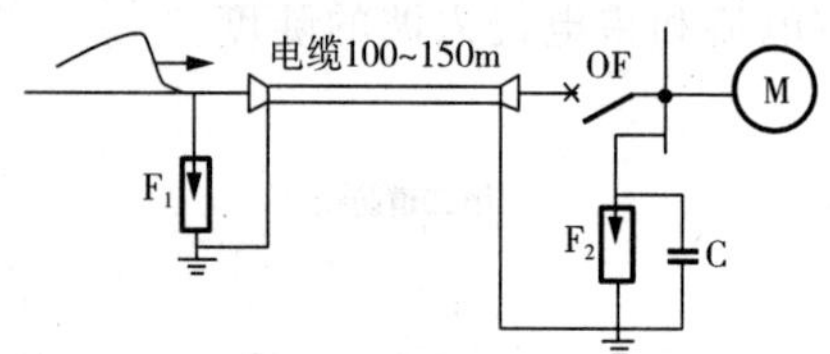

图6-14　高压电动机的防雷保护接线示意图

F_1—排气式避雷器或普通阀式避雷器；

F_2—磁吹阀式避雷器

4. 建筑物的防雷措施

建筑物根据其重要性、使用性质、发生雷击的可能性与后果，按防雷要求分为三类。它们的防雷措施如下。

(1)第一类防雷建筑物的防雷措施

第一类防雷建筑物的防雷示意图如图6-15所示。它的防雷措施有：

① 应装设独立的避雷针。

② 对非金属面应装设避雷网。

③ 室内一切金属设备和管道，均应良好接地并不得有开口环路，以防止雷击时感应过电压。

④ 采用低压避雷器和电缆进线，以防止雷击时高电压沿低压架空线路侵入建筑物。

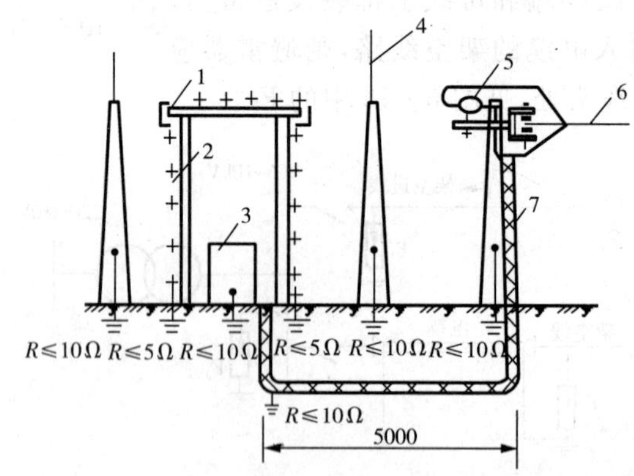

图6-15　第一类防雷建筑物防雷示意图

1—避雷网(防感应雷)；2—引下线；3—金属设备；4—独立避雷针(防直击雷)；5—低压避雷器；6—架空线；7—低压电缆(防止高电位引入)

(2)第二类防雷建筑物的防雷措施

第二类防雷建筑物的防雷示意图如图6-16所示。它的防雷措施有：

① 可在建筑物上装设避雷针或采用避雷针和避雷带混合保护，以防止直击雷。

② 室内一切金属设备和管道，均应良好接地并不得有开口环路，以防止感应雷。

③ 采用低压避雷器和架空进线，以防止高电位沿低压架空线侵入建筑物。

(3)第三类防雷建筑物的防雷措施

第三类防雷建筑物的防雷示意图如图 6－17 所示。它的防雷措施有：

① 可直接在建筑物最易遭受雷击的部位装设避雷带或避雷针来防止直击雷。

② 若为钢筋混凝土屋面，则可利用其钢筋作为防雷装置。

③ 为防止高电位进入，可在进户线上安装放电间隙或将其绝缘子铁脚接地。

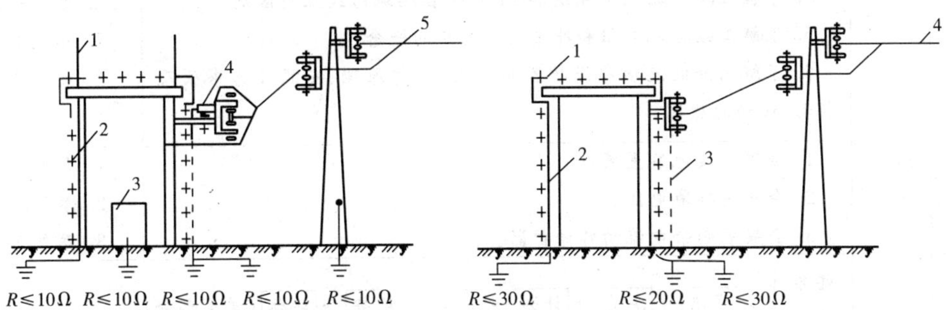

图 6－16　第二类防雷建筑物防雷措施示意图

1—避雷针(防直击雷)；2—引下线；3—金属设备；4—低压避雷器(防止高电位进入)；5—架空线

图 6－17 第三类防雷建筑物防雷示意图

1—避雷带(防直击雷)；2—引下线；3—烧瓶铁脚接地(防止高电位进入)；4—架空线

技能训练

参观变电所或仿真变电所，根据变电所的配电装置的布置，画出避雷针高度 $h>h_r$ 时，避雷针保护范围曲线。

任务二　电气装置的接地和剩余电流动作保护器

教师工作任务单

任务名称	任务二　电气装置的接地和剩余电流动作保护器
任务描述	本次任务是了解接地的概念、组成和类型；了解接地装置的装设、接地电阻的测量；了解剩余电流动作保护器的作用、工作原理、安装注意事项及拒动、误动的原因等。
任务分析	接地的概念、组成和类型部分由学生自己根据教材去阅读理解。保护接地型式、接地电阻的测量及剩余电流动作保护器等是此次任务的重点部分，教师主要围绕这部分加以引导，让学生阅读教材或有关资料，自己独立思考并得出结论，最后教师予以总结。接地装置的安装和接地电阻的测试是边学边做。 引导性问题： 1. 什么是接触电压和跨步电压？ 2. TN 系统、TT 系统和 IT 系统的构成、特点及适用场合？ 3. 接地装置由哪几部分构成？接地电阻如何测量？ 4. 设备漏电时，应采用何种设备防护？

（续表）

<table>
<tr><td rowspan="3">任务目标</td><td></td><td colspan="2">内容要点</td><td>相关知识</td></tr>
<tr><td>知识目标</td><td colspan="2">1. 了解接地装置的构成。
2. 知道接触电压和跨步电压的含义。
3. 了解接地的类型。
4. 掌握 TN 系统、TT 系统和 IT 系统在接地形式上的区别。
5. 了解工频接地电阻和冲击接地电阻的概念。
6. 了解剩余电流动作保护器的作用、工作原理、安装注意事项及拒动、误动的原因。</td><td>1. 参见一、1
2. 参见一、1
3. 参见一、2
4. 参见一、3
5. 参见二、1
6. 参见三</td></tr>
<tr><td>技能目标</td><td colspan="2">1. 会进行接地装置装设。
2. 会测量接地电阻。
3. 会安装剩余电流动作保护器。</td><td>1. 参见二、2
2. 参见二、4
3. 参见三</td></tr>
<tr><td rowspan="9">任务实施</td><td rowspan="7">实施步骤</td><td>任务流程</td><td colspan="2">资讯→决策→计划→实施→检查→评估（学生部分）</td></tr>
<tr><td>资讯</td><td colspan="2">（阅读任务书，明确任务，了解工作内容、目标，准备资料。）</td></tr>
<tr><td>决策</td><td colspan="2">（分析并确定采用什么样的方式方法和途径完成任务。）</td></tr>
<tr><td>计划</td><td colspan="2">（制订计划，规划实施任务。）</td></tr>
<tr><td>实施</td><td colspan="2">（学生具体实施本任务的过程，实施过程中的注意事项等。）</td></tr>
<tr><td>检查</td><td colspan="2">（自查和互查，检查掌握、了解状况，发现问题及时纠正。）</td></tr>
<tr><td>评估</td><td colspan="2">（该部分另用评估考核表。）</td></tr>
<tr><td rowspan="2">实施条件</td><td>实施地点</td><td colspan="2">一体化实训室和室外。</td></tr>
<tr><td>辅助条件</td><td colspan="2">教材、专业书籍、多媒体设备、PPT 课件等。</td></tr>
<tr><td colspan="2">练习训练题</td><td colspan="3">1. 接地装置由哪几部分组成？
2. 接触电压和跨步电压的含义各是什么？
3. 什么叫工作接地？什么叫保护接地？
4. TN 系统、TT 系统和 IT 系统在接地形式上有何区别？
5. 什么是工频接地电阻？什么是冲击接地电阻？
6. 剩余电流动作保护器拒动和误动的原因各有哪些？</td></tr>
<tr><td colspan="2">学生应提交的成果</td><td colspan="3">1. 任务书。
2. 评估考核表。
3. 练习训练题。</td></tr>
</table>

相关知识

一、电气设备的接地和等电位联结

1. 接地的基本概念

(1)接地装置

接地装置包括接地体(极)和接地线,如图 6-18 所示。埋入地中并直接与大地接触的金属导体称为接地体。电力设备或杆塔的接地螺栓与接地体或零线连接用的金属导体称为接地线。

(2)接触电压和跨步电压

发生接地短路时,接地体处具有最高电位,随着远离接地体,电位逐渐降低,距接地体约 20m 处电位降为零。单一接地体周围各点的电位变化如图 6-19 所示。

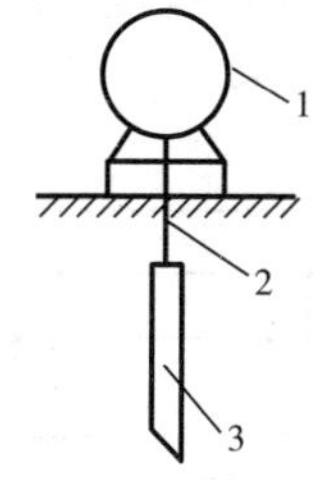

图 6-18　接地装置示意图

1—电力设备;2—接地线;3—接地体

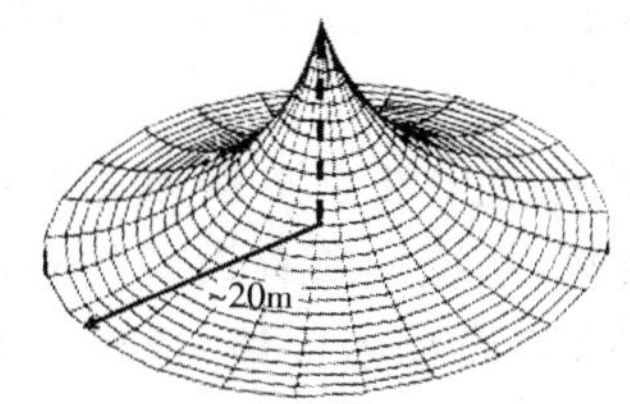

图 6-19　发生接地短路后电位分布示意图

接触电压是指接地短路(故障)电流流过接地装置时,地面上人体(离设备水平距离为 0.8m,地面的垂直距离 1.8m)触及设备外壳、架构或墙壁处,人体两点间的电位差,如图 6-20中的 U_{tou}。

跨步电压是指接地短路(故障)电流流过接地装置时,人的两脚间(取地面上水平距离 0.8m)的电位差,如图 6-20 中的 U_{step}。跨步电压的大小与步幅的大小和离接地点的远近有关,步幅越大,跨步电压越大;离接地点越近,跨步电压越大。通常离接地点约 20m 以外,跨步电压为零。

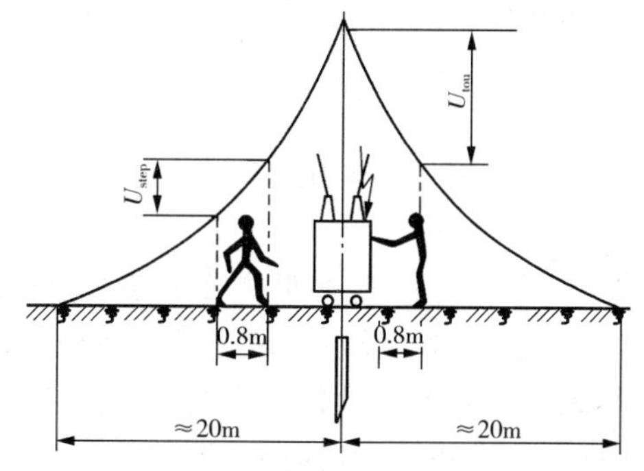

图 6-20　接触电压和跨步电压示意图

2. 接地的类型

电力系统和电力设备的接地,按其作用不同可分为工作接地、保护接地、防雷接地和防静电接地等。无论是什么类型的接地(零),其实质都是钳制电位,也就是把被接点的电位“拉”向零伏。

(1)工作接地

工作接地也叫系统接地,是根据电力系统正常运行方式的需要而将电力系统或设备中的某一点进行接地。如发动机或变压器的中性点直接接地或经特殊设备的接地等。工作接

地的目的是保证电力系统和电气设备在正常和事故情况下能够可靠地工作。

(2)保护接地

保护接地又称安全接地，是指电气设备绝缘损坏时，有可能使金属外壳、钢筋混凝土杆和金属杆塔等带电，为防止危及人身和设备安全而将其与大地进行金属性连接。

(3)防雷接地

防雷接地是为了实现对雷电流的泄放，以减小雷电流流过时的电位升高。例如避雷针、避雷线的接地等。

(4)防静电接地

防静电接地是为了防止静电对易燃易爆物体造成火灾爆炸，而对这些物体的管道、容器等设置的接地。

3. 保护接地的形式

保护接地的形式有两种：一种是设备外露可导电部分经各自的 PE 线(保护线)分别接地，如 TT 系统和 IT 系统；另一种是设备外露可导电部分经公共的 PE 线或 PEN 线(保护中性线)接地，如 TN 系统。前者过去称保护接地，后者过去称保护接零。

(1)IT 系统

IT 系统的电源中性点不接地或经高阻抗(约 1000Ω)接地，系统的所有设备的外露可导电部分各自经 PE 线单独接地、成组接地或集中接地，如图 6－21 所示。该系统供电可靠性较高，当发生一相接地时，设备仍可继续运行。这种系统主要用于低压系统容量与范围不大，系统绝缘良好且分布电容很小，对连续供电要求较高，以及有易燃易爆的场所，如矿山、冶金等。

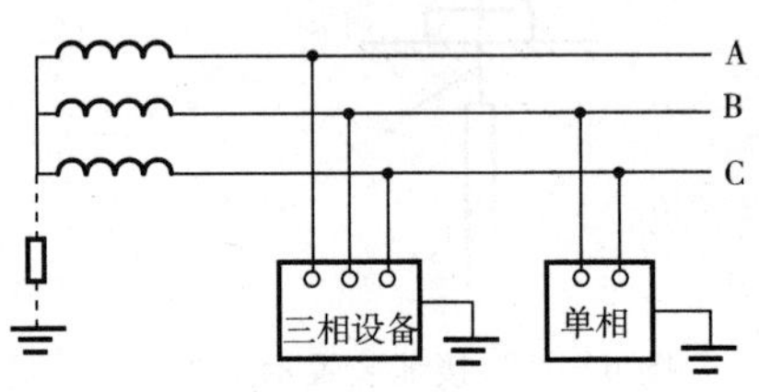

图 6－21　IT 系统

在 IT 系统中，如果未采取接地措施，如图 6－22a 所示，当某一相碰壳，人体触及时，作用于人体的电压为

$$U_d = \frac{3R_r}{|3R_r + Z|} U_\varphi \tag{6-4}$$

式中：U_φ——电网的相电压；

R_r——人体的电阻。

式中的人体电阻 R_r 如果为 2000Ω，电网对地的阻抗 $|Z|$ 为容抗，假设其值为 3000Ω，相电压为 220V，则漏电设备对地电压 U_d 为 196.8V，此电压远远大于 IEC 规定的安全电压阈值 50V，此时人若触及设备的外壳时，会有致命的危险。

若将电力设备的外壳接地，如图 6－22b 所示，其接地电阻为 R_E，由于人体电阻 R_r 与接地电阻 R_E 是并联的，人体电阻 R_r 又远大于接地电阻 R_E，所以式(6－4)中的 R_r 用 R_E 替换，就是接地后作用于人体的电压，即

$$U_d' = \frac{3R}{|3R_r + Z|} U_\varphi \approx \frac{3R_E}{|3R_E + Z|} U_\varphi \tag{6-5}$$

式中：R——人体电阻 R_r 与接地电阻 R_E 的并联值；

R_E——接地电阻。

如果上述参数不变，接地电阻 R_E 为 4Ω 时，相线碰壳时，作用于人体的电压 U_d' 只有 0.88V，此时流经人体的电流很小，几乎为零，避免了触电事故的发生。

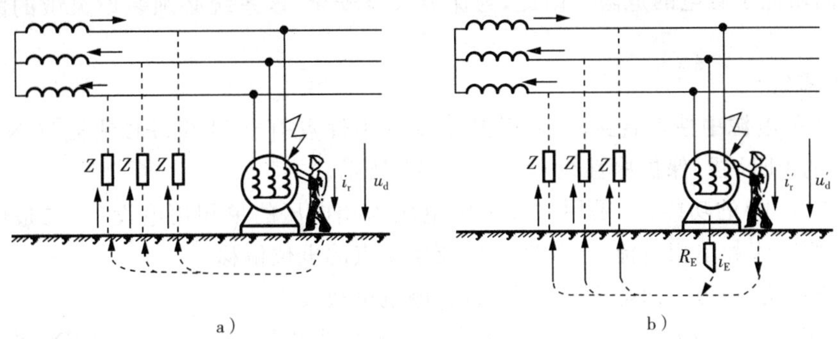

图 6-22　IT 系统设备漏电示意图

a)设备外壳未接地；b)设备外壳接地后

(2)TT 系统

TT 系统的中性点直接接地，并从中性点引出中性线，系统的所有设备外露可导电部分经各自的 PE 线单独接地，如图 6-23 所示。由于各设备的 PE 线之间没有直接的联系，相互间不会发生电磁干扰。因此这种系统适用于对抗电磁干扰要求较高的场所。

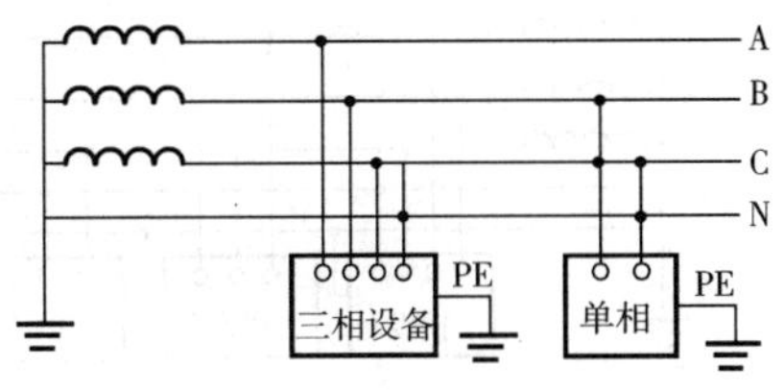

图 6-23　TT 系统

在 TT 系统中，如果未采取接地措施，如图 6-24a 所示，当某一相碰壳，人体触及时，作用于人体的电压为

$$U_d = \frac{R_r}{R_r + R_B} U_\varphi \tag{6-6}$$

因人体电阻远大于接地电阻 R_B，所以作用于人体的电压 U_d 几乎等于相电压 U_φ。

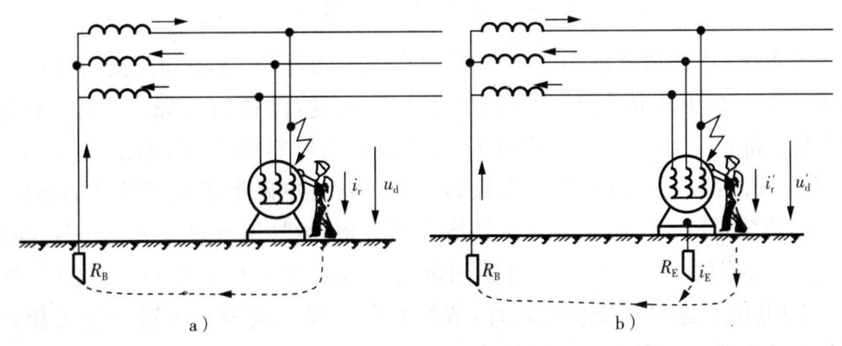

图 6-24　TT 系统设备漏电示意图

a)设备外壳未接地；b)设备外壳接地后

若将电气设备的外壳接地，如图 6-24b 所示。由于人体电阻 R_r 与接地电阻 R_E 是并联的，人体电阻 R_r 又远大于接地电阻 R_E，所以作用于人体的电压为 $U_d' \approx R_E U_\varphi/(R_E + R_B)$，当

$R_E=R_B=4\Omega$ 时，$U_d'\approx U_\varphi/2=110V$，这只是降低了触电危害的程度，仍然是很危险的。而此时回路的电流为 $U_\varphi/(R_E+R_B)=220/(4+4)=27.5A$，它往往不足以使线路的过流保护装置动作，从而增加了触电的危险。因此，为保障人身安全，该系统必须装设灵敏的漏电保护装置。

(3)TN 系统

TN 系统的电源中性点直接接地，并从电源的中性点引出 N 线、PE 线或将 N 线和 PE 线合二为一的 PEN 线(保护中性线)，如图 6-25 所示。

N 线(中性线)的功能：一是用来接额定电压为相电压的单相用电设备；二是用来传导三相的不平衡电流和单相电流；三是减小负荷中性点的电位偏移。

PE 线的功能：是为了保障人身安全，防止触电事故发生。

PEN 线是 N 线与 PE 线合二为一的导线，兼有 N 线和 PE 线的功能。PEN 线在我国习惯上称为“零线”。

TN 系统又可分为 TN—S、TN—C、TN—C—S 系统，分别如图 6-25a、b、c 所示。

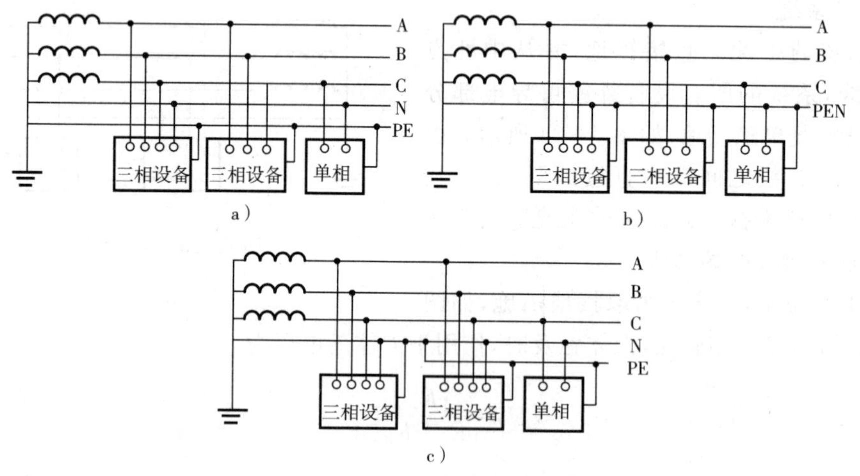

图 6-25　TN 系统

a)TN—S 系统；b)TN—C 系统；c)TN—C—S 系统

① TN-S 系统：这种系统的 N 线和 PE 线是分开的，所有设备的外露可导电部分均与公共的 PE 线相连。在正常情况下，PE 线上无电流通过，设备的外壳不带电，不会对接于 PE 线上的其他设备产生电磁干扰。但这种系统消耗的材料较多，增加了投资。这种系统多用于环境条件较差，对安全可靠性要求较高及设备对抗电磁干扰要求较高的场所。

② TN-C 系统：这种系统的 N 线和 P 线合用一根导线，所有设备外露可导电部分均与 PEN 线相连。当三相负荷不平衡或只有单相负荷时，PE 线上有电流通过，接 PE 线的设备外壳具有一定的电位。这种系统投资较省，节约有色金属。这种系统适用于三相负荷比较平衡、单相负荷容量不大的用户配电系统中。

③ TN—C—S 系统：TN—C—S 系统的前一部分采用 TN—C 系统，而后一部分则部分或全部采用 TN—S 系统。此系统比较灵活，对安全及对抗电磁干扰要求较高的场所，采用 TN—S 系统，而其他情况则采用 TN—C 系统。因此它兼有 TN—C 和 TN—S 系统的优点，经济实用。它在现代企业中应用日益广泛。

在 TN 系统中，当故障使电气设备金属外壳带电时，形成相线和零线（或保护线）短路，回路阻抗小，电流大，能使熔丝迅速熔断或保护装置动作切断电源。

4. 等电位联结

(1)等电位联结的功能与类型

等电位联结是使电气装置各外露可导电部分和装置外可导电部分的电位基本相等的一种电气联结。等电位联结的功能在于降低接触电压，以确保人身安全。

按《低压配电设计规范》规定：采用接地故障保护时，在建筑物内应作总等电位联结（MEB）。当电气装置或其某一部分的接地故障保护不能满足要求时，尚应在其局部范围内进行局部等电位联结（LEB）。

① 总等电位联结：总等电位联结是在建筑物进线处，将 PE 线或 PEN 线与电气装置接地干线、建筑物内的各种金属管道如水管、煤气管、采暖空调管道等以及建筑物的金属构件等，都接向总等电位联结端子，使它们都具有基本相等的电位，如图 6－26 中的 MEB。

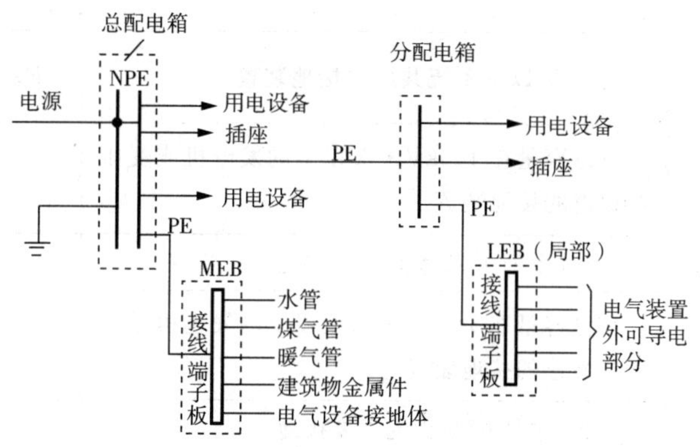

图 6－26　等电位联结系统图

② 局部等电位联结：局部等电位联结又称辅助等电位联结，是在远离总等电位联结处、非常潮湿、触电危险性大的局部地区内进行的等电位联结，作为总等电位联结的一种补充，如图 6－26 中的 LEB。特别是在容易触电的浴室及安全要求极高的胸腔手术室等处，宜作局部等电位联结。

(2)等电位联结的联结线要求

等电位联结的主母线截面，规定不应小于装置中最大 PE 线或 PEN 线的一半，采用铜线时截面不应小于 $6mm^2$，采用铝线时截面不应小于 $16mm^2$。采用铝线时，必须采取机械保护，且应保证铝线连接处的持久导电性。如果采用铜导线作联结线，其截面可不超过 $25mm^2$。如果采用其他材质导线时，其截面应能承受与之相当的载流量。

连接装置外露可导电部分与装置外可导电部分的局部等电位联结线，其截面也不应小于相应 PE 线或 PEN 线的一半。而连接两个外露可导电部分的局部等电位联结线，其截面不应小于接至该两个外露可导电部分的较小 PE 线的截面。

二、接地电阻及其测量

1. 接地电阻及其要求

接地电阻是接地体的流散电阻、接地线电阻和接地体电阻的总和。由于接地线和接地

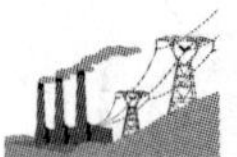

体的电阻相对很小,可略去不计,因此接地电阻可近似认为就是接地体的流散电阻。

工频接地电流流经接地装置所呈现的电阻,称为工频接地电阻。雷电流流经接地装置所呈现的电阻,称为冲击接地电阻。

我国有关规程规定的部分电力装置所要求的工频接地电阻和冲击接地电阻值,如表6-2所示。

表 6-2　部分电力装置要求的工频接地电阻值

<table>
<tr><th>序号</th><th>电力装置名称</th><th colspan="2">接地的电力装置特点</th><th>接地电阻值</th></tr>
<tr><td>1</td><td>1kV 以上大电流接地系统</td><td colspan="2">仅用于该系统的接地装置</td><td>$R_E \leqslant \frac{2000V}{I_k^{(1)}}$
当 $I_k^{(1)} > 4000A$, $R_E \leqslant 0.5\Omega$</td></tr>
<tr><td>2</td><td rowspan="2">1kV 以上小电流接地系统</td><td colspan="2">仅用于该系统的接地装置</td><td>$R_E \leqslant \frac{250V}{I_E}$
且 $R_E \leqslant 10\Omega$</td></tr>
<tr><td>3</td><td colspan="2">与 1kV 以下系统共用的接地装置</td><td>$R_E \leqslant \frac{120V}{I_E}$ 且 $R_E \leqslant 10\Omega$</td></tr>
<tr><td>4</td><td rowspan="4">1kV 以下系统</td><td colspan="2">与总容量在 100kV·A 以上的发电机或变压器相连的接地装置</td><td>$R_E \leqslant 4\Omega$</td></tr>
<tr><td>5</td><td colspan="2">上述(序号 4)装置的重复接地</td><td>$R_E \leqslant 10\Omega$</td></tr>
<tr><td>6</td><td colspan="2">与总容量在 100kV·A 及以下的发电机或变压器相连的接地装置</td><td>$R_E \leqslant 10\Omega$</td></tr>
<tr><td>7</td><td colspan="2">上述(序号 6)装置的重复接地</td><td>$R_E \leqslant 30\Omega$</td></tr>
<tr><td>8</td><td rowspan="5">避雷装置</td><td colspan="2">独立避雷针和避雷线</td><td>$R_E \leqslant 10\Omega$</td></tr>
<tr><td>9</td><td rowspan="2">变配电所装设的避雷器</td><td>与序号 4 装置共用</td><td>$R_E \leqslant 4\Omega$</td></tr>
<tr><td>10</td><td>与序号 6 装置共用</td><td>$R_E \leqslant 10\Omega$</td></tr>
<tr><td>11</td><td rowspan="2">线路上装设的避雷器或保护间隙</td><td>与电机无电气联系</td><td>$R_E \leqslant 10\Omega$</td></tr>
<tr><td>12</td><td>与电机有电气联系</td><td>$R_E \leqslant 5\Omega$</td></tr>
<tr><td>13</td><td rowspan="3">防雷建筑物</td><td colspan="2">第一类防雷建筑物</td><td>$R_{sh} \leqslant 10\Omega$</td></tr>
<tr><td>14</td><td colspan="2">第二类防雷建筑物</td><td>$R_{sh} \leqslant 10\Omega$</td></tr>
<tr><td>15</td><td colspan="2">第三类防雷建筑物</td><td>$R_{sh} \leqslant 30\Omega$</td></tr>
</table>

注:R_E为工频接地电阻;R_{sh}为冲击接地电阻;$I_k^{(1)}$ 为流经接地装置的单相短路电流;I_E为单相接地电容电流。

对 TT 系统和 IT 系统中电气设备外露可导电部分的保护接地电阻 R_E,应该满足接地电流 I_E通过 R_E时产生的对地电压不大于 50V,即接地电阻应该≤$50/I_E$。

对 TN 系统,其中所有外露可导电部分均接在公共 PE 线或 PEN 线上,不考虑保护接地电阻问题。

2. 接地装置的装设

(1)接地体的安装及要求

利用人工接地体时,要采用不少于 2 根的导体,并在不同地点与接地干线相连接。

采用人工接地体时,应满足下列要求。

① 人工接地体的材料:垂直埋设时常用直径为 50mm,管壁厚不小于 3.5mm,长2～3m 的钢管;也可采用长 2～3m,40mm×40mm×4mm 或 50mm×50mm×5mm 的等边角钢。水平埋设时,其长度为 5～20m。若采用角钢,其厚度不小于 4mm,截面不小于 48mm^2;用圆钢时,直径不小于 8mm。

② 接地体的间距:为减少相邻接地体之间的屏蔽作用,垂直接地体的间距不得小于接地体长度的 2 倍;水平接地体的间距一般不小于 5m。

③为减小自然因素对接地电阻的影响并取得良好的接地效果,埋入地中的垂直接地体顶端距地面不得小于 0.6m;若水平埋设,其深度也不得小于 0.6m。如图 6-27 所示。

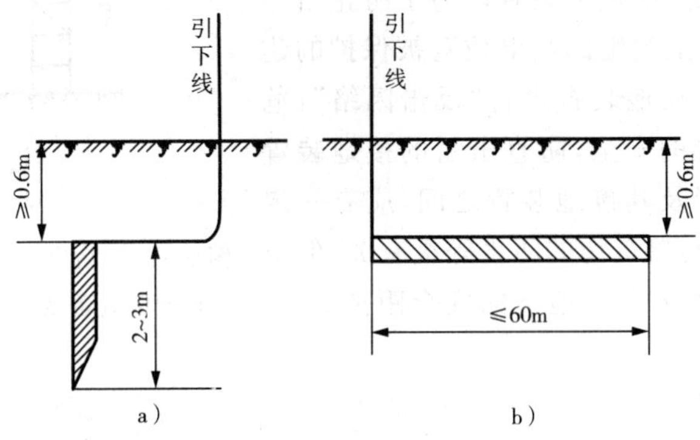

图 6-27 人工接地体的型式

a)垂直埋设的棒形接地体; b)水平埋设的带形接地体

④ 埋设接地体时,应先挖一条宽 0.5m、深 0.8m 的地沟,然后再将接地体打入沟内,上端露出沟底 0.1～0.2m,以便与接地体上的连接扁钢和接地线进行焊接。焊接好后,方可将沟填平夯实。为日后测量接地电阻方便,应在适当的位置加装接线卡子。

(2)接地线的安装及要求

实际工程中应尽量采用自然接地线。在建筑物钢结构的结合处,除已焊接者外,都要采用焊接线焊接。焊接线一般采用扁钢,作为接地干线的截面不得小于 100mm^2;作为接地支线的截面不得小于 48mm^2。对于暗敷管道和作为接地零线的明敷管道,其结合处的跨接线可采用直径不小于 6mm 的圆钢。利用电缆外皮作接地线时,一般应有两根铠封钢带,若只有一根,应敷设辅助接地线。

当另设人工接地线时,应满足下列要求。

① 材料:一般采用钢质(扁钢或圆钢)接地线。

② 大小规格要求:扁钢厚度不小于 3mm,截面不小于 24mm^2,圆钢直径不小于 5mm。电气设备的接地线用绝缘导线时,铜芯线截面不小于 25mm^2,铝芯线截面不小于 35mm^2;架空线路的接地线用钢绞线,其截面不小于 35mm^2。

③ 满足保护的要求:网内任一点的最小短路电流不小于最近处熔断器熔体额定电流的

4.5 倍和低压断路器瞬时动作电流的 1.5 倍，并能满足热稳定的要求。同时接地线和零线的电导一般不小于相线电导的 1/2。

④ 接地线与接地体的连接：一般采用焊接或压接。采用焊接时，扁钢的搭接长度应为宽度的 2 倍，且至少焊接 3 个棱边；圆钢的搭接长度应为直径的 6 倍。采用压接时，应在接地线端加金属夹头，与接地体夹牢，夹头与接地体相接触的一面应镀锡，接地体连接夹头的地方应擦拭干净。

⑤中性点直接接地的低压电气设备的专用接地线或零线宜与相线一起敷设。

⑥ 接地线的着色：黑色为保护接地；紫色底黑色条（每隔 15cm 涂一黑色条，条宽 1～1.5cm）为接地中性线。接地线应装设在明显处，以便于检查。

(3)防直击雷装置的安全距离要求

避雷针宜装设独立的接地装置。为了防止雷击时雷电流在接地装置上产生的高电位对被保护的建筑物和配电装置及其接地装置进行“反击闪络”，危及建筑物和配电装置的安全，防直击雷的接地装置与建筑物和配电装置及其接地装置之间，应有一定的安全距离，此距离与建筑物的防雷等级有关，但空气中安全距离 S_0 不小于 5m，地下的安全距离 S_E 不小于 3m，如图 6－28 所示。

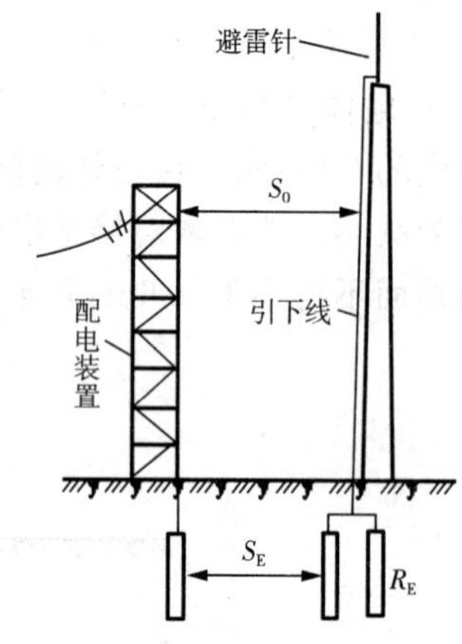

图 6－28　防直击雷的接地装置对建筑物和配电装置及其接地装置的安全距离

3. 接地电阻的计算

(1)工频接地电阻计算

在工程设计中，接地体的工频接地电阻可采用表 6－3 中的公式计算。

表 6－3　工频接地电阻的计算公式

类别	项　目	计算公式	符号含义
人工接地体	单根垂直管形（或棒形）接地体	$R_{E(1)} \approx \rho/l$	$R_{E(1)}$——单根接地体的工频接地电阻，Ω； R_E——工频接地电阻，Ω； ρ——土壤电阻率，Ω·m； l——接地体长度，m； η_E——接地体的利用系数； n——管子数目。 A——环形接地带所包围的面积，m^2
	多根垂直管形接地体	$R_E = \frac{R_{E(1)}}{n\eta_E}$	
	单根水平带形接地体	$R_E \approx 2\rho/l$	
	n 根放射形水平接地带	$R_E = \frac{0.062\rho}{n+1.2}$	
	环形接地带	$R_E \approx \frac{0.6\rho}{\sqrt{A}}$	
自然接地体	埋地的水管和电缆金属外皮等	$R_E \approx 2\rho/l$	V——钢筋混凝土基础体积，m^3
	钢筋混凝土基础	$R_E \approx \frac{0.2\rho}{\sqrt[3]{V}}$	

(2)冲击接地电阻计算

冲击接地电阻 R_{sh} 可按下列公式近似计算：

$$R_{sh} \approx \beta R_E \tag{6-7}$$

式中:β——为冲击电阻换算系数,可查表 6-4。

表 6-4　冲击电阻换算系数 β

土壤电阻率/(Ω·m)		≤100	500	1000	≥2000
接地网中至最远端的长度(m)	20	1	0.67	0.5	0.33
	40	—	0.80	0.53	0.34
	60	—	—	0.63	0.38
	80	—	—	—	0.43

4. 接地电阻的测量

(1)测量接地电阻的基本原理

如图 6-29 所示,当两管形接地体上加电压 U,接地体 A 和 B 构成回路产生电流,形成图中所示的电位分布曲线,离接地体 20m 处电位等于零,即在 CD 区是零电位区。只要测得接地体与大地零电位点间的电压和流过接地体的电流,就可以方便地计算出接地体 A(或 B)的接地电阻 R_{AC}(或 R_{BD}),即

$$R_{AC} = \frac{U_{AC}}{I_{jd}} \text{或} R_{BD} = \frac{U_{BD}}{I_{jd}} \tag{6-8}$$

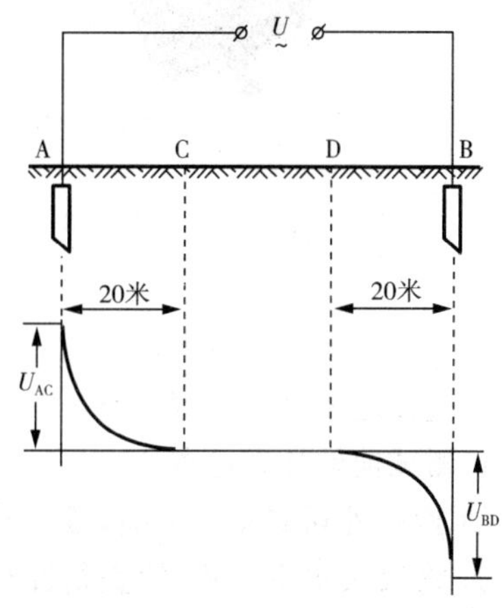

图 6-29　接地体周围的电位分布

在测量接地体的接地电阻时,为了使电流能够从接地体流入大地,除了被测接地体外,还要另外加设辅助接地体(电流极 C),以构成电流回路。为了测量接地体与大地零电位之间的电压,必须再设一个测量电压用的测量电极(电压极 P)。其接线原理图和等效电路图如图6-30所示。

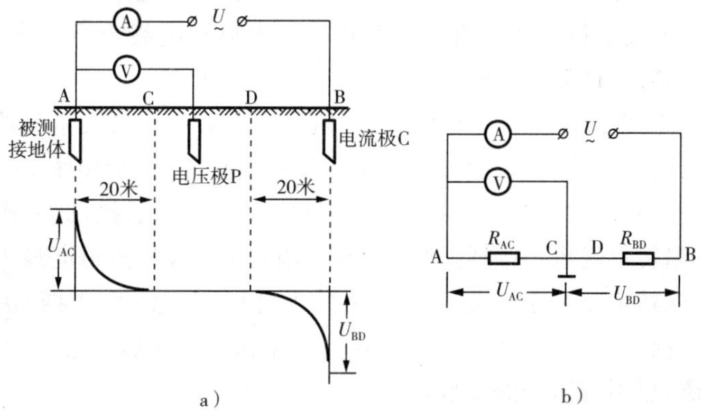

图 6-30　测量接地电阻的原理图及等效电路图

a)测量接地电阻的原理图；b)等效电路图

(2)接地电阻的测量

测量接地体的接地电阻一般可采用接地电阻测量仪测量。在此介绍比较常用的ZC—8型接地电阻测量仪。

ZC—8型接地电阻测量仪主要由手摇发电机、相敏整流放大器、电位器、检流计等部件组成,并备有电流极、电压极和导线等附件。外形及面板如图6-31所示。

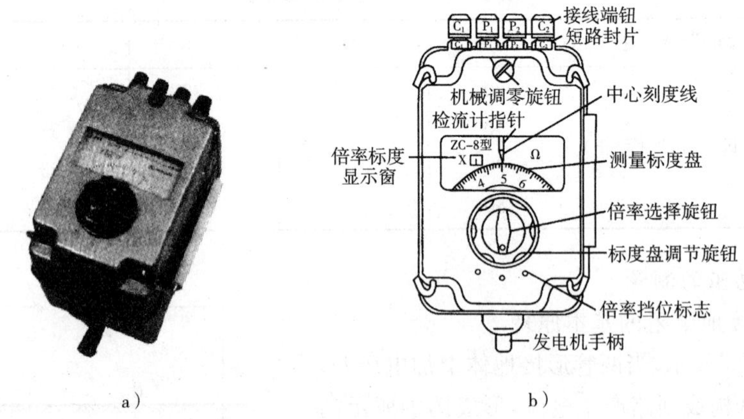

图6-31　ZC—8型接地电阻测量仪(四端钮)

a)外形图;b)四端钮面板图

ZC—8型接地电阻测量仪有三端钮(C、P、E)和四端钮(C_1、P_1、P_2、C_2)两种。

测量接地电阻的步骤如下:

1)测试前的外观检查

① 检查外观应完好无损,量程开关、标度盘转动灵活,挡位准确。

② 将仪表水平放置,检查指针与仪表中心是否重合,若不重合,应调整使其重合。此项调整相当于指示式仪表的机械调零,在此为调整指针。

2)测试前的试验

① 仪表的短路试验:目的是检查仪表的准确度。一般在最小量程挡进行。方法是将仪表的C_1、C_2、P_1、P_2(或C、P、E)用裸铜线短接,摇动仪表摇把后,指针向左偏转,此时边摇边调整标度盘旋钮,当指针与中心刻度线重合时,指针应指标度盘上的“0”,即指针、中心刻度线和标度盘上零刻度线三位一体成直线。若指针与中心刻度线重合时未指零,说明仪表本身就不准确,测出的数值也不会准确。

② 仪表的开路试验:目的是检查仪表的灵敏度。一般应在最大量程挡进行。方法是将仪表的四个接线端钮中C_1和P_1、P_2和C_2分别用裸铜线短接,三个接线端钮的只需将C和P短接,此时仪表为开路状态。进行开路试验时,只能轻轻转动摇把,此时指针向右偏转。在不同挡位时,指针偏转角度也不一样,以倍率最小挡×0.1挡偏转角度最大,灵敏度最高;×1挡次之,×10挡偏转角度最小。为了防止用最小量程挡(如×0.1挡)快速摇动摇把做开路试验将仪表指针损坏,所以接地电阻测量仪一般不做开路试验。另外,从手摇发电机绕组绝缘水平很低考虑,也不宜做开路试验。

3)接地电阻的测量

① 拆线:拆开接地干线与接地体的连接点。

② 插入接地体：将两支测量接地棒分别插入离接地体 20m 与 40m 远的地中，深度约 0.4m。

③ 接线：把接地摇表放置于接地体附近平整的地方，然后用最短的一根连接线连接接线柱 E（四端钮的 C_2 和 P_2）和被测接地体 E′，用较长的一根连接线连接接线柱 P（四端钮的 P_1）和 20m 远处的接地棒 P′，用最长的一根连接线连接接线柱 C（四端钮的 C_1）和 40m 远处的接地棒 C′，接线如图 6－32 所示。

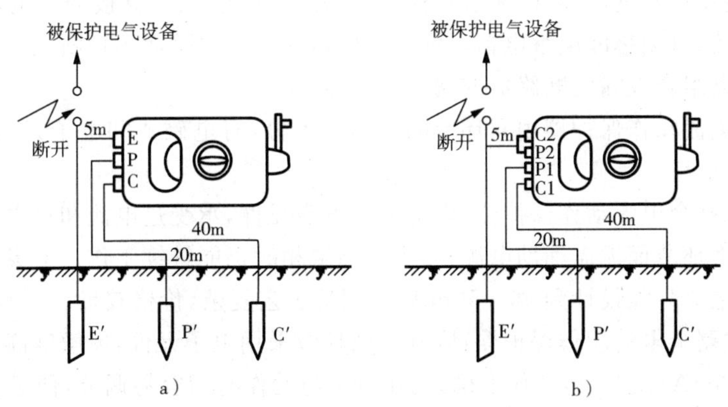

图 6－32　测量接地电阻示意图

a）三端钮接线；b）四端钮接线

④ 调节旋钮：根据被测接地体的估猜电阻值，调节好粗调旋钮。

⑤ 摇动手柄：以大约 120r/min 的转速摇动手柄，当仪表指针偏离中心时，边摇动手柄边调节细调拨盘，直至表针居中稳定后为止。

⑥ 读数：细调拨盘的读数×粗调旋钮倍数即得被测接地体的接地电阻值。

三、剩余电流动作保护器

1. 作用

剩余电流动作保护器（原称漏电保护器）主要作用是保护人身免受电击伤亡及防止因电气设备或线路漏电而引起火灾等事故。

2. 剩余电流动作保护器的工作原理

工作原理示意图如图 6－33 所示，在正常情况下，通过零序电流互感器 TAN 一次侧的三相电流相量和等于零，即 $\dot{I}_A+\dot{I}_B+\dot{I}_C=0$，零序电流互感器 TAN 的铁芯中没有磁通，其二次侧没有电流输出。当被保护电路发生漏电或有人触电时，三相电流相量和不等于零，即 $\dot{I}_A+\dot{I}_B+\dot{I}_C=\dot{I}_d$，TAN 中产生零序磁通，其二次侧有电流输出，经放大器 A 放大后，驱动低压断路器 QF 的脱扣线圈 YR，使断路器 QF 自动跳闸。

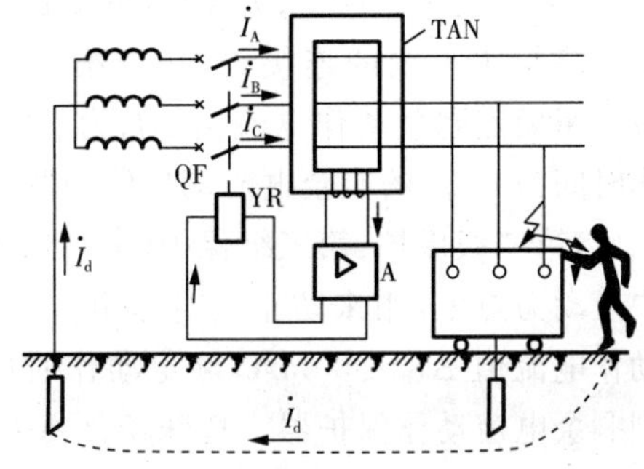

图 6－33　剩余电流动作保护器工作原理示意图

3. 剩余电流动作保护器类型

根据剩余电流动作保护器所具有的保护功能和特征不同，大体上可分为以下几类。

(1)剩余电流动作保护器：仅有漏电保护的保护器，不带过负荷、短路保护。过去称漏电开关，国际标准称为 RCCB。

(2)剩余电流动作断路器：带过负荷、短路和漏电三种保护的保护器。过去称漏电断路器，国际标准称为 RCBO。

(3)剩余电流动作继电器：既无过负荷、短路保护功能，也不直接分合电路，仅有漏电报警作用的保护器，过去称漏电继电器。漏电继电器除作为报警而不切断电源外，也可与一般断路器或接触器组合成漏电断路器或漏电接触器。

根据剩余电流动作保护器中间环节的结构特点分，有电磁式和电子式两种。他们的特点如下。

(1)电磁式剩余电流动作保护器：全部采用电磁元件，承受过电流和过电压的能力较强；因没有电子放大环节而无需辅助电源，当主电路缺相时仍能继续工作。但灵敏度不高，一般额定剩余动作电流只能设计到 40～50mA，且制造工艺复杂，价格较贵。

(2)电子式剩余电流动作保护器：因其中间环节采用电子元件，灵敏度高，额定剩余动作电流可以小到 6mA；误差小，动作准确；动作电流与动作时间容易调节，便于实现分级保护；容易设计出多功能保护器；对元件的要求不高，工艺制造简单。但应用元件较多，可靠性较低；抗冲击能力较弱；承受过电流和过电压的能力较差；当主电路缺相时，可能失去辅助电源而丧失保护功能。

4. 剩余电流动作护保器分级设置(以三级为例)

(1)第一级保护：第一级保护(总保护)设置在变压器出口处，如图 6-34 所示，主要是防止供配电线路的倒杆、断线碰地造成危险。按线路总的剩余电流大小及动作时间需要，一般选用额定剩余动作电流值 ΔI_n 不小于 300mA、额定动作时间 0.5～1.0s 延时型剩余电流动作保护器。但动作电流的大小应视具体情况可作适当地调整。

(2)第二级保护：第二级保护(分支保护)设置在各条分支线路与主干线的连接处，作为第三级的后备保护。一般选用额定剩余动作电流值 ΔI_n 为 60～100mA，额定动作时间为 0.3s 的剩余电流动作保护器。

(3)第三级保护：第三级保护(末端保护)设置在各家各户及动力点上，用来防止人身触电。一般选用额定剩余动作电流值 $\Delta I_n \leqslant 30$mA，额定动作时间小于 0.1s 速断型剩余电流动作保护器。特殊场合要采用额定剩余动作电流值更小，额定动作时间更短的剩余电流动作保护器。

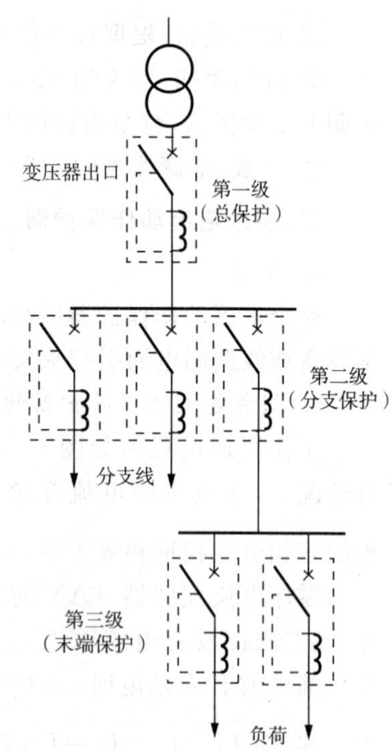

图 6-34　低压电网剩余电流动作保护器分级设置示意图

分级保护的上下级剩余电流动作保护器的额定剩余动作电流与漏电动作时间均应做到相互配合，额定剩余动作电流级差通常为 1.2～2.5 倍，

时间级差0.1～0.2s。

5. 剩余电流动作保护器安装注意事项

除应遵守常规电气设备安装规程外，还应注意以下几点。

(1)标有电源侧和负荷侧的剩余电流动作保护器不能接反。若接反，会导致电子式剩余电流动作保护器脱扣线圈无法随电源切断而断电，以致长时间通电而烧毁。

(2)安装剩余电流动作保护器时，必须严格区分中性线(N线)和保护线(PE线)。使用三极四线式和四极四线式剩余电流动作保护器时，中性线应接入剩余电流动作保护器。

(3)中性线(N线)在剩余电流动作保护器负荷侧不能再接地，否则剩余电流动作保护器不能正常工作。

(4)采用剩余电流动作保护器的支路，其中性线只能作为本回路中性线，禁止与其他回路中性线相连。

(5)剩余电流动作保护器安装完成后，对完工的剩余电流动作保护器要进行检验，以保证其灵敏度和可靠性。剩余电流动作保护器安装后的检验项目有：

① 用试验按钮试验3次，均应正确动作。

② 带负荷分、合交流接触器或开关3次，均不应误动作。

③ 每相分别用3kΩ试验电阻接地试验，均应可靠动作。

确认动作正确无误后，方可正式投入使用。

6. 剩余电流动作保护装置的运行与维护

由于剩余电流动作保护器是涉及人身安全的重要装置，因此日常工作中要按照国家有关剩余电流动作保护器运行的规定，做好运行维护工作，发现问题及时处理。

(1)剩余电流动作保护器投入运行后，应每年对保护系统进行一次普查。普查的重点项目有：

① 测试漏电动作电流值。

② 测量电网和电器设备的绝缘电阻。

③ 测试分断时间。

(2)每月至少对剩余电流动作保护器用试跳器试验一次，雷雨季节应增加试验次数。每当雷击或其他原因使剩余电流动作保护器动作后，应做一次试验。停用的剩余电流动作保护器使用前应试验一次。

(3)剩余电流动作保护器动作后，若经检查未发现事故点，允许试送电一次。如果再次动作，应查明原因，不得连续强送电。

(4)剩余电流动作保护器故障后要及时更换，并由专业人员修理。

(5)严禁私自拆除剩余电流动作保护器或强送电。

(6)在保护范围内发生人身触电伤亡事故，应检查剩余电流动作保护器动作情况，分析未能起到保护作用的原因，在未调查清楚之前，不得改动剩余电流动作保护器。

7. 剩余电流动作保护器的常见故障

(1)剩余电流动作保护器误动作

误动作的原因是多方面的。有来自线路方面的，也有来自保护器本身的原因。误动作的常见原因有以下几种。

① 接线错误：如在TN－C－S系统中，误把保护线(PE线)与中性线(N线)接反或保护

器后方有中性线与其他回路的中性线连接或接地，这将引起误动作。

② 设备选型不当：在照明和动力合用的 TN 系统中，错误地选用三极剩余电流动作保护器，负载的中性线直接接在保护器的电源侧而引起误动作。

③ 电磁干扰：剩余电流动作保护器附近有大功率电器，当其开、合时产生电磁干扰，或附近装有磁性元件或较大的导磁体，均可能在互感器铁芯中产生附加磁通量而导致误动作。

④ 同一回路的各相不同步合闸：当同一回路的各相不同步合闸时，先合闸的一相可能产生足够大的泄漏电流，也会引起误动作。

⑤ 其他原因：如偏离使用环境温度、相对湿度、机械振动过大等超过保护器设计条件时也可造成剩余电流动作保护器误动作。

(2)剩余电流动作保护器拒动

尽管拒动作比误动作少见，但它造成的危险性比误动作要大，拒动作产生的主要原因有以下几种。

① 漏电动作电流选择不当：选用的保护器动作电流整定值过大，而实际产生的漏电值没有达到整定值，使保护器拒动作。

② 接线错误：在 TN－C－S 系统中，在剩余电流动作保护器后如果把保护线(PE 线)与中性线(N 线)接在一起，发生漏电时，漏电保护装置将拒动作。

③ 其他原因：产品质量低劣、线路绝缘阻抗降低，也会导致保护器拒动作。

技能训练

自制一个接地装置，用接地电阻测量仪测量其接地电阻值。

任务三　电气安全用具的认识和使用

教师工作任务单

任务名称	任务三　电气安全用具的认识和使用
任务描述	本次任务是了解绝缘安全用具和一般防护安全用具的组成、作用及其使用注意事项等。
任务分析	此次任务由于内容比较简单，让学生阅读教材或有关资料，自己独立思考并得出结论，教师只需提出一些引导性问题，使学生了解完成此次任务的主要目标即可，但更重要的是提高学生的安全观点和安全意识。 引导性问题： 1. 电气安全用具分为哪几类？它们的含义各是什么？ 2. 几种主要安全用具的构成、作用及注意事项是什么？

（续表）

		内容要点	相关知识
任务目标	知识目标	1. 了解电气安全用具类型及其含义。 2. 认识主要电气安全用具的构成、作用及注意事项。 3. 认识常见标示牌及其悬挂地点。	1. 参见一 2. 参见二、三、四 3. 参见四、5
	技能目标	1. 会用高压验电器进行验电。 2. 能正确的挂、拆接地线。	1. 参见二、3 2. 参见四、3
任务实施	实施步骤	任务流程	资讯→决策→计划→实施→检查→评估（学生部分）
		资讯	（阅读任务书，明确任务，了解工作内容、目标，准备资料。）
		决策	（分析并确定采用什么样的方式方法和途径完成任务。）
		计划	（制订计划，规划实施任务。）
		实施	（学生具体实施本任务的过程，实施过程中的注意事项等。）
		检查	（自查和互查，检查掌握、了解状况，发现问题及时纠正。）
		评估	（该部分另用评估考核表。）
	实施条件	实施地点	电气安全实训室、一体化实训室（任选其一）。
		辅助条件	教材、专业书籍、多媒体设备、PPT 课件等。
练习训练题	1. 电气安全用具的作用是什么？它分成哪几大类？ 2. 什么叫基本安全用具？属于这一类的安全用具主要有哪些？什么叫辅助安全用具？属于这一类的安全用具主要有哪些？ 3. 装有绝缘手柄的钢丝钳，在低压电路中能否作为基本安全用具使用？ 4. 高压验电器的验电步骤是什么？ 5. 挂接地线和拆接地线的步骤是什么？		
学生应提交的成果	1. 任务书。 2. 评估考核表。 3. 练习训练题。		

相关知识

一、电气安全用具的概念及分类

电气安全用具是防止触电、坠落、电弧灼伤等工伤事故，保障工作人员安全的各种专用工具和用具。

电气安全用具可分为绝缘安全用具和一般防护安全用具两大类。绝缘安全用具又分为基本安全用具和辅助安全用具两类。

1. 绝缘安全用具

(1)基本安全用具:是指那些绝缘强度能长时间承受电气设备的工作电压,并能在该电压等级产生的过电压下保证人身安全的绝缘工具。基本安全用具可直接用来操作带电设备或接触带电体。属于这一类的安全用具有绝缘棒、绝缘夹钳和验电器等。

(2)辅助安全用具:是指那些绝缘强度不足以承受电气设备或线路的工作电压,而只能加强基本安全用具的保护作用。因此,辅助安全用具配合基本安全用具使用时,能起到防止工作人员遭受接触电压、跨步电压和电弧灼伤等伤害。属于这一类的安全用具有绝缘手套、绝缘靴(鞋)、绝缘垫和绝缘台等。

在高压设备上使用基本安全用具的同时,还要使用辅助安全用具。在低压设备上,绝缘手套及装有绝缘柄的工具,可作为基本安全用具使用。

2. 一般防护安全用具

一般防护安全用具是指那些本身没有绝缘性能,但可以起到防护工作人员发生事故的用具。这种安全用具主要用作防止检修设备时误送电,防止工作人员走错间隔、误登带电设备,保证人与带电体之间的安全距离,防止电弧灼伤、高空坠落等。属于这一类的安全用具有携带型短路接地线、安全帽、安全带、标示牌和遮栏等。此外,登高用的梯子、脚扣和站脚板等也属于这类安全用具的范畴。

常见的电气安全用具如表 6-5 所示。

表 6-5　常见的电气安全用具

<table>
<tr><td rowspan="18">电气安全用具</td><td rowspan="7">绝缘安全用具</td><td rowspan="3">基本安全用具</td><td>绝缘棒</td></tr>
<tr><td>绝缘夹钳</td></tr>
<tr><td>验电器</td></tr>
<tr><td rowspan="4">辅助安全用具</td><td>绝缘手套</td></tr>
<tr><td>绝缘靴(鞋)</td></tr>
<tr><td>绝缘垫</td></tr>
<tr><td>绝缘站台</td></tr>
<tr><td rowspan="11" colspan="2">一般防护安全用具</td><td>安全带</td></tr>
<tr><td>安全帽</td></tr>
<tr><td>携带型短路接地线</td></tr>
<tr><td>遮栏</td></tr>
<tr><td>标示牌</td></tr>
<tr><td>登高用的梯子</td></tr>
<tr><td>脚扣</td></tr>
<tr><td>站脚板</td></tr>
<tr><td>护目镜</td></tr>
</table>

二、基本安全用具

1. 绝缘棒

(1)作用

绝缘棒又称令克棒、绝缘杆、操作杆、拉闸杆等。绝缘棒用来接通或断开带电的高压隔离开关、跌落式熔断器,安装和拆除临时接地线以及带电测量和试验工作。

(2)结构

绝缘棒主要由工作部分、绝缘部分和握手部分构成,如图 6-35 所示。

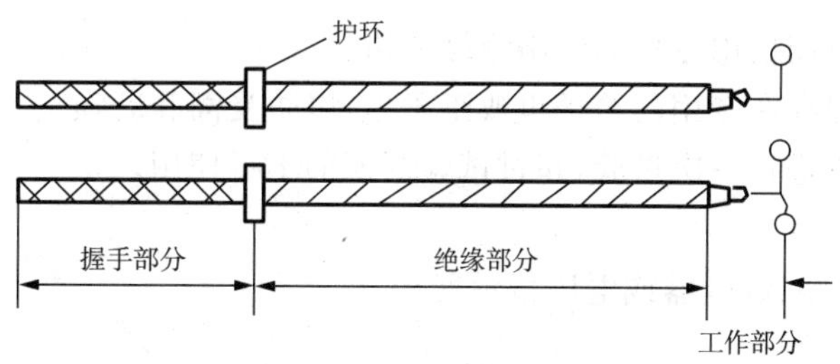

图 6-35 绝缘杆结构示意图

(3)注意事项

① 操作前,棒表面用清洁的干布擦拭干净,使棒表面干燥、清洁。检查有无裂纹、机械损伤、绝缘层损坏等。

② 操作时,应戴绝缘手套、穿绝缘靴或站在绝缘垫(台)上作业。操作者的手握部位不得越过护环,如图 6-36 所示。

③ 在下雨、下雪或潮湿天气,无防雨罩的绝缘杆不能使用。

④ 使用时人体应与带电设备保持安全距离,并注意防止绝缘棒被人体或设备短接,以保持有效的绝缘长度。

⑤ 使用的绝缘棒规格必须符合相应线路电压等级的要求,切不可任意取用。

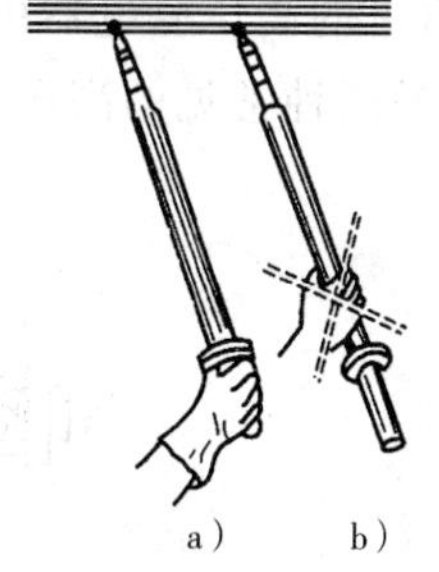

图 6-36 绝缘棒的使用

a)正确;b)错误

⑥ 绝缘棒要统一编号,存放在专用的木架上。

⑦ 绝缘棒每年进行一次试验,超过试验周期的不得使用。

2. 绝缘夹钳

(1)作用

绝缘夹钳是用来安装和拆卸高压熔断器或执行其他类似工作的工具。

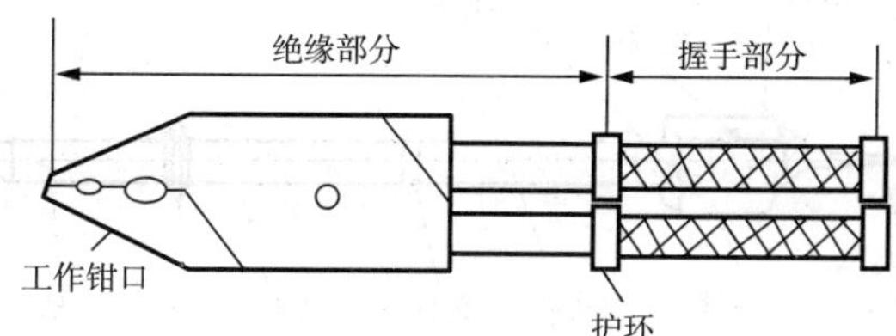

图 6-37 绝缘夹钳结构示意图

(2)结构

绝缘夹钳由工作钳口、绝缘部分(钳身)和握手部分(钳把)组成,如图 6 - 37 所示。

(3)注意事项

① 绝缘夹钳只允许使用在额定电压为 35kV 及以下的设备上。

② 作业人员工作时,必须将绝缘夹钳擦拭干净,应带护目眼镜、绝缘手套和穿绝缘靴(鞋)或站在绝缘台(垫)上,手握绝缘夹钳要精力集中并保持平衡。

③ 绝缘夹钳上不允许装接地线,以免在操作时,由于接地线在空中游荡而造成接地短路和触电事故。

④ 在潮湿天气只能使用专用的防雨绝缘夹钳。

⑤ 绝缘夹钳要保存在专用的箱子里或匣子里,以防受潮和磨损。

⑥ 绝缘夹钳每年进行一次试验,超过试验周期的不得使用。

3. 高压验电器

验电器又称测电器、试电器或电压指示器。

(1)作用

检验电气设备或线路上是否有电。

(2)结构

常见的高压验电器由手柄、护环、操作杆和金属探针(钩)等部分构成,图 6 - 38 和图 6 - 39是两种常见的高压验电器示意图。

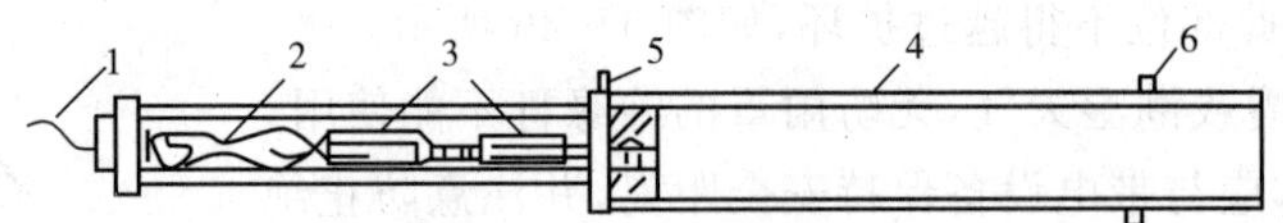

图 6 - 38　高压验电器结构示意图

1—工作触头;2—氖灯;3—电容器;4—支持器;5—接地螺丝;6—隔离护环

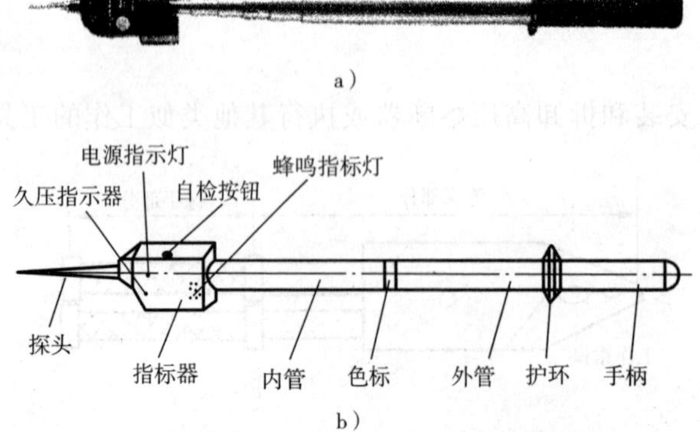

图 6 - 39　声光型高压验电器图形

a)实物图形; b)结构示意图

(3)高压验电器的使用

验电操作前应对验电器进行自检试验(若是声光型高压验电器,按下自检按钮,验电指示器应发出清晰的声光报警信号),然后再按照验电“三步骤”进行验电,即

① 验电前,应将验电器在带电的设备上验电,以验证验电器是否良好。

② 再在设备进出线两侧逐相验电。

③ 当验明无电后再把验电器在带电设备上复核一下,看其是否良好。

(4)注意事项

① 使用前确认验电器电压等级与被验设备或线路电压等级一致。

② 验电时,要做到一人操作、一人监护。

③ 验电时,应戴绝缘手套,验电器应逐渐靠近带电部分,不要立即直接触及带电部分。

④ 验电时,验电器不应装设接地线,除非在木梯、木杆上验电,不接地不能指示者,才可装设接地线。

⑤ 验电器的操作杆、指示器严禁碰撞、敲击及剧烈震动,严禁擅自拆卸,以免损坏。

⑥ 高压验电器应按电压等级统一编号。验电器用后应放入柜内,保持干燥,避免积水和受潮。

⑦ 高压验电器每半年进行一次试验,不得使用没有试验过或超过试验期的验电器验电。

4. 低压验电器

(1)作用

低压验电器是一种检验低压电气设备、电器或线路是否带电的一种用具,也可以用它来区分 L 线(相线)和 N 线(中性线)。

(2)结构

在制作时为了工作和携带方便,常制成钢笔式或螺丝刀式,它是由一个高值电阻、氖管、弹簧、金属触头等组成,如图 6-40 所示。

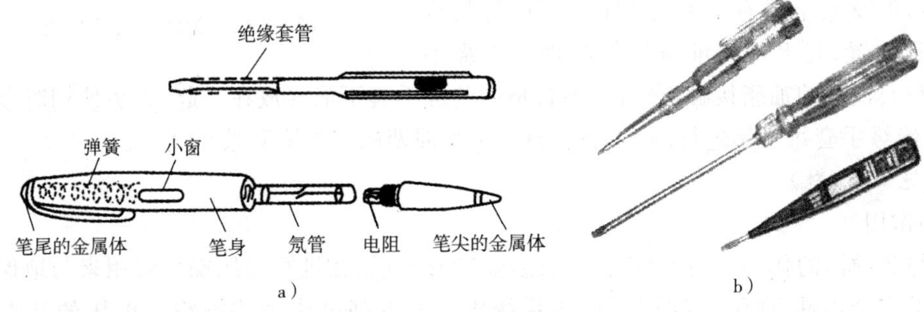

图 6-40　低压验电器

a)低压验电器结构图；b)几种常见的低压验电器

(3)低压验电器的使用和注意事项

① 低压验电笔在使用前后也要在确知有电的设备或线路上试验一下,以证明其是否良好。

②使用时,手拿验电笔,用一个手指触及金属笔卡,金属笔尖顶端接触被检查的带电部分,看氖管是否发亮,如果发亮,则说明被检查的部分是带电的,并且氖管愈亮,说明电压

愈高。

③ 测试时,手指不要触及测试触头,防止发生触电,如图 6-41 所示。

④ 低压验电笔只能在电压为 100～500V 范围内使用,绝不允许在高压电气设备或线路上进行验电,以免发生触电事故。

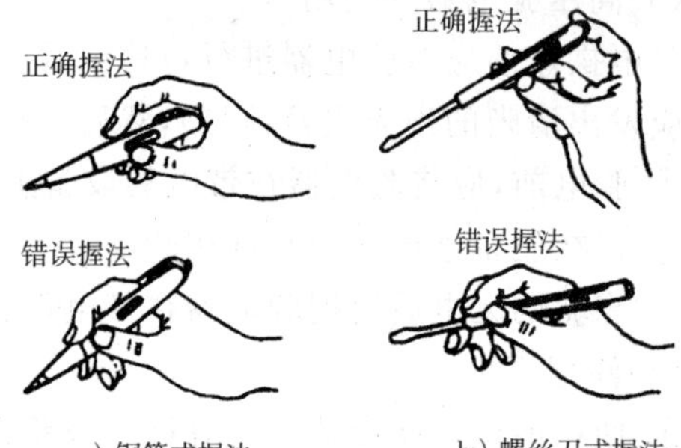

图 6-41 低压验电器的握法

三、辅助安全用具

1. 绝缘手套

(1)作用

绝缘手套是在高压电气设备上进行操作时使用的辅助安全用具,如用来操作高压隔离开关、跌落式熔断器等。在低压带电设备上工作时,它可作为基本安全用具使用,即可直接使用绝缘手套在低压设备上进行带电作业。绝缘手套可使人的两手与带电物绝缘,是防止同时触及不同电位带电体而触电的安全用品。

(2)绝缘手套的使用和注意事项

① 每次使用前应进行外部检查,查看表面有无损伤、磨损或破漏、划痕等。如有砂眼漏气情况,应禁止使用。检查方法是:将手套朝手指方向卷曲,当卷到一定程度时,内部空气因体积减小、压力增大,手指鼓起,为不漏气者,如图 6-42 所示。

②使用绝缘手套时,里面最好戴上一层棉纱手套,这样夏天可防止出汗而操作不便,冬天可保暖。戴手套时,应将外衣袖口放入手套的伸长部分里。

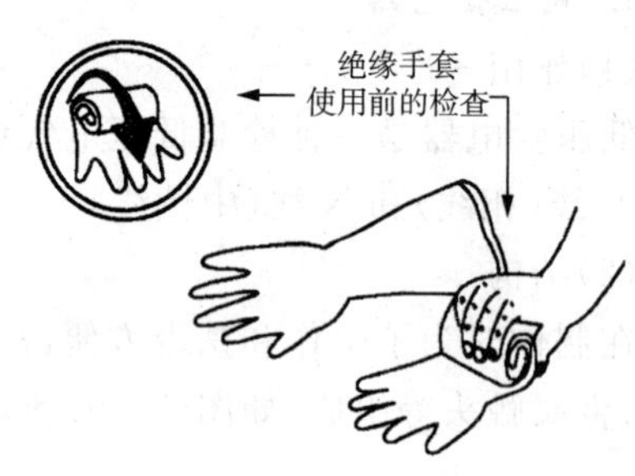

图 6-42 绝缘手套的检查

③ 绝缘手套使用后应擦净、晾干,最好洒上一些滑石粉,以免粘连。

④ 绝缘手套应存放在干燥、阴凉的地方,并应倒置在指形支架上或存放在专用的柜内,与其他工具分开放置,其上不得堆压任何物件。绝缘手套不得与石油类的油脂接触,合格与不合格的绝缘手套不能混放在一起,以免使用时拿错。

⑤ 绝缘手套每半年进行一次试验,超过试验周期的绝缘手套禁止使用。

2. 绝缘靴(鞋)

(1)作用

绝缘靴(鞋)的作用是使人体与地面绝缘。绝缘靴是在进行高压操作时用来与地保持绝缘的辅助安全用具,而绝缘鞋用于低压系统中。两者都可作为防护跨步电压的基本安全用具。

绝缘靴(鞋)是由特种橡胶制成的。绝缘靴通常不上漆,与涂有光泽黑漆的橡胶水靴在外观上有所不同,如图 6-43 所示。

a）

b）

图 6－43　绝缘靴与绝缘鞋

a)绝缘靴；b)绝缘鞋

(2)注意事项

① 在每次使用前应进行外部检查，查看表面有无损伤、磨损或破漏、划痕等。应检查是否超过有效试验期。

② 绝缘靴(鞋)应统一编号，现场使用的绝缘靴(鞋)最少要保持两双。

③ 应存放在干燥、阴凉的地方，并应存放在专用的柜内，要与其他工具分开放置，其上不得堆压任何物件。不得与石油类的油脂接触，合格与不合格的绝缘靴(鞋)不能混放在一起。

④ 绝缘靴(鞋)不得当作雨鞋或作他用，其他非绝缘靴(鞋)也不能代替绝缘靴(鞋)使用。

⑤ 绝缘靴(鞋)每半年进行一次试验。

3. 绝缘垫

(1)作用

绝缘垫可以增强操作人员对地绝缘，避免或减轻发生单相短路或电气设备绝缘损坏时，接触电压与跨步电压对人体的伤害；在低压配电室地面上铺绝缘垫，可代替绝缘鞋，起到绝缘作用。因此在 1kV 以下的场合，绝缘垫可作为基本安全用具使用。而在 1kV 以上时，仅作为辅助安全用具使用。

图 6－44　绝缘垫

(2)注意事项

① 使用过程中要经常检查绝缘垫有无裂纹、划痕等，发现有问题时要立即禁用并及时更换。

② 注意防止与酸、碱、盐类、油类及其他化学药品接触，以免受腐蚀后绝缘垫老化、龟裂或变粘，降低绝缘性能。

③ 避免与热源直接接触使用，防止急剧老化变质，破坏绝缘性能。

④ 绝缘垫每年进行一次试验。

四、一般防护安全用具

为了保证电力工人在生产中的安全和健康，除在作业中使用基本安全用具和辅助安全用具以外，还应使用必要的防护安全用具，如安全带、安全帽和护目镜等。

1. 安全带

(1)作用

安全带是高空作业人员预防坠落伤亡的防护用品。

(2)结构和类型

安全带是由带子、绳子和金属配件所组成。根据作业性质的不同,其结构形式也有所不同,主要有围杆作业安全带和悬挂作业安全带两种,如图 6 - 45a 所示。

(3)注意事项

① 安全带使用前,必须作一次外观检查,如发现破损、变质及金属配件有断裂者,应禁止使用,平时不用时也应一个月作一次外观检查。腰带和保险带、绳应有足够的机械强度,材质应有耐磨性,卡环(钩)应具有保险装置,操作应灵活。

② 高处作业时,安全带(绳)必须挂在牢固的构件上。在杆塔高空作业时,应使用有后备绳的双保险安全带。

③ 安全带应高挂低用或水平拴挂。高挂低用就是将安全带的绳挂在高处,人在下面工作;水平拴挂就是使用单腰带时,将安全带系在腰部,绳的挂钩挂在和带的同一水平位置。切忌低挂高用,并应将活梁卡子系紧。保险带、绳使用长度在 3 米以上的应加缓冲器。

④ 安全带使用和存放时,应避免接触高温、明火、酸类物质、化学药物以及有锐角的坚硬物体。

⑤ 安全带每年进行一次试验。

2. 安全帽

(1)作用

安全帽是用来保护或减缓使用者头部受外来物体冲击伤害的个人防护用品。

(2)结构

普通型安全帽主要由帽壳、帽衬、下颌带、吸汗带、通气孔等部分构成。如图 6 - 45b 所示。

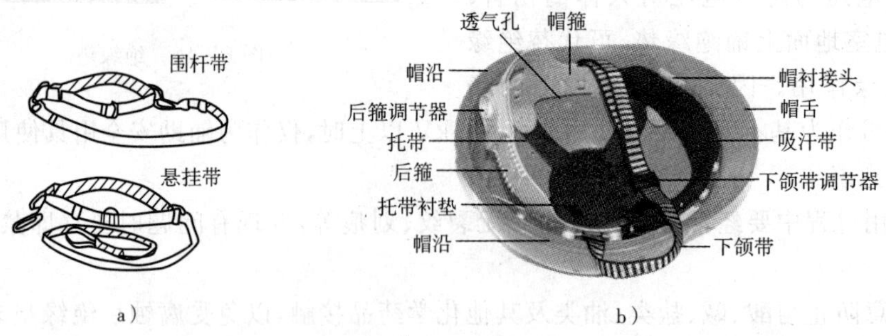

图 6 - 45　电工安全带和安全帽

a)电工安全带；b)安全帽

(3)注意事项

① 进入施工现场必须佩戴安全帽。

② 安全帽使用前,应检查帽壳、帽衬、帽箍、顶衬和下颌带等附件完好无损。

③ 使用时一定要将安全帽戴正、戴牢,不能晃动,要系紧下颊带,调节好后箍以防安全帽脱落。不可以歪着戴、反着戴。

④ 不得随地摆放，不能私自在安全帽上打孔，不要随意碰撞安全帽，不得将安全帽当板凳坐。

⑤ 受过一次强冲击的安全帽不能继续使用，应予以报废。

⑥ 安全帽不能放置在有酸、碱、高温、日晒、潮湿或化学试剂的场所，以免其老化或变质。

⑦ 严禁使用只有下颌带与帽壳连接的安全帽(即帽内无缓冲层的安全帽)。

3. 携带型短路接地线

(1)作用

携带型短路接地线的作用是当对高压设备进行停电检修或进行其他工作时，可防止设备突然来电或邻近高压带电设备产生感应电压对人体的危害，还可以用来释放断电设备的剩余电荷。

(2)结构

携带型短路接地线主要由专用线夹、三相短路线、接地线等部分组成，如图 6－46 所示。

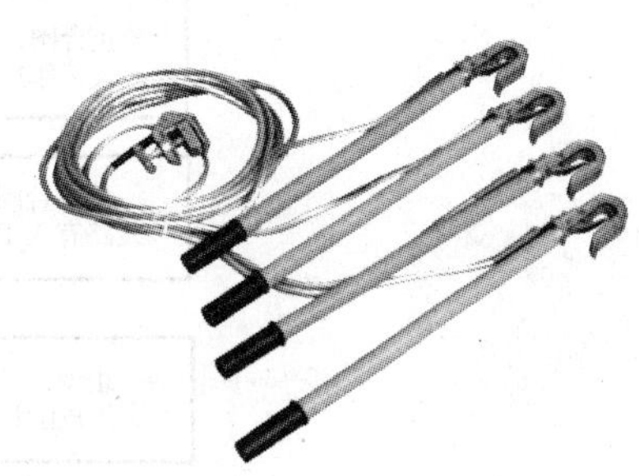

图 6－46　携带型短路接地线

(3)携带型短路接地线的使用和注意事项

① 每次装设接地线前，应详细检查是否完好，如发现绞线松股、断股、护套严重破损、夹具断裂松动等，应及时修理或更换，禁止使用不符合规定的导线作接地线或短路线。携带型短路接地线应用多股软裸铜线，其截面不得小于 $25mm^2$。

② 装设接地线必须由两人进行。

③ 装设时必须先接接地端，后接导体端，且必须接触良好；拆接地线的顺序与此相反。人体不准碰触未接地的导线。

④ 装、拆接地线均应使用绝缘棒和戴绝缘手套。

⑤ 接地线必须使用专用线夹固定在导线上，严禁用缠绕的方法进行接地或短路。

⑥ 接地线和工作设备之间不允许接刀闸或熔断器，以防它们断开时，设备失去接地，使检修人员发生触电事故。

⑦ 每组接地线均应编号，并存放在固定的地点，存放位置亦应编号。接地线号码与存放位置号码必须一致，以免在较复杂的系统中进行部分停电检修时，误拆或忘拆接地线而造成事故。

4. 遮栏

遮栏的作用是用来防护工作人员意外碰触或过分接近带电体而造成人身触电事故的一种安全防护用具，也可作为工作位置与带电设备之间安全距离不够时的安全隔离装置。

遮栏是用干燥的木材、橡胶或其他坚韧的绝缘材料制成的，不能用金属材料制作。遮栏上必须有“止步，高压危险！”等字样，以提醒工作人员注意，如图 6－47 所示。

5. 标示牌

(1)作用

标示牌用来警告工作人员，不得接近设备的带电部分，提醒工作人员在工人地点采取安全措施，以及表明禁止向某设备分合闸停送电，指出为工作人员准备的工作地点等。

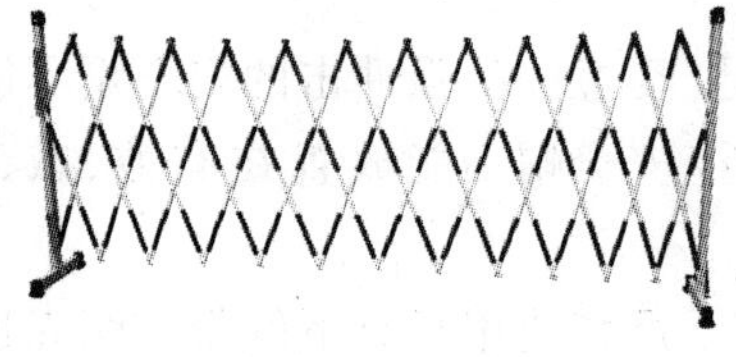

图 6-47　遮栏

(2)几种常见的标示牌及其使用场合

几种常见的标示牌[①]如图 6-48 所示。

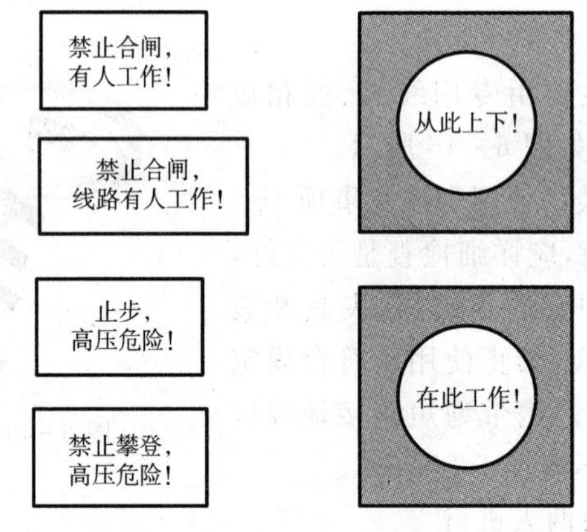

图 6-48　几种常见的标示牌

① 禁止合闸,有人工作!——悬挂在一经合闸即可送电到施工设备的断路器(开关)和隔离开关(刀闸)操作把手上。如悬挂在高压熔断器的杆上或柱上开关上等。

② 禁止合闸,线路有人工作!——悬挂在线路断路器(开关)和线路隔离开关(刀闸)操作把手上。

③ 禁止分闸!——悬挂在接地刀闸与检修设备之间的断路器(开关)操作把手上。

④ 禁止攀登,高压危险!——悬挂在高压配电装置构架的爬梯上,变压器、电抗器等设备的爬梯上。

⑤在此工作!——悬挂在工作地点或检修设备上。

⑥ 从此上下!——悬挂在工作人员上下的铁架、爬梯上。

⑦ 从此进出!——悬挂在室外工作地点围栏的出入口处。

⑧ 止步,高压危险!——悬挂在施工地点临近带电设备的遮栏上;室外工作地点的围栏上;禁止通行的过道上;高压试验地点;室外构架上;工作地点临近带电设备的横梁上。

①详见《国家电网公司电力安全工作规程(线路部分)[2009]》。

技能训练

到现场或仿真变电所，在现场师傅的指导和监护下，佩戴好相关的安全器具，进行自拟项目的验电、挂接地线（或合接地刀闸）和悬挂标示牌的演练。

任务四　触电急救

教师工作任务单

<table>
<tr><td colspan="3">任务名称</td><td colspan="2">任务四　触电急救</td></tr>
<tr><td colspan="3">任务描述</td><td colspan="2">本次任务是了解触电者触电后脱离电源的方法、现场急救措施与步骤等。</td></tr>
<tr><td colspan="3">任务分析</td><td colspan="2">脱离高、低压电源的方法，让学生阅读教材或有关资料，自己独立思考并得出结论。触电的现场急救在电气安全实训室进行，教师只需提出一些引导性问题，使学生了解完成此次任务的主要目标即可。
引导性问题：
1. 脱离高、低压电源的方法有哪些？
2. 触电急救的步骤是什么？
3. 如何进行人工呼吸和心脏按压？</td></tr>
<tr><td rowspan="3">任务目标</td><td rowspan="2" colspan="2">知识目标</td><td>内容要点</td><td>相关知识</td></tr>
<tr><td>1. 了解脱离高、低压电源的方法。
2. 知道触电急救的步骤。</td><td>1. 参见一
2. 参见二</td></tr>
<tr><td colspan="2">技能目标</td><td>1. 会用人工呼吸法进行触电急救。
2. 会用胸外心脏按压法进行触电急救。</td><td>1. 参见二、2
2. 参见二、2</td></tr>
<tr><td rowspan="9">任务实施</td><td rowspan="7">实施步骤</td><td>任务流程</td><td colspan="2">资讯→决策→计划→实施→检查→评估（学生部分）</td></tr>
<tr><td>资讯</td><td colspan="2">（阅读任务书，明确任务，了解工作内容、目标，准备资料。）</td></tr>
<tr><td>决策</td><td colspan="2">（分析并确定采用什么样的方式方法和途径完成任务。）</td></tr>
<tr><td>计划</td><td colspan="2">（制订计划，规划实施任务。）</td></tr>
<tr><td>实施</td><td colspan="2">（学生具体实施本任务的过程，实施过程中的注意事项等。）</td></tr>
<tr><td>检查</td><td colspan="2">（自查和互查，检查掌握、了解状况，发现问题及时纠正。）</td></tr>
<tr><td>评估</td><td colspan="2">（该部分另用评估考核表。）</td></tr>
<tr><td rowspan="2">实施条件</td><td>实施地点</td><td colspan="2">电气安全实训室、一体化实训室（任选其一）。</td></tr>
<tr><td>辅助条件</td><td colspan="2">教材、专业书籍、多媒体设备、PPT 课件等。</td></tr>
</table>

（续表）

练习训练题	1. 脱离高压电源常用的方法有哪些？ 2. 脱离低压电源常用的方法有哪些？ 3. 按心肺复苏法支持生命的三项基本措施是什么？ 4. 如何进行人工呼吸？ 5. 如何进行心脏按压？
学生应提交的成果	1. 任务书。 2. 评估考核表。 3. 练习训练题。

相关知识

发现了人身触电事故，发现者一定不要惊慌失措，要动作迅速，救护得当。首先要迅速将触电者脱离电源；其次，立即就地进行现场救护，在就地抢救的同时，尽快呼叫医务人员或向 120 及有关医疗单位求援。触电急救的基本原则是“迅速、就地、准确、坚持”。

迅速——就是要争分夺秒、千方百计使触电者脱离电源。

就地——就是必须在触电现场附近就地进行抢救。

准确——就是人工呼吸操作法和胸外心脏按压法的动作必须准确。

坚持——就是只要有1%的希望，就要尽 100%的努力去抢救，不要轻易放弃。

脱离电源的方法与触电急救的具体步骤和方法如图 6－49 所示。

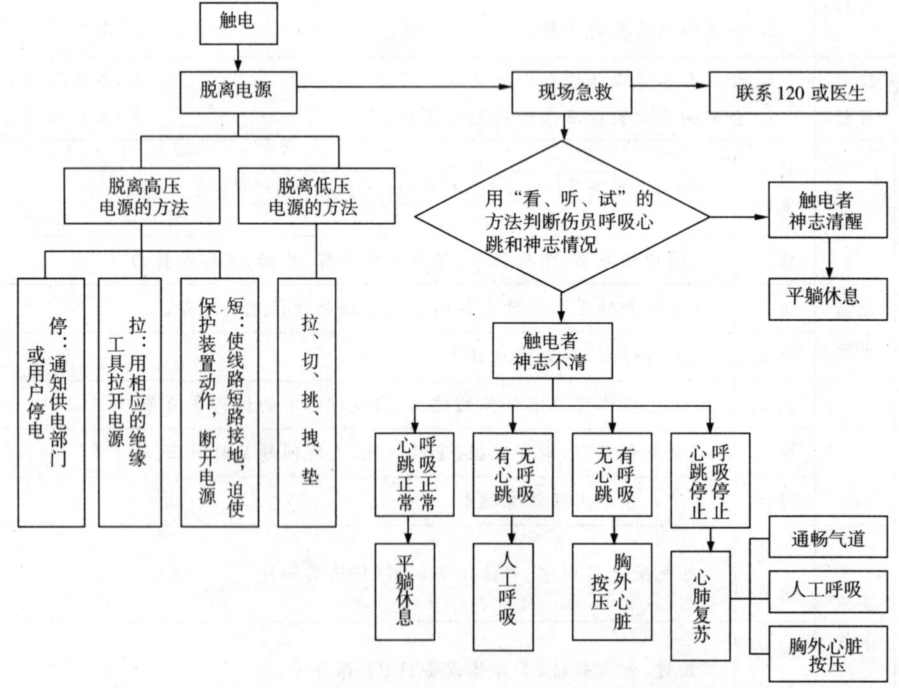

图 6－49　脱离电源的方法与触电急救流程图

一、脱离电源

由于电流作用时间越长，伤害越重，所以首先要使触电者尽快脱离电源。

1. 脱离低压电源常用方法

脱离低压电源的常用方法可用“拉、切、挑、拽、垫”五个字来概括。

拉——如果触电地点附近有电源开关或电源插座，就近拉开电源开关或电源插头。

切——如果触电地点附近没有电源开关或电源插座，可用有绝缘柄的电工钳或有干燥木柄的斧头切断电线，断开电源。

挑——当电线搭落在触电者身上或压在身下时，可用干燥的衣服、手套、绳索、皮带、木板、木棒等绝缘物作为工具，拉开触电者或挑开电线，使触电者脱离电源。

拽——如果触电者的衣服是干燥的，又没有紧缠在身上，可以用一只手抓住他的衣服，拉离电源。救护人不得接触触电者的皮肤，也不得抓他的鞋。

垫——如果触电者由于痉挛，手指紧握导线或导线绕在身上，这时救护人可先用干燥的木板或橡胶绝缘垫塞进触电者身下使其与大地绝缘，隔断电源的通路，然后再采取其他办法把电源线路切断。

2. 脱离高压电源常用方法

高压触电可采用下列方法之一使触电者脱离电源。

(1)停——立即通知有关供电企业或用户停电。

(2)拉——戴上绝缘手套，穿上绝缘靴，用相应电压等级的绝缘工具按顺序拉开电源开关或熔断器。

(3)短——抛掷裸金属线使线路短路接地，迫使保护装置动作，断开电源。

二、现场急救

1. 急救方法

当触电者脱离电源以后，应迅速判定其伤害程度，根据情况采取不同急救方法。

(1)若触电者神志清醒，应使其就地平躺，暂时不要让触电者站立或走动，以减轻心脏负担。同时注意观察，必要时请医生诊治，避免发生迟发性假死。

(2)触电者如意识丧失，应在开放气道后的10s内，用“看、听、试”的方法，判定伤员有无呼吸。

看——看伤员的胸、腹壁有无呼吸起伏动作。

听——用耳贴近伤员的口鼻处，听有无呼气声音。

试——用颜面部的感觉测试口鼻部有无呼气气流。

① 若触电者神志不清，但呼吸、心跳正常，应抬到附近空气清新的地方，平躺休息，解开衣领以利于呼吸，并应立即请医生诊治。如果发现呼吸困难、脉搏变轻或发生痉挛，应准备心跳呼吸停止时的进一步救护。

② 如果触电者呼吸停止，但有心跳，应采用人工呼吸法抢救。

③如果触电者有呼吸无心跳，应采用胸外心脏按压法进行抢救。

④ 如果触电者呼吸和心跳均已停止，应立即按心肺复苏法支持生命的三项基本措施，正确进行就地抢救。

2. 心肺复苏法

心肺复苏法支持生命的三项基本措施是：通畅气道、口对口(鼻)人工呼吸和胸外按压

(人工循环)。

(1)通畅气道

如发现触电者口内有异物,可将其身体及头部同时侧转,迅速用一个手指或用两手指交叉从口角处插入,取出异物。操作中要注意防止将异物推到咽喉深部,如图 6-50 所示。

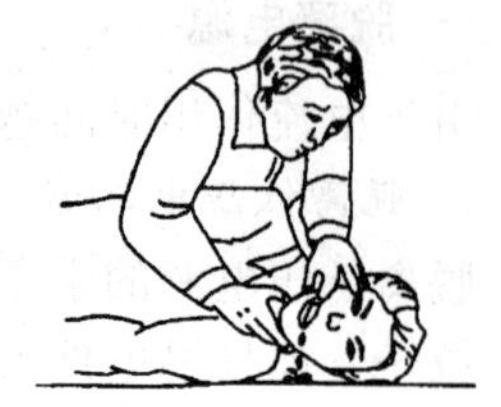

图 6-50　用手指清除异物

通畅气道可采用仰头抬颌法,用一只手放在触电者的前额,另一只手的手指将其下颌骨向上抬起,两手协同将头部推向后仰,舌根随之抬起,气道即可通畅,如图 6-51 所示。严禁用枕头或其他物品垫在伤员的头下,使头部抬高前倾,这样会更加重气道阻塞,且使胸外按压时流向脑部的血流减少,甚至消失。

(2)口对口(鼻)人工呼吸

人工呼吸就是采用人工机械动作,使伤者逐步恢复正常呼吸的过程。口对口人工呼吸在保证触电者气道通畅的情况下,救护人员依下列方法进行救护。

图 6-51　仰头抬颌示意图

① 捏鼻掰嘴:救护人站在触电者头部的左(或右)侧,用放在前额上的拇指和食指捏紧其鼻孔,以防止气体从其鼻孔逸出,另一只手的拇指和食指将其下颌拉向前下方,使嘴巴张开,准备接受吹气。

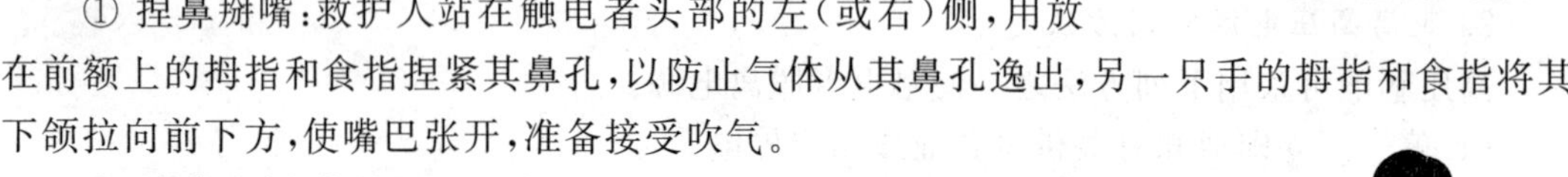

② 贴嘴吹气:救护人深吸气后紧贴掰开的嘴巴吹气,如图 6-52所示。吹气时要使触电者的胸部略有起伏,每次吹气时间持续 1～1.5s,每 5s 吹一次(约 1 分钟人工呼吸 12 次)。触电者若是儿童,只可小口吹气以防肺泡破裂。

图 6-52　贴嘴吹气示意图

③ 放松换气:放松触电者的口和鼻,使其自动呼气,如图 6-53所示。

当难以做到口对口密封时,可采用口对鼻人工呼吸。其操作要领与口对口人工呼吸法基本相同,只是用嘴唇包绕封住触电者鼻孔吹气时须使触电者口闭合。

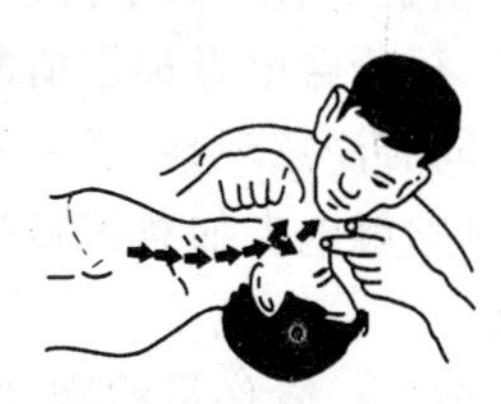

图 6-53　放松换气示意图

(3)胸外心脏按压法

胸外心脏按压法就是采用人工机械的强制作用,恢复正常心跳和血液循环。

① 将触电者衣服解开,仰卧在地上或硬板上,头部放平,找到正确的按压位置。

② 救护人跨腰跪在触电者的腰部,两手相叠(对儿童只能用一只手),如图 6-54a 所示。手掌根放在胸骨中 1/3 与下 1/3 交界处,如图 6-54b 所示。

(3)掌心向下按压,压出心脏里面的血液。按压频率应保持在 100 次/min 左右。

(4)按压后掌根立即全部放松(双手不必离开胸膛),以使胸部自动复位,让血液回流入心脏,如图 6-55 所示。

在抢救过程中,应反复"看、听、试",5～7s 内对触电者是否恢复自然呼吸和心跳进行再判断,根据脉搏和呼吸恢复情况继续施救,在医务人员未来接替抢救前,现场人员不得放弃现场抢救。触电者的死亡只有医生才有权认定。

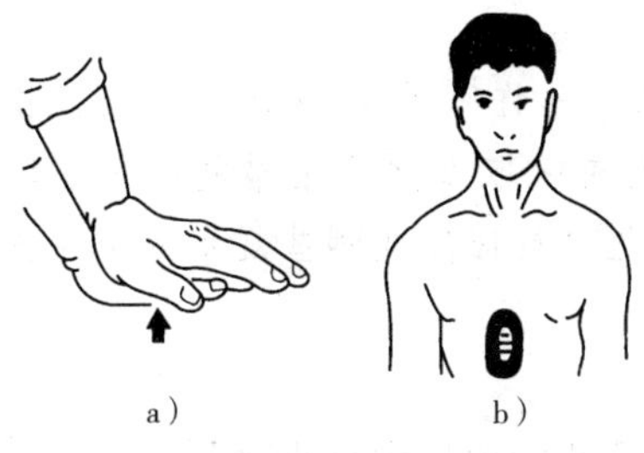

图 6-54　叠手方式与按压位置

a)叠手方式；b)按压位置

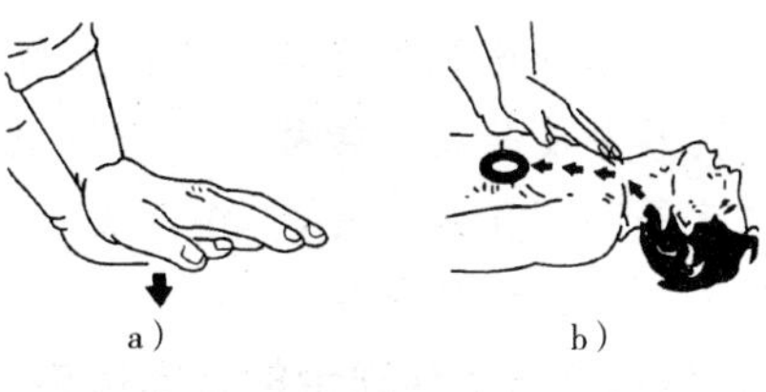

图 6-55　按压操作

a)向下按压；b)迅速放松

技能训练

采用“触电急救模拟人”，进行口对口人工呼吸和胸外心脏按压的人工循环法演练。

【知识拓展】　电气工作的安全措施

为了确保电气工作中的人身安全，《电业安全工作规程》规定，在高压电气设备或线路上工作，必须完成工作人员安全的组织措施和技术措施；对低压带电工作，也要采取妥善的安全措施后才能进行。

一、保证电气工作安全的组织措施

保证安全的组织措施是工作票制度，工作许可制度，工作监护制度，工作间断、转移和终结制度。

(1)工作票制度

工作票制度是指在电气设备上进行任何电气作业，都必须填写工作票，并依据工作票布置安全措施和办理开工、终结手续，这种制度称为工作票制度。

工作票应由工作票签发人填写，一式两份，由工作负责人和值班员各执一份。工作票签发人不得兼任该项工作的负责人，工作许可人(值班员)不得签发工作票。

工作票的内容包括工作任务、工作范围、安全措施及现场负责人姓名等。工作票应填写正确、清楚，不得任意涂改。

(2)工作许可制度

工作许可制度是指在电气设备上进行停电或不停电工作，事先都必须得到工作许可人的许可，并履行许可手续后方可工作的制度。值班员接到工作负责人交来的工作票，应按工作票上注明的工作地点、安全措施要求进行工作。在完成施工现场的安全措施后，还应与工作负责人同到现场，再次检查所做的安全措施，双方明确无误后在工作票上分别签名才允许开始工作。

(3)工作监护制度

工作监护制度是指工作人员在工作的过程中，工作监护人始终在工作现场，对工作人员的安全认真监护，及时纠正违反安全的行为和动作的制度。

完成工作许可手续后，监护人应向工作人员交代现场安全措施，指明带电部位，说明有关安全问题。监护人必须始终在工作现场认真监护。监护人因故离开工作现场时，应指定能胜任的人员临时代替，离开前交代清楚，并通知工作人员，使监护工作不间断。

(4)工作间断、转移和终结制度

工作间断制度是指当日工作因故暂停时，如何执行工作许可手续，采取哪些安全措施的制度。转移制度是指每转移一个工作地点，工作负责人应采取哪些安全措施的制度。工作终结制度是指工作结束时，工作负责人、工作班人员及值班员应完成哪些规定的工作内容之后工作票方告终结的制度。

二、保证电气工作安全的技术措施

保证安全的技术措施是：停电、验电、装设接地线、悬挂标示牌和装设遮栏。

(1)停电

停电应注意以下几点：

① 将停电工作设备可靠地脱离电源，确保有可能给停电设备送电的各方向电源断开。

② 邻近带电设备与工作人员在进行工作时，正常活动范围的距离必须大于规定距离。

③ 对一经合闸就可能送电到停电设备的隔离开关操作把手必须锁住。

(2)验电

验电可直接验证停电设备是否确无电压，也是检验停电措施的制定和执行是否正确、完善的重要手段之一。

验电要注意以下几点：

① 验电必须采用电压等级合适且合格的验电器。

② 验电应分相逐相进行，对在断开位置的开关或隔离开关进行验电时，还应同时对两侧各相验电。

③ 验电操作前应对验电器进行自检试验，然后再按照验电“三步骤”进行验电。

④ 在杆上电力线路验电时，应先验低压，后验高压；先验下层，后验上层；先验近侧，后验远侧。

(3)装设接地线

对突然来电的防护，采取的主要措施是装设接地线。装设接地线包括合上接地隔离开关和悬挂临时接地线(临时接地线又称携带型接地线)。

(4)悬挂标示牌

悬挂标示牌可提醒有关人员及时纠正将要进行的错误操作和做法。

(5)装设遮栏

装设遮栏用来防护工作人员意外碰触或过分接近带电体而造成人身触电事故；也可作为工作位置与带电设备之间安全距离不够时的安全隔离装置。

项目七　无功补偿及其安装接线

教师工作任务单

<table>
<tr><td>任务名称</td><td colspan="4">任务一　无功功率补偿及其安装接线</td></tr>
<tr><td>任务描述</td><td colspan="4">本次任务是了解无功补偿的意义、无功补偿电容量的计算及电容器的安装接线。</td></tr>
<tr><td>任务分析</td><td colspan="4">用并联电容器是供配电系统提高功率因数主要措施之一。要掌握有关的概念、计算及并联电容器的安装接线，教师要通过一些引导性问题加以引导，让学生自己去思考，最后教师予以总结。
引导性问题：
1. 提高功率因数的好处有哪些?
2. 补偿电容器的无功补偿容量如何计算?
3. 电容器的接线位置有哪几种？各自的特点是什么?</td></tr>
<tr><td rowspan="3">任务目标</td><td></td><td colspan="2">内容要点</td><td>相关知识</td></tr>
<tr><td>知识目标</td><td colspan="2">1. 了解提高功率因数的意义。
2. 了解电容器三角形接线和星形接线的特点。
3. 了解高压集中补偿、低压集中补偿和单独就地补偿的特点。</td><td>1. 参见一、2
2. 参见二、1
3. 参见二、2</td></tr>
<tr><td>技能目标</td><td colspan="2">1. 会进行补偿电容量的计算。
2. 能进行电容器的安装接线。</td><td>参见一、3
参见二</td></tr>
<tr><td rowspan="9">任务实施</td><td rowspan="7">实施步骤</td><td>任务流程</td><td colspan="2">资讯→决策→计划→实施→检查→评估（学生部分）</td></tr>
<tr><td>资讯</td><td colspan="2">（阅读任务书，明确任务，了解工作内容、目标，准备资料。）</td></tr>
<tr><td>决策</td><td colspan="2">（分析并确定采用什么样的方式方法和途径完成任务。）</td></tr>
<tr><td>计划</td><td colspan="2">（制订计划，规划实施任务。）</td></tr>
<tr><td>实施</td><td colspan="2">（学生具体实施本任务的过程，实施过程中的注意事项等。）</td></tr>
<tr><td>检查</td><td colspan="2">（自查和互查，检查掌握、了解状况，发现问题及时纠正。）</td></tr>
<tr><td>评估</td><td colspan="2">（该部分另用评估考核表。）</td></tr>
<tr><td rowspan="2">实施条件</td><td>实施地点</td><td colspan="2">变电所、一体化实训室（任选其一）。</td></tr>
<tr><td>辅助条件</td><td colspan="2">教材、专业书籍、多媒体设备、PPT 课件等。</td></tr>
</table>

（续表）

练习训练题	1. 提高功率因数的意义有哪些？ 2. 电容器三角形接线和星形接线的特点分别是什么？ 3. 高压集中补偿、低压集中补偿和单独就地补偿的特点分别是什么？ 4. 某降压变电所的低压母线上的计算负荷为 $P_{30}=2000\text{kW}$，$Q_{30}=1800\text{kvar}$，现要求将功率因数补充到0.92，则所需补偿的电容器容量是多少？
学生应提交的成果	1. 任务书。 2. 评估考核表。 3. 练习训练题。

相关知识

一、无功功率补偿的意义和补偿容量的计算

1. 功率因数的计算

供配电系统的功率因数随着负荷波动，也是经常在变化的。某个时刻的功率因数值，称为瞬时功率因数 $\cos\varphi_{m}$，它可由功率因数表测得，或者根据同一时刻的电流表、电压表与功率表测得的读数值推算出，其计算公式为

$$\cos\varphi_{m}=\frac{P}{\sqrt{3}UI} \tag{7-1}$$

在工程应用上，通常取一段时间的平均功率因数 $\cos\varphi_{av}$（加权功率因数）作为经济技术考核指标。平均功率因数可用下式进行计算：

$$\cos\varphi_{av}=\frac{W_{p}}{\sqrt{W_{p}^{2}+W_{q}^{2}}} \tag{7-2}$$

式中：W_p——该段时间内有功电度表读数；

W_q——该段时间内无功电度表读数。

在设计阶段，缺少 W_p、W_q 实测数据，平均功率因数可由下式求得：

$$\cos\varphi_{av}=\frac{P_{av}}{\sqrt{P_{av}^{2}+Q_{av}^{2}}}=\frac{\alpha P_{30}}{\sqrt{(\alpha P_{30})^{2}+(\beta Q_{30})^{2}}} \tag{7-3}$$

式中：α——有功功率平均负荷系数，$\alpha=P_{av}/P_{30}$，一般取 $\alpha=0.7\sim0.8$；

β——无功功率平均负荷系数，$\beta=Q_{av}/Q_{30}$，一般取 $\beta=0.75\sim0.85$；

P_{av}、Q_{av}——分别为有功功率与无功功率平均负荷；

P_{30}、Q_{30}——分别为有功功率与无功功率计算负荷。

2. 提高功率因数的意义

提高功率因数主要有以下几个方面的好处：

(1)提高设备的利用率。根据式 $P=\sqrt{3}IU\cos\varphi$ 可知，在电压和电流一定的情况下，提高功率因数，其输出的有功功率增大。因此，改善功率因数是发挥供配电设备潜力，提高设备

利用率的有效方法之一。

(2)减少电压损失。由式 $\Delta U=(PR+QX)/U_N$ 可知,功率因数越高,通过系统的无功功率 Q 就越小,则系统的电压损失越小。

(3)减少有功功率损耗。根据有功损耗的公式 $\Delta P=3I^2R=3\left(\frac{P}{\sqrt{3}U_N\cos\varphi}\right)^2R$ 可以看出,在传输有功功率 P 一定的情况下,功率因数越高,系统的功率损耗越小,电能损耗越小。

(4)提高系统设备的传输能力。因为 $P=S\cos\varphi$,在 S 一定的情况下,功率因数越高,传输的有功功率 P 越大。

3. 补偿容量的计算

安装电容器进行无功补偿,是工业企业中提高功率因数最常用的技术措施。电容器补偿容量可由下式求出:

$$Q_C=P_{av}(\tan\varphi_1-\tan\varphi_2)=\alpha P_{30}(\tan\varphi_1-\tan\varphi_2) \tag{7-4}$$

式中:P_{30}——有功计算负荷,kW;

α——有功平均负荷系数;

φ_1、φ_2——分别为补偿前、后的功率因数角;

Q_C——电容器的总容量,kvar。

电容器补偿容量的计算,应以平均功率因数为依据,即以式(7-2)或式(7-3)求得对应的 $\tan\varphi_1$,而 $\tan\varphi_2$ 按供电部门要求的功率因数确定。选用三相电容器时,以总容量除以每只电容器实际容量,得到电容器的只数;选用单相电容器时,以总容量除以每只电容器实际容量,取大于3的整数倍,以便三相均衡分配。

【例7-1】 某厂配电所的额定电压为10kV,有功计算负荷 $P_{30}=12474$kW,无功计算负荷 $Q_{30}=7074$kvar。为使功率因数提高到0.95,试计算无功补偿的电容器容量。设电容器集中安装在配电所10kV母线上。

解:企业的平均负荷系数 $\alpha=0.7\sim0.8$,$\beta=0.75\sim0.82$,现取 $\alpha=\beta=0.8$,由式(7-3)可求得补偿前的功率因数

$$\cos\varphi_1=\frac{P_{av}}{\sqrt{P_{av}^2+Q_{av}^2}}=\frac{\alpha P_{30}}{\sqrt{(\alpha P_{30})^2+(\beta Q_{30})^2}}=\frac{0.8\times12474}{\sqrt{(0.8\times12474)^2+(0.8\times7074)^2}}=0.87$$

由此求得 $\tan\varphi_1=0.567$,补偿后的 $\cos\varphi_2=0.95$,即 $\tan\varphi_2=0.329$,代入式(7-4)可得补偿容量为

$$Q_C=\alpha P_{30}(\tan\varphi_1-\tan\varphi_2)=0.8\times12474\times(0.567-0.329)=2375(\text{kvar})$$

二、并联电容器的接线方式及装设位置

1. 并联电容器的接线方式

并联电容器的接线方式有△和Y形两种,它们的特点是:

(1)电容器组△连接时每相承受的是线电压,而Y形连接每相承受的是相电压。可见Y形连接的绝缘造价较低。

(2)因为 $Q_C=\omega CU^2$,电容器组△连接时,每相的电压是Y连接的 $\sqrt{3}$ 倍,所以在电容器

的电容量 C 相等时，△连接的补偿容量 $Q_{C\triangle}$ 是 Y 连接的补偿容量 Q_{CY} 的 3 倍。

(3)△连接若发生一相短路时，就出现相间短路故障，有可能引起电容器爆炸事故。为防止此类事故的发生，每个电容元件上都串有一个熔丝，作为电容器的内部短路保护。而 Y 连接即使发生一相短路故障时，也不会出现短路事故。

一般来讲，系统电压在 10kV 以下，相间短路容量小的变电所或容量小于 2000kvar 的电容器组，常采用△接线。

2. 并联电容器的装设位置及特点

并联电容器在供配电系统中，根据装设位置不同，有高压集中补偿、低压集中补偿和单独就地补偿三种方式，如图 7-1 所示。

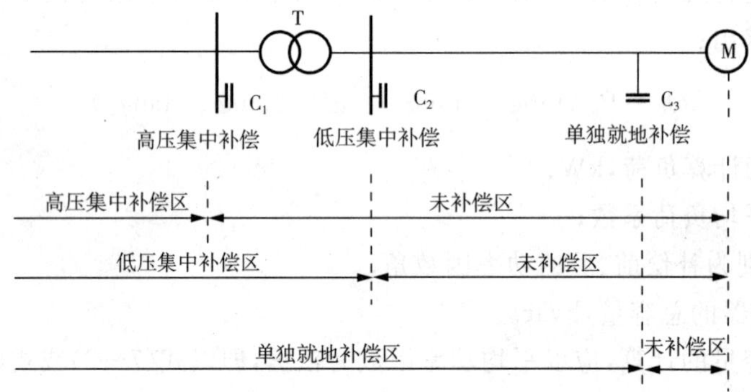

图 7-1　并联电容器装置位置及补偿效果示意图

(1)高压集中补偿

补偿的电容器组接在变配电所 6～35kV 高压母线上，其电容器柜一般装在单独的高压电容器室内。由于电容器从电网上切除时有残余电压，残余电压最高可达电网电压的峰值，这对人是很危险的，因此必须装设放电装置，图 7-2 中的电压互感器 TV 一次绕组就是用来放电的。为了确保可靠放电，电容器组的放电回路中不得装设熔断器或开关。

采用这种补偿方式，初投资较少，运行维护方便，电容器利用率较高，但只能提高高压母线前的功率因数，补偿范围较小。它适用于大、中型变配电所。

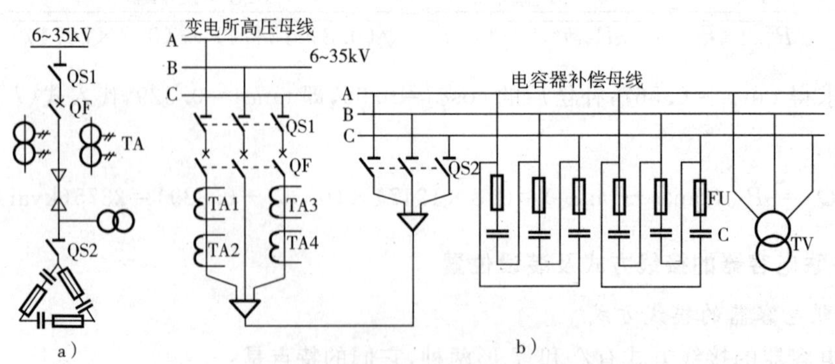

图 7-2　高压集中补偿电容器组接线示意图

a)单线图；b)三线图

(2)低压集中补偿

补偿的电容器组接在变电所低压母线上,其电容器柜装设在低压配电室内,如图 7－3 所示。图中的白炽灯是放电电阻。

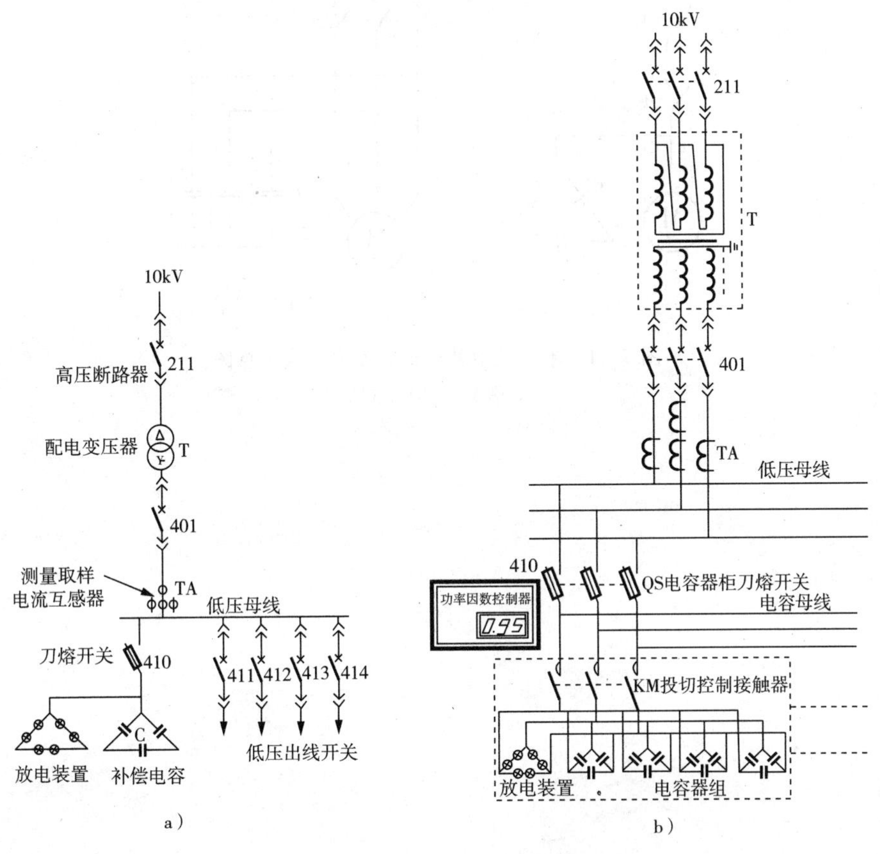

图 7－3　低压集中补偿电容器组接线示意图

a)单线图；b)三线图

这种补偿方式的电容器组,能提高低压母线以前的功率因数,可使变压器的无功功率得到补偿,从而有可能减少变压器容量,且运行维护也较方便,适用于中、小型工厂或车间变电所作为低压侧基本无功功率的补偿。

(3)单独就地补偿

将电容器组直接安装在用电设备附近,与用电设备并联,如图 7－4 所示。这种接线是以用电设备作为放电回路(如电动机绕组),不必另设放电电阻。

这种补偿的优点是补偿范围大、补偿效果好、可减小配电线路截面积、减少有色金属消耗量。其缺点是总投资大、电容器的利用率低。它适用于负荷相对平稳且长时间使用的大容量用电设备,以及某些容量虽小但数量多而分散的用电设备。

1kV 以上的高压电容器一般应单独设置电容器室,当数量较少时,允许安装在高压配电装置室内。1kV 以下的电容器可设置在环境正常的厂房或高、低压配电装置室内。目前多选用成套生产的电容器柜,如高压电容器柜 GR－1 型和低压电容器柜 BJF－3 型等。

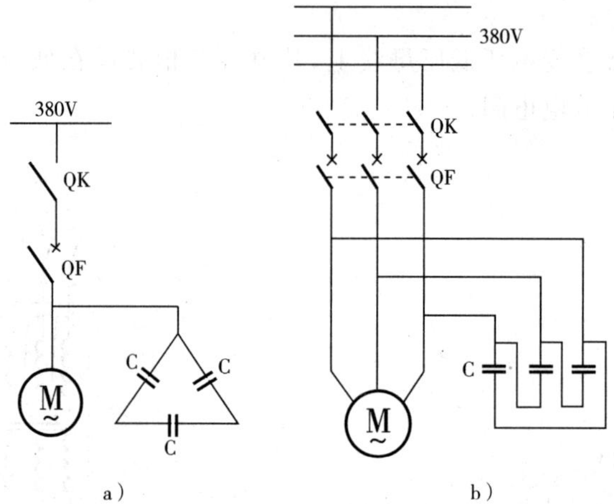

图 7－4 单独就地补偿电容器组接线示意图

a)单线图；b)三线图

项目八　电气照明及其图形的识读

任务一　常用的电光源和灯具的认知与选择

教师工作任务单

<table>
<tr><td colspan="2">任务名称</td><td colspan="3">任务一　常用的电光源和灯具的认知与选择</td></tr>
<tr><td colspan="2">任务描述</td><td colspan="3">本次任务是了解电光源的基本知识，认知和选择灯具。</td></tr>
<tr><td colspan="2">任务分析</td><td colspan="3">了解电光源的基本知识是认知和选择灯具的基础。电光源的基本知识由学生自己借助教材或相关资料去阅读理解。教师结合实物或多媒体课件，并通过一些引导性问题加以引导，让学生自己去思考，最后教师予以总结。
引导性问题：
1. 电光源的常用的术语有哪些？
2. 常用的电光源种类有哪些？
3. 灯具及配电设备的选择要考虑哪些主要问题？</td></tr>
<tr><td rowspan="3">任务目标</td><td rowspan="2">知识目标</td><td colspan="2">内容要点</td><td>相关知识</td></tr>
<tr><td colspan="2">1. 了解常用电光源的种类。
2. 了解电光源的基本知识。</td><td>1. 参见二、1
2. 参见三、2</td></tr>
<tr><td>技能目标</td><td colspan="2">1. 知道低压荧光灯的组成，并会画其接线原理图。
2. 了解灯具及配电设备的选择要考虑哪些主要问题。</td><td>1. 参见二、2
2. 参见三、2</td></tr>
<tr><td rowspan="9">任务实施</td><td rowspan="7">实施步骤</td><td>任务流程</td><td colspan="2">资讯→决策→计划→实施→检查→评估（学生部分）</td></tr>
<tr><td>资讯</td><td colspan="2">（阅读任务书，明确任务，了解工作内容、目标，准备资料。）</td></tr>
<tr><td>决策</td><td colspan="2">（分析并确定采用什么样的方式方法和途径完成任务。）</td></tr>
<tr><td>计划</td><td colspan="2">（制订计划，规划实施任务。）</td></tr>
<tr><td>实施</td><td colspan="2">（学生具体实施本任务的过程，实施过程中的注意事项等。）</td></tr>
<tr><td>检查</td><td colspan="2">（自查和互查，检查掌握、了解状况，发现问题及时纠正。）</td></tr>
<tr><td>评估</td><td colspan="2">（该部分另用评估考核表。）</td></tr>
<tr><td rowspan="2">实施条件</td><td>实施地点</td><td colspan="2">低压配电实训室或一体化教室。</td></tr>
<tr><td>辅助条件</td><td colspan="2">教材、专业书籍、多媒体设备、PPT 课件等。</td></tr>
</table>

（续表）

练习训练题	1. 什么叫光通量、光强、照度和亮度？它们的单位各是什么？ 2. 配光曲线的含义是什么？ 3. 什么叫保护角？ 4. 灯具的选择要考虑哪些主要因素？ 5. 低压荧光灯由哪些主要部分组成？并画出其接线原理图。
学生应提交的成果	1. 任务书。 2. 评估考核表。 3. 练习训练题。

相关知识

一、电光源及灯具的常用术语

(1)光：光是能引起视觉的辐射能，它以电磁波的形式在空间传播。电磁波的波长不同，其特性也不同，波长为380～780nm的电磁辐射波为可见光，他作用于人的眼睛就能产生视觉。在可见光的区域内，不同的波长呈现不同的颜色，如红、橙、黄、绿、青、蓝、紫七种颜色。

(2)光通量：光源在单位时间内，向周围空间辐射出的使人眼产生光感的辐射能，称为光通量，用符号Φ表示，单位为流明(lm)。它是衡量电光源产生光能能力的一个重要指标。

(3)光强(发光强度)：表示光源发光的强弱程度，把光源向周围空间某一方向单位立体角内辐射的光通量称为光源在该方向上的发光强度，用公式表示为

$$I=\Phi/\omega \tag{8-1}$$

式中：I——光强，也称烛光，cd；

Φ——光源在ω立体角内所辐射出的总光通量，lm；

ω——光源发光范围的立体角。

(4)照度：受照物体单位面积上接收的光通量称为照度，用符号E表示，单位为勒克斯(lx)。当光通量均匀地照射到某平面S上时，该平面上的照度为

$$E=\Phi/S \tag{8-2}$$

式中：S——受照物体表面积。

(5)亮度：亮度为发光体在视线方向单位投影面上的发光强度。发光体表面的亮度值与视线方向无关。视线方向的亮度表达式为

$$L=\frac{I}{S} \tag{8-3}$$

式中：L——亮度，单位为尼特，nt；

I——光强，cd；

S——受照物体表面积，m^2。

(6)发光效率：它是照明光源输出的光通量与输入电功率的比值，也就是单位功率的光通量，单位为流明/瓦(lm/W)。它是反映光源性能优劣的重要指标。

(7)色温:光源所发出光的颜色与黑体某一温度下辐射的颜色相同时,这时黑体的温度就称为该光源的颜色温度,简称色温,以绝对温度K作单位。

(8)显色指数:它是衡量光源再现标准白光能力的一种参数。当光源与基准光源(标准白光)的显色性能一样时,该光源的显色指数为100。

(9)配光曲线:光源所发出的光线是射向四周的,加装灯罩后使光线重新分配,称为配光。配光特性主要是指光源和照明器在空间各方向上的光强分布状态。描述照明器在空间各个方向光强的分布曲线称为配光曲线。为了便于比较灯具的配光特性,配光曲线是按光通量等于1000lm的假想光源绘制的。图8-1所示是常用的极坐标形式灯具配光曲线。

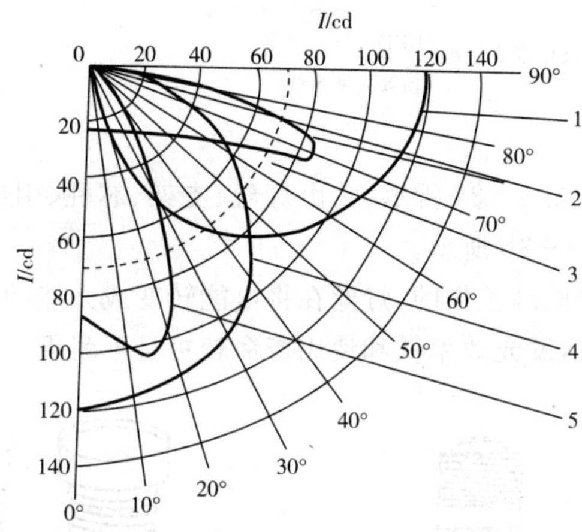

图8-1　极坐标形式灯具配光曲线

1—正弦型;2—广照型;3—漫射型;4—配照型;5—深照型

(10)保护角(又称遮光角):保护角是以衡量灯罩保护人眼不受光源(灯丝)耀眼,即避免直接眩光的一个指标。一般照明器的保护角为灯丝的水平线与灯丝炽热体最外点与灯罩边界线的连线之间夹角γ,如图8-2所示。

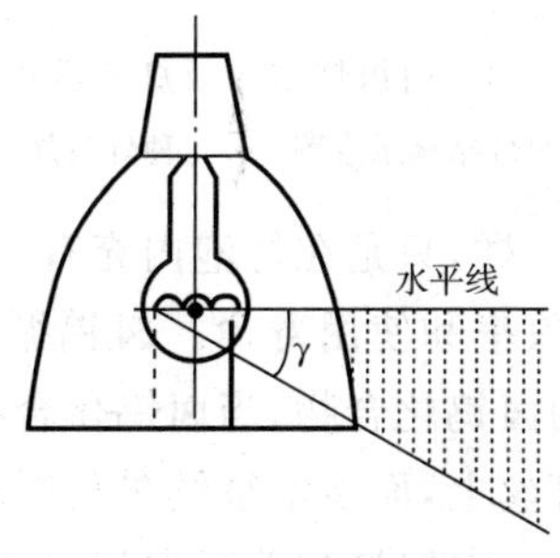

图8-2　照明器的保护角

二、常用电光源的认知

将电能转换成光学辐射能的器件称之为电光源。

照明电光源按电光转换机理分主要有:热辐射光源、气体放电光源和其他发光光源。电光源的分类如下列挂线表所示。

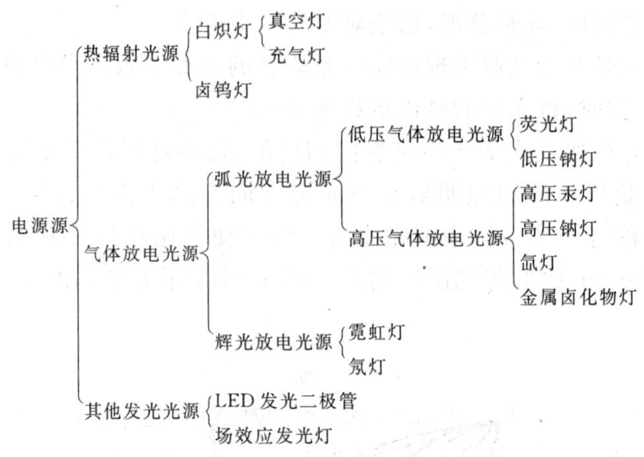

1. 白炽灯和卤钨灯

普通白炽灯的结构如图 8－3a 所示，它由灯丝、支架、芯柱、引线、玻璃泡壳和灯头等组成，其中常用的灯头如图 8－3b 所示。

白炽灯是根据热辐射原理工作的，灯丝在将电能转变成光能的同时，大部分能量转化为红外和紫外辐射热而损失，发光效率低和使用寿命较短且不耐震。

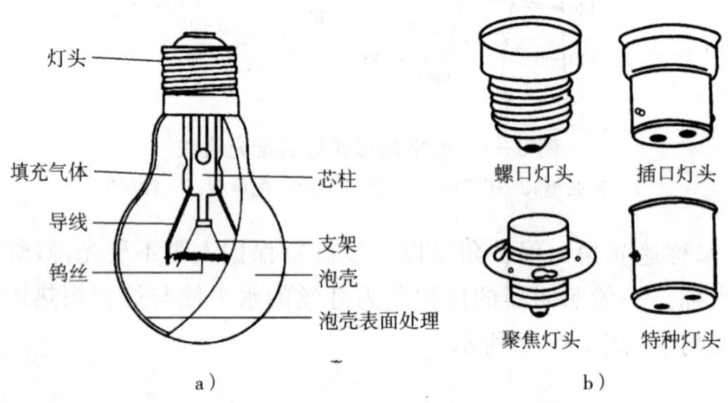

图 8－3　白炽灯结构及灯头示意图

a)白炽灯结构示意图；b)几种灯头外形图

卤钨灯的工作原理与白炽灯一样，只是在灯泡内充有一定的卤族元素或卤化物气体，利用“卤钨循环”来提高光源的发光效率和使用寿命。卤钨循环是指从灯丝蒸发出来的钨，在泡壳内与卤素反应，形成挥发性的卤钨化合物，当卤钨化合物扩散到较热的灯丝周围时又分解为卤素和钨，钨沉积在钨质的灯丝上，而卤素继续参与循环过程。

卤钨灯的结构如图 8－4 所示。卤钨灯与普通白炽灯相比，发光效率可提高 30%左右，高质量的卤钨灯寿命能提高到普通白炽灯寿命的 3 倍左右。

2. 荧光灯

荧光灯(又称日光灯)主要由灯管、电极、镇流器、启辉器等组成，如图8－5所示。它是利用低压汞蒸汽放电产生的紫外线，去激发涂在灯管内壁上的荧光粉而转化为可见光的电光源。

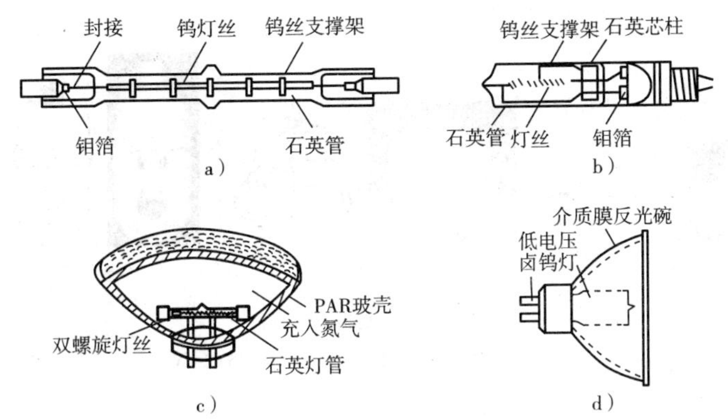

图 8-4　卤钨灯结构示意图

a)普通管型卤钨灯；b)单端卤钨灯；c)PAR 型卤钨灯；d)介质膜冷反光卤钨灯

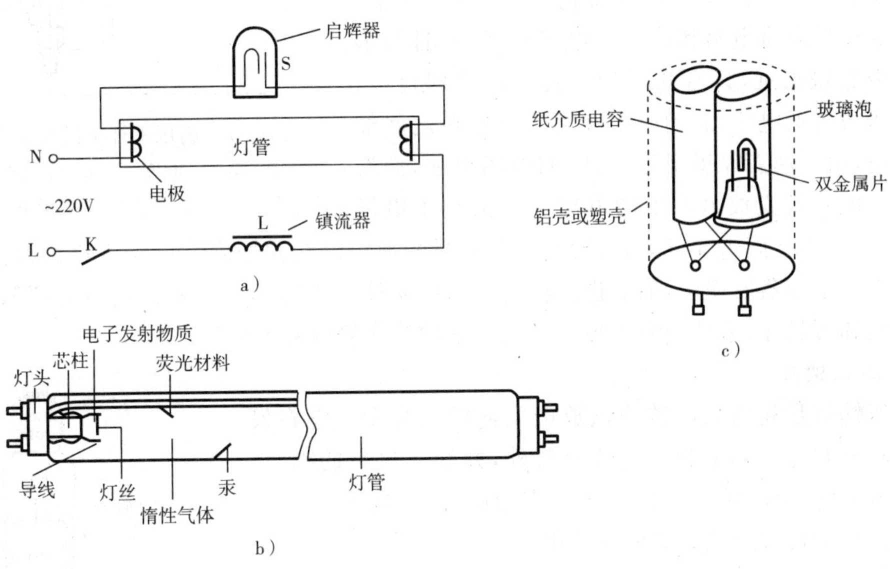

图 8-5　荧光灯接线及结构示意图

a)荧光灯接线；b)　荧光灯结构；c)启辉器结构

荧光灯的接线如图 8-5a 所示。启辉器 S 一般由内装双金属片的氖气管制成，如图 8-5c所示。当两端有电压时，氖管发光，双金属片短时受热而弯曲，闭合触点，使荧光灯的钨丝电极加热，触点闭合时氖管熄灭，双金属片经过短时冷却，触点断开，在这瞬间，镇流器 L 将产生高电压脉冲使荧光灯点燃。荧光灯点燃后启辉器停止工作。镇流器与荧光灯串联，在荧光灯点燃后，它限制流过灯管的电流。

3. 无极荧光灯

无极荧光灯又称电磁感应灯，是一种长寿命、高效节能、绿色环保的新型电光源。它的外形如图 8-6 所示。它主要由高频发生器、耦合器和无极灯管等部分组成。灯管内没有传统的灯丝和电极，应用高频发生器，发射出高频电波能量，通过磁场感应的方式耦合到灯管内，灯管内的电子运动使汞合金分子发生电离和激发，产生大量的紫外线，紫外线激发灯泡内壁的荧光粉发光，从而将紫外光（不可见光）转换为可见光。

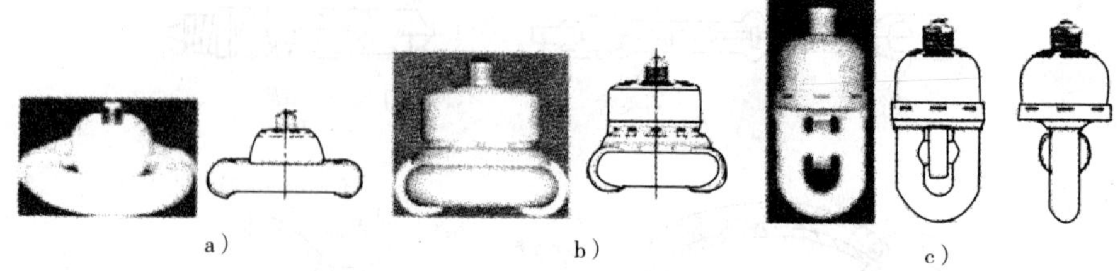

图 8－6　无极荧光灯

a)A 型(24W)；b)B 型(40W)；c)C 型(24W)

4. 高压汞灯

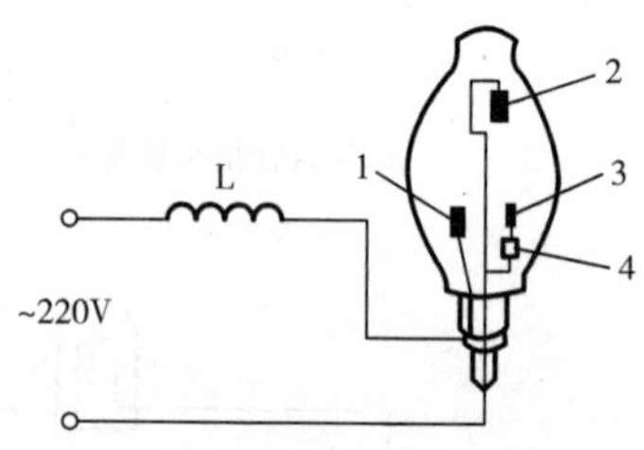

图 8－7　高压汞灯结构及接线图

1—第一主电极；2—第二主电极；3—启动电极(触发极)；4—限流电阻

高压汞灯(又称荧光高压汞灯)是利用汞放电时产生的高气压获得可见光的电光源，它在发光管的内部充有汞和氩气。高压汞灯的结构如图 8－7 所示。启动电极通过限流电阻和第二主电极相连，并且与第一主电极靠得很近，只有几毫米。其工作原理是：当荧光高压汞灯通电后，启动电极和第一主电极之间加上了电压，由于两者靠得很近，之间的电场很强，而发生辉光放电。辉光放电产生的电离子扩散到主电极间，造成主电极之间击穿，进而过渡到主电极弧光放电。在此期间管内温度逐渐升高，汞不断汽化直至全部蒸发完毕，最后进入稳定的高压汞蒸气放电状态。汞汽化后电离激发产生出紫外线和可见光，紫外线照射玻璃外壳内壁的荧光粉而发出可见光。

5. 高压钠灯

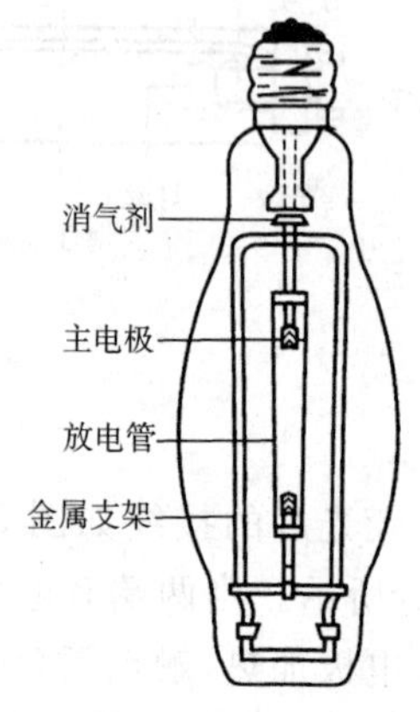

图 8－8　高压钠灯结构示意图

高压钠灯是利用高压钠蒸汽放电发光的电光源。它在发光管内除充有适量的汞和氩气或氙气外，并加入过量的钠，以钠的放电发光(呈淡黄色)为主，所以称为钠灯，结构如图 8－8 所示。高压钠灯应与镇流器配套使用。

6. 发光二极管

发光二极管 LED(LED—Light Emitting Diode)的核心部分是由 P 型半导体和 N 型半导体组成的晶片，在 P 型半导体和 N 型半导体之间有一个过渡层，称为 PN 结。在某些半导体材料的 PN 结中，注入的少数载流子与多数载流子复合时会把多余的能量以光的形式释放出来，从而把电能直接转换为光能。PN 结加反向电压，少数载流子难以注入，故不发光。当 PN 结加正向电压，电流从 LED 阳极流向阴极时，半导体晶体就发出从紫外到红外不同颜色的光线。LED 的组成结构如图 8－9 所示。

由于 LED 具有功耗低、亮度高、寿命长、尺寸小等优点，它必将实现从装饰照明向通用照明的转变，成为 21 世纪的主导电光源。

几种常见电光源的主要技术特性及使用场所见表 8－1。

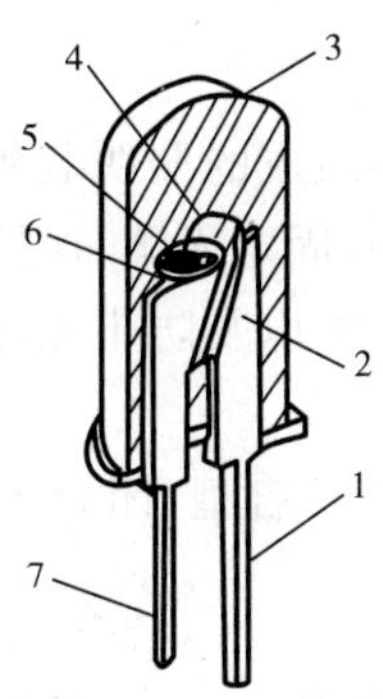

图 8－9 LED的组成结构

1－阳极引线；2－阳极；3－环氧封装、圆顶透镜；4－阳极导线；
5－带反射杯的阴极；6－半导体触点；7－阴极引线

表 8－1 常用电光源的主要技术特性及适用场所

光源名称	灯泡的额定功率/W	光效 lm/W	显色特性	启动时间	功率因数	适用的照度标准	频闪效应	耐振性能	适用场所
白炽灯	10～100	6.5～19	高	0	1	低	不明显	较差	(1)要求不高的生产厂房、仓库；(2)局部照明和应急照明；(3)要求频闪效应小的场所，开、关频繁的地方；(4)需要避免气体放电灯对无线电设备或测试设备产生干扰的场所；(5)需要调光的场所
卤钨灯	500～2000	19.5～21	高	0	1	较高	不明显	很差	(1)照度要求较高，显色性要求较高，且无震动的场所；(2)要求频闪效应小的场所；(3)需要调光的场所
荧光灯	6～125	25～67	一般	1～3s	0.33～0.7	低	明显	一般	悬挂高度较低而需要较高的照度
高压汞灯	500～1000	30～50	低	4～8min	0.44～0.67	高	明显	好	街道、广场、车站、码头等高大建筑物的照明
高压钠灯	250～400	90～100	很低	4～8min	0.44	高	明显	较好	(1)需要照度高，但对光色无特殊要求的地方；(2)多烟尘的车间；(3)潮湿多雾的场所

三、常用灯具及配电设备的选择

由电光源、照明灯具及其附件共同组成的照明装置称为照明器。人们通常将照明器称作照明灯具(简称灯具)。灯具除了具有固定光源、保护光源、使光源与电源可靠连接的作用外,还具有对光源的光通量进行重新分配以及防止光源产生眩光的作用。

1. 常用灯具的分类和符号

按灯具的结构特点分,主要类型有开启型、闭合型、密闭型和防爆型等,如图 8－10 所示。它们的结构特点如表 8－2 所示。

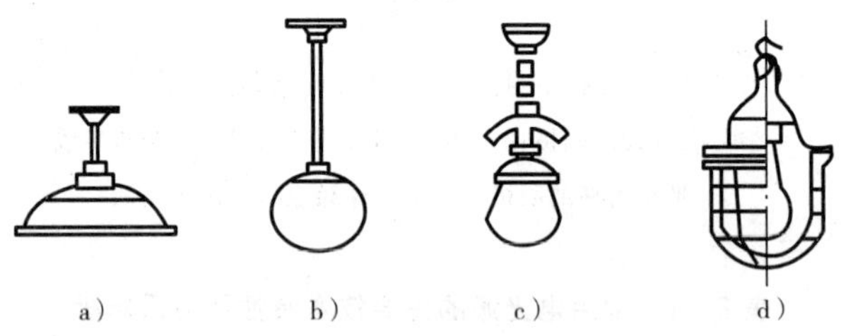

图 8－10　几种常见照明器外形图

a)开启型；b)闭合型；c)密闭型；d)防爆型

表 8－2　灯具的结构型式和结构特点

结构型式	结构特点	灯具类型举例
开启型	光源与外界空间相通	配照灯、广照灯和深照灯
闭合型	光源被透明罩包护,但内外空气仍能流通	圆球灯、双罩型灯及吸顶灯
密闭型	光源被透明罩密封,内外空气不能流通	防水灯、密闭荧光灯
防爆型	光源被高强度透明罩密封,且灯具能承受足够的压力	防爆安全灯、荧光安全防爆灯

图 8－11 是工厂常用灯具的外形和符号。

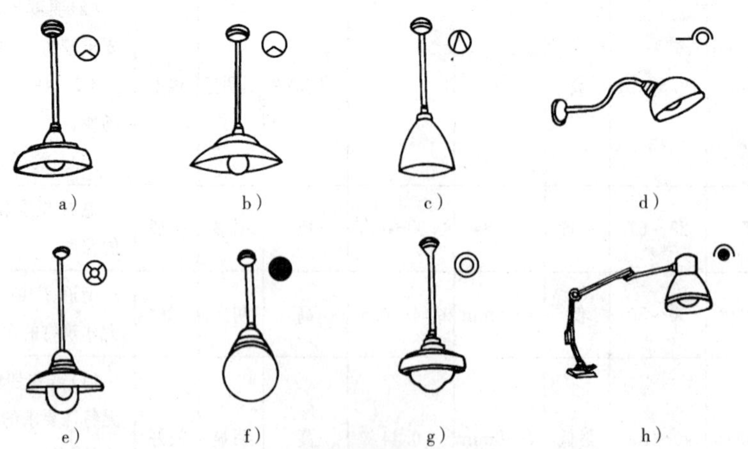

图 8－11　工厂常用的几种灯具及其图形符号

a)配照型工厂灯；b)广照型工厂灯；c)深照型工厂灯；d)斜照型工厂灯(弯灯)
e)广照型防水防尘灯；f)圆球形工厂灯；g)双罩型万能型)工厂灯；h)机床工作灯

2. 常用灯具的选择

灯具的选择是很重要的，如果选择不当，轻者不能满足生产的要求，重者将会引起火灾事故。灯具选用的基本原则有以下几点：

(1)功能原则。合乎要求的配光曲线、保护角、灯具效率，款式符合环境的使用条件。尽量选用光效高、寿命长、直接配光的灯具，以达到合理利用光通量和减少电能消耗的目的。

(2)安全原则。符合防触电安全保护规定要求。灯具的种类与使用环境相匹配。如潮湿的场所应采用防潮型的灯具；有腐蚀性气体的场所，应采用密闭型灯具；有爆炸危险的场所，应采用防爆型灯具等。

(3)协调原则。灯饰与环境整体风格协调一致。

(4)高效原则。在满足眩光限制和配光要求条件下，应选用效率高的灯具，以利于节能。

(5)经济原则。初投资和运行费用最小化。

同时还要考虑灯具的安装高度以及安装是否方便，更换灯泡是否容易。

3. 照明配电设备的选择

(1)车间内的照明一般由配电箱直接控制，应选用各回路带开关的配电箱，这些开关多数是单极的，实行逐相控制。当照明由局部开关控制一个或几个灯具时，可选用各回路仅带熔断器的配电箱。大型车间宜选用带低压断路器的配电箱。

(2)室内照明的每一相分支回路通常采用大于 15A 的熔断器或低压断路器保护。对于大型车间允许增加到 20～30A。每一单相分支回路所接的灯数(包括插座)一般不超过 25 个。当采用多管荧光灯具时，允许增大到 50 个灯管。

(3)道路照明除各回路要有保护外，每个灯具宜加单独的熔断器保护。

(4)为了防止由于中性线中断而引起负载的三相相电压不平衡，使负载无法正常工作，甚至烧坏设备，TN 系统的中性线上不允许安装熔断器。

任务二　照明配电接线与安装

教师工作任务单

任务名称	任务二　照明配电接线与安装
任务描述	本次任务是了解照明系统的供电方式，会进行照明线路的选择、安装接线以及照明平面图的识读。
任务分析	本次任务是按照明系统的供电方式→照明线路的负荷计算→照明线路的选择→照明线路的安装接线→照明平面图的识读的步骤进行，由浅入深。负荷计算和 APD 部分由教师辅导，其余部分教师通过一些引导性问题加以引导，让学生自己去思考，最后教师予以总结。 引导性问题： 1. 应急照明与工作照明的供电方式有什么不同？ 2. 照明线路的选择要考虑哪些因素？ 3. 照明线路的安装接线要注意哪些问题？ 4. 如何识读照明平面布线图？

（续表）

<table>
<tr><td rowspan="3">任务目标</td><td></td><td colspan="2">内容要点</td><td>相关知识</td></tr>
<tr><td>知识目标</td><td colspan="2">1. 了解照明供电系统的接线。
2. 知道安装照明线路和设备的技术要求。</td><td>1. 参见一
2. 参见三</td></tr>
<tr><td>技能目标</td><td colspan="2">1. 会计算照明电路的计算负荷。
2. 会选择照明线路。
3. 会进行照明线路和设备的安装接线。
4. 会识读平面布线图。</td><td>1. 参见二、1
2. 参见二、2
3. 参见三
4. 参见四</td></tr>
<tr><td rowspan="9">任务实施</td><td rowspan="7">实施步骤</td><td>任务流程</td><td colspan="2">资讯 → 决策 → 计划 → 实施 → 检查 → 评估（学生部分）</td></tr>
<tr><td>资讯</td><td colspan="2">（阅读任务书，明确任务，了解工作内容、目标，准备资料。）</td></tr>
<tr><td>决策</td><td colspan="2">（分析并确定采用什么样的方式方法和途径完成任务。）</td></tr>
<tr><td>计划</td><td colspan="2">（制订计划，规划实施任务。）</td></tr>
<tr><td>实施</td><td colspan="2">（学生具体实施本任务的过程，实施过程中的注意事项等。）</td></tr>
<tr><td>检查</td><td colspan="2">（自查和互查，检查掌握、了解状况，发现问题及时纠正。）</td></tr>
<tr><td>评估</td><td colspan="2">（该部分另用评估考核表。）</td></tr>
<tr><td rowspan="2">实施条件</td><td>实施地点</td><td colspan="2">低压配电实训室、一体化实训室（任选其一）。</td></tr>
<tr><td>辅助条件</td><td colspan="2">教材、专业书籍、多媒体设备、PPT 课件等。</td></tr>
<tr><td colspan="2">练习训练题</td><td colspan="3">1. 照明线路的计算电流是如何计算的？
2. 照明线路的选择要满足哪些条件？</td></tr>
<tr><td colspan="2">学生应提交的成果</td><td colspan="3">1. 任务书。
2. 评估考核表。
3. 练习训练题。</td></tr>
</table>

相关知识

一、照明供电系统

电气照明按工作方式分，有一般照明和局部照明两大类。一般照明就是工作场所的普通性照明。局部照明就是在需要加强照度的个别地方安装的照明。电气照明按工作性质分，有工作照明和应急照明。工作照明是正常工作时的照明。应急照明是在工作照明发生事故时，为继续工作或疏散人员而设置的非常照明。

图 8－12a 是一台变压器供电的设有应急照明的系统图。为保证应急照明供电的可靠性，将应急照明通过自动转换装置与工作照明共同接至低压母线上，当母线停电时，应急照明通过自动转换装置自动切换到由蓄电池组成的 UPS(Uninterruptible Power System——

不间断电源)上,由 UPS 向应急照明供电。

图 8-12b 是两台变压器供电的设有应急照明的系统图。这里应急照明均采取由邻近变电所的低压母线供电方式,以提高应急照明的可靠性。

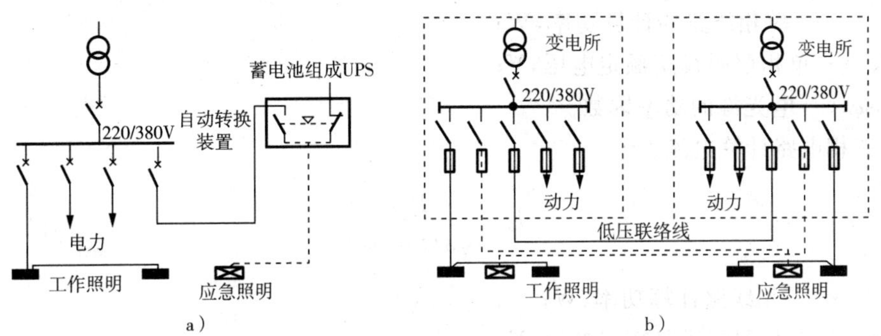

图 8-12　应急照明系统

a)一台变压器供电；b)两台变压器供电

图 8-13 是利用交流接触器组成的备用电源自动投入装置(APD),以实现应急照明电源自动切换的控制电路。当工作电源停电时,接触器 KM1 主触点因失电断开,切断工作电源回路,其动断触点 1—2 闭合,使时间继电器 KT 动作(KM2 的动断触点 1—2 原已闭合),其延时触点 1—2 经 0.5s 后闭合,使接触器 KM2 线圈接通,其主触点闭合,从而投入备用电源。KM2 的动合触点 3—4 闭合,保持 KM2 通电;其动断触点 1—2 断开,切断 KT 回路,KT 触点 1—2 断开。同时 KM2 的动断触点 5—6 断开,切断 KM1 回路。

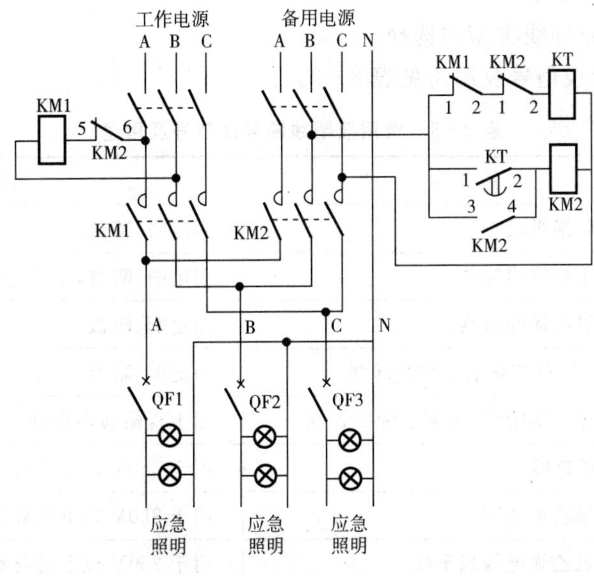

图 8-13　应急照明的 APD 控制电路

二、照明线路的选择

1. 照明线路的计算电流

(1)采用一种电光源的计算电流

① 单相电路计算电流：

$$I_{30.\varphi}=\frac{P_{30.\varphi}}{U_N\cos\varphi} \tag{8-4}$$

式中：$P_{30.\varphi}$——单相线路的计算功率，W；

U_N——单相照明线路额定电压，V；

$\cos\varphi$——电光源的功率因数。

② 三相电路计算电流：

$$I_{30}=\frac{P_{30}}{\sqrt{3}U_N\cos\varphi} \tag{8-5}$$

式中：P_{30}——三相线路计算功率，W；

U_N——三相照明线路额定电压，V；

$\cos\varphi$——电光源的功率因数。

(2)混合照明线路的计算电流

$$I_{30}=\sqrt{(\sum I_{30.1}+\sum I_{30.2}\cos\varphi)^2+(\sum I_{30.2}\sin\varphi)^2} \tag{8-6}$$

式中：$\sum I_{30.1}$—— 功率因数为1的电光源计算电流，A；

$\sum I_{30.2}$—— 功率因数不等于1的电光源计算电流，A；

φ—— 功率因数不等于1的电光源功率因数角。

2. 照明线路导线的选择

(1)常用照明线路导线类型的选择

常用照明线路导线型号及用途见表8-3。

表8-3 常用照明线路导线型号及用途

导线型号	名　称	主要用途
BX	铜芯橡胶绝缘线	固定明、暗敷
BXF	铜芯氯丁橡胶绝缘线	固定明、暗敷，尤其适用于户外
BV	铜芯聚氯乙烯绝缘线	固定明、暗敷
BV－105	耐热105℃铜芯聚氯乙烯绝缘线	固定明、暗敷，适用于温度较高场合
BVV	铜芯聚氯乙烯绝缘、聚氯乙烯护套线	用于直贴墙面敷设
BXR	铜芯橡胶软线	用于250V以下的移动电器
RV	铜芯聚氯乙烯软线	用于250V以下的移动电器
RVB	铜芯聚氯乙烯绝缘扁平线	用于250V以下的移动电器
RVS	铜芯聚氯乙烯绝缘软绞线	用于250V以下的移动电器
RVV	铜芯聚氯乙烯绝缘、聚氯乙烯护套软线	用于250V以下的移动电器
RVX－105	铜芯耐热105℃聚氯乙烯绝缘软线	用于250V以下的移动电器，耐热105℃

(2)按机械强度选择导线截面

满足机械强度要求的导线最小截面见表3－4。

(3)按允许载流量选择导线截面

按允许载流量选择导线的规定见式(3－1)～式(3－9)；常见的BLV、BV导线允许载流量见附表4。

(4)按线路允许的电压损失选择截面

线路允许的电压损失的计算公式参见表8－4。

表8－4　线路允许电压损失的计算公式

回　路	计算公式	说　明
单相回路	$\Delta U=2I_{30.\varphi}(R\cos\varphi+X\sin\varphi)$或$\Delta U=\frac{2(PR+QX)}{U_{N.\varphi}}$	$I_{30.\varphi}$、I_{30}——计算电流； R、X——线路电阻与电抗； φ——阻抗角； P、Q——线路有功与无功功率； $U_{N.\varphi}$——额定相电压； U_N——额定线电压
三相回路	$\Delta U=\sqrt{3}I_{30}(R\cos\varphi+X\sin\varphi)$或$\Delta U=\frac{PR+QX}{U_N}$	
电压损失百分数为　$\Delta U(\%)=\frac{\Delta U}{U_N}\times100(\%)$		

照明线路允许的电压损失值见表8－5。

表8－5　照明线路允许的电压损失值

照明线路	允许的电压损失(%)
对视觉作业要求高的场所，白炽灯、卤钨灯及钠灯的线路	2.5
一般作业场所的室内照明，气体放电灯的线路	5
露天照明，道路照明，应急照明，36V及以下照明线路	10

三、照明配电的安装与接线

1. 室内配线的技术要求

室内配线技术要求如下：

(1)导线的额定电压不小于线路工作电压，导线的绝缘应符合线路的安装方式和敷设的环境条件。导线截面应能满足供电和机械强度的要求。

(2)配线时应尽量避免导线有接头，必须要接头时，应采用压接和焊接。导线连接和分支处不应受到机械力的作用。穿在管内的导线，在任何情况下都不能有接头。应尽可能地把接头放在接线盒或灯头盒内。

(3)当导线穿过楼板时，应设钢管或塑料管加以保护。导线穿墙要用瓷管，瓷管两端的出线口，伸出墙面不小于10mm。导线穿墙用瓷管保护，除穿向室外的瓷管应一线用一根瓷管外，同一回路的几根导线可以穿在同一根瓷管内，但管内导线的总面积不应超过管内截面面积的40%。

(4)明敷线路在建筑物内应水平或垂直敷设。水平敷设时，导线距地面不小于2.5m。垂直敷设时，导线距地面不应小于2m，否则应将导线穿管以作保护，防止机械损伤。

(5)当导线沿墙壁或天花板敷设时,导线与建筑物之间的距离一般不小于10mm。在通过伸缩缝的地方,导线敷设应稍微松弛。钢管配线,应装设补偿装置,以适应建筑物的伸缩。

(6)当导线互相交叉时,为避免碰线,在每根导线上应套上塑料管或其他绝缘管,并须将套管固定。

2. 照明线路的布线方式

常用的照明线路的布线方式有:

(1)绝缘线穿钢管(或塑料管)明敷或暗敷。它允许敷设在一切环境中,但因造价较高,只在有腐蚀性或有爆炸危险的工作场所采用。在厂房内一些有机械损伤危险的地方,如顺着柱子、吊车梁及物架等敷设时,一般也应穿钢管保护。

(2)绝缘线在瓷(或塑料)夹或瓷柱上敷设。由于绝缘线离墙面较近,除正常干燥的工作环境外禁止采用。

(3)绝缘线在针式或蝴蝶式绝缘子上敷设。除有爆炸危险的工作场所,绝缘子上导线明敷的方式都可以采用,特别是单层工业厂房,这种方式尤其适用于横跨屋架的线路。

(4)绝缘护套线在卡子上明敷。除高温及有爆炸危险的工作场所外,都可采用绝缘护套线在卡子上明敷的方式。这种方式具有造价低、敷设方便等优点。

为了识别导线,以利于运行维护和检修,交流三相系统中的导线颜色应符合表8-6所示的规定。

表8-6 交流三相系统中导线颜色的规定

导线类别	A相	B相	C相	N线和PEN线	PE线
颜色	黄	绿	红	淡蓝	黄绿双色

3. 开关插座的安装与接线

开关的种类较多,有拉线开关、搬把开关、翘板开关、调光开关、门卡开关、触摸开关、声控开关等。

(1)开关的安装要求

① 拉线开关距地面的距离应大于1.8m,距出入口的距离应为0.15~0.2m,拉线的出口应向下。

② 搬把开关距地面的高度为1.4m,距门口为0.15~0.2m,开关不得置于单扇门后。

③ 开关位置应与灯位相对应,同一室内开关方向应一致。

④ 在易燃、易爆和特别潮湿的场所,开关应分别采用防爆型、密闭型,或安装在其他场所控制。

⑤ 明线敷设的开关应安装在不少于15mm厚的木台上。

(2)插座和插头的安装与接线

1)插座的安装要求

① 明装插座距地面不低于1.8m。

② 暗装插座距地面不低于0.3m。暗装的插座应有专用盒,盖板应端正严密。

③ 在儿童活动场所应采用安全插座。

④ 同一室内安装的插座高低差不应大于5mm,成排安装的插座高低差不应大于2mm。

⑤ 落地插座应有保护盖板。

⑥ 在特别潮湿和有易燃、易爆气体及粉尘的场所不应装设插座。

2)插座和插头的安装接线

① 单相两孔插座有横装和竖装两种。横装时,面对插座的左极接中性线(N),右极接相线(L);竖装时,面对插座的上极接相线,下极接中性线,如图 8-14 所示。

② 单相三孔及三相四孔插座的保护接地线应接在上方 E,如图 8-14 所示。

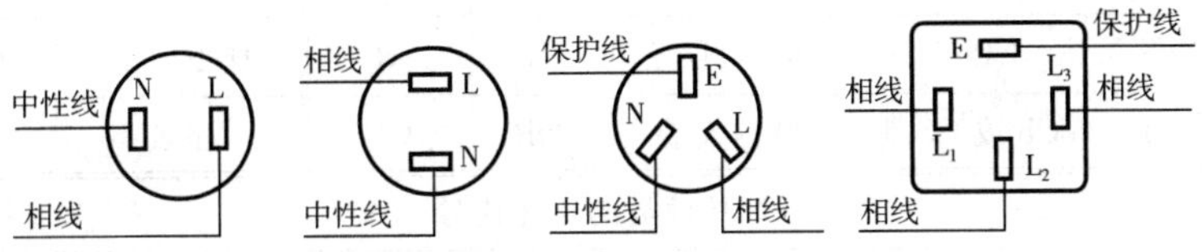

图 8-14　插座接线示意图(面对插座)

③ 单相三线插头的安装要与插座相对应,如图 8-15 所示。

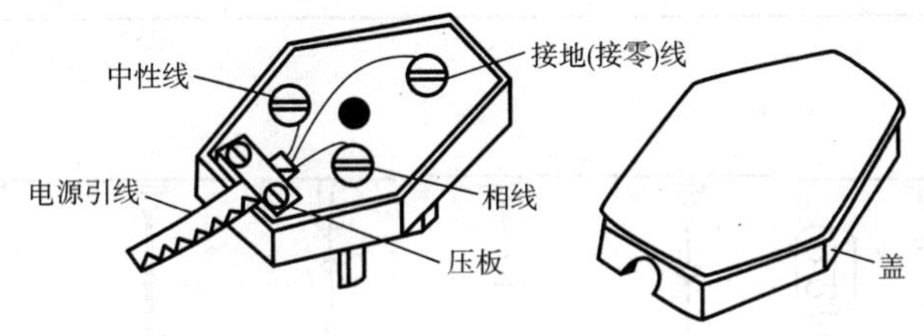

图 8-15　单相三线插头接线示意图

四、照明平面图的识读

照明平面图是将所选用导线的型号、根数、截面、线路走向、敷设方式和配电箱、各种灯具、开关的型号、容量、安装方式、安装高度以专用的图例和标注绘制在平面图上的图形。

平面布线图上标注了所有灯具的位置、灯数、灯具型号、灯泡容量及安装高度、安装方式等。照明灯具标注的格式为

$$a-b\frac{c\times d\times l}{e}f \tag{8-7}$$

式中:a——灯数;

b——灯具型号或编号;

c——每盏照明灯泡的灯泡数;

d——灯泡容量;

e——灯泡安装高度,"—"表示吸顶灯;

f——安装方式,灯具的安装方式标注代号见表 8-7,安装方式示意图见图 8-16;

l——光源种类。IN:白炽灯(一般白炽灯不标注);MH:卤钨灯;FL:荧光灯;Hg:高压汞灯;Na:高压钠灯;Xe:氙灯;HI:石英灯。

表 8－7　灯具安装方式和灯具种类的标注代号

灯具安装方式的标注代号

安装方式	旧	新	安装方式	旧	新	安装方式	旧	新
自在器线吊式	X	CP 或 SW	管吊式	G	DS 或 P	墙壁内安装	BR	WR 或 WP
固定线吊式	X_1	CP_1	壁装式	B	W	台上安装	T	T
防水线吊式	X_2	CP_2	吸顶	D	C	支架上安装	J	SP 或 S
吊线器式	X_3	CP_3	嵌入式	R	R	柱上安装	Z	CL
链吊式	L	Ch 或 CS	顶棚内安装	DR	CR	座装	ZH	HM

灯具种类的标注代号

壁灯	W	密闭灯	EN	吊灯	P	安全照明	SA
吸顶灯	C	防爆灯	EX	花灯	L	备用照明	ST
筒灯	R	圆球灯	G	局部照明灯	LL		

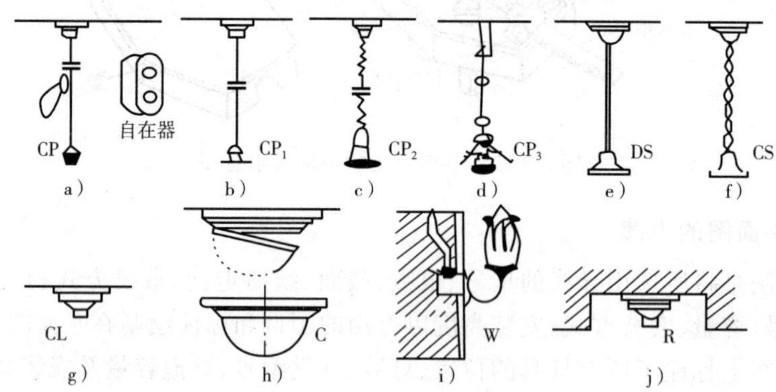

图 8－16　部分安装方式示意图

a)自在器线吊式；b)固定线吊式；c)防水线吊式；d)吊线器式；
e)管吊式；f)链吊式；g)柱上安装；h)吸顶或直附式；i)壁装式；j)嵌入式

在图 8－17 的平面布线图上，9－GC5 $\frac{1\times 200}{6.5}$DS 是表示 9 个型号为 GC5 工厂用的深照型灯具，每个灯具有 1 只 200W 的白炽灯，管吊式，安装高度为 6.5m。在灯具旁标注的㉚，表示平均照度为 30lx。

在图 8－18 的照明电气平面布线图中，BV－2×1.5－MT（参见表 3－2）表示 2 根 1.5mm^{2}的铜芯聚氯乙烯绝缘线穿电线管敷设；3－$\frac{60}{2.5}$CP1 表示 3 只 60W 的灯采用固定线吊式，悬挂高度为 2.5m。在图 8－18a、b 所示平面布线图及对应的剖面图 8－18c、d 中，虚线表示 3 根导线、4 根导线的对应关系。导线明敷通常采用直接接线法，暗敷采用共头接线法。当要异地控制同一只灯时，要使用 2 只双控开关，接线如图 8－19 所示。

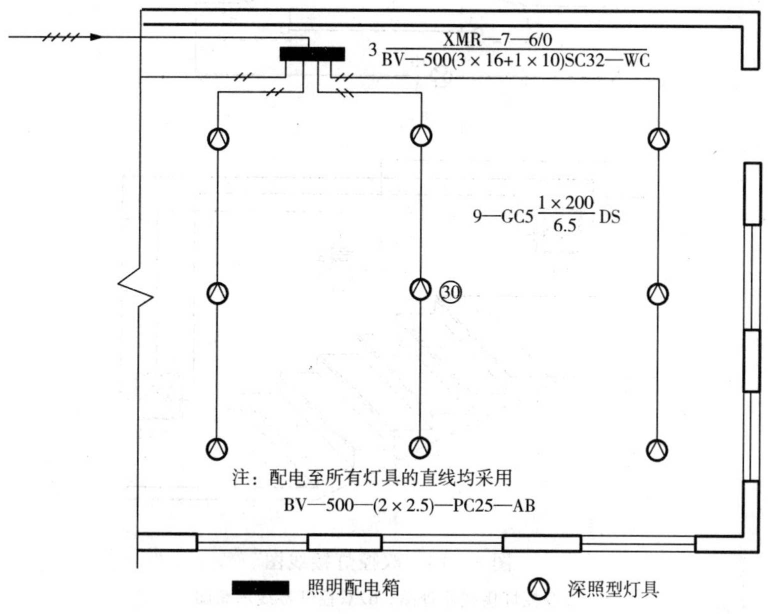

图 8－17　某车间(部分)照明平面布线图

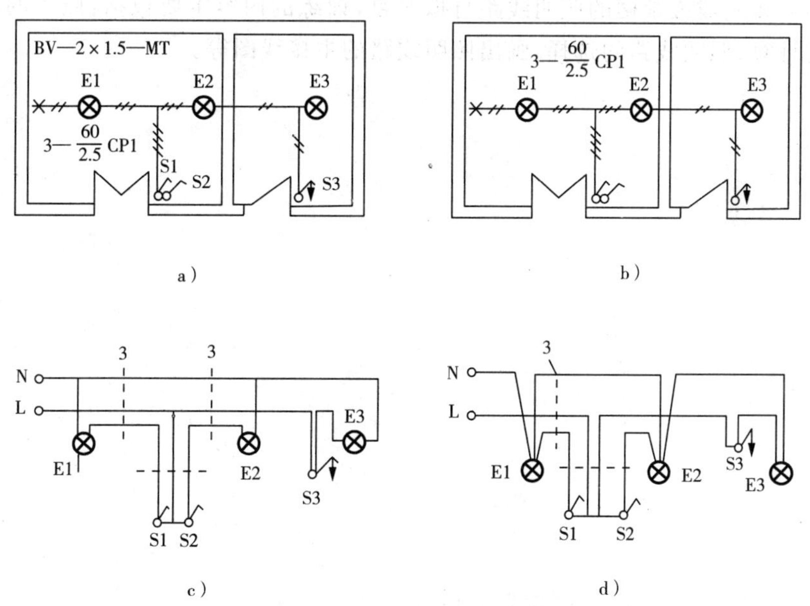

图 8－18　电气平面布线图

a)直接接线法平面布线图；b)共头接线法平面布线图；c)直接接线法剖面图；d)共头接线法剖面图

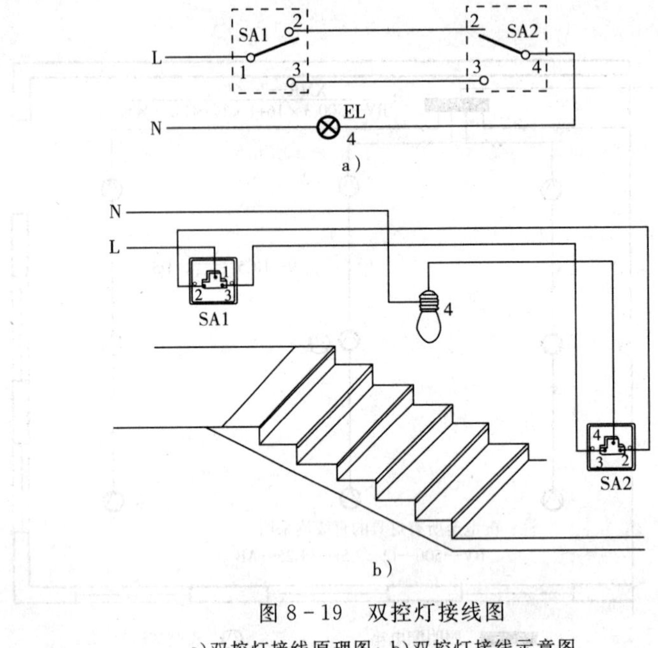

图 8－19　双控灯接线图

a）双控灯接线原理图；b）双控灯接线示意图

技能训练

根据某一车间或教学楼的照明线路自拟题目，训练的内容主要包括：照明的供电方式、照明负荷的计算、照明线路的选择、画出照明线路的主接线图等。

项目九　电气设备的运行及故障处理

任务一　电气设备运行管理制度

教师工作任务单

<table>
<tr><td colspan="2">任务名称</td><td colspan="3">任务一　电气设备运行管理制度</td></tr>
<tr><td colspan="2">任务描述</td><td colspan="3">本次任务是认知电气运行管理制度最基本的内容"两票三制"，即工作票制度、操作票制度、交接班制度、巡回检查制度和设备定期试验与轮换制度。</td></tr>
<tr><td colspan="2">任务分析</td><td colspan="3">电气运行管理制度是每个运行值班人员在电气运行中必须遵守的行为准则，它的最基本内容是"两票三制"。此项任务要在变电运行现场或仿真变电所完成，让学生在现场去体验"两票三制"的内容。</td></tr>
<tr><td rowspan="3">任务目标</td><td></td><td colspan="2">内容要点</td><td>相关知识</td></tr>
<tr><td>知识目标</td><td colspan="2">1. 认知工作票的种类、使用范围和执行程序。
2. 认知操作票使用范围、内容和执行程序。
3. 了解如何进行交接班及交接班的内容。
4. 了解巡视检查、设备定期试验与轮换的作用。</td><td>1. 参见一
2. 参见二
3. 参见三
4. 参见四、五</td></tr>
<tr><td>技能目标</td><td colspan="2">会填写典型的操作票和进行简单地倒闸操作。</td><td>参见二</td></tr>
<tr><td rowspan="9">任务实施</td><td rowspan="7">实施步骤</td><td>任务流程</td><td colspan="2">资讯→决策→计划→实施→检查→评估（学生部分）</td></tr>
<tr><td>资讯</td><td colspan="2">（阅读任务书，明确任务，了解工作内容、目标，准备资料。）</td></tr>
<tr><td>决策</td><td colspan="2">（分析并确定采用什么样的方式方法和途径完成任务。）</td></tr>
<tr><td>计划</td><td colspan="2">（制订计划，规划实施任务。）</td></tr>
<tr><td>实施</td><td colspan="2">（学生具体实施本任务的过程，实施过程中的注意事项等。）</td></tr>
<tr><td>检查</td><td colspan="2">（自查和互查，检查掌握、了解状况，发现问题及时纠正。）</td></tr>
<tr><td>评估</td><td colspan="2">（该部分另用评估考核表。）</td></tr>
<tr><td rowspan="2">实施条件</td><td>实施地点</td><td colspan="2">变电所、仿真变电所（任选其一）。</td></tr>
<tr><td>辅助条件</td><td colspan="2">教材、专业书籍、多媒体设备、有关规程等。</td></tr>
</table>

（续表）

练习训练题	1.“两票三制”的内容是什么？ 2. 执行工作票的程序有哪些？（用流程图表示） 3. 执行操作票的程序有哪些？（用流程图表示）
学生应提交的成果	1. 任务书。 2. 评估考核表。 3. 练习训练题。

相关知识

电气运行管理制度最基本的内容就是人们常说的“两票三制”，即工作票制度、操作票制度、交接班制度、巡回检查制度和设备定期试验与轮换制度。

一、工作票制度

1. 工作票及其作用

工作票是批准在电气设备上工作的书面命令，也是明确安全职责，严格执行安全组织措施，向工作人员进行安全交底，履行工作许可手续和工作间断、工作转移和工作终结手续，同时实施安全技术措施等的书面依据。凡是在电气设备上工作，应填用工作票或按命令（口头或电话）执行。工作票制度是保证检修人员在电气设备上安全工作的组织措施之一，它是为避免发生人身和设备事故，而必须履行的检修工作手续。

2. 工作票的种类及使用范围

根据工作性质的不同，在电气设备上工作时的工作票可分为三种：第一种工作票；第二种工作票；口头或电话命令。

(1)第一种工作票的使用范围

① 在高压电气设备上工作需要全部停电或部分停电者。

② 二次系统和照明等回路上的工作，需要将高压设备停电者或做安全措施者。

③ 高压电力电缆需停电的工作。

④ 其他工作需要将高压设备停电或要做安全措施者。

一份工作票中所列的工作地点以一个电气连接部分为限，之所以这样规定是因为在一个电气连接部分的两端或各侧施以适当的安全措施后，就不可能再有其他电源“窜入”的危险，故可保证安全。

(2)第二种工作票的使用范围

① 控制盘、低压配电盘、配电箱、电源干线上的工作。

② 二次系统和照明等回路上的工作，无需将高压设备停电者或做安全措施者。

③ 转动中的发电机、同期调相机的励磁回路或高压电动机转子电阻回路上的工作。

④ 非运行人员用绝缘棒和电压互感器定相或用钳形电流表测量高压回路的电流。

⑤ 大于规定的设备不停电时安全距离的相关场所和带电设备外壳上的工作以及无可能触及带电设备导电部分的工作。

⑥ 高压电力电缆不需停电的工作。

第二种工作票与第一种工作票的最大区别是不需将高压设备停电或装设遮栏。

(3)口头或电话命令的使用范围

① 检修人员在低压电动机和照明回路上工作。

② 事故抢修。

3. 工作票的执行程序

执行工作票的流程如下：

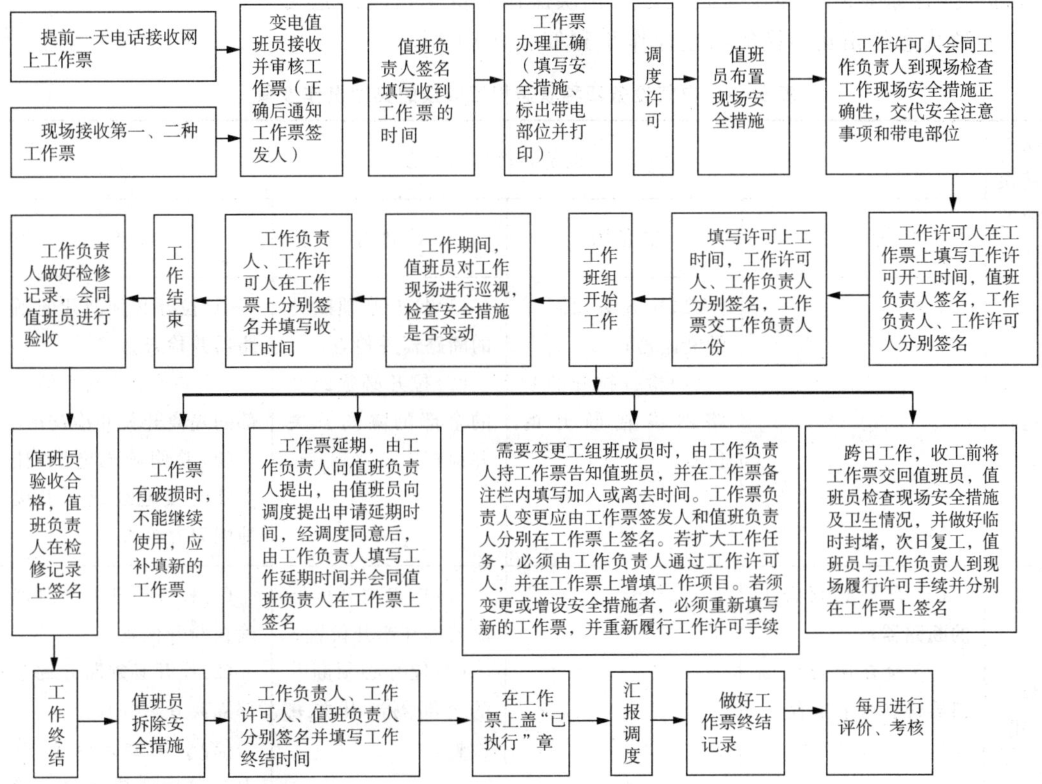

图 9-1 执行工作票流程图

二、操作票制度

1. 倒闸操作的概念

电气设备有运行、热备用、冷备用和检修四种不同的状态。

(1)运行状态

电气设备的运行状态是指断路器及隔离开关都在合闸位置，电路处于接通状态。

(2)热备用状态

电气设备的热备用状态是指断路器在断开位置，而隔离开关仍在合闸位置，其特点是断路器一经操作即可接通电源。

(3)冷备用状态

电气设备的冷备用状态是指设备的断路器及隔离开关均在断开位置。其显著特点是该设备(如断路器)与其他带电部分之间有明显的断开点。

(4)检修状态

电气设备的检修状态是指设备的断路器和隔离开关均已断开,并采取了必要的安全措施。

电气设备有四种不同的状态,即使在运行状态,也有多种运行方式。将电气设备由一种状态转变到另一种状态的过程叫倒闸,所进行的操作称为倒闸操作。凡是影响变配电所电源投切或改变电力系统运行方式的倒闸操作等较复杂的操作项目,均必须填写操作票的制度,称为操作票制度。操作票制度是防止误操作的重要组织措施之一。

四种状态的相互转换的典型操作步骤如表 9-1 所示。

表 9-1 电气设备四种状态相互转换的典型操作步骤

设备转换前的状态	设备转换后的状态			
	运行	热备用	冷备用	检修
运行		(1)拉开必须断开的断路器; (2)检查拉开的断路器确在断开的位置	(1)拉开必须断开的断路器并检查; (2)拉开必须断开的全部的隔离开关并检查	(1)拉开必须断开的断路器并检查; (2)拉开必须断开的全部的隔离开关并检查; (3)验明确无电压,挂上临时接地线或合上接地闸刀并检查
热备用	(1)合上必须合上的断路器; (2)检查所合的断路器确在合上位置		(1)检查拉开的断路器确在断开位置; (2)拉开必须断开的全部隔离开关并检查。	(1)检查拉开的断路器确在断开位置; (2)拉开必须断开的全部隔离开关并检查; (3)验明确无电压,挂上临时接地线或合上接地闸刀并检查
冷备用	(1)检查设备上无接地线或无接地闸刀合上; (2)检查所拉的断路器处在断开的位置; (3)合上必须合上的全部隔离开关并检查; (4)合上必须合上的断路器并检查	(1)检查设备上无接地线或无接地闸刀合上; (2)检查所拉的断路器处在断开的位置; (3)合上必须合上的全部隔离开关并检查		(1)检查所拉开的断路器确在断开位置; (2)检查所拉开的隔离开关确在断开位置; (3)验明确无电压,挂上临时接地线或合上接地闸刀并检查。

（续表）

设备转换前的状态	设备转换后的状态			
	运行	热备用	冷备用	检修
检修	（1）拆除全部临时接地线或拉开接地闸刀并检查； （2）检查断路器确在断开位置； （3）检查所拉开的隔离开关确在断开位置； （4）合上必须合上的全部隔离开关并检查； （5）合上必须合上的断路器并检查	（1）拆除全部临时接地线或拉开接地闸刀并检查； （2）检查断路器确在断开位置； （3）检查所拉开的隔离开关确在断开位置； （4）合上必须合上的全部隔离开关并检查。	（1）拆除全部临时接地线或拉开接地闸刀并检查； （2）检查断路器确在断开位置； （3）检查所拉开的隔离开关确在断开位置。	

2. 操作票的使用范围

（1）应拉、合的断路器和隔离开关。

（2）检查断路器、隔离开关实际位置。

（3）检查负荷分配。

（4）装拆接地线等。

操作票应填写设备的双重名称，即设备的名称和编号。

以下特定情况下可不用操作票，但操作后必须记入运行日志并及时向调度汇报。

（1）事故应急处理。

（2）拉、合断路器（开关）的单一操作。

（3）拉开或拆除全站（所）唯一的一组接地刀闸或接地线。

3. 执行操作票的程序

执行操作票程序流程图如下：

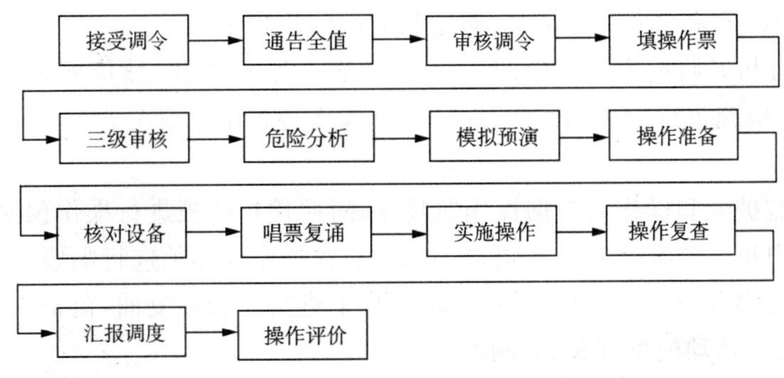

图 9－2　执行操作票程序流程图

(1)接受调令

① 受令人应检查录音设备,并保持录音设备正常运行,使接受调度命令全过程录音。

② 受令人应互报调度代号、单位名称、姓名,记录时间。

③ 受令人记录调度命令的全文内容,明确操作目的和意图,询问清楚注意事项。

④ 受令完毕,应逐字逐句复诵,经双方核对无误后,立即记入《调度命令记录簿》内。

(2)通告全值

① 受令人应立即向值班负责人汇报调度命令全文内容。

② 值班负责人应立即召集当值人员,向全值人员通告调度命令的内容及要求。

③ 如调度命令有特殊要求,受令人应解释清楚,如解释不清,应向调度询问清楚。

④ 全值讨论倒闸操作中的注意事项及填写倒闸操作票的要求。

⑤ 值班负责人根据调度命令,安排填写倒闸操作票和进行倒闸操作的人员。

(3)审核调令

① 当班人员(除受令外)和操作人员应对所受调度命令进行审核,有疑问应及时向调度询问清楚。

② 审核无误后,由其中业务较熟悉的人签名。

(4)填操作票

① 根据调度命令和现场实际运行情况,参照典型操作票,由当班人员中副值班员对照模拟图板逐项填写操作项目,填票人应明确操作相应设备的实际运行位置,断路器、隔离开关双重编号,并充分考虑系统变动后的运行方式、继电保护自动装置的运行及整定配合情况,并保证操作票的正确性。

② 填写操作票的顺序不可颠倒,不能漏项,字迹应清楚,不得涂改,不得使用铅笔填写。

③ 对于接班后一小时内需进行的操作,操作票可由上一值值班员填写和审核,填写人和审核人在备注栏中签名。操作票的填写以交接班时的运行方式为准。

(5)三级审核

① "三级审核"是指:a. 自审。由操作票填写人自己核对;b. 初审。由操作监护人审核,并分别签名;c. 复审。由值班负责人审核签名。对审核中发现的错误应由操作人重新填写倒闸操作票,特别重要和复杂的操作还应由站长或上级技术人员进行审核。

② 审核的要求:逐项审核操作票的正确性,是否存在错、漏项,颠倒顺序等问题。

(6)危险点分析

① 根据操作的类型、设备现存的问题、可能会出现的危险进行预测、预控。要求尽可能地将倒闸操作中的危险性列举出来,并制定相应的防止措施。

② 危险点分析是将电力生产中的各项工作程序化、标准化,故应要求严格按照变电站危险点分析预控措施进行分析和预测,保证倒闸操作过程中的安全。

(7)模拟预演

① 操作前监护人和操作人根据操作票顺序,对照模拟图板进行操作预演。

② 操作票中每一项都必须进行唱票、复诵,二次操作也必须进行唱票,复诵。

③ 当监护人唱票,操作人应以手在模拟图板上进行演习并复诵,监护人确定无误后,操作人在模拟图板上转动模型开关、刀闸的位置。

④ 预演无误后,操作人、监护人、值班负责人分别在操作票的最后一页上签名。

⑤ 监护人填写操作开始时间。

(8)操作准备

① 准备好操作过程中要带齐的物品，钥匙(开关、刀闸、间隔、高压室等)，操作用具(电脑钥匙、操作用红笔、操作票夹板)，安全工具等。

② 操作用具和安全工具的检查试验，要求操作用具和安全工具检查试验合格，且电压等级相符。

③ 戴好安全帽，穿好操作服和操作鞋，严禁穿着不符合要求的服装进行倒闸操作。

④ 操作票、钥匙、操作用红笔、操作票夹板由监护人掌管。操作用具、安全工具由操作人携带。

(9)核对设备

在执行每项操作前，操作人、监护人双方共同进行"三核对"：①核对设备名称是否与操作任务相符；②核对设备的编号是否与操作票相符；③核对设备所处的运行状态和所要进行的操作内容是否相符。

(10)唱票复诵

操作人站在操作设备前，监护人站在操作人的左后侧或右后侧，核对设备的名称、编号和实际位置，监护人发出指令，操作人应手指设备标牌复诵，并做出操作演示，经监护人确认，发出"对！……执行"的命令，操作人在得到"执行"的动令后，方可打开防误闭锁装置进行操作。

(11)实施操作

① 操作人应站在操作设备的正面，不得超过 0.5m 以上距离，操作中要求监护人站在操作人的左后侧或右后侧，其位置以能看清被操作设备的双重编号及操作人的动作为宜，便于纠正操作人的错误动作。

② 操作过程中应集中精力、严肃认真，不谈与操作内容无关的话。每操作完一项，监护人应告诉操作人下一步操作的内容。

③ 操作中发生疑问时，应停止操作并向值班调度员或值班负责人询问，弄清问题后，再进行操作。不准擅自更改其操作内容，不准随意解除防误闭锁装置。

④ 每操作完一项，两人应再次核对设备名称、编号和位置是否与操作任务相符；操作人与监护人到现场检查操作的正确性，如设备的机构指示，信号指示灯、表计变化等，确定设备实际分、合位置。核查无误后，监护人方可在操作票上该项打"√"。

(12)操作复查

① 全部操作完毕后，由监护人和操作人共同进行复查。

② 设备应无异常，未发现任何不正常现象和声光信号。

③ 仔细核对操作票上的项目是否已全部执行，每个项目都应打了"√"。

④ 复查无误后，由监护人填写操作终了时间。

(13)汇报调度

① 操作完毕后，监护人和操作人向值班负责人通报操作情况。

② 由操作人或值班负责人及时向发令人汇报操作情况及终了时间，并录音，经发令人认可后，在操作票上盖"已执行"图章。

③ 由操作人或值班负责人将汇报情况记入运行记录和调度命令记录簿中。

(14)操作评价

① 重大、复杂操作应由站长或上级领导到现场对操作情况进行把关。

② 由站长或上级领导对操作情况进行评价，内容应包括操作中发现的问题，整改措施和整改结果。

综上所述，为了防止误操作，要做到操作前进行"三对照"，操作中坚持"三禁止"，整个操作贯彻"五不干"，操作后复审。

三对照——a. 对照操作任务、运行方式，由操作人填写操作票；b. 对照"电气模拟图"审查操作票并预演；c. 对照设备无误后再操作。

三禁止——a. 禁止操作人、监护人一齐动手操作，失去监护；b. 禁止带着疑问去操作；c. 禁止边操作，边做与其无关的工作(如聊天)。

五不干——a. 操作任务不清不干；b. 操作时无操作票不干；c. 操作票不合格不干；d. 应有监护而无监护人不干；e. 设备编号不清不干。

4. 倒闸操作实例

(1)WL1 线路 101 断路器由运行转检修

接线如图 9－3 所示。WL1 线路 101 断路器由运行转检修的操作步骤如下：

① 拉开 101 断路器，并检查确已拉开；

② 取下 101 断路器的操作电源熔断器；

③ 取下 101 断路器的合闸熔断器；

④ 拉开 1013 隔离开关，并检查确已拉开；

⑤ 拉开 1011 隔离开关，并检查确已拉开；

⑥ 在 101 断路器与 1011 隔离开关之间验明无电后挂接地线一组，编号为 01；

⑦ 在 101 断路器与 1013 隔离开关之间验明无电后挂接地线一组，编号为 02；

⑧ 在 1011 隔离开关、1013 隔离开关的操作把手上挂"禁止合闸，有人工作"标示牌；

⑨ 在 101 断路器四周设围栏，挂"在此工作"标示牌；

⑩ 操作结束。

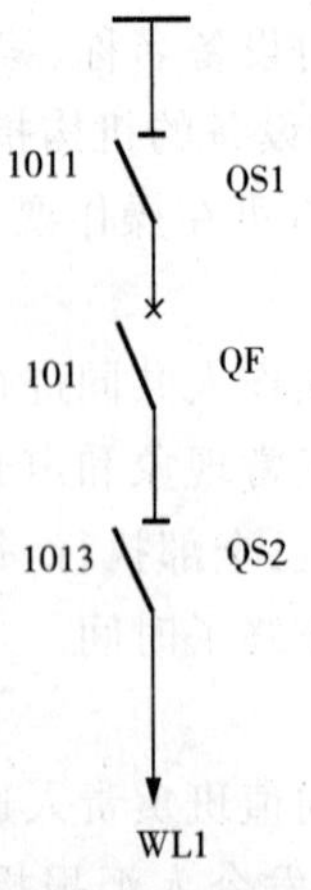

图 9－3　出线回路接线图

WL1 线路 101 断路器由运行转检修操作票见表 9－2。

表 9－2　WL1 线路 101 断路器由运行转检修操作票

＿＿＿＿＿＿省电力公司＿＿＿＿＿＿公司变电倒闸操作票

编号 No：＿＿＿＿＿＿

＿＿＿＿＿＿变(配)电站　　＿＿＿调令＿＿＿号

发令人		接令人		发令时间	年　月　日　时　分
操作开始时间：　年　月　日　时分			操作结束时间：　年　月　日　时　分		
(　　)监护下操作		(　　)单人操作		(　　)检修人员操作	
操作任务:WL1 线路断路器由运行转检修					

顺序	操　作　项　目	√
1	拉开 101 断路器	
2	检查 101 断路器三相确在断开位置	
3	取下 101 断路器的操作电源熔断器	
4	取下 101 断路器的合闸熔断器	
5	拉开 1013 隔离开关	
6	检查 1013 隔离开关三相确已拉开	
7	拉开 1011 隔离开关	
8	检查 1011 隔离开关三相确已拉开	
9	在 101 断路器与 1011 隔离开关之间验明无电后挂接地线一组,编号为 01	
10	在 101 断路器与 1013 隔离开关之间验明无电后挂接地线一组,编号为 02	
11	在 1011 隔离开关、1013 隔离开关的操作把手上挂“禁止合闸,有人工作”标示牌	
12	在 101 断路器四周设围栏,挂“在此工作”标示牌	
13	汇报	
14		
15		
16		

备注：		
填票人：	审票人：	值班负责人(值长)：
操作人：	监护人：	填票时间：

(2)变压器停送电操作

1)#1变压器连同两侧断路器由运行转检修操作步骤

接线如图9-4所示。#1变压器连同两侧断路器由运行转检修的操作步骤如下：

① 拉开401断路器，并检查确已拉开；

② 拉开4011隔离刀闸，并检查确已拉开；

③ 拉开101断路器并检查确已拉开；

④ 取下101断路器的操作电源熔断器；

⑤ 取下101断路器的合闸熔断器；

⑥ 拉开1011隔离开关，并检查确已拉开；

⑦ 在101断路器与1011隔离开关之间验明无电后挂接地线一组，编号01；

⑧ 在401断路器与4011隔离刀闸之间验明无电后挂接地线一组，编号02；

⑨ 在1011隔离开关、4011隔离刀闸的操作把手上挂“禁止合闸，有人工作！”标示牌；

⑩ 在#1变压器四周装设围栏，悬挂“在此工作”标示牌；

⑪ 在101断路器四周装设围栏，悬挂“在此工作”标示牌；

⑫ 操作结束。

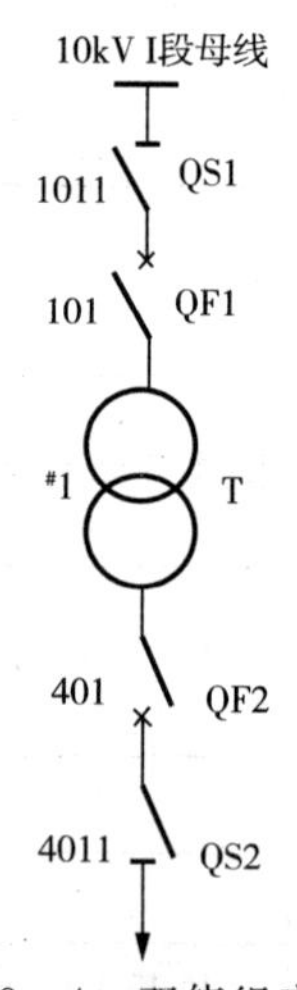

图9-4 双绕组变压器接线示意图

2)变压器及两侧断路器由检修转运行操作步骤

接线如图9-4所示。#1变压器连同两侧断路器由检修转运行的操作步骤如下：

① 收回#1变压器及两侧断路器检修工作票，拆除101断路器与1011隔离开关之间编号01接地线；拆除401断路器与4011隔离刀闸之间编号02接地线；

② 对#1变压器及两侧断路器作全面系统检查；

③ 检查101断路器确在断开位置；

④ 合上1011隔离开关，并检查确已合上；

⑤ 放上101断路器的合闸熔断器；

⑥ 放上101断路器的直流操作电源熔断器；

⑦ 合上101断路器，并检查确已合上；

⑧ 向#1变压器充电3分钟，观察#1变压器无异常；

⑨ 检查401断路器确在断开位置；

⑩ 合上4011隔离刀闸，并检查确已合上；

⑪ 合上401断路器，并检查确已合上；

⑫ 操作结束。

三、交接班制度

运行值班人员在进行交班和接班时应遵守有关规定和要求的制度，称为交接班制度。交接班制度是确保供电系统、电气设备连续正常运行的一项有力措施。

交接班的一般内容有：系统和本所运行方式；保护和自动装置运行及变更情况；设备异常、事故处理、缺陷处理情况；倒闸操作及未完的操作指令；设备检修、试验情况；安全措施的布置、地线组数编号及位置和使用中的工作票情况等。

值班人员应按照现场交接班制度的规定进行交接，未办完交接手续前，不得擅离职守。在处理事故或进行倒闸操作时，不得进行交接班。交接时若发生事故，应停止交接班并由交班人员处理，接班人员在交班班长指挥下协助工作。交接完毕后，双方值班长在运行记录簿上签字。

做好交接班是做好运行值班工作的前提，交接班必须在严肃、认真的气氛中进行。一定要做到“四交接”和“五清”。

1. 四交接

(1)站队交接：站队交接既能产生一种严肃认真的气氛，提醒接班人员要进入到上班状态，又能方便本班点清人员，有效避免迟到早退现象。

(2)图板交接：接班人员应对设备实际运行方式与模拟图板进行核对，并与交班人员在模拟图板上预演正常后再进行交接，进行图板交接能有效减少误操作。

(3)现场交接：现场交接是指接班人员与交班人员到每一设备现场进行逐一核对进行交接，现场交接能使接班人员掌握每一设备的运行情况，特别是能更清楚地掌握正在检修的设备状况，能有效地避免对检修设备送电。

(4)实物交接：实物交接是对在值班中有可能使用到的工具、物品等一一进行交接并分类摆放好，方便值班员在急需时使用。

2. 五清

(1)讲清：交班人员在交班时必须将本班的运行情况及有关事项一一讲清楚。

(2)听清：接班人员在接班时一定要将交班人员所讲述的情况听清楚，必要时做好记录。

(3)问清：接班人员对交班人员所讲述的情况不清楚或有疑问时一定要问清楚，必要时做好记录。

(4)看清：接班人员在接班前应对本班所管辖的运行(包括备用)设备看清楚，看清是否处在正常的状态，看清上一班甚至前几班所做的运行记录，掌握各设备近期运行情况。

(5)点清：接班人员要对交班人员所移交的工具、物品等，一件件点清楚，看是否移交齐全，接班人员还应点清本班到班人员，并做好记录，交班的要在离岗前点清本班人数，核对是否与接班时相同。

交接班流程图如图 9 - 5 所示。

四、巡回检查制度

运行值班人员在值班时间内，对有关电气设备及系统进行定时、定点、定专责全面检查的制度，称为巡回检查制度。通过巡回检查，可以及时发现设备缺陷和排除设备隐患，掌握设备的运行状况和健康水平，积累设备运行资料，从而保证设备安全运行。

巡回检查制度明确了巡回检查的要求、规定、巡视周期和巡回检查的基本方法。巡回检查制度是减少事故和实现安全生产的重要手段之一。巡回检查要做到：走到、看到、听到、闻到、必要时摸到(不允许触摸的设备除外)，各级运行人员应做好设备的巡回检查工作，不断总结和丰富巡回检查的实践经验。

五、设备定期试验与轮换制度

发电厂、变电站按规定对主要设备进行定期试验与轮换运行，这种制度称设备的定期试验与轮换制度。通过对设备(含备用设备)的定期试验与轮换运行，以保证设备的完好性，保证在运行设备故障时备用设备能真正起到备用作用。

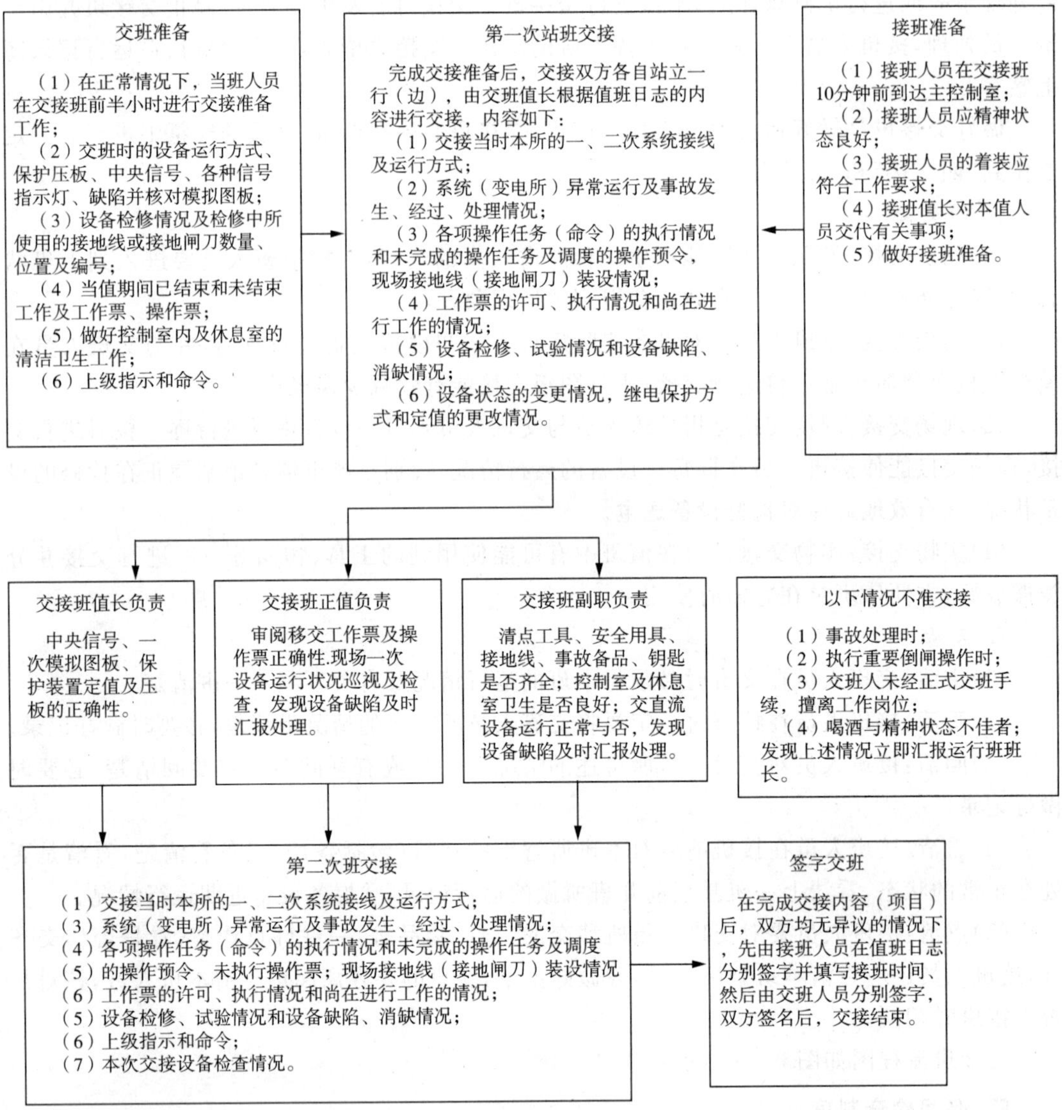

交班准备

（1）在正常情况下，当班人员在交接班前半小时进行交接准备工作；
（2）交班时的设备运行方式、保护压板、中央信号、各种信号指示灯、缺陷并核对模拟图板；
（3）设备检修情况及检修中所使用的接地线或接地闸刀数量、位置及编号；
（4）当值期间已结束和未结束工作及工作票、操作票；
（5）做好控制室内及休息室的清洁卫生工作；
（6）上级指示和命令。

→

第一次站班交接

完成交接准备后，交接双方各自站立一行（边），由交班值长根据值班日志的内容进行交接，内容如下：
（1）交接当时本所的一、二次系统接线及运行方式；
（2）系统（变电所）异常运行及事故发生、经过、处理情况；
（3）各项操作任务（命令）的执行情况和未完成的操作任务及调度的操作预令，现场接地线（接地闸刀）装设情况；
（4）工作票的许可、执行情况和尚在进行工作的情况；
（5）设备检修、试验情况和设备缺陷、消缺情况；
（6）设备状态的变更情况，继电保护方式和定值的更改情况。

←

接班准备

（1）接班人员在交接班10分钟前到达主控制室；
（2）接班人员应精神状态良好；
（3）接班人员的着装应符合工作要求；
（4）接班值长对本值人员交代有关事项；
（5）做好接班准备。

↓

交接班值长负责

中央信号、一次模拟图板、保护装置定值及压板的正确性。

交接班正值负责

审阅移交工作票及操作票正确性.现场一次设备运行状况巡视及检查，发现设备缺陷及时汇报处理。

交接班副职负责

清点工具、安全用具、接地线、事故备品、钥匙是否齐全；控制室及休息室卫生是否良好；交直流设备运行正常与否，发现设备缺陷及时汇报处理。

以下情况不准交接

（1）事故处理时；
（2）执行重要倒闸操作时；
（3）交班人未经正式交班手续，擅离工作岗位；
（4）喝酒与精神状态不佳者；
发现上述情况立即汇报运行班班长。

↓

第二次班交接

（1）交接当时本所的一、二次系统接线及运行方式；
（3）系统（变电所）异常运行及事故发生、经过、处理情况；
（4）各项操作任务（命令）的执行情况和未完成的操作任务及调度
（5）的操作预令、未执行操作票；现场接地线（接地闸刀）装设情况
（6）工作票的许可、执行情况和尚在进行工作的情况；
（5）设备检修、试验情况和设备缺陷、消缺情况；
（6）上级指示和命令；
（7）本次交接设备检查情况。

→

签字交班

在完成交接内容（项目）后，双方均无异议的情况下，先由接班人员在值班日志分别签字并填写接班时间、然后由交班人员分别签字，双方签名后，交接结束。

图 9－5　交接班流程图

设备的定期试验与轮换制度明确了设备定期试验与轮换的有关规定、要求，设备定期试验与轮换的项目及周期等。设备定期试验与轮换应填写操作票，并做好记录。

技能训练

根据图 9－4，分别填写#1 变压器连同两侧断路器由运行转检修和检修转运行的操作票。

任务二　高压配电装置的运行及故障处理

教师工作任务单

<table>
<tr><td colspan="2">任务名称</td><td colspan="3">任务二　高压配电装置的运行及故障处理</td></tr>
<tr><td colspan="2">任务描述</td><td colspan="3">本次任务是认知变电所及其主要电气设备运行操作注意事项、常见故障及其处理方法。</td></tr>
<tr><td colspan="2">任务分析</td><td colspan="3">变电所及其主要电气设备运行操作注意事项、常见故障及其处理方法是变电人员必须掌握的基本技能。现场技术人员或教师结合实物，并辅之以多媒体课件，利用提示、提问的方法，让学生自己去思考，得出初步答案，最后现场技术人员或教师给出参考答案。</td></tr>
<tr><td rowspan="3">任务目标</td><td></td><td colspan="2">内容要点</td><td>相关知识</td></tr>
<tr><td>知识目标</td><td colspan="2">1. 了解变压器并联运行的条件。
2. 了解主要电气设备操作注意事项。</td><td>1. 参见二
2. 参见二～六</td></tr>
<tr><td>技能目标</td><td colspan="2">1. 会进行变电所、变压器停送电的操作。
2. 了解主要电气设备常见故障及其处理方法。</td><td>1. 参见一、二
2. 参见二～六</td></tr>
<tr><td rowspan="9">任务实施</td><td rowspan="7">实施步骤</td><td>任务流程</td><td colspan="2">资讯→决策→计划→实施→检查→评估(学生部分)</td></tr>
<tr><td>资讯</td><td colspan="2">(阅读任务书，明确任务，了解工作内容、目标，准备资料。)</td></tr>
<tr><td>决策</td><td colspan="2">(分析并确定采用什么样的方式方法和途径完成任务。)</td></tr>
<tr><td>计划</td><td colspan="2">(制订计划，规划实施任务。)</td></tr>
<tr><td>实施</td><td colspan="2">(学生具体实施本任务的过程，实施过程中的注意事项等。)</td></tr>
<tr><td>检查</td><td colspan="2">(自查和互查，检查掌握、了解状况，发现问题及时纠正。)</td></tr>
<tr><td>评估</td><td colspan="2">(该部分另用评估考核表。)</td></tr>
<tr><td rowspan="2">实施条件</td><td>实施地点</td><td colspan="2">变电所、仿真变电所(任选其一)。</td></tr>
<tr><td>辅助条件</td><td colspan="2">教材、专业书籍、多媒体设备、有关规程等。</td></tr>
<tr><td colspan="2">练习训练题</td><td colspan="3">1. 变压器并联运行的条件是什么?
2. 写出变压器停送电的操作顺序。
3. 某一无励磁调压配电变压器，分接开关在Ⅰ挡位置，低压侧电压较低，欲调高电压，试写出调压过程。
4. 当操作人员操作断路器时，电动操作拒绝分闸，试分析可能产生的原因及其处理方法。</td></tr>
</table>

（续表）

学生应提交的成果	1. 任务书。 2. 评估考核表。 3. 练习训练题。

相关知识

一、变配电所的运行操作

倒闸操作的技术原则是保证不能“带负荷拉合隔离开关”和保证人身和设备安全及缩小事故范围。

1. 变配电所的停电操作

变配电所停电时，一般应从负荷侧的开关拉起，依次拉到电源侧的开关。按这种程序操作，可使开关的开断电流减至最小。

在有高压断路器——隔离开关及有低压断路器——刀开关的电路中，停电时，一定要按照：①高压或低压断路器；②负荷侧隔离开关或刀开关；③母线侧隔离开关或刀开关的拉闸顺序依次操作。

2. 变配电所的送电操作

变配电所送电时，一般应从电源侧的开关合起，依次合到负荷侧的开关。按这种程序操作，可使开关的闭合电流减至最小，也比较安全，万一某部分存在故障，也容易发现。

在有高压断路器——隔离开关及有低压断路器——刀开关的电路中，送电时，一定要按照：①母线侧隔离开关或刀开关；②负荷侧隔离开关或刀开关；③高压或低压断路器的合闸顺序依次操作。

二、变压器的运行及故障处理

1. 变压器的并列运行

(1)并列运行的优点

在发电厂或变电所中，通常将两台或数台变压器并列运行，并列运行与一台变压器单独运行相比具有下列优点。

① 提高供电可靠性：当一台变压器退出运行时，其他变压器仍可照常供电。

② 提高运行经济性：在低负荷时，可停运部分变压器，从而减少能量损耗，提高系统的运行效率，并改善系统的功率因数，保证经济运行。

③ 减少备用容量：为了保证供电，必需设置备用容量，变压器并列运用可使单台变压器容量较小，从而做到减少备用容量。

(2)并列运行必须满足的条件

并列运行的变压器必须满足以下条件：

① 具有相等的一、二次额定电压，即变比相等(允许有±0.5%的差值)。

② 绕组连接组别相同。

③ 变压器短路电压百分值(阻抗电压)相等(允许有±10%的差值)。

除满足以上三个基本条件外，并联运行的变压器容量比一般不超过3∶1。

在以上变压器并联运行条件中，前两个条件不满足时，在两个变压器间会出现环流现象；当短路电压百分比不相等时，短路电压百分比小的变压器带的负荷较多，可能出现过负荷甚至烧毁现象。

2. 变压器的过负荷

(1)变压器的正常过负荷

电力变压器的额定容量(铭牌容量)$S_{N \cdot T}$，是指在规定的环境温度(20°C)条件下，户外安装时，在规定的使用年限(一般规定为 20 年)内所能连续输出的最大视在功率(单位为 kV·A)。变压器实际负荷情况存在昼夜不均和季节性差异，且大部分运行时间的负荷都低于额定负荷，没有充分发挥其带负荷能力。若仍可获得规定的使用年限，将平时欠负荷和低温期间所少损耗的寿命用于补偿过负荷期间多损耗的寿命，因此，油浸式变压器在必要时完全可以过负荷运行，这种必要时所允许的长时间过负荷，称为正常过负荷。可见变压器的正常过负荷是以不牺牲其正常寿命为前提的。

变压器正常过负荷能力的规定，室内变压器过负荷不得超过额定容量的 20%；室外变压器过负荷不得超过额定容量的 30%。超过此极限，已不属正常过负荷，而是事故过负荷。

干式电力变压器一般不考虑正常过负荷问题。

(2)变压器的事故过负荷

假如两台并列运行的变压器因故障切除一台时，另一台将在不切除部分负荷情况下的可能过负荷称事故过负荷。变压器的事故过负荷是以保证供电的可靠性为前提，以牺牲变压器的寿命为代价的。无论故障前变压器负荷情况如何，在这种故障情况下，电力变压器允许短时间较大幅度的过负荷运行，允许运行的时间参见表 9-3。超过时间后，可切除次要负荷以保证重要负荷的运行。

表 9-3 电力变压器事故过负荷与时间允许值

油浸自然冷却变压器	过负荷百分数(%)	30	45	60	75	100	200
	过负荷时间/min	120	80	45	20	10	1.5
干式变压器	过负荷百分数(%)	10	20	30	40	50	60
	过负荷时间/min	75	60	45	32	16	5

3. 变压器的运行操作及注意事项

(1)变压器投运与停运的注意事项

① 对新投运、长期停运或大修后的变压器，在投运前，应按《电气设备预防性试验规程》进行必要的试验，试验合格后方能投入运行。

② 新投运的变压器必须在额定电压下做五次冲击合闸试验；大修或更换、改造部分绕组的变压器冲击三次。

③ 强迫油循环风冷式变压器投入运行时，应逐台投入冷却器，并按负荷情况控制投入的台数；变压器停运时，应先停变压器，冷却装置继续运行一段时间，待油温不再上升后再停。

④ 在 110kV 及以上中性点直接接地系统中，投运和停运变压器时，在操作前必须将变压器的中性点接地，操作完毕后再视系统需要决定是否断开。

(2)变压器停、送电操作顺序

变压器送电时,先送电源侧,后送负荷侧,停电时顺序相反。

单台主变停电操作:中、低压侧必须按照断路器→母线侧(负荷侧)闸刀→主变侧(电源侧)闸刀;高压侧按断路器→主变侧(负荷侧)闸刀→母线侧(电源侧)闸刀的顺序进行操作。送电操作顺序与此相反。

(3)运行中的负荷监视和电压调整

1)负荷监视

配电变压器的三相负荷应尽量均衡,不得仅用一相或两相供电。变压器负荷不平衡时,应监视最大一相的负荷。对于连接组别为 Yyn0 的配电变压器,中性线的电流不得超过低压侧额定电流的 25%,对于连接组别为 Dyn11 的配电变压器,中性线的电流不得超过低压侧额定电流的 40%,或按制造厂的规定。

2)电压调整

系统的电压时刻是在变化的,当电压过高或过低时,可调整变压器的分接开关调压,即通过改变变压器高压绕组的匝数来调整低压侧的输出电压。分接开关的种类有无励磁分接开关和有载分接开关。中小容量的配电变压器大部分采用无励磁分接开关,它一般有三个或五个挡位。三个挡位的每个挡位电压相差 5%,Ⅱ挡是额定运行挡位;五个挡位的每个挡位电压相差 2.5%,Ⅲ挡是额定运行挡位。例如三个挡位分接开关的调整,欲使变压器二次侧的输出电压升高,则应将变压器的分接开关由Ⅰ挡调至Ⅱ挡或由Ⅱ挡调至Ⅲ挡(减少高压绕组的匝数);反之,分接开关由Ⅲ挡调至Ⅱ挡或由Ⅱ挡调至Ⅰ挡(增加高压绕组的匝数),则输出电压降低。具体调整应按下列步骤进行:

① 将变压器停电,断开两侧所有隔离开关,并做好安全措施。

② 拧开变压器上的分接开关保护盖,将定位销置于空挡位置。

③ 根据输出电压的高低,将分接开关调到相应的挡位。切换时要注意内部的响声并在整定位置来回转动数次,磨去接触面的油膜及油污。

④ 用欧姆表或测量用电桥测量三相绕组的直流电阻。

⑤ 检查分接头指示器与实际位置应相符。

⑥ 调压操作完毕后,解除所设的安全措施。

4. 变压器运行的异常现象与处理

电力变压器在运行中一旦发生异常情况,将影响系统的正常运行以及对用户的正常供电,甚至造成大面积停电。变压器运行中的异常现象、故障原因与处理方法见表 9-4。

表 9-4 变压器运行的异常现象、故障原因与处理方法

故障现象	故障原因	检查与处理方法
铁芯片局部短路或熔毁	① 铁芯片间绝缘严重损坏; ② 铁芯或铁轭螺栓损坏; ③ 接地方法不当	① 用直流伏安法测片间绝缘电阻,找出故障点并进行检修; ② 调整损坏的绝缘胶纸管; ③ 改正接地错误

（续表）

故障现象	故障原因	检查与处理方法
运行中有异常响声	① 铁芯片间绝缘严重损坏； ② 铁芯的紧固件松动； ③ 外加电压过高； ④ 过负荷运行	① 吊出铁芯检查片间绝缘电阻，进行涂漆处理； ② 紧固松动的螺栓； ③ 调低外加电压； ④ 减少负荷
绕组匝间、层间或相间短路	① 绕组绝缘损坏； ② 长期过负荷运行或发生短路故障； ③ 铁芯有毛刺，或是绕组绝缘损坏； ④ 引线间或套管间短路	① 修理或调换绕组； ② 减少负载或排除短路故障后修理绕组； ③ 修理铁芯，或修复绕组绝缘； ④ 用绝缘电阻表测试并排除故障
高、低压绕组间对地击穿	① 变压器受大气过电压的作用； ② 绝缘油受潮； ③ 主绝缘因老化而有破裂、折断等缺陷	① 调换绕组； ② 干燥处理绝缘油； ③ 用绝缘电阻表测试绝缘电阻，必要时更换
变压器漏油	① 变压器油箱的焊接有裂纹； ② 密封垫老化或损坏； ③ 密封垫不正，压力不均； ④ 密封填料处理不好、硬化或断裂	① 吊出铁芯，将油放掉，进行补焊； ② 调换密封垫； ③ 放正垫圈，重新紧固； ④ 调换填料
油温突然升高	① 过负荷运行； ② 接头螺钉松动； ③ 绕组短路； ④ 缺油或油质不好	① 减少负荷； ② 停止运行，检查各接头，加以紧固； ③ 停止运行，吊出铁芯，检修绕组； ④ 加油或调换全部油
油色变黑，油面过低	① 长期过负荷，油温过高； ② 有水漏入或有潮气侵入； ③ 油箱漏油	① 减少负荷； ② 找出漏水处或检查吸潮剂是否失效； ③ 修补漏油处，加入新油

三、断路器的运行及故障处理

1. 断路器的操作及注意事项

① 断路器经检修恢复运行，操作前应检查检修中为保证人身安全所设置的措施是否全部拆除，防误操作闭锁装置是否正常。

② 长期停运的断路器在重新投入运行前应通过远方控制方式进行 2～3 次操作，操作无异常后方可投入运行。

③ 设备停运时，必须先断开断路器，再断开隔离开关；投入时顺序相反。

④ 断路器合闸前，继电保护按规定应投入。

⑤ 用控制开关拉、合断路器时，不要用力过猛，以免损坏控制开关，操作时不要返回太快，以免断路器合不上或拉不开。

⑥ 断路器操作后，应检查与其相关的信号（如红绿灯、光字牌）的变化，测量表计的指示。

⑦ 操作前控制回路、辅助回路、控制电源或液压回路均正常，弹簧操动机构已储能，合闸后能自动储能。

2. 断路器的异常现象及处理

值班人员若发现设备有威胁电网安全运行，且不停电难以消除的缺陷时，应及时报告上级领导，同时向供电部门和调度部门报告，申请停电处理。

(1)真空断路器的常见故障、故障原因和处理方法

真空断路器的常见故障、故障原因和处理方法见表 9－5。

表 9－5　真空断路器常见故障、故障原因和处理方法

序号	常见故障	故障原因	处理方法
1	电动合不上闸	铁芯与拉杆松脱	调整铁芯位置，卸下静铁芯即可调整，使之手动可以合闸，合闸终了时，掣子在滚轮间应有 1～2mm 间隙
2	合闸空合	掣子扣合距离太少，未过死点	将调整螺钉向外调，使掣子过死点，完毕后应将螺钉紧固，并用红漆点封
3	电动不能脱扣	① 掣子扣得太多； ② 分闸线圈的连接线圈松脱； ③ 操作电压低	① 将调整螺钉向里调，并将螺母紧固； ② 重新接线； ③ 调整操作电压
4	合闸线圈、分闸线圈烧坏	辅助开关接点接触不良	① 用砂纸打磨接触点或更换辅助开关； ② 更换分合闸线圈

(3) SF_6 断路器的常见故障、故障原因和处理方法

SF_6 断路器本体的常见故障、故障原因和处理方法见表 9－6。

表 9－6　SF_6 断路器本体常见故障、故障原因及处理方法

序号	常见故障	故障原因	处理方法
1	泄露	① 密封面紧固螺栓松动； ② 焊缝渗漏； ③ 压力表渗漏； ④ 瓷套破损	① 紧固螺栓或更换密封件； ② 补焊、刷漆； ③ 更换压力表； ④ 退还厂方或厂方维护站，更换新瓷套管
2	绝缘不良，放电闪络	① 瓷套管污秽较多或有其他异物； ② 瓷套管炸裂或绝缘不良	① 清理污秽或其他异物； ② 更换合格瓷套管
3	本体内部卡死，某相完全不能动作	多数是绝缘拔叉脱落或断裂所致	退还厂方或有厂方维护站解体检修

SF6 断路器操动机构常见故障、故障原因及处理方法参见表 9－7。

表 9－7 SF_6 断路器操动机构常见故障、故障原因及处理方法

序号	常见故障	故障原因	处理方法
1. 拒合	合闸铁芯和机构已动作，但断路器拒合	① 主轴与拐臂连接用圆锥销被切断； ② 合闸弹簧疲劳； ③ 脱扣连板动作后不复归或复归缓慢； ④ 脱扣机构未锁住	① 更换新销钉； ② 更换新弹簧； ③ 检查脱扣连板弹簧有无失效，主轴有无窜动； ④ 调整半轴与扇形板的搭接量
	铁芯已动作，但顶不动机构，断路器拒合	① 合闸铁芯顶杆顶偏； ② 机构不灵活； ③ 电机储能回路未储能； ④ 驱动棘爪与棘轮间卡死	① 调整连杆到顶杆中间； ② 检查机构联动部分； ③ 检查储能电机行程开关及其回路是否正常； ④ 调整电机凸轮到最高行程后，调整棘爪与棘轮至 0.5mm，不卡死为宜
	合闸铁芯不能动作	① 失去电源； ② 合闸回路不通； ③ 铁芯卡死	检查原因并予以消除
	合闸跳跃	扇形板与半轴搭接太少	适当调整，使其正常
2. 拒分	分闸铁芯已动作，断路器拒分	① 分闸拐臂与主轴销钉切断； ② 分闸弹簧疲劳； ③ 扇形板与半轴搭接太多	① 更换新销钉； ② 更换新弹簧； ③ 适当调整扇形板与半轴的间隙，使其正常
	分闸铁芯不能动作，断路器拒分	① 分闸回路不通； ② 分闸铁芯卡滞； ③ 失去电源	检查原因并予以消除
3	分、合速度不够	① 分合闸弹簧疲劳； ② 机构运动正常； ③ 本体内部卡滞	① 更换新弹簧； ② 检查原因并予以消除； ③ 退回厂家解体检查

断路器有下列情形之一者，应申请立即停电处理。

① 套管有严重破损和放电现象。

② SF_6 断路器气室严重漏气，发出操作闭锁信号。

③ 真空断路器出现真空损坏的咝咝声，不能可靠合闸，合闸后声音异常，合闸铁芯上升不返回，分闸脱扣器拒动。

④ 液压机构突然失压到零。

⑤ 断路器端子与连接线连接处发热严重或熔化时。

四、隔离开关的运行及故障处理

1. 隔离开关的操作及注意事项

(1)在变电所运行中,严禁用隔离开关拉、合负荷电流。只有电压互感器、避雷器、励磁电流不超过 2A 的空载变压器及电流不超过 5A 的空载线路,才能用隔离开关进行直接操作。

(2)隔离开关与断路器配合的电路,操作时的操作顺序:断开电路时,先拉开断路器,再拉开隔离开关;送电时,先合隔离开关,再合断路器。

当出现误操作时,应按下列方法处理。

① 误分隔离开关:发生带负荷拉隔离开关时,如刀片刚离刀口(已起弧),应立即将隔离开关反方向操作合好。如已拉开,则不许再合上。

② 误合隔离开关:运行人员带负荷误合隔离开关,则不论何种情况,都不允许再拉开。如确需拉开,则应用该回路断路器将负荷切除以后,再拉开隔离开关。

(3)拉合隔离开关前必须查明有关断路器和隔离开关的实际位置,隔离开关操作后应查明实际分合位置。

(4)手动合隔离开关时,必须迅速果断。手动拉开隔离开关时,应按“慢”(开始)→“快”(中间过程)→“慢”(临近终了)的节奏进行。

(5)隔离开关操作后,检查操作应完好,合闸时三相同期且接触良好。

2. 隔离开关运行的异常现象及处理

隔离开关的常见故障、故障原因和处理方法见表 9-8。

表 9-8 隔离开关的常见故障、故障原因和处理方法

故障	故障原因	处理方法
接触部分过热	① 过负荷或隔离开关容量不足; ② 静刀片压紧弹簧压力不足; ③ 动、静触头间因氧化而接触不良; ④ 动、静触头间接触面积偏小; ⑤ 隔离开关引线连接处接触不良; ⑥ 隔离开关引线连接处螺丝松动	① 减少负荷或将其停用,更换隔离开关; ② 更换或调整弹簧; ③ 除去氧化层,并在结合面涂导电膏; ④ 重新调整触头,使动、静触头全接触; ⑤ 除去氧化层,并在结合面涂导电膏; ⑥ 紧固连接
支柱绝缘子闪络	① 绝缘子表面脏污或有杂物; ② 绝缘子表面有裂纹	① 清洁绝缘子并擦干; ② 更换绝缘子

（续表）

故障	故障原因		处理方法
拒绝分、合闸	机械方面问题	① 机构箱进水，各部轴销、连杆、拐臂、底架甚至底座轴承锈蚀； ② 连杆、传动连接部位、闸刀触头架支撑件等强度不足断裂； ③ 轴承锈蚀卡死	对机构及锈蚀部件进行解体检修，更换不合格元件。加强防锈措施，采用二硫化钼润滑，加装防雨罩。机构问题严重或有先天性缺陷时，应更换为新型机构。
	电气方面问题	① 三相电源闸刀未合上； ② 控制电源断线； ③ 电源保险丝熔断； ④ 热继电器动作切断电源； ⑤ 二次元件老化损坏使电气回路异常而拒动； ⑥ 电动机故障	① 合上电源闸刀； ② 修复或更换电源线； ③ 更换保险丝； ④ 若是热继电器误动，更换热继电器；若是因过载动作，减少负载； ⑤ 更换相应的二次元件； ⑥ 修复电动机
自动掉落合闸	① 处于分闸位置的隔离开关操动机构未加锁； ② 机械闭锁失灵，如弹簧销子振动滑出		① 拉开隔离开关后必须加锁； ② 修复闭锁装置
分、合闸不到位或三相不同期	① 分、合闸定位螺钉调整不当； ② 辅助开关及限位开关行程调整不当； ③ 连杆弯曲变形使其长度改变，造成传动不到位		① 重新调整分、合闸定位螺丝； ② 重新调整辅助开关及限位开关行程； ③ 修复连杆

五、互感器的运行及故障处理

1. 电流互感器的运行及故障处理

(1)电流互感器的运行及注意事项

① 运行中的电流互感器二次回路不准开路，二次绕组必须可靠接地。

② 电流互感器一、二次侧均不得装设熔断器。

③ 电流互感器所带的负载必须串联在二次回路中。

(2)电流互感器常见故障及其处理方法

电流互感器常见故障、故障原因和处理方法见表 9－9。

2. 电压互感器的运行及故障处理

(1)电压互感器运行及注意事项

① 运行中的电压互感器各级熔断器应配置适当，二次回路不得短路，并有可靠接地。

② 启用电压互感器应先一次后二次，停用则相反。

③ 停用电压互感器时应考虑该电压互感器所带保护及自动装置，为防止误动的可能，应将有关保护及自动装置停用。

④ 电压互感器停用或检修时，其二次空气开关应断开、二次熔断器应取下，防止反

送电。

⑤ 电压互感器一次侧不在同一系统时，其二次严禁并列切换。

⑥ 当低压熔丝熔断后，在没有查明原因前，即使电压互感器在同一系统，也不得进行二次切换。

⑦ 电压互感器所带的负载必须并联在二次回路中。

(2)电压互感器常见故障及其处理方法

电流互感器常见故障、故障原因和处理方法见表 9-10。

表 9-9 电流互感器常见故障、故障原因和处理方法

故障类别	故障现象	故障原因	处理方法
发热	温度过高	内部有局部短路或是主导体接触不良；二次回路开路	若是内部有局部短路或是主导体接触不良，将 TA 及其一次设备退出运行，更换 TA 或检查主回路，并检修使其接触良好；若是二次回路开路，将开路部位连接好
表面放电或闪络	有弧光和“吱吱”放电声	TA 脏污、受潮或绝缘损坏	若是受潮、脏污引起的，退出运行，进行清扫、干燥处理；若是绝缘损坏，将 TA 及其一次设备退出运行，修复或更换 TA
烧毁	有焦味、冒烟、着火等现象	TA 内部有局部短路或接地没有得到及时处理而导致故障扩大	将 TA 及其一次设备退出运行，更换 TA
内部有异常响声	有“噼噼啪啪”的放电声	TA 内部有短路或接地，以及夹紧螺栓松动	将 TA 及其一次设备退出运行，更换 TA
渗、漏油，油位下降	油位比正常要低	密封件老化损坏、套管部件间结合面螺栓松动	若渗、漏油不严重，视情况选择合适时间处理；若渗、漏油严重，立即停用 TA 及其一次设备，并进行处理
油色异常	油色变暗红色或局部黑色	内部有放电现象	查明原因，做出相应的处理后再换油

表 9-10 电压互感器常见故障、故障原因和处理方法

故障类别	故障现象	故障原因	处理方法
熔丝熔断	① 相应的“电压回路断线”光字牌亮； ② 表计没有指示或指示异常； ③ 低电压保护可能误动	① 低压熔断器熔断：是 TV 过负荷或是二次侧短路； ② 高压熔断器熔断：TV 绝缘击穿或因绝缘下降而措施放电或闪络造成的	① 低压熔断器熔断：检查若是短路造成的，排除故障后，更换熔丝；若无短路，则检查二次回路及二次设备有无绝缘下降或损坏而造成的过负荷，处理后更换熔丝； ② 高压熔断器熔断：若是绝缘击穿，修复或更换 TV；若是受潮、脏污引起的绝缘下降，退出运行，进行清扫、干燥处理

（续表）

故障类别	故障现象	故障原因	处理方法
发热	温度过高	TV 内部有局部短路或接地	退出运行，更换 TV
表面放电或闪络	有弧光和“吱吱”放电声	TV 脏污、受潮或绝缘损坏	若是受潮、脏污引起的，退出运行，进行清扫、干燥处理；若是绝缘损坏，修复或更换 TV
烧毁	有焦味、冒烟、着火等现象	TV 内部有局部短路或接地没有得到及时处理而导致故障扩大	退出运行，更换 TV
内部有异常响声	有“噼噼啪啪”的放电声	TV 内部有短路或接地以及夹紧螺栓松动	退出运行，更换 TV
渗、漏油，油位下降	油位比正常要低	密封件老化损坏、套管部件间结合面螺栓松动	若渗、漏油不严重，视情况选择合适时间处理；若渗、漏油严重，立即停用 TV，并进行处理
油色异常	油色变暗红色或局部黑色	内部有放电现象	查明原因做出相应的处理后再换油

当电压互感器出现下列故障之一者，应立即停用。

① 高压熔断器连续熔断 2～3 次。

② 互感器温度过高。

③ 互感器内部有噼啪声或其他噪声。

④ 在互感器内或引线出口处有漏油或流胶现象。

⑤ 从互感器内发出臭味或冒烟。

⑥ 绕组与外壳之间或引线与外壳之间有火花放电现象。

六、高压电容器的运行及故障处理

1. 高压电容器的运行与操作

(1)新投入运行的电容器组第一次充电时，应在额定电压下冲击合闸三次。

(2)电容器应有温度测量设备，可在适当部位安装温度计或贴示温蜡片；一般情况下，环境温度在±40℃之间。

(3)电容器组在正常运行时，允许在 1.1 倍额定电压下长期运行。

(4)电容器组在正常运行时，允许在 1.3 倍额定电流下长期运行。

(5)一般情况下，功率因数低于 0.85 时，要投入高压电容器组；功率因数超过 0.95 且仍有上升趋势时，高压电容器组应退出运行。

(6)高压电容器组运行操作注意事项

① 正常情况下全变电所停电操作时，应先拉开高压电容器支路的断路器，再拉其他各支路的断路器；恢复全变电所送电时操作顺序与停电操作相反，应先合其他各支路的断路器，最后合高压电容器组的断路器。

② 保护高压电容器的熔断器突然熔断时，在未查明原因之前，不可更换熔体恢复送电。

③ 高压电容器禁止在自身带电荷时合闸，以防产生过电压。高压电容器组再次合闸，应在其断电 3min 后进行。

2. 高压电容器组在运行中的常见故障和处理

高压电容器组在运行中的常见故障、故障原因和处理方法如表 9 - 11 所示。

表 9 - 11 高压电容器组在运行中的常见故障、故障原因和处理方法

常见故障	故障原因	处理方法
渗漏油	搬运不当，使瓷套管与外壳交接处碰伤；在旋转接头螺栓时，用力过猛造成焊接处损伤；元件质量太差，有裂纹	搬运方法要正确，出现裂纹后应重新更换设备
	保养不当，外壳的漆剥落，铁皮生锈	经常巡视检查，发现油漆剥落应及时修补
	电容器投入运行后，温度变化剧烈，内部压力增大，使渗漏油现象加重	注意调节运行中电容器温度
外壳膨胀	内部发生局部放电或过电压	对运行中的电容器应进行外观检查，发现外壳膨胀应采取措施，如降压使用。膨胀严重的应立即停用
	使用期限已过或本身质量有问题	立即停用
电容器爆炸	电容器内部发生短路或相对外壳击穿（这种故障多发生在没有安装内部元件保护的高压电容器组）	安装电容器内部元件保护，使电容器在酿成爆炸事故前及时从电网切除。一旦发生爆炸事故，首先应切断电容器与电网的连接。另外也可用熔断器对单台电容器进行保护
发热	电容器设计、安装不合理，通风条件差，环境温度过高	改善通风条件，增大电容器之间的安装距离
	接头螺丝松动	停电时，检查并及时拧紧螺丝
	长期过电压，造成过负荷	调换额定电压较高的电容器
	频繁投切使电容器反复受浪涌电流影响	运行中不要频繁投切电容器
瓷绝缘表面闪络	由于清扫不及时，使瓷绝缘表面污秽，在天气条件较差或遇到各种内外过电压影响时，即可能发生闪络	经常清扫，保持其表面干净无灰尘。对污秽严重的地区，要采取防污秽措施
异常响声	有“吱吱”或“咕咕”声时，一般为电容器内部局部放电	经常巡视，注意声响
	有“咕咕”声时，一般为电容器内部绝缘崩裂的前兆	发现响声应立即停运，查找故障并检修

当高压电容器组发生下列情况之一时，应立即退出运行。

① 电容器爆炸。

② 电容器喷油或起火。

③ 瓷套管发生严重放电、闪络。

④ 接点严重过热或熔化。

⑤ 电容器内部或放电设备有严重异常响声。

⑥ 电容器外壳有异形膨胀。

附 录

附表 1 用电设备组的需要系数、二项式系数及功率因数值

用电设备组名称	需要系数 K_d	二项式系数		最大设备台数 x①	conφ	tanφ
		b	c			
小批生产的金属冷加工机床电动机	0.16～0.2	0.14	0.4	5	0.5	1.73
大批生产的金属冷加工机床电动机	0.18～0.25	0.14	0.5	5	0.5	1.73
小批生产的金属热加工机床电动机	0.25～0.3	0.24	0.4	5	0.6	1.33
大批生产的金属热加工机床电动机	0.3～0.35	0.26	0.5	5	0.65	1.17
通风机、水泵、空压机及电动发电机组电动机	0.7～0.8	0.65	0.25	5	0.8	0.75
非连锁的连续运输机械及铸造车间整沙机械	0.5～0.6	0.4	0.2	5	0.75	0.88
连锁的连续运输机械及铸造车间整沙机械	0.65～0.7	0.6	0.2	5	0.75	0.88
锅炉房和机修、机加工、装配等类车间的吊车（ε＝25%）	0.1～0.15	0.06	0.2	3	0.5	1.73
铸造车间的吊车（ε＝25%）	0.15～0.25	0.09	0.3	3	0.5	1.73
自动连续装料的电阻电炉设备	0.75～0.8	0.7	0.3	2	0.95	0.33
实验室用的小型电热设备（电阻炉、干燥箱等）	0.7	0.7	0	—	1.0	0
工频感应电炉（未带无功补偿设备）	0.8	—	—	—	0.35	2.68
高频感应电炉（未带无功补偿设备）	0.8	—	—	—	0.6	1.33
电弧熔炉	0.9	—	—	—	0.87	0.57
点焊机、缝焊机	0.35	—	—	—	0.6	1.33
对焊机、铆钉加热机	0.35	—	—	—	0.7	1.02
自动弧焊变压器	0.5	—	—	—	0.4	2.29
单头手动弧焊变压器	0.35	—	—	—	0.35	2.68
多头手动弧焊变压器	0.4	—	—	—	0.35	2.68
单头弧焊电动发电机组	0.35	—	—	—	0.6	1.33
多头弧焊电动发电机组	0.7	—	—	—	0.75	0.88
生产厂房办公室、阅览室、实验室照明②	0.8～1	—	—	—	1.0	0
变配电所、仓库照明②	0.5～0.7	—	—	—	1.0	0
宿舍（生活区）照明②	0.6～0.8	—	—	—	1.0	0
室外照明、应急照明②	1	—	—	—	1.0	0

① 如果用电设备组的设备总台数 $n<2x$ 时，则取 $x=n/2$，且按“四舍五入”的修约规则取其整数。

② 这里的数值均为白炽灯照明的数值。如为荧光灯照明，则取 cosφ＝0.9，tanφ＝0.48；如为高压汞灯或钠灯，则取 cosφ＝0.5，tanφ＝1.73。

附表 2　LJ 型铝绞线、LGJ 型钢芯铝绞线和 LMY 硬铝导线的主要技术数据

1. LJ 型铝绞线的主要技术数据

标称截面/mm^2		16	25	35	50	70	95	120	150	185	240
实际截面/mm^2		15.9	25.4	34.4	49.5	71.3	95.1	121	148	183	239
股数/外径(mm)		7/5.10	7/6.45	7/7.50	7/9.00	7/10.8	7/12.5	19/14.3	19/15.8	19/17.5	19/20.0
50°C 时的电阻/($\Omega \cdot km^{-1}$)		2.07	1.33	0.96	0.66	0.48	0.36	0.28	0.23	0.18	0.14
线间几何均距/mm		线路电抗/($\Omega \cdot km^{-1}$)									
600		0.36	0.35	0.34	0.33	0.32	0.31	0.30	0.29	0.28	0.28
800		0.38	0.37	0.36	0.35	0.34	0.33	0.32	0.31	0.30	0.30
1000		0.40	0.38	0.37	0.36	0.35	0.34	0.33	0.32	0.31	0.31
1250		0.41	0.40	0.39	0.37	0.36	0.35	0.34	0.34	0.33	0.32
1500		0.42	0.41	0.40	0.38	0.37	0.36	0.35	0.35	0.34	0.33
2000		0.44	0.43	0.41	0.40	0.40	0.38	0.37	0.37	0.36	0.35
导线温度	环境温度/°C	允许持续载流量/A									
70℃(室外架设)	20	110	142	179	226	278	341	394	462	525	641
	25	105	135	170	215	265	325	375	440	500	610
	30	98.7	127	160	202	249	306	353	414	470	573
	35	93.5	120	151	191	236	289	334	392	445	543
	40	86.1	111	139	176	217	267	308	361	410	500
备注	① 线间几何均距 $a_{av}=\sqrt[3]{a_1a_2a_3}$，式中 a_1、a_2、a_3 为三相导线的各相之间的线间距离。 ② 铜绞线 TJ 的电阻为同截面 LJ 电阻的 61%；TJ 的电抗与 LJ 同。TJ 的载流量约为同截面 LJ 载流量的 1.29 倍。										

2. LGJ 型钢芯铝绞线的主要技术数据

标称截面/mm^2	35	50	70	95	120	150	185	240
实际截面/mm^2	34.9	48.3	68.1	94.4	116	149	181	239
铝股数/钢股数/外径(mm)	6/1/8.16	6/1/9.60	6/1/11.4	26/7/13.6	26/7/15.1	26/7/17.1	26/7/18.9	26/7/21.7
50°C 时的电阻/($\Omega \cdot km^{-1}$)	0.89	0.68	0.48	0.35	0.29	0.24	0.18	0.15

（续表）

线间几何均距/mm		线路电抗/(Ω·km⁻¹)							
1500		0.39	0.38	0.37	0.35	0.35	0.34	0.33	0.33
2000		0.40	0.39	0.38	0.37	0.37	0.36	0.35	0.34
2500		0.41	0.41	0.40	0.39	0.38	0.37	0.37	0.36
3000		0.43	0.42	0.41	0.40	0.39	0.39	0.38	0.37
3500		0.44	0.43	0.42	0.41	0.40	0.40	0.39	0.38
4000		0.45	0.44	0.43	0.42	0.41	0.40	0.40	0.39
导线温度	环境温度/°C	允许载流量/A							
70℃（室外架设）	20	179	231	289	352	399	467	541	641
	25	170	220	275	335	380	445	515	610
	30	159	207	259	315	357	418	484	574
	35	149	193	228	295	335	391	453	536
	40	137	178	222	272	307	360	416	494

3. LMY 型涂漆矩形硬铝母线的主要技术数据

母线截面宽×厚(mm×mm)	65°C时的电阻(Ω·km⁻¹)	相间距离为250mm时电抗(Ω·km⁻¹)		母线竖放时的允许持续载流量/A(导线温度70°C)			
				环境温度			
		竖放	平放	25°C	30°C	35°C	40°C
25×3	0.47	0.24	0.22	265	249	233	215
30×4	0.29	0.23	0.21	365	343	321	296
40×4	0.22	0.21	0.19	480	451	422	389
40×5	0.18	0.21	0.19	540	507	475	438
50×5	0.14	0.20	0.17	665	625	585	539
50×6	0.12	0.20	0.17	740	695	651	600
60×6	0.10	0.19	0.16	870	818	765	705
80×6	0.076	0.17	0.15	1150	1081	1010	932
100×6	0.062	0.16	0.13	1425	1340	1255	1155
60×8	0.076	0.19	0.16	1025	965	902	831
80×8	0.059	0.17	0.15	1320	1240	1160	1070

（续表）

100×8	0.048	0.16	0.13	1625	1530	1430	1315
120×8	0.041	0.16	0.12	1900	1785	1670	1540
60×10	0.062	0.18	0.16	1155	1085	1016	936
80×10	0.048	0.17	0.14	1480	1390	1300	1200
100×10	0.040	0.16	0.13	1820	1710	1600	1475
120×10	0.035	0.16	0.12	2070	1945	1820	1680
备注	本表母线载流量系母线竖放时的数据，如平放且宽度大于600mm时，表中的数据应乘以0.92；宽度不大于600mm时，表中的数据应乘以0.95。						

附表3　电力电缆的电阻和电抗值

标称截面/mm^2	电阻/($\Omega\cdot km^{-1}$)							电抗/($\Omega\cdot km^{-1}$)					
	铝芯电缆				铜芯电缆			绝缘电缆			塑料电缆＊		
	缆芯工作温度/℃							额定电压/kV					
	55	60	75	80	55	60	75	1	6	10	1	6	10
2.5	—	14.38	15.13	—	—	8.54	8.98	0.098	—	—	0.100	—	—
4	—	8.99	9.45	—	—	5.34	5.61	0.091	—	—	0.093	—	—
6	—	6.00	6.31	—	—	3.56	3.75	0.087	—	—	0.091	—	—
10	—	3.60	3.78	—	—	2.13	2.25	0.081	—	—	0.087	—	—
16	2.21	2.25	2.36	2.40	1.31	1.33	1.40	0.077	0.099	0.110	0.082	0.124	0.133
25	1.41	1.44	1.51	1.54	0.84	0.85	0.90	0.067	0.088	0.098	0.075	0.111	0.12.
35	1.01	1.03	1.08	1.10	0.60	0.61	0.64	0.065	0.083	0.092	0.073	0.105	0.113
50	0.71	0.72	0.76	0.77	0.42	0.43	0.45	0.063	0.079	0.087	0.071	0.099	0.107
70	0.51	0.52	0.54	0.56	0.30	0.31	0.32	0.062	0.076	0.083	0.070	0.093	0.101
95	0.37	0.38	0.40	0.41	0.22	0.23	0.24	0.062	0.074	0.080	0.070	0.089	0.096
120	0.29	0.30	0.31	0.32	0.17	0.18	0.19	0.062	0.072	0.078	0.070	0.087	0.095
150	0.24	0.24	0.25	0.26	0.14	0.14	0.15	0.062	0.071	0.077	0.070	0.085	0.093
185	0.20	0.20	0.21	0.21	0.12	0.12	0.12	0.062	0.070	0.075	0.070	0.082	0.090
240	0.15	0.16	0.16	0.17	0.09	0.09	0.10	0.062	0.069	0.073	0.070	0.080	0.087

注：(1)＊表中塑料电缆包括聚氯乙烯绝缘电缆和交联电缆。

(2)1kV级4～5芯的电阻和电抗可近似的取用同级3芯电缆的电阻和电抗值(本表为3芯电缆值)。

附表 4　BLV、BV 绝缘电线明敷及穿管时的载流量

型号		BLV、BV														
额定电压(kV)		0.45/0.75														
导体工作温度(°C)		70														
环境温度(°C)		30	35	40	30				35				40			
导线排列		O -S- O -S- O														
导线根数					2～4	5～8	9～12	12以上	2～4	5～8	9～12	12以上	2～4	5～8	9～12	12以上
标称截面(mm^2)		明敷载流量(A)			导线穿管敷设载流量(A)											
BLV	2.5	24	23	21	13	10	8	7	13	9	8	7	12	9	7	6
	4	32	30	28	18	14	11	10	16	12	10	9	16	12	10	9
	6	41	39	36	24	18	15	13	22	17	14	12	21	15	13	11
	10	56	53	49	33	25	21	19	31	23	19	17	29	21	18	16
	16	76	71	66	47	35	29	26	43	32	27	24	40	30	25	22
	25	104	97	90	65	48	40	36	60	45	37	33	55	41	34	31
	35	127	119	110	81	60	50	45	74	56	46	42	69	51	43	38
	50	155	146	135	99	74	62	56	91	68	57	51	84	63	52	47
	70	201	189	175	127	95	79	71	117	88	73	66	108	81	67	60
	95	247	232	215	160	120	100	90	148	111	92	83	136	102	85	76
	120	288	270	250	189	141	118	106	174	131	109	98	160	120	100	90
	150	334	313	290	217	162	135	122	200	150	125	112	184	138	115	103
	185	385	362	335	254	191	159	143	235	176	147	132	216	162	135	121
	240	460	432	400	307	230	191	172	283	212	177	159	260	195	162	146
BV	1.5	23	22	20	13	9	8	7	12	9	7	6	11	8	7	6
	2.5	31	29	27	17	13	11	10	16	12	10	9	15	11	9	8
	4	41	39	36	24	18	15	13	22	17	14	12	21	15	13	11
	6	53	50	46	31	23	19	17	29	21	18	16	20	20	16	15
	10	74	69	64	44	33	28	25	41	31	26	23	38	29	24	21
	16	99	93	86	60	45	38	34	57	42	35	32	52	39	32	29
	25	132	124	115	83	62	52	47	77	57	48	43	70	53	44	39
	35	161	151	140	103	77	64	58	96	72	60	54	88	66	55	49
	50	201	189	175	127	95	79	71	117	88	73	66	108	81	67	60
	70	259	243	225	165	123	103	92	152	114	95	85	140	105	87	78
	95	316	297	275	207	155	129	116	192	144	120	108	176	132	110	99
	120	374	351	325	245	184	153	138	226	170	141	127	208	156	130	117
	150	426	400	370	288	216	180	162	265	199	166	149	244	183	152	137
	185	495	464	430	335	251	209	188	309	232	193	174	284	213	177	159
	240	592	556	515	396.	297	247	222	366	275	229	26	336	252	210	189

附表 5　部分高压断路器的主要技术数据

型号	额定电压/kV	额定电流/A	额定断路电流/kA	额定断路容量/MV·A	极限通过电流/kA		热稳定电流/kA	热稳定时间/s	固有分闸时间/s	合闸时间/s	操作机构型号
					峰值	有效值					
少油断路器											
SN10－10Ⅰ	10	630	16	300	40		16	4	0.06	0.15	CD10,CS2
SN10－10Ⅱ	10	1000	31.5	500	80		31.5	4	0.06	0.2	CT8
SN10－10Ⅲ	10	1250	40	750	125		40	4	0.07	0.15	CD10Ⅲ
SN10G/500	10	4000	40	750	125		40	4	0.07	0.15	
SN10－35	10	5000	105	1800	300	173	105	5	0.15	0.65	
SW2－35Ⅰ	35	1000	16	1000	40		16	5	0.06	0.25	
SW2－35Ⅱ	35	1000	24.8	1500	63.4	39.2	24.8	4	0.06	0.4	CD3－XG
SW3－110G	110	1200	15.8	3000	41		15.8	4	0.07	0.4	CD5－XG
SW6－110	110	1200	21	4000	55	32	21	4	0.04	0.2	CY3
真空断路器											
ZN－10	10	600	8.7	150	22	12.7	8.7	4	0.05	0.2	CD25
		1000	17.3	390	44	25.4	17.3	4	0.05	0.2	CD35
		1250	31.5		80		31.5	2	0.06	0.1	CT
ZNG－10	10	630	12.5	216					0.05	0.2	CD40
		1250	20	350					0.05	0.2	CD40
ZN3－10	10	600	8.7	150	22	12.7	8.7	4	0.05	0.2	
		1000	17.3	300	44	25.4	17.3	4	0.05	0.2	
ZN4－10	10	600	8.7	150	22	12.7	8.7	4	0.05	0.2	
		1250	20		50		20	4	0.05	0.2	CD
ZN5－10	10	630	20		50		20	2	0.05	0.1	CD
		1000	20		50		20	2	0.05	0.1	CD
		1250	25		63		25	2	0.05	0.1	CD
ZN－35	35	630	8	135	20		8	2	0.06	0.2	
ZW－10/400	10	400	6.3		15.8		6.3	4			
六氟化硫断路器											
LN2－10	10	1250	25		63		25	4	0.06	0.15	CT12－Ⅰ
LN2－35	35	1250	16		40		16	4	0.06	0.15	CT12－Ⅰ
LW7－35	35	1600	25		63		25	4	0.06	0.1	CT14Ⅰ

附表 6　常用隔离开关的主要技术数据

型号	额定电压/kV	额定电流/A	极限通过电流峰值/kA	热稳定电流/kA	热稳定时间/s	操作机构型号	备注
GN－6T/200	6	200	25.5	10	5	CS6－1T	(1)GN8 型为带有套管的隔离开关，GN8－10 Ⅱ T 型为闸刀一侧有套管； (2)GN19－10C 型为穿墙型，GN19－10C1 型为闸刀侧有套管，GN19－10C3 型为两侧均有套管； (3)GN22 型采用环氧树脂支柱瓷绝缘子； (4)GN－10D 型产品是在 GN19 型基础上改进成带有接地闸刀的隔离开关； (5)JN－35，JN－10 型用以检修时接地用开关；JN1 与 JN 型可用于手车式开关柜内作接地开关。
GN－6T/400	6	400	52	14	5	CS6－1T	
GN－6T/600	6	600	52	20	5	CS6－1T	
GN－10T/200	10	200	25.5	10	5	CS6－1T	
GN－10T/400	10	400	52	14	5	CS6－1T	
GN－10T/600	10	600	52	20	5	CS6－1T	
GN－10T/1000	10	1000	75	30	5	CS6－1T	
GN19－10/400	10	400	31.5	12.5	4	CS6－1T	
GN19－10/630	10	630	50	20	4	CS6－1T	
GN19－10/1000	10	1000	80	31.5	4	CS6－1T	
GN19－10/1250	10	1250	100	40	4	CS6－1T	
GN19－10C1/400	10	400	31.5	12.5	4	CS6－1T	
GN19－10C1/630	10	630	50	20	4	CS6－1T	
GN19－10C1/1000	10	1000	80	31.5	4	CS6－1T	
GN19－10C1/1250	10	1250	100	40	4	CS6－1T	
GN22－10/2000	10	2000	100	40	2	CS6－2	
GN22－10/3150	10	3150	126	50	2	CS6－2	
GN□－10D/400	10	400	31.5	12.5	5		
GN□－10D/630	10	630	50	20	5		
GN□－10D/1000	10	1000	80	31.5	5		
GN□－10D/1250	10	1250	100	40	5		
JN□－10	10	400	80	31.5	2	CS6－1	
JN1－10Ⅱ/20	10	630	50	20	2	CS6－1	
JN1－10Ⅲ/31.5	10	1250	80	31.5	2	CS6－1	
JN－35	35		50	20	4	CS－17	
GW5－35G	35	600	72	16	4	CS－17	
GW5－35G	35	1000	83	25	4	CS－17	
GW－35GD	35	600	72	16	4	CS－17	
GW5－35GD	35	1000	83	25	4	CS1－XG	
GW5－35GK	35	600	72	16	4	CS1－XG	
GW5－35GK	35	1000	83	25	4	CS－17	
GW5－60GD	60	600	72	16	4	CS－17	
GW5－60GD	60	1000	83	25	4	CS1－XG	
GW5－60GK	60	600	72	16	4	CS1－XG	
GW5－60GK	60	1000	83	25	4	CS－17	
GW5－110GD	110	600	72	16	4	CS－17	
GW5－110GD	110	1000	83	25	4	CS1－XG	
GW5－110GK	110	600	72	16	4	CS1－XG	
GW5－110GK	110	1000	83	25	4		

附表 7 常用的电流互感器的主要技术数据

型号	额定电流比(A/A)	级次组合	准确度	二次负载值/Ω				10%倍数		1s热稳定倍数	动稳定倍数
				0.5级	1	3	B	二次负载/Ω	倍数		
LQJ−10	5,10,15,20,30,40,50,60,75,100/5,160,200,315,400/5	0.5/3		0.4	0.6	1.2			6	75	160
LA−10	5、10、15、20、30、40、50、75、100、150、200、300、400、500、600、750、1000/5								10 10 10	90 75 50	160 135 90
LFZ1−10 LFX−10	5～200/5,300～400/5, 5～400/5	0.5/1 0.5/3 1/3	0.5 1 3	0.4	0.4	0.6		0.4 0.6	2.5～10 2.5～10	90 75 60	160 130
LFX−10	5～200/5,300、400/5,500、600、700/5									90 75 50	225 160 90
FZB6−10 LFZJB6−10 LFSQ−10	5～300/5 100～300/5 5～200/5 400～1500/5			0.4 0.4 0.4 0.8			0.6 0.6 0.6 1.2			150～80 80 150 42	103 103 230 60
LFZJ	5～150/5 200～800/5 1000～3000/5			0.4 0.6 0.8			0.6 0.8 1.0		10 10 10	106 40 20	180 70 35
LZZB6−10 LZZJB6−10	5～300/5 100～300/5 400～800/5 1000、1200、1500/5	0.5/B		0.4 0.4 0.4 0.4	0.2		0.6 0.6 0.6 0.6		15 15 15 15	150～80 150～80 55 27	103 103 70 35
LZZQB6−10	100～300/5 400～800/5 1000～1500/5			0.6 0.8 1.2			0.8 1.2 1.6		15 15 15	148 55 40	188 70 50
LDZB6−10 LDJ−10	400～1500/5 5～150/5 200～3000/5			0.8 0.4 0.4			1.2 0.6 0.6		15	28 106 100～13	52 188 23
LMZB6−10 LMZB1−10	1500～4000/5 150～1250/5			2 0.4			2 0.8		15	35	45

附表 8　常用电压互感器的主要技术数据

型号	额定电压/kV			二次额定容量/V·A			最大容量/V·A
	一次绕组	二次绕组	剩余绕组	0.5 级	1 级	3 级	
JDZ6－0.38	0.38	0.1		15	25	60	100
JDZ6－3	3	0.1		25	40	100	200
JDZ6－6	6	0.1		50	80	200	400
JDZ6－10	10	0.1		50	80	200	400
JDZ6－35	35	0.1	0.1/3	150	250	500	1000
JDZ6－3	$3/\sqrt{3}$	$0.1/\sqrt{3}$	0.1/3	25	40	100	200
JDZ6－6	$6/\sqrt{3}$	$0.1/\sqrt{3}$	0.1/3	50	80	200	400
JDZ6－10	$10/\sqrt{3}$	$0.1/\sqrt{3}$	0.1/3	50	80	200	400
JDZ6－35	$35/\sqrt{3}$	$0.1/\sqrt{3}$		150	250	500	1000
JDJ－3	3	0.1		30	50	120	240
JDJ－6	6	0.1		50	80	200	400
JDJ－10	10	0.1		80	150	320	640
JDJ－13.8	13.8	0.1		80	150	320	640
JDJ－15	15	0.1		80	150	320	640
JDJ－35	35	0.1		150	250	600	1200
JSJB－3	3	0.1		50	80	200	400
JSJB－6	6	0.1		80	150	320	640
JSJB－10	10	0.1		120	200	480	960
JSJW－3	$3/\sqrt{3}$	0.1	0.1/3	50	80	200	400
JSJW－6	$6/\sqrt{3}$	0.1	0.1/3	80	150	320	640
JSJW－10	$10/\sqrt{3}$	0.1	0.1/3	120	200	480	960
JSJW－13.8	$13.8/\sqrt{3}$	0.1	0.1/3	120	200	480	960
JSJW－15	$15/\sqrt{3}$	0.1		120	200	480	960
JDJJ1－35	$35/\sqrt{3}$	$0.1/\sqrt{3}$	0.1/3	150	250	600	1000
JCC－60	$60/\sqrt{3}$	$0.1/\sqrt{3}$	0.1/3		500	1000	2000
JCC1－110	$110/\sqrt{3}$	$0.1/\sqrt{3}$	0.1/3		500	1000	2000
JCC1－110	$110/\sqrt{3}$	$0.1/\sqrt{3}$	0.1/3		500	1000	2000
JCC2－110	$110/\sqrt{3}$	$0.1/\sqrt{3}$	0.1/3		500	1000	2000
JCC2－220	$220/\sqrt{3}$	$0.1/\sqrt{3}$	0.1/3		500	1000	1000
JCC1－220	$220/\sqrt{3}$	$0.1/\sqrt{3}$	0.1/3		500	1000	2000

附表 9　DW16 型低压断路器的主要技术数据

<table>
<tr><th>型号</th><th>壳架等级电流/A</th><th>脱扣器额定电流 $I_{N\cdot OR}$/A</th><th>长延时动作整定电流</th><th>瞬时动作整定电流</th><th>单相接地断路动作电流</th><th>极限分断能力/kA</th></tr>
<tr><td rowspan="3">DW15－400</td><td rowspan="3">400</td><td>200</td><td>128～200</td><td>600～2000
1600～4000</td><td rowspan="3"></td><td rowspan="3">25</td></tr>
<tr><td>300</td><td>192～300</td><td></td></tr>
<tr><td>400</td><td>256～400</td><td>3200～8000</td></tr>
<tr><td>DW16－630</td><td>630</td><td>100,160,200,
250,315,
400,630</td><td rowspan="3">$(0.64\sim1)I_{N\cdot OR}$</td><td rowspan="3">$(3\sim6)I_{N\cdot OR}$</td><td rowspan="3">$0.5I_{N\cdot OR}$</td><td>30(380V)
20(660V)</td></tr>
<tr><td>DW16－2000</td><td>2000</td><td>800,1000,
1600,2000</td><td>50</td></tr>
<tr><td>DW16－4000</td><td>4000</td><td>2500,3200,
4000</td><td>80</td></tr>
</table>

附表 10 DZ10 型低压断路器的主要技术数据

型号	额定电压/V	额定电流/A	脱扣器类别	复式脱扣器		电磁脱扣器		极限分断电流（峰值）/kA	
				额定电流/A	电磁脱扣器动作电流整定倍数	额定电流/A	动作电流整定倍数	交流380V	交流500V
DZ10－100	直流 220	100	复式、电磁式、热脱扣器或无脱扣	15 20 25 30 40 50 60 80 100	10	15 20 25 30 40 50	10	7 9	6 7
								12	10
						100	6～10		
DZ10－250	交流 500	250		100 120 140 170 200 250	5～10 4～10		2～6 2.5～8 3～10	30	25
					3～10				
DZ10－600		600		200 250 300 350 400 500 600	3～10	400	2～7 2.5～8 3～10	50	40
						600			

附表 11　S9、S11 系列电力变压器的主要技术数据

S11－M 系列三相系列配电变压器技术参数

额定容量/(kV·A)	配电组合			连接组标号	损耗/W		空载电流/%	阻抗电压/%
	高压	高压分接范围	低压		空载	负载		
30	6 6.3 10 10.5 11	±2×2.5% 或 ±5%	0.4	Yyn0 或 Dyn11	100	600	2.10	4
50					130	870	2.00	
63					150	1040	1.90	
80					180	1250	1.8	
100					200	1500	1.60	
125					240	1800	1.50	
160					270	2200	1.40	4.5
200					330	2600	1.30	
250					400	3050	1.20	
315					480	3650	1.10	
400					570	4300	1.00	
500					680	5100	1.00	
630					810	6200	1.00	
800					980	7500	0.90	
1000					1150	10300	0.70	
1250					1360	12000	0.60	

（续表）

S9 系列电力变压器的主要技术数据

额定容量/(kV·A)	额定电压/kV		联结组标号	损耗/W		空载电流/%	阻抗电压/%
	一次	二次		空载	负载		
30	11,10.5,10,6.3,6	0.4	Yyn0	130	600	2.1	4
50			Yyn0	170	870	2.0	
			Dyn11	175	870	4.5	
63			Yyn0	200	1040	1.9	
			Dyn11	210	1030	4.5	
80			Yyn0	240	1250	1.8	
			Dyn11	250	1240	4.5	
100			Yyn0	290	1500	1.6	
			Dyn11	300	1470	4.0	
125			Yyn0	340	1800	1.6	
			Dyn11	360	1720	4.0	
160			Yyn0	400	2200	1.4	
			Dyn11	430	2100	3.5	
200			Yyn0	480	2600	1.3	
			Dyn11	500	2500	3.5	
250			Yyn0	560	3050	1.2	
			Dyn11	600	2900	3.0	
315			Yyn0	670	3650	1.1	
			Dyn11	720	3450	3.0	
400			Yyn0	800	4300	1.0	
			Dyn11	870	4200	3.0	
500			Yyn0	960	5100	1.0	
			Dyn11	1030	4950	3.0	
	11,10.5,10	6.3	Yd11	1030	4950	1.5	4.5
630	11,10.5,10,6.3,6	0.4	Yyn0	1200	6200	0.9	4.5
			Dyn11	1300	5800	1.0	5
	11,10.5,10	6.3	Yd11	1200	6200	1.5	4.5

（续表）

S9 系列电力变压器的主要技术数据

额定容量/(kV·A)	额定电压/kV		联结组标号	损耗/W		空载电流/%	阻抗电压/%
	一次	二次		空载	负载		
800	11,10.5,10,6.3,6	0.4	Yyn0	1400	7500	0.8	4.5
			Dyn11	1400	7500	2.5	5
	11,10.5,10	6.3	Yd11	1400	7500	1.4	5.5
1000	11,10.5,10,6.3,6	0.4	Yyn0	1700	10300	0.7	4.5
			Dyn11	1700	9200	1.7	5
	11,10.5,10	6.3	Yd11	1700	9200	1.4	5.5
1250	11,10.5,10,6.3,6	0.4	Yyn0	1950	12000	0.6	4.5
			Dyn11	2000	11000	2.5	5
	11,10.5,10	6.3	Yd11	1950	12000	1.3	5.5
1600	11,10.5,10,6.3,6	0.4	Yyn0	2400	14500	0.6	4.5
			Dyn11	2400	14000	2.5	6
	11,10.5,10	6.3	Yd11	2400	14500	1.3	5.5
2000	11,10.5,10,6.3,6	0.4	Yyn0	3000	18000	0.8	6
			Dyn11	3000	18000	0.8	
	11,10.5,10	6.3	Yd11	3000	18000	1.2	
2500	11,10.5,10,6.3,6	0.4	Yyn0	3500	25000	0.8	
			Dyn11	3500	25000	0.8	
	11,10.5,10	6.3	Yd11	3500	19000	1.2	5.5
3150			Yd11	4100	23000	1.0	
4000			Yd11	5000	26000	1.0	
5000			Yd11	6000	30000	0.9	
6300			Yd11	7000	35000	0.9	

（续表）

S9 系列电力变压器的主要技术数据

额定容量/(kV·A)	额定电压/kV		联结组标号	损耗/W		空载电流/%	阻抗电压/%
	一次	二次		空载	负载		
50	35	0.4	Yyn0	250	1180	2.0	6.5
100				350	2100	1.9	
125				400	1950	2.0	
160				450	2800	1.8	
200				530	3300	1.7	
250				610	3900	1.6	
315				720	4700	1.5	
400				880	5700	1.4	
500				1030	6900	1.3	
630				1250	8200	1.2	
800				1480	9500	1.1	
		10.5,6.3,3.15	Yd11	1480	8800	1.1	
1000		0.4	Yyn0	1750	12000	1.0	
		10.5,6.3,3.15	Yd11	1750	11000	1.0	
1250		0.4	Yyn0	2100	14500	0.9	
		10.5,6.3,3.15	Yd11	2100	14500	0.9	
1600		0.4	Yyn0	2500	17500	0.8	
		10.5,6.3,3.15	Yd11	2500	16500	0.8	
2000		10.5,6.3,3.15	Yd11	3200	16800	0.8	
2500		10.5,6.3,3.15	Yd11	3800	19500	0.8	
3150	38.5,35	10.5,6.3,3.15	Yd11	4500	22500	0.8	7
4000				5400	27000	0.8	7
5000				6500	31000	0.7	7
6300				7900	34500	0.7	7.5

附表 12 主要电气设备型号的含义

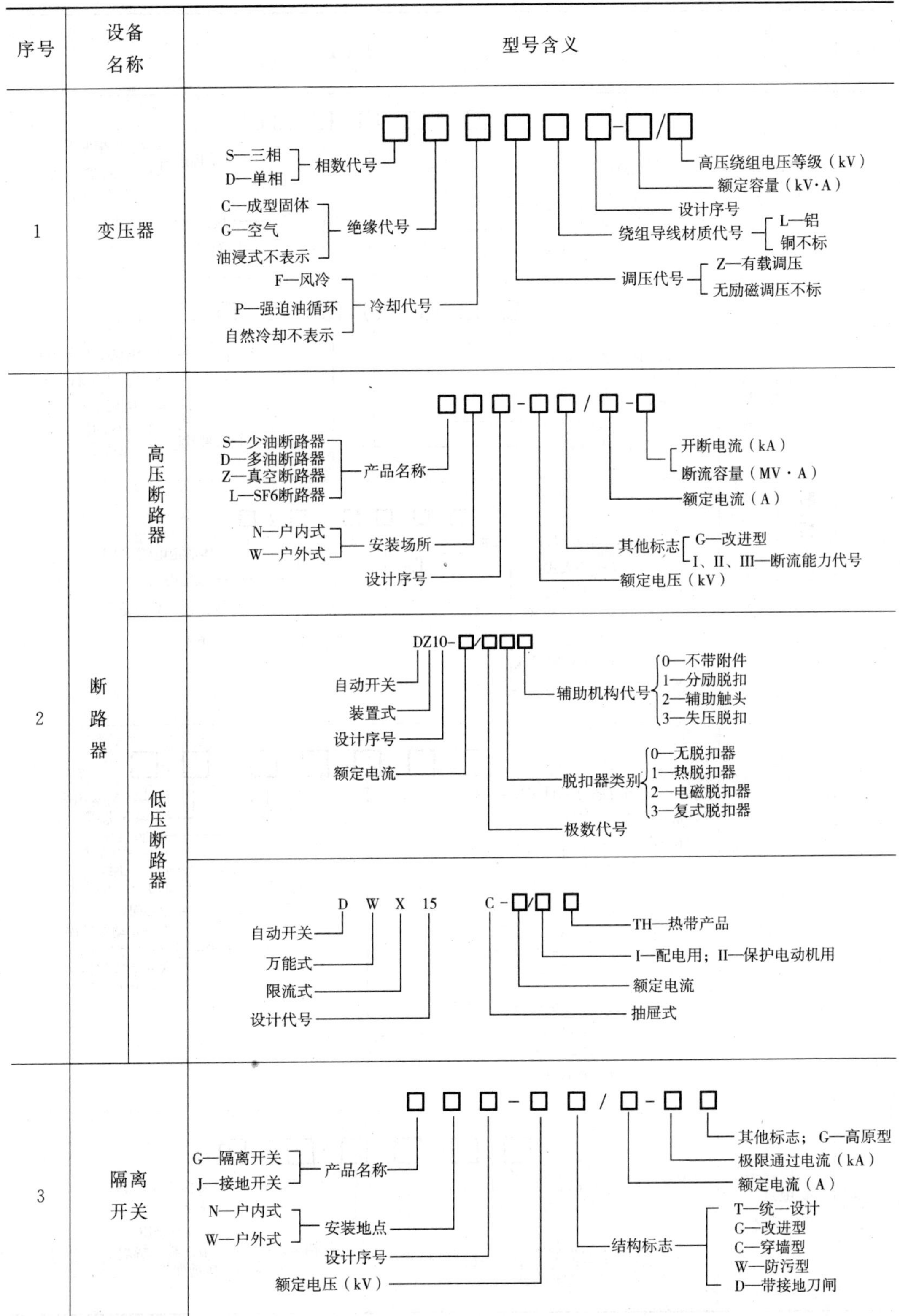

（续表）

序号	设备名称		型号含义
4	高压负荷开关		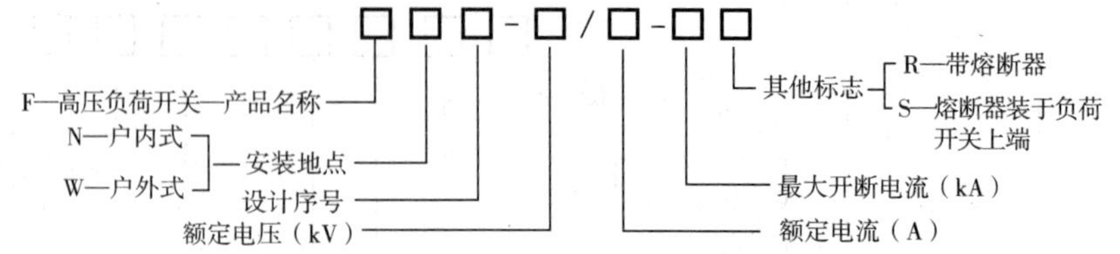 □□□-□/□-□□ F—高压负荷开关—产品名称 N—户内式、W—户外式—安装地点 设计序号 额定电压（kV） 额定电流（A） 最大开断电流（kA） 其他标志：R—带熔断器；S—熔断器装于负荷开关上端
5	熔断器	高压熔断器	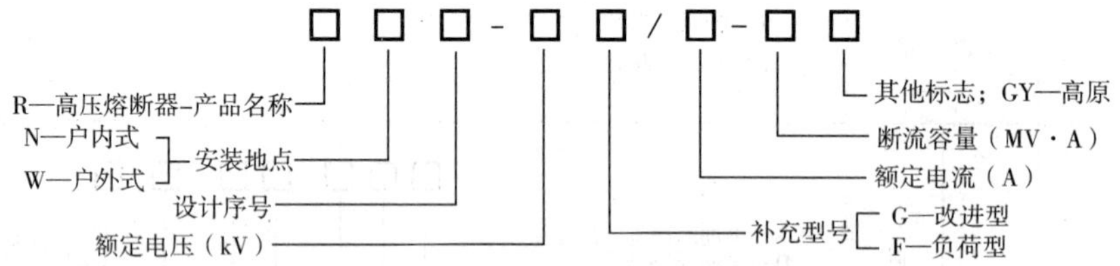 □□□-□□/□-□□ R—高压熔断器-产品名称 N—户内式、W—户外式—安装地点 设计序号 额定电压（kV） 补充型号：G—改进型；F—负荷型 额定电流（A） 断流容量（MV·A） 其他标志；GY—高原
		低压熔断器	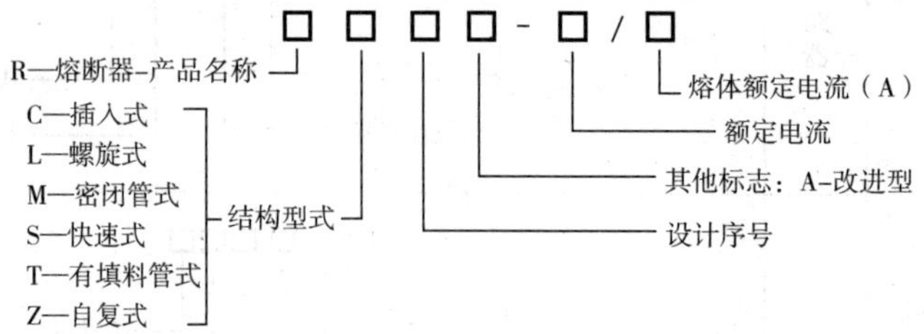 □□□□-□/□ R—熔断器-产品名称 C—插入式、L—螺旋式、M—密闭管式、S—快速式、T—有填料管式、Z—自复式—结构型式 设计序号 其他标志：A-改进型 额定电流 熔体额定电流（A）
6	电流互感器		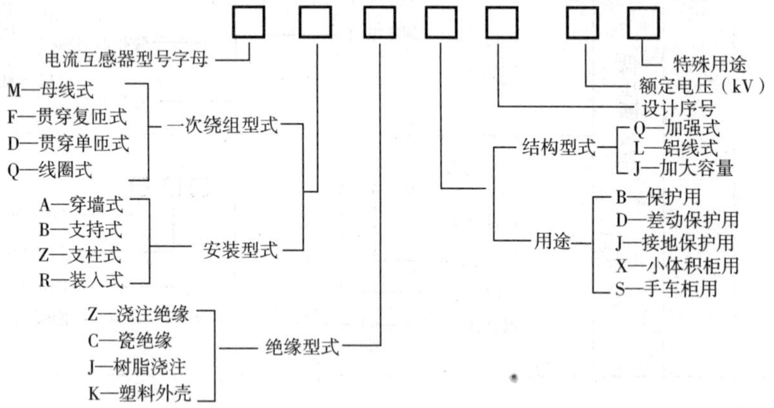 □□□□□□□ 电流互感器型号字母 M—母线式、F—贯穿复匝式、D—贯穿单匝式、Q—线圈式—一次绕组型式 A—穿墙式、B—支持式、Z—支柱式、R—装入式—安装型式 Z—浇注绝缘、C—瓷绝缘、J—树脂浇注、K—塑料外壳—绝缘型式 结构型式：Q—加强式；L—铝线式；J—加大容量 用途：B—保护用；D—差动保护用；J—接地保护用；X—小体积柜用；S—手车柜用 设计序号 额定电压（kV） 特殊用途
7	电压互感器		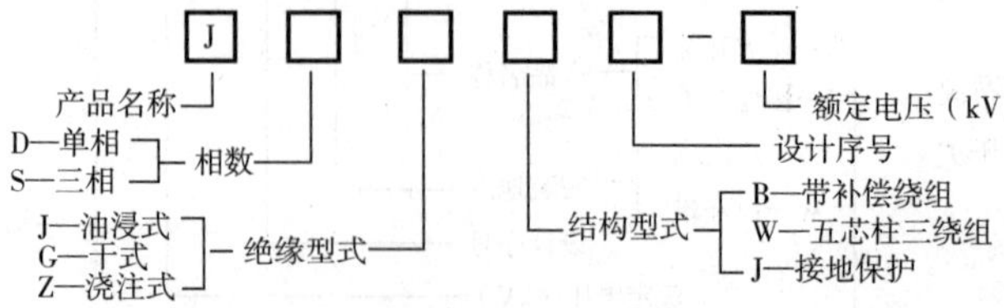 J□□□□-□ 产品名称 D—单相、S—三相—相数 J—油浸式、G—干式、Z—浇注式—绝缘型式 结构型式：B—带补偿绕组；W—五芯柱三绕组；J—接地保护 设计序号 额定电压（kV）

（续表）

序号	设备名称		型号含义
8	金属氧化物避雷器		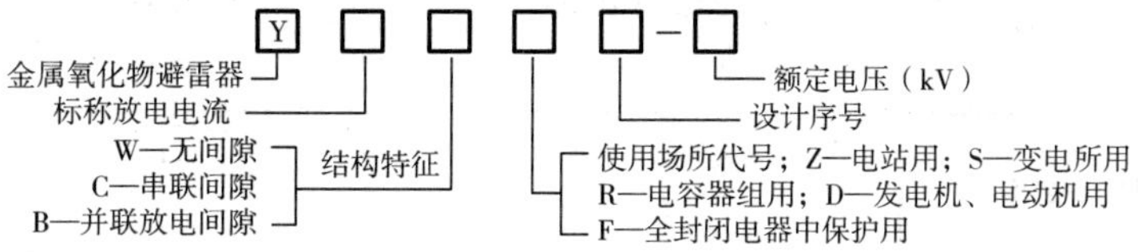 Y□□□□-□ 金属氧化物避雷器 标称放电电流 W—无间隙 C—串联间隙 B—并联放电间隙　结构特征 使用场所代号；Z—电站用；S—变电所用； R—电容器组用；D—发电机、电动机用 F—全封闭电器中保护用 设计序号 额定电压（kV）
9	高压开关柜	老系列	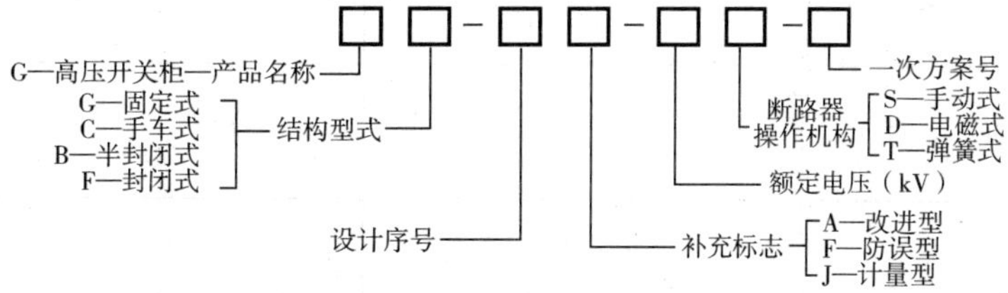 □□-□□-□□-□ G—高压开关柜—产品名称 G—固定式 C—手车式 B—半封闭式 F—封闭式　结构型式 设计序号 补充标志　A—改进型　F—防误型　J—计量型 额定电压（kV） 断路器操作机构　S—手动式　D—电磁式　T—弹簧式 一次方案号
		新系列	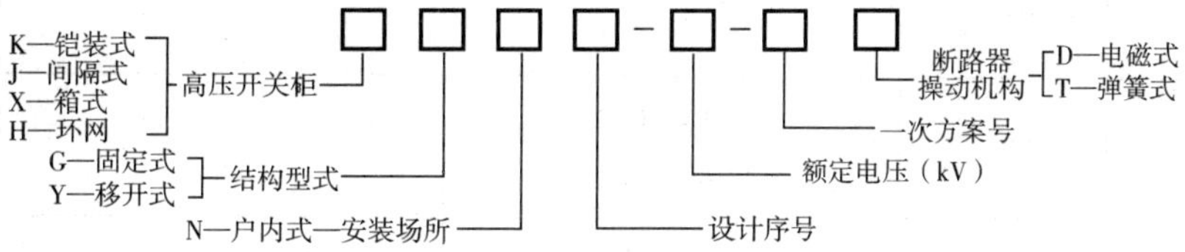 □□□□-□-□ □ K—铠装式 J—间隔式 X—箱式 H—环网　高压开关柜 G—固定式 Y—移开式　结构型式 N—户内式—安装场所 设计序号 额定电压（kV） 一次方案号 断路器操动机构　D—电磁式　T—弹簧式
10	低压配电柜（屏）	低压配电屏	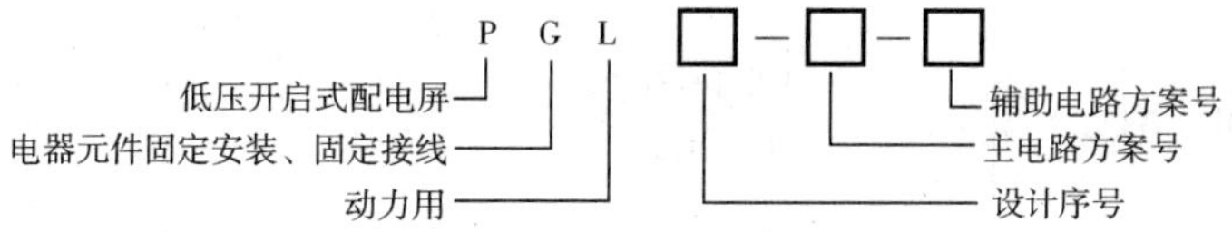 P G L □-□-□ 低压开启式配电屏 电器元件固定安装、固定接线 动力用 设计序号 主电路方案号 辅助电路方案号
		低压配电柜	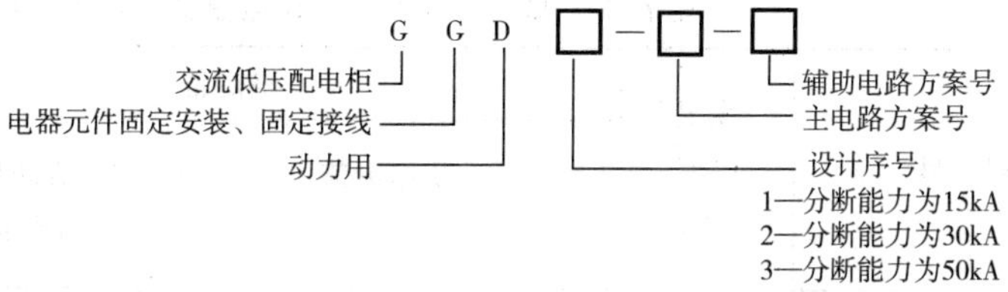 G G D □-□-□ 交流低压配电柜 电器元件固定安装、固定接线 动力用 设计序号 1—分断能力为15kA 2—分断能力为30kA 3—分断能力为50kA 主电路方案号 辅助电路方案号
11	动力和照明配电箱		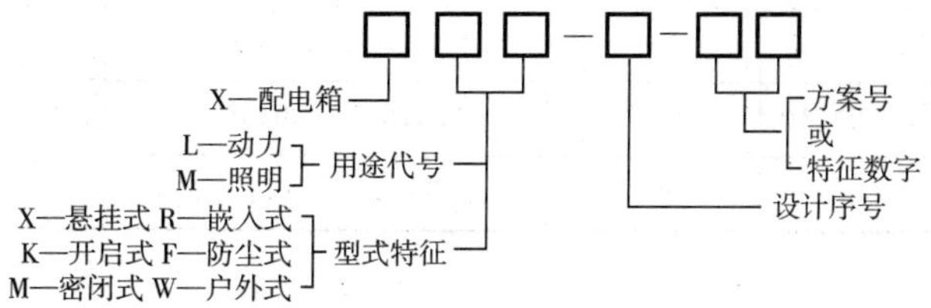 □□□-□-□□ X—配电箱 L—动力 M—照明　用途代号 X—悬挂式 R—嵌入式 K—开启式 F—防尘式 M—密闭式 W—户外式　型式特征 设计序号 方案号 或 特征数字

附表 13　DL 系列电磁式电流继电器技术数据

型　号	电流整定范围(A)	线圈串联	
		额定电流(A)	长期允许电流(A)
DL—21C	0.0125～0.05 0.05～0.2	0.08 0.3	0.08 0.3
DL—22C	0.15～0.6 0.5～2	1 3	1 4
DL—23C	1.5～6 2.5～10	6 10	6 10
DL—24C	5～20 12.5～50	10 15	15 20
DL—25C	25～100 50～200	15 15	20 20
DL—31	0.0125～0.05 0.05～0.2	0.08 0.3	0.08 0.3
DL—32	0.15～0.6 0.5～2	1 3	1 4
DL—33	1.5～6 2.5～10	10 10	10 10
DL—34	5～20 12.5～50 25～100 50～200	10 15 15 15	15 20 20 20

附表 14　GL—${}^{11,15}_{21,25}$型电流继电器主要技术数据

型　号	额定电流(A)	整定值		速断电流倍数	返回系数
		动作电流(A)	10 倍动作电流的动作时间(s)		
GL—11/10,—21/10	10	4,5,6,7,8,9,10	0.5,1,2,3,4	2～8	0.85
GL—11/15,—21/5	5	2,2.5,3,3.5,4,4.5,5			
GL—15/10,—25/10	10	4,5,6,7,8,9,10	0.5,1,2,3,4		0.8
GL—15/5,—25/5	5	2,2.5,3,3.5,4,4.5,5			

附表 15　电气照明施工图常用的图形符号

图形符号	名　　称
	多电源配电箱（屏）
	动力或动力-照明配电箱
	信号板信号箱（屏）
	照明配电箱（屏）
	单相插座（明装）
	单相插座（暗装）
	单相插座（密闭、防水）
	单相插座（防爆）
	带接地插孔的三相插座（明装）
	带接地插孔的三相插座（暗装）
	带接地插孔的三相插座（密闭、防水）
	带接地插孔的三相插座（防爆）
	单极开关（明装）
	单极开关（暗装）
	单极开关（密闭、防水）
	单极开关（防爆）
	开关一般符号
	单极拉线开关
	动合（常开）触点 注：本符号也可用作开关一般符号
	灯或信号灯一般符号
	防水防尘灯
	壁灯
	球形灯
	花灯
	局部照明灯
	天棚灯
	荧光灯一般符号
	三管荧光灯
	避雷器
	避雷针
	熔断器一般符号
	接地一般符号
	多级开关一般符号（单线表示）
	多级开关一般符号（多线表示）
	分线盒一般符号
	室内分线盒
	电铃
kWh	电能表

附表 16　电气设备常用的文字符号

序号	新符号	中文含义	旧符号	序号	新符号	中文含义	旧符号
1	A	装置;设备	—	45	PPA	相位表	φ
2	APD	备用电源自动投入装置	BZT	46	PJ	电能表	Wh
3	ARD	自动重合闸装置	ZCH	47	PF	功率因数表	$\cos\varphi$
4	ACP	并联电容器屏	BCP	48	PV	电压表	V
5	AD	直流配电屏	ZP	49	Q	电力开关	K
6	AEL	应急照明配电箱	SMX	50	QDF	跌开式熔断器	DR
7	AEP	事故电源配电箱	SDX	51	QF	断路器(含自动开关)	DL(ZK)
8	AH	高压开关柜	GKG	52	QK	刀开关	DK
9	AL	低压配电屏	DP	53	QL	负荷开关	FK
10	ALD	照明配电箱	MX	54	QS	隔离开关	GK
11	APD	动力配电箱	DX	55	R	电阻;电阻器	R
12	C	电容;电容器	C	56	RD	红色指示灯	HD
13	EL	照明器	ZMQ	57	RP	电位器	W
14	F	避雷器	BL	58	S	电力系统	XT
15	FE	排气式避雷器	GB	59	S	启辉器	S
16	FG	保护间隙	JX	60	SA	控制开关;选择开关	KK;XK
17	FMO	金属氧化物避雷器	—	61	SB	按钮	AN
18	FU	熔断器	RD	62	T	变压器	B
19	FV	阀式避雷器	FB	63	TA	电流互感器	LH
20	G	发电机	F	64	TAN	零序电流互感器	LLH
21	GB	蓄电池	XDC	65	TV	电压互感器	YH
22	GN	绿色指示灯	LD	66	U	变流器;整流器	BL;ZL
23	HL	指示灯;信号灯	XD	67	V	电子管;晶体管	—
24	HR	热脱扣器	RT	68	VD	二极管	D
25	K	继电器;接触器	J;JC	69	VE	电子管	
26	KA	电流继电器	LJ	70	VT	晶体(三极)管	T
27	KAR	重合闸继电器	CHJ	71	W	母线;导线	M;XL
28	KF	闪光继电器	SGJ	72	WA	辅助小母线	FM
29	KG	瓦斯继电器	WSJ	73	WAS	事故音响信号小母线	SYM
30	KH	热继电器	RJ	74	WB	母线	M
31	KM	中间继电器	ZJ	75	WC	控制小母线	KM
32	KM	接触器	JC,C	76	WF	闪光信号小母线	SM

（续表）

序号	新符号	中文含义	旧符号	序号	新符号	中文含义	旧符号
33	KO	合闸继电器	HC	77	WFS	预告信号小母线	YBM
34	KS	信号继电器	XJ	78	WL	灯光信号小母线	DM
35	KT	时间继电器	SJ	79	WL	线路	XL
36	KV	电压继电器	YJ	80	WO	合闸电源小母线	HM
37	L	电感;电感线圈	L	81	WS	信号电源小母线	XM
38	L	电抗器	DK	82	WV	电压小母线	YM
39	M	电动机	D	83	X	端子板	—
40	N	中性线	N	84	XB	连接片;切换片	LP;QP
41	PA	电流表	A	85	YA	电磁铁	DC
42	PE	保护线	—	86	YE	黄色指示灯	UD
43	PEN	保护中性线	N	87	YO	合闸线圈	HQ
44	PP	功率表	W	88	YR	跳闸线圈;脱扣器	TQ

参考文献

[1] 胡孔忠主编．供配电技术．合肥:安徽科学技术出版社,2007.
[2] 刘介才编．工厂供电．第4版．北京:机械工业出版社,2004.
[3] 洪雪燕主编．安全用电．北京:中国电力出版社,2005.
[4] 杨娟主编．电气运行技术．北京:中国电力出版社,2009.
[5] 电气简图用图形符号国家标准汇编．北京:中国标准出版社,2003.
[6] 建筑电气工程设计常用图形和文字符号(00DX001). 北京:中国建筑标准设计研究院出版社,2000.
[7] 电力安全工作规程(线路部分). 北京:中国电力出版社,2009.
[8] 电力安全工作规程(变电站和发电厂电气部分). 北京:中国电力出版社,2009.
[9] 国家电力监管会委员会电力业务资质管理中心编写组编．电工进网作业许可考试参考教材．北京:中国财经经济出版社,2006.
[10] 国家电力监管会委员会电力业务资质管理中心编写组编．电工进网作业许可续期注册培训教材．北京:社会科学文献出版社,2009.